21世纪高等学校规划教材 | 电子信息

电子技术基础
——数字电子（第2版）

渠丽岩 主编
李晓江 副主编

清华大学出版社
北京

内容简介

本书是21世纪高等学校电子信息类规划教材。为适应应用型人才培养的需要，以及新的课程体系和教学改革的需要，本书力求知识性、趣味性、实用性相结合。通过本书的学习，学生能在规定学时内掌握具有实用价值的数字电子技术基础知识和技能。

全书共8章，主要内容包括逻辑代数基础、逻辑门电路、组合逻辑电路、触发器、时序逻辑电路、脉冲波形的产生与整形、数/模和模/数转换以及可编程逻辑器件。为适应应用型人才培养的需要，书中穿插了典型例题和习题，并提供了多媒体教学课件。

本书可作为应用型本科计算机科学与技术、通信、电子信息、自动化等相关专业的本科生教材，也可作为成人教育及自学考试教材以及电子工程技术人员的参考用书。

图书在版编目(CIP)数据

电子技术基础·数字电子/渠丽岩主编. —2版. —北京：清华大学出版社，2017(2018.8重印)
(21世纪高等学校规划教材·电子信息)
ISBN 978-7-302-47949-9

Ⅰ. ①电… Ⅱ. ①渠… Ⅲ. ①数字电路—电子技术—高等学校—教材 Ⅳ. ①TN

中国版本图书馆CIP数据核字(2017)第207215号

责任编辑：刘向威 梅栾芳
封面设计：傅瑞学
责任校对：焦丽丽
责任印制：沈 露

出版发行：清华大学出版社
网 址：http://www.tup.com.cn，http://www.wqbook.com
地 址：北京清华大学学研大厦A座 **邮 编**：100084
社 总 机：010-62770175 **邮 购**：010-62786544
投稿与读者服务：010-62776969，c-service@tup.tsinghua.edu.cn
质量反馈：010-62772015，zhiliang@tup.tsinghua.edu.cn
课件下载：http://www.tup.com.cn，010-62795954
印 装 者：北京建宏印刷有限公司
经 销：全国新华书店
开 本：185mm×260mm **印 张**：17.5 **字 数**：417千字
版 次：2010年3月第1版 2018年1月第2版 **印 次**：2018年8月第2次印刷
印 数：1501～2000
定 价：45.00元

产品编号：070481-01

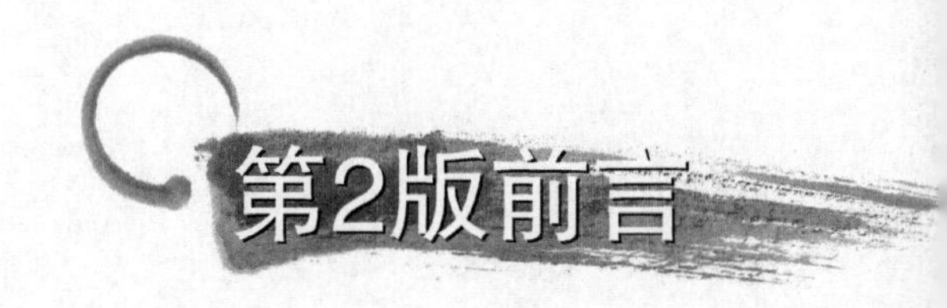

第2版前言

本书在第1版基础上修订而成。2015年11月，教育部、国家发改委、财政部联合印发《关于引导部分地方普通本科高校向应用型转变的指导意见》。指导意见指出：当前我国已经建成了世界上最大规模的高等教育体系，为现代化建设做出了巨大贡献。但随着经济发展进入新常态，人才供给与需求关系深刻变化，面对经济结构深刻调整、产业升级加快步伐、社会文化建设不断推进，特别是创新驱动发展战略的实施，高等教育结构性矛盾更加突出，同质化倾向严重，毕业生就业难和就业质量低的问题仍未有效缓解，生产服务一线紧缺的应用型、复合型、创新型人才培养机制尚未完全建立，人才培养结构和质量尚不适应经济结构调整和产业升级的要求。

为适应应用型人才培养的需要以及新的课程体系和教学改革的需要，本书力求知识性、趣味性、实用性相结合。在第1版的基础上，面向应用技术型高校建设，增加了贴近实际的应用实例。通过本书的学习，学生能在规定学时内掌握具有实用价值的数字电子技术基础知识和技能。为适应应用技术型人才培养的需要，书中穿插了典型例题和习题，并提供了多媒体教学课件。

本书共8章，第1、2章由天津理工大学中环信息学院李晓江编写，第3章由天津理工大学中环信息学院申倩伟编写，第4～6章由天津理工大学中环信息学院渠丽岩编写，第7、8章由南开大学滨海学院李文燕编写，全书由渠丽岩担任主编，并完成全书的修改及统稿，李晓江担任副主编。

在本书的编写过程中得到南开大学滨海学院李维祥教授、北京科技大学天津学院许学东教授的多方支持，在此表示衷心的感谢。同时也向参与第1版编写的所有老师表示感谢。

本书在编写过程中参考了众多读者提出的宝贵意见，也查阅和参考了众多的文献资料，得到许多教益和启发，在此向广大读者和参考文献的作者致以诚挚的谢意。本书在编写过程和出版过程中，还得到清华大学出版社的大力支持和帮助，在此表示衷心的感谢。

本版虽有所改进提高，但离教学改革的要求距离尚远，殷切希望使用本教材的师生和读者给予批评指正。

编　者

2017年7月

第1版前言

本书是“21世纪高等学校计算机应用型本科教材精选”的规划教材。本书旨在贯彻实施“质量工程”，适应应用型人才培养的需要，深化教育教学改革，推进应用型本科课程体系和教材体系建设。

本书充分考虑应用型本科培养应用型人才的需要，根据计算机专业对“数字电子技术”课程的基本要求和学习特点，着重培养学生应用理论知识分析和解决实际问题的能力，按照循序渐进原则，突出“从理论到实践再到应用”的应用性教学，教材内容以适量、实用为度，注重理论知识的运用。在编写过程中力求叙述简练，概念清晰，通俗易懂，便于自学。对于数字系统的分析和设计，做到步骤清楚，结果正确，在例题的选择上力求深浅适度、接近实际应用并具有典型性。

全书突出知识性、系统性与趣味性相结合。每章开头的“趣味知识”，介绍了电子技术发展史上的重要历史人物、重大事件以及电子技术前沿科技展望等内容，让学生在学习专业知识的同时，增加社会人文知识，培养人文素养。在每一章最后都有与课程知识相关的故障诊断、数字系统设计等知识，以求尽量缩短学校教育与社会人才需求的距离。

本书共8章，第1、3章由天津理工大学代红丽编写，第2章由天津理工大学中环信息学院高夕庆编写，第4、5章由天津理工大学中环信息学院渠丽岩编写，第6～8章由南开大学任立儒编写，全书由渠丽岩担任主编，完成全书的修改及统稿，本书由天津理工大学中环信息学院孙富元担任主审。

在本书编写过程中得到天津师范大学津沽学院王慧芳教授、南开大学滨海学院朱耀庭教授、天津商业大学宝德学院常守金教授的多方支持，在此表示衷心的感谢。

本书在编写过程中查阅和参考了众多的文献资料，得到许多教益和启发，在此向参考文献的作者致以诚挚的谢意。本书在编写过程和出版过程中，还得到清华大学出版社和天津理工大学中环信息学院的大力支持和帮助，在此表示衷心的感谢。

由于作者水平有限，加之时间仓促，书中难免有错误和不妥之处，殷切希望使用本教材的师生和读者，给予批评指正。

编　者

2009年3月

目　录

第1章 逻辑代数基础

本章要点

◇ 了解模拟量与数字量的区别；
◇ 掌握二进制、八进制、十六进制数的表示方法，并能完成相互转换；
◇ 掌握三种基本逻辑运算；
◇ 熟悉逻辑代数的基本定理、公式；
◇ 能够使用公式和卡诺图化简逻辑函数。

数字电子技术是一门重要而充满魅力的自然科学。自第二次世界大战以来，自然科学的任何一个分支对现代世界的发展所作出的贡献都比不上电子学。电子学促进了计算机、通信、消费产品、工业自动化、测试和测量以及卫生保健等领域的重大发展。电子工业目前已经超过汽车和石油工业，成为全球最大的单一工业。

一直以来，电子工业的发展趋势之一就是逐渐从模拟电子技术转移到数字电子技术。这种趋势始于20世纪60年代，到现在几近完成。数字电子技术以其抗干扰能力强、可靠性高、工作速度快、便于集成等优点，成为当前发展最快的学科之一。数字电视技术就是电子技术发展日新月异的典型例子。

趣味知识

月球漫步

1969年7月，全球几乎每一个人都在密切关注这一重大历史事件，对于美国宇航员尼尔·阿姆斯特朗来说，人类古老的月球漫步之梦即将成为现实。在地球上，数以百万计的观众和成千上万家报刊和杂志，急切地等待着登月的消息。终于，阿姆斯特朗那简短而又意味深长的消息，传送到240 000英里外的美国得克萨斯州休斯敦市，由这里立即被转播到正在焦急等待的世界各地。该消息说："对于一个人来说，这只是一小步，但对人类来说，这却是一个巨大的飞跃。"很多人通过电视看到了这些话，而对于杂志和报刊来说，整个登月任务(包括阿姆斯特朗的讲话)被转换成一种特殊的代码，在计算机之间来回传输。每一个单词中的每一个字母都被转换成一个代码，该代码使用二进制计数系统的两个符号：0和1。用这些由0和1构成的代码，几乎可以控制一切——从触发航天飞机起飞，到使航天飞机保持正确的角度重新进入地球大气层。

现代计算机中仍然广泛使用这种代码，并被称为美国信息交换标准码(American Standard Code for Information Interchange，ASCII)。无论数字电子计算机的规模和应用如何，它们只是一个系统，管理着以0和1的形式组织的信息流。

1.1 概述

模拟电子技术分析和处理的是模拟信号，数字电子技术分析和处理的是数字信号。在学习数字电子技术之前首先了解一下模拟信号与数字信号。

1.1.1 模拟信号与数字信号

在自然界中，形形色色的物理量尽管性质各异，但按其变化规律基本可以分为模拟量和数字量两大类。

模拟量是指在一定范围内可以取任意实数值的物理量，其在时间或数值上都是连续的，例如温度、压力、速度等，都属于模拟量。而描述模拟量的信号称为模拟信号，例如热电偶上的电压信号就是模拟信号，随着温度的变化，电压也随之变化。因此模拟信号具有无穷多的数值，其数学表达式也比较复杂，如正弦函数、指数函数等。

另一类物理量，在时间和数值上都是离散的，例如信号灯闪亮的次数、台阶的阶数等，这些物理量的变化发生在离散的瞬间。而描述数字量的信号称为数字信号，这类信号如开关的开与关等，都具有明显的二值特性。因此数字信号通常用逻辑 0 和逻辑 1 描述彼此相关又互相对立的两种离散状态，称为二值逻辑或数字逻辑。数字电路的各种功能就是通过逻辑运算和逻辑判断来实现的，所以数字电路又称为数字逻辑电路。

1.1.2 数字波形

数字信号在电路中往往表现为突变的电压或电流，图 1.1 展示了一个理想的周期性数字信号，从图中可以看到，该信号有两个特点：

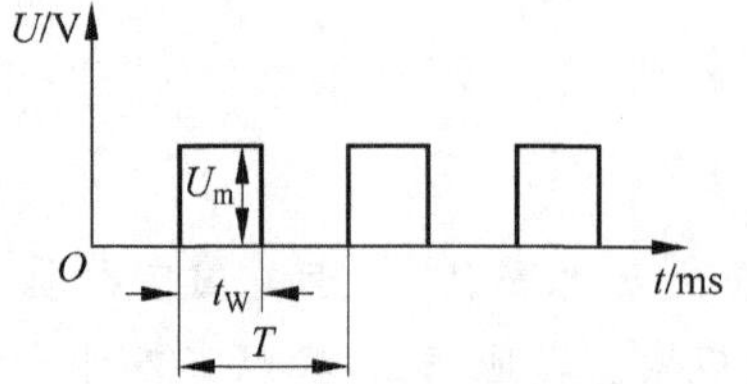

图 1.1 理想的周期性数字信号

(1) 信号只有两个电压值，高电平电压 U_m 和低电平电压 0V，因此可以用逻辑 1 和逻辑 0 分别表示这两个电压。

(2) 信号从高电平变为低电平，或者从低电平变为高电平是个突变的过程，发生在某些离散的时刻，所以这种信号又称为脉冲信号。

以下几个参数可以用来描绘一个理想的周期性数字信号。

U_m——信号幅度，表示电压波形变化的最大值。

T——信号的重复周期，信号的重复频率 $f=1/T$。

t_W——脉冲宽度，表示脉冲的作用时间。

q——占空比，表示脉冲宽度占整个周期的百分比，其定义为

$$q(\%)=\frac{t_W}{T}\times 100\% \tag{1.1}$$

图 1.2 展示了三个周期相同($T=20$ms)，但信号幅度、脉冲宽度及占空比各不相同的数字信号。

一个实际的数字信号常常是非理想的，如图1.3所示。对实际数字信号的描述，除上述几个参数外，还有两个重要参数。

t_r——上升时间，是指从脉冲幅度的10%上升到90%所需要的时间。

t_f——下降时间，是指从脉冲幅度的90%下降到10%所需要的时间。

此外，非理想数字信号的脉冲宽度 t_W 定义为脉冲幅值50%处，上升沿和下降沿两个时间点之间的时间间隔。

显然，上升时间 t_r 与下降时间 t_f 的值越小，越接近于理想波形。其典型值一般为几个纳秒(ns)。

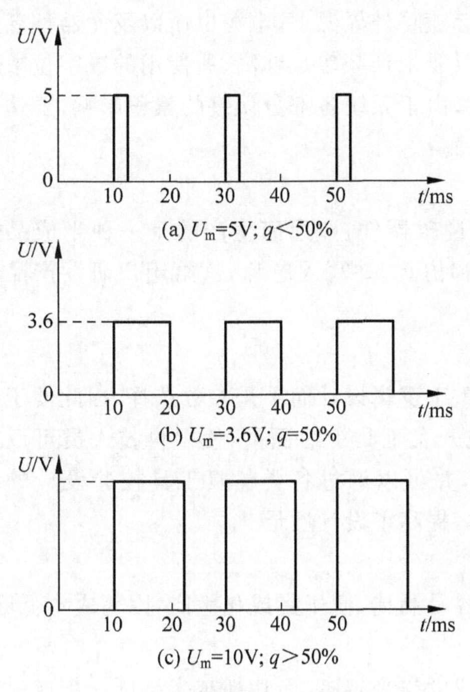

图1.2　周期相同的三个数字信号

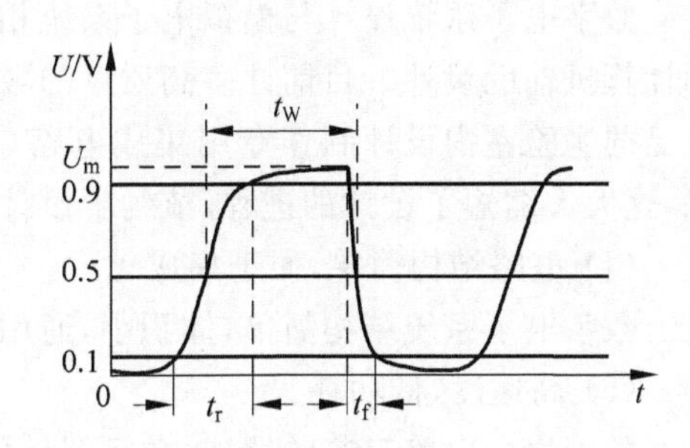

图1.3　实际的脉冲信号

例1.1　设某周期性数字信号波形的高电平持续时间为3ms，低电平持续时间为10ms，求其占空比 q。

解：由题中已知条件可知数字波形的脉冲宽度 $t_W=3\text{ms}$，周期 $T=3\text{ms}+10\text{ms}=13\text{ms}$，则

$$q(\%)=\frac{t_W}{T}\times 100\%=\frac{3}{13}\times 100\%=23.1\%$$

1.1.3　模拟系统与数字系统

电子系统是指由相互作用的基本电路和器件组成的能完成特定功能的电路整体。电子系统通常分为两大类：模拟系统和数字系统。

模拟系统(Analog System)是对模拟信息进行采集、存储、加工、传输、运算和处理的电子系统。模拟系统主要处理模拟信号，研究信号在处理过程中的波形变化以及器件和电路对信号波形的影响，即讨论信号的连续变化性，如放大电路、滤波器、正弦波振荡器、功率放

大器、电源等都属于模拟系统。

数字系统(Digital System)是用来对数字信息进行采集、存储、加工、传输、运算和处理的电子系统。数字系统主要处理数字信号,如计数器、寄存器、译码器等都属于数字系统。一个完整的数字系统通常由输入电路、输出电路、数据处理器、控制器和时钟电路五个部分组成。

与模拟系统相比,数字系统具有如下特点:

(1) 可靠性、稳定性和精度较高。

数字电子系统工作可靠、稳定性好。一般而言,对于一个给定的输入信号,数字电子系统的输出总是相同的,而模拟电子系统的输出则会随着外界温度、电源电压以及元器件老化等因素的变化而变化。而且对于数字电子系统,只要采样频率足够高、所使用的数字位数足够多,就能达到很高的精度,而用模拟方法实现时,由于系统各部分误差的累积影响,要达到与数字方法同样的精度和质量,设备往往复杂而昂贵。

(2) 可通过编程改变芯片的逻辑功能。

现代数字电子系统的设计,大多采用可编程逻辑器件,即厂家生产的是一种半成品芯片,用户可以根据需要在计算机上完成电路设计和仿真,并写入芯片,这给用户研发产品带来了极大的方便和灵活性。

(3) 容易采用计算机辅助设计。

数字电子系统设计与模拟电子系统相比,偏重于逻辑设计而不是参数选择,因此便于使用计算机辅助设计。目前许多高质量的数字系统开发工具纷纷面世,使得科技人员可以在自己的实验室内设计制作专用集成电路(ASIC),并可以通过各类仿真工具校验设计的结果,这大大缩短了设计的进程,节约了设计的成本,提高了设计质量。

(4) 电路结构简单,便于集成化。

数字电子系统结构简单,体积小,通用性强,容易制造,便于集成化生产,因而成本低廉。

(5) 高速度,低功耗。

随着集成电路工艺的发展,数字器件的工作速度越来越高,而功耗越来越低。集成电路中单管的开关速度可以做到小于 10^{-11}s。整体器件中,信号从输入到输出的传输时间小于 2×10^{-9}s。百万门以上的超大规模集成芯片的功耗,可以低达毫瓦级。

由于具有上述一系列优点,数字电路在电子设备或电子系统中得到了越来越广的应用,计算机、电视机、视频记录设备、通信及卫星系统等,无一不采用了数字电路。

思考题

1. 举例说明你身边哪些信号是模拟信号? 哪些信号是数字信号?
2. 举例说明你身边哪些电子设备属于模拟系统? 哪些属于数字系统?

1.2 数制

"数制"指的是进位计数制,即用进位的方式来计数。同一个数可以采用不同的数制来计量。通常人们生活中习惯于采用十进制计数,而在数字电路中常常采用二进制计数,常用的还有八进制、十六进制等。各种进制存在共同的规律,相互联系,并能相互转换。这些数制所用的数字符号叫做数码;某种数制所用数码的个数称为基数。

1.2.1　十进制系统

十进制(Decimal)是人们最常用的数制。它具有如下特点:

(1) 数码。十进制数由0,1,2,…,9十个数码组成,基数为10,逢10进1。它们从低位到高位依次排列,低位在右,高位在左。

(2) 位权。10^i,其中10代表基数,i代表十进制数的第i位。十进制数的计数规律是"逢10进1",因此,一个十进制数,小数点左边第一位记作10^0,第二位记作10^1,第三位记作10^2,依此类推;而小数点右边第一位记作10^{-1},第二位记作10^{-2},依此类推。通常把10^i称为对应数位的权,或称为位权,即基数的幂。这样,各数位表示的数值就是该位数码与权的乘积,称为加权系数。

例如:十进制数151.68可以写成:

$$(151.68)_{10} = 1\times10^2 + 5\times10^1 + 1\times10^0 + 6\times10^{-1} + 8\times10^{-2}$$

式中下标10表示该数字是十进制数,也可以用下标D表示。从中可以看出,每个数码处在不同位置代表的数值不同,即使同样的数码在不同的位置,代表的数值也不相同。

根据上述特点,任何一个十进制数均可以展开为

$$(N)_{10} = \sum_{i=-\infty}^{+\infty} k_i 10^i \tag{1.2}$$

该式称为按位权展开式。式中k_i是第i位的系数,它可以是0～9中的任何一个。若整数部分的位数是n,小数部分的位数是m,则i包含$n-1$～0的所有正整数和-1～$-m$的所有负整数。

十进制数虽然是人们常用的计数体制,但从计数电路的角度来看,要构成电路,必须要把电路的状态和计数符号对应起来,而因为十进制数有10个数码,电路就必须有10个能严格区别的状态与之对应,所以采用十进制计数会在技术上带来很多困难,因此在计数电路中一般不直接采用十进制数。

1.2.2　二进制系统

数字系统中最常使用的进制是二进制(Binary),和十进制类似,二进制具有如下特点:

(1) 数码。二进制数由0、1两个数码组成,基数为2,逢2进1。它们从低位到高位依次排列,低位在右,高位在左。

(2) 位权。2^i,其中2代表基数,i代表二进制数的第i位。二进制数的计数规律是"逢2进1",因此,左边第一位记作2^0,第二位记作2^1,第三位记作2^2,依此类推;而小数点右边第一位记作2^{-1},第二位记作2^{-2},依此类推。通常把2^i称为对应数位的权,或称为位权,即基数的幂。这样,各数位表示的数值就是该位数码与权的乘积,称为加权系数。

例如:二进制数101.11可以写成

$$(101.11)_2 = 1\times2^2 + 0\times2^1 + 1\times2^0 + 1\times2^{-1} + 1\times2^{-2}$$

式中下标2表示该数字是二进制数,也可以用下标B表示。从中可以看出,每个数码处在不同位置代表的数值不同,即使同样的数码,在不同的位置代表的数值也不相同,所以任何一个二进制数均可以展开为

$$(N)_2 = \sum_{i=-\infty}^{+\infty} k_i 2^i \tag{1.3}$$

目前数字电路普遍采用二进制系统，因为二进制有以下优点：

(1) 只有两个数码 0 和 1，很容易用电路元件的状态来表示。因此电路所用元件个数少，存储和传送数据可靠，装置简单稳定。

(2) 二进制的基本运算规则与十进制运算规则类似，但要简单得多。因为二进制数只有 0 和 1 两个符号，所以做加法、乘法等运算操作起来很简便。

与十进制相比，二进制数的缺点是：同样表示一个数，二进制数比十进制数位数多，如 2 位十进制数 87 变为二进制数为 1010111，需要 7 位；另外，人们对二进制数不熟悉，使用起来不习惯。

因此，在进行数字系统运算时，通常先将十进制数转换成二进制数，运算结束后，再将二进制数转换为十进制数。

1.2.3 八进制与十六进制系统

由于用二进制表示一个数所用位数要比十进制多，不便于书写和记忆，所以在实际应用中还常采用八进制(Octal)和十六进制。

与二进制和十进制表示方法类似，八进制数有八个数码：0,1,2,3,4,5,6,7,“逢 8 进 1”，所以八进制数可展开为

$$(N)_8 = \sum_{k=-\infty}^{+\infty} k_i 8^i \tag{1.4}$$

例如：八进制数 37.41 可以写成

$$(37.41)_8 = 3 \times 8^1 + 7 \times 8^0 + 4 \times 8^{-1} + 1 \times 8^{-2}$$

式中下标 8 表示该数字是八进制数，也可以用下标 O 表示。

十六进制数(Hexadecimal)有 16 个数码：0,1,2,3,4,5,6,7,8,9,A,B,C,D,E,F。其中 A～F 分别对应十进制数的 10～15，“逢 16 进 1”，展开式为

$$(N)_{16} = \sum_{i=-\infty}^{+\infty} k_i 16^i \tag{1.5}$$

例如：十六进制数 2A.7F 可写成

$$(2A.7F)_{16} = 2 \times 16^1 + 10 \times 16^0 + 7 \times 16^{-1} + 15 \times 16^{-2}$$

式中下标 16 表示该数字是十六进制数，也可以用下标 H 表示。

综上所述，任意进制数均可以写成如下展开式形式

$$D = \sum_{k=-\infty}^{+\infty} k_i N^i \tag{1.6}$$

其中：k_i 为第 i 位的系数，N^i 为第 i 位的权。

1.2.4 不同数制间相互转换

既然同一个数可以用十进制、二进制、八进制、十六进制等不同形式来表示，那么不同数制之间必然存在一定的相互转换关系。下面一一介绍。

1. 十进制数和二进制数相互转换

(1) 二进制数转换为十进制数

将二进制数转换为十进制数,就是根据式(1.3)把二进制数按位权展开后求和,其结果就是相应的十进制数。

例 1.2　将二进制数$(01010110)_2$和$(101.11)_2$转换为十进制数。

解:根据式(1.3)可得

$$\begin{aligned}(01010110)_2 &= 0\times 2^7+1\times 2^6+0\times 2^5+1\times 2^4+0\times 2^3+1\times 2^2+1\times 2^1+0\times 2^0\\ &= (86)_{10}\end{aligned}$$

$$(101.11)_2 = 1\times 2^2+0\times 2^1+1\times 2^0+1\times 2^{-1}+1\times 2^{-2} = (5.75)_{10}$$

(2) 十进数转换为二进制数

十进制数转换为二进制数包括两部分:整数转换和小数转换。整数转换一般采用连除法,“除 2 取余”,即把十进制数的整数部分连续除以 2,到商为 0 为止,再把每次得到的余数由低到高排列,即先得到的余数是低位,后得到的余数是高位。而小数部分转换采用连乘法,“乘 2 取整”,即把十进制的小数部分连续乘以 2,到小数部分为 0 或达到规定的精度为止,再把每次得到的整数由高到低排列,即先得到的是高位,后得到的是低位。

例 1.3　将十进制数$(26)_{10}$转换为二进制数。

解:根据上述原理,可按如下步骤将$(26)_{10}$转换为二进制数:

除数	被除数/商	余数	
2	26		
2	13	……余0	低位 ↑
2	6	……余1	
2	3	……余0	
2	1	……余1	
	0	……余1	高位

由上可得$(26)_{10}=(11010)_2$。

例 1.4　将十进制数$(0.8125)_{10}$转换为二进制数。

解:根据上述原理,可按如下步骤将$(0.8125)_{10}$转换为二进制数:

运算	取整	
0.8125 × 2 = 1.6250	……取整数1	高位 ↓
0.6250 × 2 = 1.2500	……取整数1	
0.2500 × 2 = 0.5000	……取整数0	
0.5000 × 2 = 1.0000	……取整数1	低位

由上可得$(0.8125)_{10}=(0.1101)_2$。

2. 十进制数和八进制、十六进制数相互转换

(1) 八进制、十六进制数转换为十进制数

将八进制、十六进制数转换为十进制数的原理与二进制数转换为十进制数相似。八进制数转换为十进制数就是根据式(1.4)将八进制数按位权展开后求和,其结果就是相应的十进制数;十六进制数转换为十进制数就是根据式(1.5)将十六进制数按位权展开后求和,其结果就是相应的十进制数。

例 1.5 将八进制数$(324.5)_8$转换为十进制数。

解:根据式(1.4)可得

$$(324.5)_8 = 3 \times 8^2 + 2 \times 8^1 + 4 \times 8^0 + 5 \times 8^{-1} = (212.625)_{10}$$

例 1.6 将十六进制数$(3A4.8)_{16}$转换为十进制数。

解:根据式(1.5)可得

$$(3A4.8)_{16} = 3 \times 16^2 + 10 \times 16^1 + 4 \times 16^0 + 8 \times 16^{-1} = (932.5)_{10}$$

(2) 十进制数转换为八进制、十六进制数

将十进制数转换为八进制、十六进制数的原理与十进制数转换为二进制数相似。十进制数转换为八(或十六)进制数也包括两部分:整数转换和小数转换。整数转换同样采用连除法,"除 8(或 16)取余",即把十进制数的整数部分连续除以 8(或 16),到商为 0 为止,再把每次得到的余数由低到高排列,即先得到的余数是低位,后得到的余数是高位。而小数部分转换采用连乘法,"乘 8(或 16)取整",即把十进制数的小数部分连续乘以 8(或 16),到小数部分为 0 或达到规定的精度为止,再把每次得到的整数由高到低排列,即先得到的是高位,后得到的是低位。

例 1.7 将十进制数$(3901)_{10}$分别转换为八进制和十六进制数。

解:根据上述原理,可按如下步骤将$(3901)_{10}$转换为八进制和十六进制数:

```
8 |3901      余数                16 |3901      余数
8 | 487  ……余5   ↑ 低位          16 | 243  ……余13, 写作D  ↑ 低位
8 |  60  ……余7   |               16 |  15  ……余3,  写作3  |
8 |   7  ……余4   |                      0  ……余15, 写作F  | 高位
       0  ……余7   | 高位
```

由上可得$(3901)_{10} = (7475)_8 = (F3D)_{16}$。

例 1.8 将十进制数$(0.76171875)_{10}$分别转换为八进制和十六进制数。

解:根据上述原理,可按如下步骤将$(0.76171875)_{10}$转换为八进制和十六进制数:

```
   0.76171875        取整
×           8
 ------------
   6.09375000   ……取整数6   | 高位
   0.09375000                |
×           8                |
 ------------                |
   0.75000000   ……取整数0   |
   0.75000000                |
×           8                |
 ------------                |
   6.00000000   ……取整数6   ↓ 低位
```

```
     0.76171875          取整
×            16
    12.18750000    ……取整数12，写作C  │ 高位
     0.18750000                       │
×            16                       │
     3.00000000    ……取整数3，写作3   ↓ 低位
```

由上可得$(0.76171875)_{10}=(0.606)_8=(0.C3)_{16}$。

3. 二进制和八进制、十六进制相互转换

二进制、八进制与十六进制之间的转换比较简单，即三位二进制数对应一位八进制数，四位二进制数对应一位十六进制数。其转换过程为：将二进制数转换为八进制或十六进制时，从二进制数小数点开始，分别向左、向右按三位（转换为八进制）或四位（转换为十六进制）分组，不足三位或四位的补0，然后将每组对应转换为八进制或十六进制数，就可得到相应的八进制或十六进制数。而将八进制或十六进制转换为二进制数的过程和上述相反。

例如：

$$(010011100001.000110)_2=(2341.06)_8$$

$$(010011101011.00011100)_2=(4EB.1C)_{16}$$

$$(4231.65)_8=(100010011001.110101)_2$$

$$(5BE.C2)_{16}=(010110111110.11000010)_2$$

1.2.5 二进制代码

数字系统中不仅要用到数字，还要用到文字、符号和控制信号等。为了表示这些信息，通常用一定位数的二进制数来表示特定的文字、数字和符号等信息，称为二进制代码。把用二进制代码表示有关信息的过程称为二进制编码。

二进制代码一般并不表示数量的大小，仅用于区别不同的事物。例如在体育竞赛中，通常给每个运动员一个号码，这些号码只表示不同的人，没有数量大小的含义。

若需要编码的信息有 N 项，则需要的二进制代码的位数 n 应满足以下关系

$$2^n \geqslant N \tag{1.7}$$

1. 二-十进制代码

用4位二进制代码表示十进制数中的0～9这10个数码，称为二-十进制代码，又称为BCD码(Binary Coded Decimal)。BCD码在人们常用的十进制数与数字系统中使用的二进制数之间建立了一种联系。

4位二进制数有16种不同的组合方式，即16种代码，根据排列规则，从中选出10种来表示十进制数的10个数码，就形成不同的代码。常见的BCD码有8421码、余3码、2421码、5211码、余3循环码等，如表1.1所示。其中，8421码、2421码、5211码为有权码，即在这些表示0～9这10个数字的四位二进制代码中，每位数码都有确定的位权，所以可以根据位权展开求得所代表的十进制数。其中8421码是最常用的编码。在这种编码中，每一位二进制代码都代表一个固定的十进制数值，称为这一位的权。从左到右每一位的权分别为8，4，2，1，所以把这种代码称为8421码，把代码中所有取值为1的各位的权相加就得到相应的

十进制数码。

例如：

$$(0100\ 1001\ 0011.0001\ 0101)_{8421BCD}=(493.15)_{10}$$

$$(570.62)_{10}=(0101\ 0111\ 0000.0110\ 0010)_{8421BCD}$$

表1.1中的余3码为无权码，余3循环码为变权码。它们每位代码无确定的权，因此不能按权展开来求它所表示的十进制数。但这些代码都各有特点，在不同的场合可以根据具体需要选用。

表1.1 常用BCD码表

十进制数	常见的BCD码				
	8421码	余3码	2421码	5211码	余3循环码
0	0000	0011	0000	0000	0010
1	0001	0100	0001	0001	0110
2	0010	0101	0010	0100	0111
3	0011	0110	0011	0101	0101
4	0100	0111	0100	0111	0100
5	0101	1000	1011	1000	1100
6	0110	1001	1100	1001	1101
7	0111	1010	1101	1100	1111
8	1000	1011	1110	1101	1110
9	1001	1100	1111	1111	1010
权	8421		2421	5211	

2. 格雷码

格雷码也是一种循环码，如表1.2所示。格雷码的最大特点是任何相邻的两个代码只有一位不同，因此常用于将模拟量转换成用连续二进制数序列表示数字量的系统中。当模拟量发生微小变化而引起数字量从一位变化到相邻位时(例如从7到8)，格雷码是从0100变到1100，只有b_3位从0变到1，其余三位保持不变。而对于自然二进制码，是从0111变到1000，四位全都发生变化，如果四位在变化过程中所需时间不一样长，就容易出现瞬间错误代码。例如b_3位由0变到1所需时间比b_2、b_1和b_0位由1变到0所需时间长，则会产生瞬间错误代码0000，格雷码可以避免错误代码出现。

表1.2 格雷码

二进制代码				格雷码				二进制代码				格雷码			
b_3	b_2	b_1	b_0	G_3	G_2	G_1	G_0	b_3	b_2	b_1	b_0	G_3	G_2	G_1	G_0
0	0	0	0	0	0	0	0	1	0	0	0	1	1	0	0
0	0	0	1	0	0	0	1	1	0	0	1	1	1	0	1
0	0	1	0	0	0	1	1	1	0	1	0	1	1	1	1
0	0	1	1	0	0	1	0	1	0	1	1	1	1	1	0
0	1	0	0	0	1	1	0	1	1	0	0	1	0	1	0
0	1	0	1	0	1	1	1	1	1	0	1	1	0	1	1
0	1	1	0	0	1	0	1	1	1	1	0	1	0	0	1
0	1	1	1	0	1	0	0	1	1	1	1	1	0	0	0

3. 美国信息交换标准代码

美国信息交换标准代码(ASCII 码)是目前国际上通用的一种字符码,它是用 7 位二进制代码来表示数字、字母、控制符、运算符以及特殊符号,主要用于计算机键盘、打印机、绘图仪等外设与计算机之间传递信息,如表 1.3 所示。

表 1.3　ASCII 码表

$b_3b_2b_1b_0$	$b_6b_5b_4$							
	000	**001**	**010**	**011**	**100**	**101**	**110**	**111**
0000	NUL	DLE	SP	0	@	P	`	p
0001	SOH	DC1	!	1	A	Q	a	q
0010	STX	DC2	"	2	B	R	b	r
0011	ETX	DC3	#	3	C	S	c	s
0100	EOT	DC4	$	4	D	T	d	t
0101	ENQ	NAK	%	5	E	U	e	u
0110	ACK	SYN	&	6	F	V	f	v
0111	BEL	ETB	'	7	G	W	g	w
1000	BS	CAN	(	8	H	X	h	x
1001	HT	EM	)	9	I	Y	i	y
1010	LF	SUB	*	:	J	Z	j	z
1011	VT	ESC	+	;	K	[	k	{
1100	FF	FS	,	<	L	\	l	|
1101	CR	GS	-	=	M	]	m	}
1110	SO	RS	.	>	N	^	n	~
1111	SI	US	/	?	O	_	o	DEL

思考题

1. 举例说明在日常生活中,除了十进制数,还用到哪些数制?
2. 怎样将十进制数转换为二进制数? 怎样将二进制数转换为十进制数?
3. 二进制数和八进制数、十六进制数如何相互换算?
4. 二进制代码有哪些? 各有什么特点?

1.3 逻辑运算

数字系统通常很复杂,在分析和设计数字系统时,常常借助数学工具——逻辑代数。逻辑代数描述的是一种逻辑关系,即事物的因果关系。与普通代数一样,逻辑代数中的变量也用英文字母 A,B,C 等来表示,称为逻辑变量。逻辑变量分为输入变量和输出变量,但其含义与普通代数有着本质区别,在普通代数中,变量的取值是任意的,而在逻辑代数中,逻辑变量的取值只有两种:0 或 1,因此也称为二值逻辑。0 和 1 不再表示数字的大小,而表示两种对立的状态,如表 1.4 所示。

表 1.4 逻辑变量对立状态表

一种状态	高电平	真	是	有	…	1	0
另一种状态	低电平	假	非	无	…	0	1

输入变量与输出变量之间存在的因果关系也可表示为一种函数关系,即逻辑函数:$Y=f(A,B,C\cdots)$。在逻辑代数中,最基本的逻辑关系有三种:"与"逻辑关系、"或"逻辑关系和"非"逻辑关系。此外还有一些复合逻辑关系。

1.3.1 "与"逻辑运算

在现实生活中存在这样一种因果关系,当决定某一事件的所有条件都具备时,事件才发生,这种逻辑关系称为"与"逻辑。其逻辑表达式可写为

$$Y=A\cdot B \tag{1.8}$$

式中"·"表示与运算,可省略。

在数字电路中,实现"与"逻辑关系的电路称为"与"门,其逻辑符号如图1.4所示。"与""门"可以有多个输入端,一个输出端,所以多输入"与"门可表示为

$$Y=A\cdot B\cdot C\cdot\cdots \tag{1.9}$$

图1.5为一个典型的与逻辑电路,决定灯亮的条件是两个开关 A 和 B。只有当两个开关 A 和 B 都闭合时,灯 Y 才会亮,只闭合其中一个开关,灯 Y 不会亮。所以这是一个"与"逻辑电路。表1.5描述了上述逻辑功能。

用二值逻辑1和0来表示表1.5中的逻辑功能,则得到表1.6,即"与"逻辑真值表。设开关断开用0表示,闭合用1表示;灯灭用0表示,灯亮用1表示。

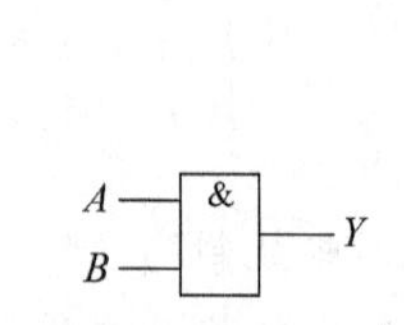

图1.4 "与"门逻辑符号

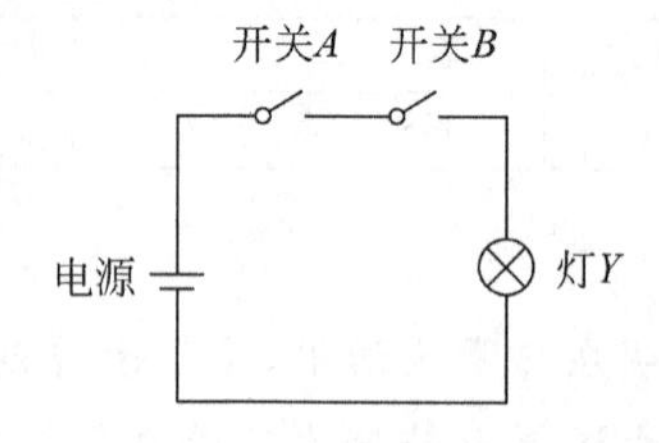

图1.5 "与"逻辑电路

表 1.5 "与"电路功能表

A	B	Y
断	断	灭
断	合	灭
合	断	灭
合	合	亮

表 1.6 "与"逻辑真值表

A	B	Y
0	0	0
0	1	0
1	0	0
1	1	1

1.3.2 "或"逻辑运算

在实际逻辑问题中,当决定一件事情的几个条件中,只要有一个或一个以上条件具备,这件事情就会发生,则这种因果关系称为"或"逻辑。其逻辑表达式可写为

$$Y = A + B \tag{1.10}$$

式中符号“+”表示或运算。

在数字电路中，实现“或”逻辑关系的电路称为“或”门，其逻辑符号如图1.6所示。“或”门同样可以有多个输入端，一个输出端，所以多输入“或”门可表示为

$$Y = A + B + C + \cdots \tag{1.11}$$

图1.7为一个典型的“或”逻辑电路，决定灯亮的条件是两个开关 A 和 B。当两个开关 A 和 B 中有一个闭合，或者两个开关都闭合时，灯 Y 就会亮，而只有两个开关都断开时灯 Y 才不亮。所以这是一个“或”逻辑电路。表1.7描述了“或”逻辑功能。

用二值逻辑1和0来表示表1.7中的逻辑功能，则得到表1.8，即“或”逻辑真值表。

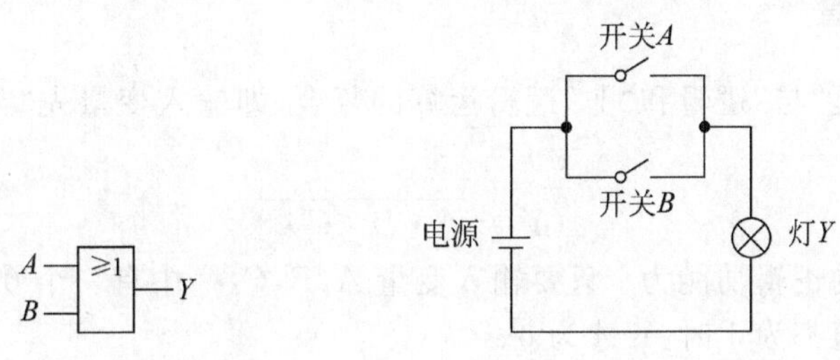

图1.6 “或”逻辑符号　　图1.7 “或”逻辑电路

表1.7 “或”电路功能表

A	B	Y
断	断	灭
断	合	亮
合	断	亮
合	合	亮

表1.8 “或”逻辑真值表

A	B	Y
0	0	0
0	1	1
1	0	1
1	1	1

1.3.3 “非”逻辑运算

在解决实际问题时，还有一种逻辑关系，即“非”逻辑：某事件是否发生，仅取决于一个条件，只要该条件具备，事件便不会发生；只有条件不具备时，事件才会发生。其逻辑表达式可写为

$$Y = \overline{A} \tag{1.12}$$

式中符号“—”表示非运算，称为“非”或“反”。通常变量 A 称为原变量，而 $\overline{A}$ 称为反变量。

实现“非”逻辑关系的电路称为“非”门，其逻辑符号如图1.8所示。典型的“非”逻辑电路如图1.9所示。“非”逻辑功能表和真值表分别如表1.9和表1.10所示。

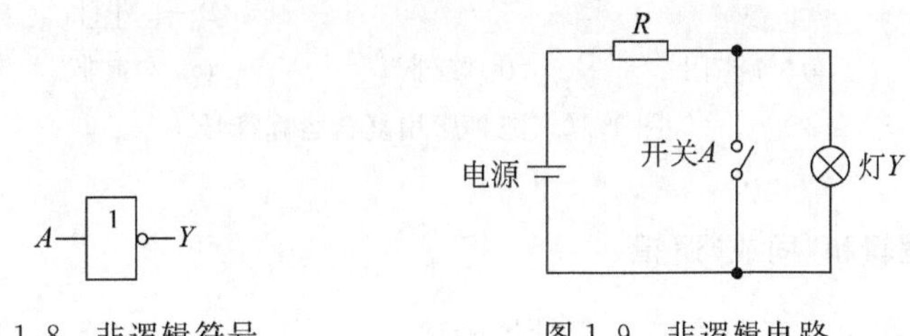

图1.8 非逻辑符号　　图1.9 非逻辑电路

表 1.9 “非”逻辑功能表

A	Y
断	亮
合	灭

表 1.10 “非”逻辑真值表

A	Y
0	1
1	0

1.3.4 其他常用逻辑运算

数字系统中,虽然很多复杂的逻辑运算都可以由“与”“或”“非”三种基本逻辑运算组合完成,但在实际应用中,为了方便,还经常采用一些复合门,相应的逻辑关系称为复合逻辑关系。

1. “与非”逻辑

“与非”逻辑是“与”逻辑和“非”逻辑运算的复合,即输入变量先“与”再“非”。其逻辑表达式为

$$Y = \overline{A \cdot B \cdot C \cdot \cdots} \tag{1.13}$$

“与非”运算的逻辑功能为:只要输入变量 $A,B,C,\cdots$ 中有一个 0,则函数 Y 为 1;只有所有输入变量取值都为 1 时,Y 才为 0。

实现“与非”逻辑的电路称为“与非”门,其逻辑符号如图 1.10(a)所示。

2. “或非”逻辑

“或非”逻辑是“或”逻辑和“非”逻辑运算的复合,即输入变量先“或”再“非”。其逻辑表达式为

$$Y = \overline{A + B + C + \cdots} \tag{1.14}$$

“或非”运算的逻辑功能为:只要输入变量 $A,B,C,\cdots$ 中有一个为 1,则函数 Y 为 0;只有所有输入变量取值都为 0 时,Y 才为 1。

实现“或非”逻辑的电路称为“或非”门,其逻辑符号如图 1.10(b)所示。

3. “与或非”逻辑

该逻辑运算是由“与”逻辑、“或”逻辑、“非”逻辑三种运算复合而成的。输入变量运算顺序为先“与”,再“或”,后“非”。其逻辑表达式可表示为

$$Y = \overline{AB + CD + \cdots} \tag{1.15}$$

实现“与或非”逻辑的电路称为“与或非”门,其符号如图 1.10(c)所示。

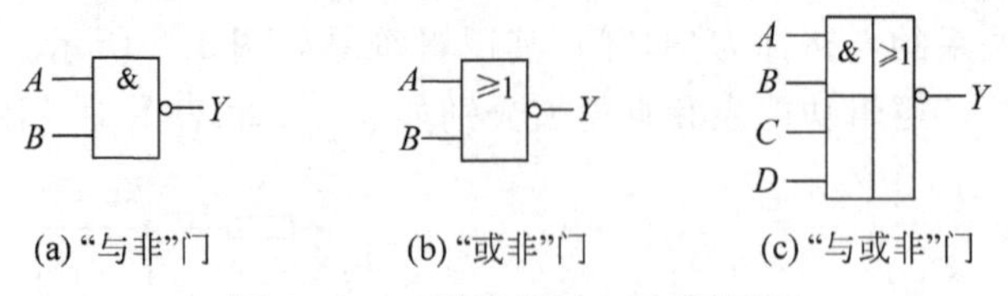

图 1.10 三种常用复合运算符号

4. “异或”逻辑和“同或”逻辑

这两种逻辑均为只有两个输入变量的函数。

当两个变量取值相同时，逻辑函数值为 0；当两个变量取值不同时，逻辑函数值为 1。这种逻辑关系为"异或"逻辑。其函数表达式为

$$Y = A \oplus B = A\overline{B} + \overline{A}B \tag{1.16}$$

实现"异或"逻辑关系的逻辑门称为"异或"门，其逻辑符号如图 1.11(a)所示。

与"异或"逻辑相反，"同或"逻辑是：当两个变量取值相同时，逻辑函数值为 1；当两个变量取值不同时，逻辑函数值为 0。其函数表达式为

$$Y = A \odot B = AB + \overline{A}\,\overline{B} \tag{1.17}$$

实现"同或"逻辑关系的逻辑门称为"同或"门，其逻辑符号如图 1.11(b)所示。

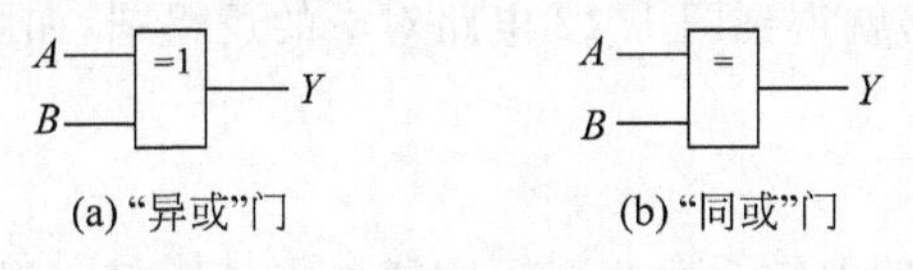

图 1.11 "异或"符号与"同或"符号

1.3.5 逻辑函数的表示方法

逻辑函数的表示方法有很多，常用的有真值表、逻辑函数表达式、逻辑图、波形图和卡诺图等。卡诺图表示方法将在 1.6 节介绍，下面通过一个简单的实例介绍前四种表示方法。

图 1.12 展示了一个楼梯照明灯控制电路。单刀双掷开关 A 装在楼下，B 装在楼上，这样可以实现在楼下开灯后，到楼上再关灯；同样也可以在楼上开灯后，到楼下再关灯。

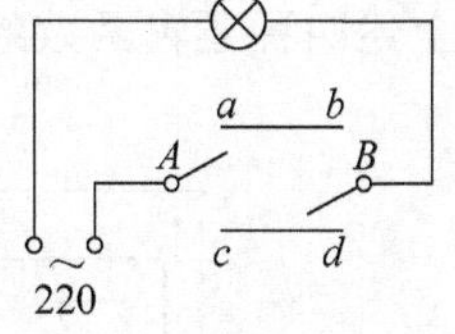

图 1.12 楼梯照明控制电路

1. 真值表

真值表是将输入逻辑变量的各种可能取值和相应的输出变量值排列在一起而组成的表格。

在图 1.12 所示的电路中，设 Y 表示灯的状态，$Y=1$ 表示灯亮；$Y=0$ 表示灯不亮。A 和 B 表示开关 A 和 B 的位置，用 1 表示开关扳向上，用 0 表示开关扳向下。则输出变量 Y 与输入变量 A、B 的逻辑关系真值表如表 1.11 所示。

表 1.11 图 1.12 所示电路的真值表

A	*B*	*Y*
0	0	1
0	1	0
1	0	0
1	1	1

2. 逻辑函数表达式

函数表达式就是把输入与输出之间的逻辑关系写成"与""或""非"等运算的组合式。由真值表 1.11 可知，在 A、B 四种状态组合中，只有 $A=B=0$ 和 $A=B=1$ 两种组合可以使灯亮。两个输入变量之间是"与"运算，而两种状态组合之间是"或"运算。通常真值表中的逻

辑变量凡取值为1的用原变量表示,取值为0的用反变量表示。将表1.11中所有使输出变量Y取值为1的输入变量组合进行或运算,就得到其逻辑函数表达式

$$Y = A \cdot B + \overline{A} \cdot \overline{B} \tag{1.18}$$

3. 逻辑图

将逻辑函数表达式中各变量的"与""或""非"等逻辑关系用逻辑符号表示出来所得到的图形称为逻辑图。

将式(1.18)中所有"与""或""非"运算用相应的逻辑符号代替,并按照逻辑运算的先后次序将这些符号连接起来,就得到图1.12电路对应的逻辑图,如图1.13所示。

4. 波形图

将输入变量所有可能的取值组合与对应的输出信号按时间顺序依次排列起来画成的图形,称为逻辑函数的波形图。

图1.12中电路的波形图如图1.14所示。从图中可以看出,在t_1时间段内,输入信号A、B均为高电平1,根据表1.11或式(1.18)可知,此时输出Y为高电平。依此类推,可以得出图1.12中电路的波形图。从图中可以直观地看出,对于"同或"逻辑关系,当输入变量A和B相同时,输出为1,否则输出为0。

上述四种逻辑函数的表示方法描述的是同一种逻辑关系,因此可以相互转换。

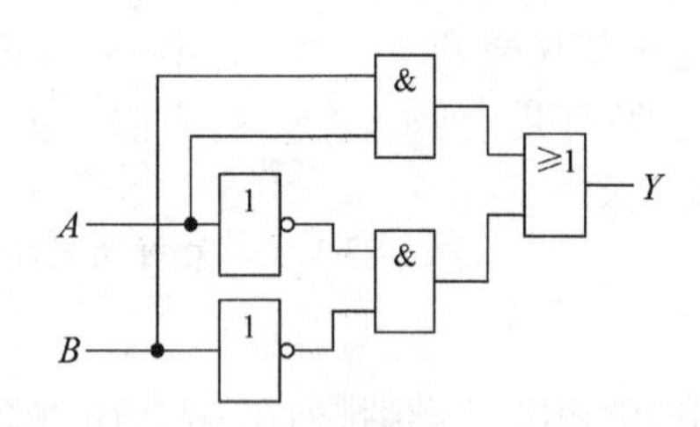

图1.13 图1.12电路对应的逻辑图

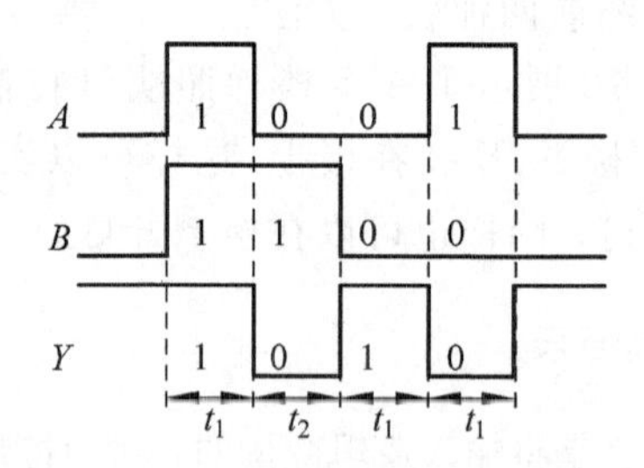

图1.14 图1.12中电路的波形图

思考题

1. 试举出现实生活中存在的符合"与""或""非"逻辑关系的几个例子。
2. 试分析"同或"运算和"异或"运算之间的逻辑关系。
3. 试列出"与非""或非""与或非""异或""同或"逻辑的真值表。
4. 逻辑函数有哪些表示方法?它们之间如何相互转换?

1.4 逻辑代数

与普通代数类似,逻辑代数具有一系列要遵循的定律和规则,有些在形式上与普通代数一样,但含义不同,而有些定律和规则则是逻辑代数特有的。

1.4.1 逻辑代数基本定律

根据逻辑代数中"与""或""非"三种基本逻辑运算规则,可以推导出下面逻辑代数的常

用基本定律。

1. 交换律

$$AB=BA,\quad A+B=B+A$$
$$A\oplus B=B\oplus A,\quad A\odot B=B\odot A$$

2. 结合律

$$(A\cdot B)\cdot C=A\cdot(B\cdot C)$$
$$(A+B)+C=A+(B+C)$$
$$(A\oplus B)\oplus C=A\oplus(B\oplus C)$$
$$(A\odot B)\odot C=A\odot(B\odot C)$$

3. 分配律

$$A(B+C)=AB+AC$$
$$A+BC=(A+B)(A+C)$$
$$A\cdot(B\oplus C)=AB\oplus AC$$

4. 同一律

$$A\cdot A=A,\quad A+A=A$$

5. 还原律

$$\overline{\overline{A}}=A$$

6. 德·摩根定律

$$\overline{A\cdot B}=\overline{A}+\overline{B},\quad \overline{A+B}=\overline{A}\cdot\overline{B}$$

上述定律是逻辑代数中常用的基本定律，其正确性可以通过真值表来验证。如果等式成立，即变量的任何一组取值代入公式的左右两边结果应该相等，等式两边所对应的真值表也应相同。

例 1.9 证明公式$\overline{A\cdot B}=\overline{A}+\overline{B}$，$\overline{A+B}=\overline{A}\cdot\overline{B}$ 成立。

解：将 A、B 的所有取值逐一代入每个表达式的两边，算出相应结果，即得到表 1.12。可以看出，等式两边对应的真值表相同，所以等式成立。

表 1.12 例 1.9 的真值表

A	B	$A\cdot B$	$\overline{A\cdot B}$	$\overline{A}$	$\overline{B}$	$\overline{A}+\overline{B}$	$A+B$	$\overline{A+B}$	$\overline{A}\cdot\overline{B}$
0	0	0	1	1	1	1	0	1	1
0	1	0	1	1	0	1	1	0	0
1	0	0	1	0	1	1	1	0	0
1	1	1	0	0	0	0	1	0	0

相等（$\overline{A\cdot B}$ 与 $\overline{A}+\overline{B}$）　相等（$\overline{A+B}$ 与 $\overline{A}\cdot\overline{B}$）

1.4.2 逻辑代数的基本规则

逻辑代数中有三个重要的基本规则：代入规则、反演规则、对偶规则。

1. 代入规则

在任何逻辑代数等式中，如果将等式两边出现的某一变量都代之以一个逻辑函数，则等式仍然成立。

例如：已知$\overline{A+B}=\overline{A}\cdot\overline{B}$，用函数$A+C$代替$A$，则可得到

$$\overline{(A+C)+B}=\overline{A+C}\cdot\overline{B}=\overline{A}\cdot\overline{C}\cdot\overline{B}$$

利用代入规则，可以将基本等式和基本定律中的某一变量都用某一函数来代替，从而扩大其应用范围。但在运用代入规则时应注意，必须是等式中出现相应变量的位置都代之以同一逻辑函数，否则等式不成立。

2. 反演规则

将已知的逻辑函数式Y作如下变换："·"换成"+"，"+"换成"·"；0换成1，1换成0；原变量换成反变量，反变量换成原变量，则所得到的新的函数为$\overline{Y}$，称为原函数Y的反函数。这个变换规则称为反演规则。反演规则可以用来求一个函数的反函数。

应用反演规则时要注意以下几点：

(1) 变换时的运算顺序。先"括号"再"与"再"或"。

(2) 变换时应保持原函数的运算顺序不变。

(3) 变换时，不属于单个变量上的非号应保留不变。

例如：

已知 $Y_1=A(B+C)+CD$， 则 $\overline{Y_1}=(\overline{A}+\overline{B}\overline{C})(\overline{C}+\overline{D})$

已知 $Y_2=\overline{\overline{A\overline{B}+C}+D}+C$， 则 $\overline{Y_2}=\overline{\overline{(\overline{A}+B)\cdot\overline{C}}\cdot\overline{D}}\cdot\overline{C}$

3. 对偶规则

将已知的逻辑函数式Y作如下变换："·"换成+，+换成"·"；0换成1，1换成0，则所得到的新函数为原函数的对偶函数Y'。这个变换规则称为对偶规则。

应用对偶规则时同样要遵循反演规则的注意事项(1)、(2)。

例如：

已知 $Y_1=A(B+C)+CD$， 则 $Y_1'=(A+BC)(C+D)$

已知 $Y_2=\overline{\overline{A\overline{B}+C}+D}+C$， 则 $Y_2'=\overline{\overline{(A+\overline{B})C}\cdot D}\cdot C$

对偶规则常用于证明等式的成立，若两个函数的对偶式相等，则它们的原函数也相等；相反，若两个函数原函数相等，则它们的对偶式也相等。

1.4.3 逻辑函数表达式及变换

一个逻辑函数$Y=f(A,B,C,\cdots)$在概念上与普通代数有着本质区别：逻辑函数自身和

逻辑变量的取值只有 0 和 1 两种；逻辑函数和变量之间的关系完全由“与”“或”“非”三种基本运算确定。

在实际的逻辑问题中，逻辑函数表达式不是唯一的，可以有多种形式，它们之间可以相互转换。常用的函数表达式主要有下列几种形式：

$$Y = AB + \overline{A}C \quad \text{“与-或”表达式}$$
$$= (\overline{A} + B)(A + C) \quad \text{“或-与”表达式}$$
$$= \overline{\overline{AB} \cdot \overline{\overline{A}C}} \quad \text{“与非-与非”表达式}$$
$$= \overline{\overline{\overline{A} + B} + \overline{A + C}} \quad \text{“或非-或非”表达式}$$
$$= \overline{A\overline{B} + \overline{A}\overline{C}} \quad \text{“与或非”表达式}$$

在逻辑函数的多种表达式中，“与-或”表达式是最基本、最常用的表达形式。所谓“与-或”式是指函数逻辑表达式是由几个“与”项相加构成的。

思考题

1. 在逻辑代数的基本公式中，哪些公式的运算规则和普通代数的运算规则相同？哪些不同？

2. 在应用反演规则求逻辑函数的反函数时，如何处理运算顺序和“非”号？

1.5 逻辑函数的公式化简法

在数字系统中，逻辑函数最终要由逻辑电路来实现。一个逻辑函数表达式的复杂程度直接影响到实现其功能的逻辑电路的复杂性。但从实际逻辑问题中得到的逻辑函数往往不是最简单的，因此，为了达到节省元器件、降低成本、提高电路可靠性的目的，就要对逻辑函数进行化简。

逻辑函数的常用化简方法有三种：公式化简法（代数化简法）、卡诺图化简法（图形化简法）及表格法（Q-M 法）。本节及 1.6 节重点介绍前两种方法。

公式化简法是指运用基本公式、基本定理和基本规则消去逻辑函数中多余的乘积项及多余的因子，使函数式达到最简。通常是将一个逻辑函数化简为最简“与或”表达式。

1.5.1 公式化简法中的常用公式

逻辑代数公式化简法中常常用到如下几组公式。

(1) 常量之间的关系（常量：0 和 1），如表 1.13 所示。

表 1.13 常量关系公式

与逻辑	或逻辑	非逻辑
$0 \cdot 0=0$	$0+0=0$	$\overline{0}=1$
$0 \cdot 1=0$	$0+1=1$	$\overline{1}=0$
$1 \cdot 1=1$	$1+1=1$	

(2) 变量和常量的关系(变量：$A,B,C,\cdots$)，如表1.14所示。

表1.14 变量和常量关系公式

与逻辑	或逻辑	非逻辑	异或逻辑
$A\cdot 0=0$ $A\cdot 1=A$	$A+0=A$ $A+1=1$	$A\overline{A}=0$ $A+\overline{A}=1$	$A\oplus 1=\overline{A}$ $A\oplus 0=A$ $A\oplus A=0$ $A\oplus \overline{A}=1$

(3) 若干常用公式：

① $AB+A\overline{B}=A$；

② $A+AB=A$，推广：$A+A(\cdots)=A$；

③ $A+\overline{A}B=A+B$；

④ $AB+\overline{A}C+BC=AB+\overline{A}C$；

⑤ $\overline{A\overline{B}+\overline{A}B}=\overline{A}\,\overline{B}+AB$，$\overline{\overline{A}\,\overline{B}+AB}=A\overline{B}+\overline{A}B$；

⑥ $\overline{AB+\overline{A}C}=A\,\overline{B}+\overline{A}\,\overline{C}$。

公式化简法没有固定的模式和步骤，只有熟记上述常用的公式、定理，并熟练运用，才能快速、准确地化简函数。在一些较为复杂的函数化简中还需要有一定的技巧和经验。

1.5.2 公式化简法中的常用方法

公式化简法中常用到如下几种方法。

1. 并项法

利用公式 $AB+A\overline{B}=A$ 将两项合并为一项，并消掉一对互补因子 B 和 $\overline{B}$。其中，A 和 B 不仅可以是单个变量，还可以是复杂的逻辑式。

例1.10 试用并项法将下列逻辑函数化简为最简"与或"式表达式：

(1) $Y=ABC+AB\overline{C}+\overline{A}B$；

(2) $Y=ABC+A\overline{B}\overline{C}+AB\overline{C}+A\overline{B}C$。

解：

(1)

$$\begin{aligned}Y&=ABC+AB\overline{C}+\overline{A}B\\&=AB(C+\overline{C})+\overline{A}B\\&=AB+\overline{A}B=B\end{aligned}$$

(2)

$$\begin{aligned}Y&=ABC+A\overline{B}\overline{C}+AB\overline{C}+A\overline{B}C\\&=A(BC+\overline{B}\overline{C})+A(B\overline{C}+\overline{B}C)\\&=A\cdot\overline{B\oplus C}+A(B\oplus C)\\&=A\end{aligned}$$

或

$$
\begin{aligned}
Y &= ABC + A\overline{B}\overline{C} + AB\overline{C} + A\overline{B}C \\
&= AB(C+\overline{C}) + A\overline{B}(C+\overline{C}) \\
&= AB + A\overline{B} \\
&= A
\end{aligned}
$$

2. 吸收法

利用公式 $A+AB=A$ 将两项合并成一项，消去多余的乘积项。A 和 B 同样可以是复杂的逻辑式。

例 1.11　试用吸收法将下列逻辑函数化简为最简“与或”式表达式：

(1) $Y=\overline{AB}+\overline{A}CD+\overline{B}CD$；

(2) $Y=A+\overline{\overline{A}\cdot\overline{BC}}(\overline{A}+\overline{\overline{BC}+D})+BC$；

解：

(1)

$$
\begin{aligned}
Y &= \overline{AB} + \overline{A}CD + \overline{B}CD \\
&= \overline{AB} + (\overline{A}+\overline{B})CD \\
&= \overline{AB} + \overline{AB}CD = \overline{AB} = \overline{A}+\overline{B}
\end{aligned}
$$

(2)

$$
\begin{aligned}
Y &= A + \overline{\overline{A}\cdot\overline{BC}}(\overline{A} + \overline{\overline{BC}+D}) + BC \\
&= (A+BC) + (A+BC)(\overline{A} + \overline{\overline{BC}+D}) \\
&= A + BC
\end{aligned}
$$

3. 消去法

利用公式 $A+\overline{A}B=A+B$ 消去“与”项中多余的因子 $\overline{A}$。A 和 B 仍然可以是复杂的逻辑式。

例 1.12　试用消去法将下列逻辑函数化简为最简“与或”式表达式：

(1) $Y=AB+\overline{A}C+\overline{B}C$；

(2) $Y=\overline{A}B+A\overline{B}+\overline{A}\overline{B}C+ABC$。

解：

(1)

$$
\begin{aligned}
Y &= AB + \overline{A}C + \overline{B}C \\
&= AB + (\overline{A}+\overline{B})C \\
&= AB + \overline{AB}C \\
&= AB + C
\end{aligned}
$$

(2)

$$
\begin{aligned}
Y &= \overline{A}B + A\overline{B} + \overline{A}\overline{B}C + ABC \\
&= \overline{A}(B+\overline{B}C) + A(\overline{B}+BC) \\
&= \overline{A}(B+C) + A(\overline{B}+C) \\
&= \overline{A}B + A\overline{B} + \overline{A}C + AC \\
&= \overline{A}B + A\overline{B} + C
\end{aligned}
$$

4. 配项消项法

利用公式 $AB+\overline{A}C+BC=AB+\overline{A}C$ 将冗余项 BC 消掉。A、B、C 均可以为复杂的逻辑式。这个公式有一个推论：$AB+\overline{A}C+BC(\cdots)=AB+\overline{A}C$,括号部分可以为任意表达式。

例 1.13 试用配项法将下列逻辑函数化简为最简"与或"式表达式：

(1) $Y=\overline{B}\overline{C}+\overline{A}C+A\overline{C}+BC+AB$;

(2) $Y=\overline{A}B+AC+\overline{B}\overline{C}+A\overline{B}+\overline{A}\overline{C}+BC$。

解：

(1)

$$\begin{aligned}Y&=\overline{B}\overline{C}+\overline{A}C+A\overline{C}+BC+AB\\&=\overline{B}\overline{C}+\overline{A}C+AB\end{aligned}$$

或

$$\begin{aligned}&=\overline{B}\overline{C}+\overline{A}C+A\overline{C}+BC+\overline{A}\overline{B}\\&=\overline{A}\overline{B}+A\overline{C}+BC\end{aligned}$$

(2)

$$\begin{aligned}Y&=\overline{A}B+AC+\overline{B}\overline{C}+A\overline{B}+\overline{A}\overline{C}+BC\\&=\overline{A}B+AC+\overline{B}\overline{C}\end{aligned}$$

或

$$\begin{aligned}&=\overline{A}B+AC+\overline{B}\overline{C}+A\overline{B}+\overline{A}\overline{C}+BC\\&=A\overline{B}+\overline{A}\overline{C}+BC\end{aligned}$$

从例 1.13 可以看出,逻辑函数化简的结果并不是唯一的,两种结果都是正确的,仅仅是表达形式不同。实际化简较复杂的逻辑函数时,需要根据函数的不同构成综合应用上述几种方法。

例 1.14 将下列逻辑函数化简为最简与"或式"表达式：

(1) $Y=AD+A\overline{D}+AB+\overline{A}C+BD+ACEF+\overline{B}EF+DEFG$;

(2) $Y=A\overline{\overline{B}\overline{C}}+\overline{B}C+C\overline{D}+A(B+\overline{C})+\overline{A}BC\overline{D}$。

解：

(1)

$$\begin{aligned}Y&=AD+A\overline{D}+AB+\overline{A}C+BD+ACEF+\overline{B}EF+DEFG\\&=A+\overline{A}C+BD+\overline{B}EF+DEFG \quad (\text{利用 } AB+A\overline{B}=A \text{ 和 } A+AB=A)\\&=A+C+BD+\overline{B}EF+DEFG \quad (\text{利用 } A+\overline{A}B=A+B)\\&=A+C+BD+\overline{B}EF \quad (\text{利用 } AB+\overline{A}C+BC=AB+\overline{A}C)\end{aligned}$$

(2)

$$\begin{aligned}Y&=A\overline{\overline{B}\overline{C}}+\overline{B}C+C\overline{D}+A(B+\overline{C})+\overline{A}BC\overline{D}\\&=A+\overline{B}C+C\overline{D}+A(B+\overline{C})+\overline{A}BC\overline{D} \quad (\text{利用 } A+\overline{A}B=A+B)\\&=A+\overline{B}C+C\overline{D}+\overline{A}BC\overline{D} \quad (\text{利用 } A+\overline{A}=1)\\&=A+\overline{B}C+C\overline{D} \quad (\text{利用 } A+AB=A)\end{aligned}$$

由上述分析可以看出,应用公式法化简逻辑函数,不受变量数目的限制,对公式、定理掌握熟练时,化简起来较为方便。但公式化简法的缺点是没有确定的步骤可循,技巧性较强，而且很多情况下很难判断结果是否为最简，所以公式化简法具有一定的局限性。

思考题

试证明公式 $A+\overline{A}B=A+B$ 和 $AB+\overline{A}C+BC=AB+\overline{A}C$ 的正确性。

1.6 逻辑函数的卡诺图化简法

卡诺图是20世纪50年代美国工程师卡诺(M. Karnaugh)提出的，它是逻辑关系的一种图形法。卡诺图化简法简单、直观，可以很方便地得到逻辑函数的最简式，且容易掌握，因此在数字逻辑分析和设计中得到了广泛的应用。

在学习卡诺图之前，先介绍一下关于“最小项”的概念及其性质，以便于讨论卡诺图。

1.6.1 最小项的定义及性质

1. 最小项的概念

最小项是包括逻辑函数中所有变量的乘积项，且每个变量仅以原变量或反变量的形式出现一次。最小项用字母 m 表示。

例如：$Y=F(A,B)$ 含有2个变量，共有4个最小项：

$$\overline{A}\,\overline{B} \quad \overline{A}B \quad A\overline{B} \quad AB$$

$Y=F(A,B,C)$ 含有3个变量，共有8个最小项：

$$\overline{A}\,\overline{B}\,\overline{C} \quad \overline{A}\,\overline{B}C \quad \overline{A}B\overline{C} \quad \overline{A}BC \quad A\overline{B}\,\overline{C} \quad A\overline{B}C \quad AB\overline{C} \quad ABC$$

$Y=F(A,B,C,D)$ 含有4个变量，共有16个最小项：

$$\overline{A}\,\overline{B}\,\overline{C}\,\overline{D} \quad \overline{A}\,\overline{B}\,\overline{C}D \quad \overline{A}\,\overline{B}C\overline{D} \quad \cdots \quad ABCD$$

依此类推，可以得出，n 变量的逻辑函数共有 2^n 个最小项。

2. 最小项的性质

以三变量函数为例讨论最小项的性质，见表1.15。

表1.15 三变量函数全部最小项

A	B	C	$\overline{A}\,\overline{B}\,\overline{C}$	$\overline{A}\,\overline{B}C$	$\overline{A}B\overline{C}$	$\overline{A}BC$	$A\overline{B}\,\overline{C}$	$A\overline{B}C$	$AB\overline{C}$	ABC
0	0	0	1	0	0	0	0	0	0	0
0	0	1	0	1	0	0	0	0	0	0
0	1	0	0	0	1	0	0	0	0	0
0	1	1	0	0	0	1	0	0	0	0
1	0	0	0	0	0	0	1	0	0	0
1	0	1	0	0	0	0	0	1	0	0
1	1	0	0	0	0	0	0	0	1	0
1	1	1	0	0	0	0	0	0	0	1

从表 1.15 中可以看出最小项具有以下几点性质。

(1) 任一最小项，只有一组对应变量取值组合使其值为 1。

最小项中变量取值规律：原变量⇔1；反变量⇔0。

如 A,B,C 分别取值为 000 时，对应最小项 $\overline{A}\overline{B}\overline{C}=1$；为 011 时，对应 $\overline{A}BC=1$。

(2) 对变量的任意一组取值，任意两个最小项的乘积为 0。

(3) 对变量的任意一组取值，全体最小项之和为 1。

(4) 具有相邻性的两个最小项之和可以合并成一项，并消去一对互补因子。

这里的“相邻性”指“逻辑相邻”。所谓“逻辑相邻”是指两个最小项有且只有一个因子变量形式相反，其余变量均相同。例如 $\overline{A}\overline{B}C$ 和 $\overline{A}BC$ 具有逻辑相邻性，可以合并成一项，消掉互补的一对因子 B 和 $\overline{B}$，即

$$\overline{A}\overline{B}C+\overline{A}BC=\overline{A}C(\overline{B}+B)=\overline{A}C$$

3. 最小项编号

把与最小项对应的变量取值当成二进制数，与之相应的十进制数，就是该最小项的编号，用 m_i 表示，i 就是十进制数的值。如表 1.16 所示是三变量函数的最小项编号。同理，n 变量的最小项编号为 $m_0,m_1\cdots\cdots m_{2^n-1}$。

表 1.16 三变量的最小项编号

最小项	$\overline{A}\overline{B}\overline{C}$	$\overline{A}\overline{B}C$	$\overline{A}B\overline{C}$	$\overline{A}BC$	$A\overline{B}\overline{C}$	$A\overline{B}C$	$AB\overline{C}$	ABC
变量取值	000	001	010	011	100	101	110	111
最小项编号	0	1	2	3	4	5	6	7
最小项符号	m_0	m_1	m_2	m_3	m_4	m_5	m_6	m_7

1.6.2 逻辑函数的最小项表达式

最小项是组成逻辑函数的基本单元。任何逻辑函数都是由其变量的若干个最小项构成，都可以表示成为最小项之和的形式，称为“最小项表达式”，或称为“标准与或式”；而且，任何逻辑函数的最小项表达式都是唯一的。

例如，给定函数 $Y=F(A,B,C)=AB+\overline{A}C$，则其标准“与或”式为

$$\begin{aligned}Y&=F(A,B,C)=AB+\overline{A}C=AB(C+\overline{C})+\overline{A}C(B+\overline{B})\\&=ABC+AB\overline{C}+\overline{A}BC+\overline{A}\overline{B}C\end{aligned}$$

为了简化、方便书写，也可以用最小项符号来表示最小项，所以上式可简写为

$$Y=m_7+m_6+m_3+m_1=\sum m(1,3,6,7)$$

由此可见，将一个逻辑函数化成最小项表达式，就是先将函数化为与或形式，再不断利用公式 $A+\overline{A}=1$ 将乘积项中缺少的因子补全即可。

例 1.15 将逻辑函数 $Y=\overline{AB+AD+\overline{B}C}$化成最小项表达式。

解：先将函数转换为与或式，然后再转换为最小项表达式。

$$
\begin{aligned}
Y &= \overline{AB + AD + \bar{B}C} \\
&= (\bar{A} + \bar{B})\,(\bar{A} + \bar{D})\,(B + \bar{C}) \\
&= \bar{A}B + \bar{A}\bar{C} + \bar{B}\bar{C}\bar{D} \\
&= \bar{A}B(C + \bar{C}) + \bar{A}\bar{C}(B + \bar{B}) + \bar{B}\bar{C}\bar{D}(A + \bar{A}) \\
&= \bar{A}BC + \bar{A}B\bar{C} + \bar{A}\bar{B}\bar{C} + A\bar{B}\bar{C}\bar{D} + \bar{A}\bar{B}\bar{C}\bar{D} \\
&= (\bar{A}BC + \bar{A}B\bar{C} + \bar{A}\bar{B}\bar{C})(D + \bar{D}) + A\bar{B}\bar{C}\bar{D} + \bar{A}\bar{B}\bar{C}\bar{D} \\
&= \bar{A}BCD + \bar{A}BC\bar{D} + \bar{A}B\bar{C}D + \bar{A}B\bar{C}\bar{D} + \bar{A}\bar{B}\bar{C}D + \bar{A}\bar{B}\bar{C}\bar{D} + A\bar{B}\bar{C}\bar{D} + \bar{A}\bar{B}\bar{C}\bar{D} \\
&= m_7 + m_6 + m_5 + m_4 + m_1 + m_0 + m_8 \\
&= \sum m(0,1,4,5,6,7,8)
\end{aligned}
$$

在转换过程中,如果出现相同的最小项,则合并成一项。

1.6.3 逻辑函数的卡诺图表示

1. 最小项卡诺图

大家知道,两个逻辑相邻的最小项可以合并,同时消掉一对互补因子,也就相当于化简了逻辑函数。卡诺图就是利用图形将最小项之间的相邻性直观地表示出来,为化简逻辑函数提供方便。

卡诺图就是最小项方格图。即用小方格来表示最小项,一个小方格代表一个最小项,用小方格在几何位置上的相邻性来表示最小项逻辑上的相邻性。因此,卡诺图就是将小方格按照逻辑相邻性排列起来。

实际上,卡诺图是真值表的一种变形,与真值表具有一一对应的关系,一个逻辑函数的真值表具有多少行,卡诺图就有多少个小方格。只是真值表中的最小项是按照二进制加法规律排列的,而卡诺图中的最小项则是按照最小项的相邻性排列的。

2. 卡诺图的结构

图 1.15 是二变量卡诺图,从图中可以看到,两个变量 A、B 共有 4 个最小项 $\bar{A}\bar{B}$、$A\bar{B}$、$\bar{A}B$、AB,分别放在 4 个小方格中,如图 1.15(a)所示,把两个变量 A、B 标注在图的左上角。这四个小方格上下、左右间的最小项均是逻辑相邻的。小方格内的最小项也可以用符号来表示,如图 1.15(b)所示。为了画图方便,通常将原变量用 1 表示、反变量用 0 表示,标注在方格周围,如图 1.15(c)所示。同时,这些 0 和 1 组成的二进制数对应的十进制数大小也就是对应的最小项的编号。

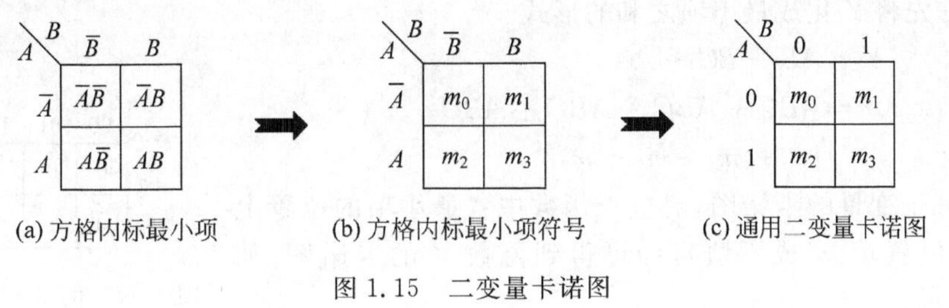

图 1.15　二变量卡诺图

图 1.16 为三～五变量的卡诺图,其表示方法与二变量卡诺图类似。为了保证几何位置上相邻的最小项在逻辑上也相邻,则所有最小项不能按照编号的大小顺序排列,而必须按照图中规定的方式固定排列。

综上所述,可以看出在最小项的卡诺图中,任何几何相邻的位置,包括紧挨着的、行或列的两头、沿对称轴对折起来重合的位置,其最小项在逻辑上也是相邻的,即卡诺图可以看成是上下、左右闭合的图形。所以,卡诺图的实质就是用几何相邻来表示逻辑相邻,这样为化简逻辑函数提供了方便。但当变量的个数达到五个后,其卡诺图的复杂性增加,相邻性变差,不利于化简函数,如图 1.16(c)所示。所以卡诺图不适合五个及五个以上变量的逻辑函数化简。

$A \backslash BC$	00	01	11	10
0	m_0	m_1	m_3	m_2
1	m_4	m_5	m_7	m_6

(a) 三变量卡诺图

$AB \backslash CD$	00	01	11	10
00	m_0	m_1	m_3	m_2
01	m_4	m_5	m_7	m_6
11	m_{12}	m_{13}	m_{15}	m_{14}
10	m_8	m_9	m_{11}	m_{10}

(b) 四变量卡诺图

$AB \backslash CDE$	000	001	011	010	110	111	101	100
00	m_0	m_1	m_3	m_2	m_6	m_7	m_5	m_4
01	m_8	m_9	m_{11}	m_{10}	m_{14}	m_{15}	m_{13}	m_{12}
11	m_{24}	m_{25}	m_{27}	m_{26}	m_{30}	m_{31}	m_{29}	m_{28}
10	m_{16}	m_{17}	m_{19}	m_{18}	m_{22}	m_{23}	m_{21}	m_{20}

(c) 五变量卡诺图

图 1.16　三变量到五变量卡诺图

3. 逻辑函数的卡诺图表示

因为任何一个逻辑函数都可以写成最小项之和的形式,而卡诺图中每个小方格都代表最小项,所以可以用卡诺图来表示逻辑函数。步骤如下:

(1) 将逻辑函数化为最小项之和的形式;

(2) 根据函数中变量的个数画出相应的卡诺图;

(3) 把卡诺图中与这些最小项对应的位置上填入 1,其余位置填 0 或不填。

例 1.16　用卡诺图表示逻辑函数 $Y=F(A,B,C)=AB+BC+AC$。

解:首先将 Y 化成最小项之和的形式

$$
\begin{aligned}
Y &= AB + BC + AC \\
&= ABC + AB\overline{C} + \overline{A}BC + A\overline{B}C \\
&= m_3 + m_5 + m_6 + m_7
\end{aligned}
$$

画出三个变量的卡诺图,对应于函数中各最小项的位置上填 1,其余位置填 0(或不填),即可得到函数 Y 的卡诺图,如图 1.17 所示。

$A \backslash BC$	00	01	11	10
0	0	0	1	0
1	0	1	1	1

图 1.17　例 1.16 的卡诺图

1.6.4　逻辑函数的卡诺图化简法

卡诺图化简逻辑函数的基本依据就是相邻的最小项可以合并，并消去互补的因子。由于卡诺图几何位置的相邻就表示了最小项逻辑上的相邻，所以可以直观地从卡诺图上找到相邻的最小项，合并化简，从而将逻辑函数化为最简。

1. 卡诺图中最小项合并规律

(1) 两个相邻的最小项合并(用一个包围圈表示)，可以消去一对互补因子。例如，图 1.18(a)中

$$\overline{A}\,\overline{B}\,\overline{C}+A\overline{B}\,\overline{C}=\overline{B}\,\overline{C},\quad \overline{A}BC+\overline{A}B\overline{C}=\overline{A}B$$

图 1.18(b)中

$$\overline{A}\,\overline{B}\,\overline{C}D+A\overline{B}\,\overline{C}D=\overline{B}\,\overline{C}D,\quad \overline{A}B\overline{C}\,\overline{D}+\overline{A}BC\overline{D}=\overline{A}B\overline{D}$$

由此可见，两个相邻的最小项合并后将互补的一对因子削掉，结果只剩下了公共因子。

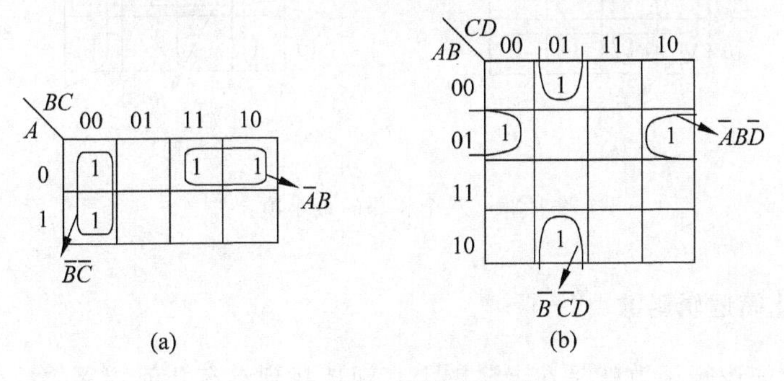

图 1.18　两个相邻项合并

(2) 四个相邻的最小项合并(用一个包围圈表示)，可以消去两对互补因子。例如，图 1.19(a)中

$$\begin{aligned}m_0+m_4+m_{12}+m_8&=\overline{A}\,\overline{B}\,\overline{C}\,\overline{D}+\overline{A}B\overline{C}\,\overline{D}+AB\overline{C}\,\overline{D}+A\overline{B}\,\overline{C}\,\overline{D}\\&=\overline{A}\,\overline{C}\,\overline{D}+A\overline{C}\,\overline{D}\\&=\overline{C}\,\overline{D}\\m_3+m_2+m_{10}+m_{11}&=\overline{A}\,\overline{B}CD+\overline{A}\,\overline{B}C\overline{D}+A\overline{B}C\overline{D}+A\overline{B}CD\\&=\overline{A}\,\overline{B}C+A\overline{B}C\\&=\overline{B}C\end{aligned}$$

图 1.19(b)中

$$m_5+m_7+m_{13}+m_{15}=\overline{A}B\overline{C}D+\overline{A}BCD+AB\overline{C}D+ABCD=BD$$

$$m_0+m_2+m_8+m_{10}=\overline{A}\,\overline{B}\,\overline{C}\,\overline{D}+\overline{A}\,\overline{B}C\overline{D}+A\overline{B}\,\overline{C}\,\overline{D}+A\overline{B}C\overline{D}=\overline{B}\,\overline{D}$$

(3) 八个相邻的最小项合并(用一个包围圈表示)，可以消去三对互补因子。例如，在图 1.20(a)和(b)中，八个相邻的最小项合并，消掉了三对因子，只剩下了公共的一个因子。

总之，2^n 个相邻最小项合并可以消去 n 对互补的因子，而合并成一项。

从卡诺图中最小项的合并规律可以看出，相邻的最小项之所以能合并成一项，实际上是在反复利用 $A+\overline{A}=1$，不断地将互补因子消掉。

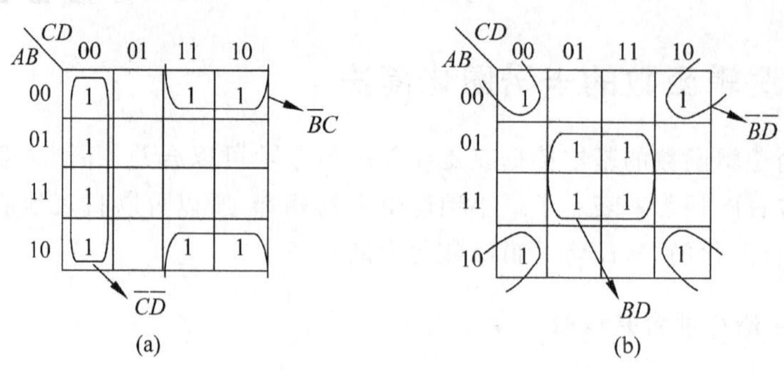

图 1.19 四个相邻最小项合并

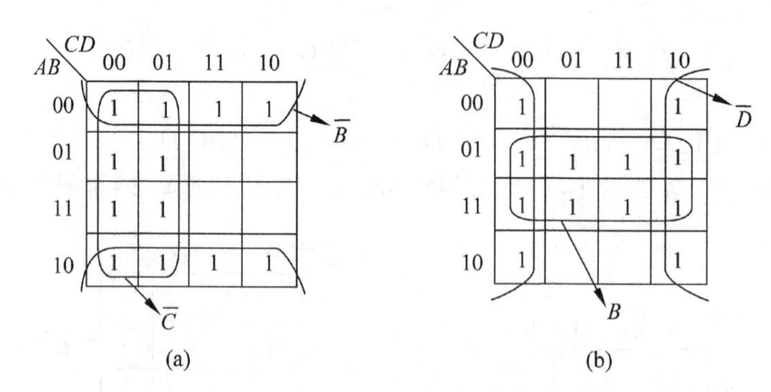

图 1.20 八个相邻的最小项合并

2. 卡诺图化简逻辑函数

用卡诺图化简逻辑函数就是在卡诺图上直观地找到具有几何相邻的最小项,进行合并,达到化简的目的。卡诺图化简逻辑函数的步骤为

(1) 画出表示该逻辑函数的卡诺图。

(2) 找到相邻最小项,按照合并规律画包围圈。

(3) 写出最简"与或"式。每一个圈写一个最简"与"项。规则是:取值为 1 的变量用原变量表示,取值为 0 的变量用反变量表示,将这些变量相"与"。然后将所有与项进行逻辑加,即可得到最简与或表达式。

例 1.17 用卡诺图化简函数 $Y=\overline{B}CD+B\overline{C}+\overline{A}\overline{C}D+A\overline{B}C$。

解:

(1) 画出该函数的卡诺图,如图 1.21 所示。

(2) 画包围圈,合并最小项。

(3) 写出最简"与或"表达式:

$$Y = B\overline{C} + \overline{A}\overline{B}D + A\overline{B}C$$

例 1.18 用卡诺图法化简逻辑函数:

$$F = \sum m(0,1,2,3,4,8,10,11,14,15)$$

解:

(1) 画出该函数的卡诺图,如图 1.22 所示。

(2) 画包围圈,合并最小项。

(3) 写出最简"与或"表达式

$$Y=\overline{A}\,\overline{B}+AC+\overline{A}\,\overline{C}\,\overline{D}+\overline{B}\,\overline{D}$$

综上可见,用卡诺图化简逻辑函数时,能否得到最简结果,关键在于画合适的包围圈来选择可合并的最小项,因此画包围圈时应遵循以下原则:

(1) 先圈孤立项,再圈仅有一种合并方式的最小项。

(2) 包围圈越大越好,但包围圈的个数越少越好。

(3) 最小项可重复被圈,但每个包围圈中至少有一个新的最小项。

(4) 必须把组成函数的全部最小项圈完,并认真比较、检查,写出最简"与或"式。

卡诺图不但可以用来求原函数的最简"与或"式,还可以用来求逻辑函数反函数的最简"与或"式。

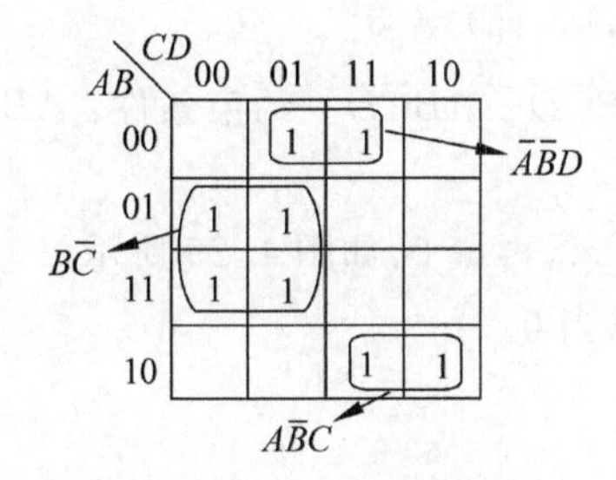

图 1.21　例 1.17 的卡诺图

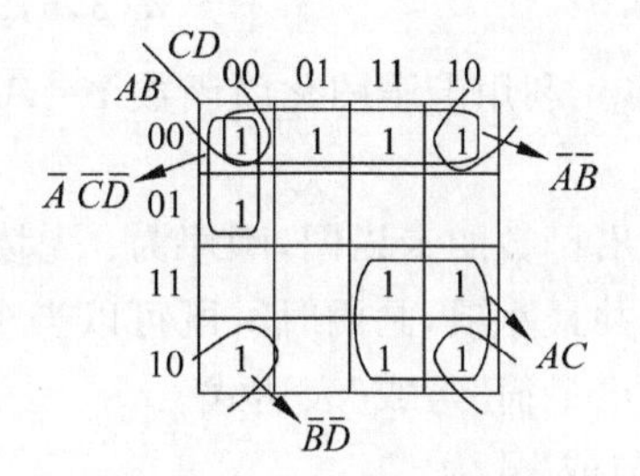

图 1.22　例 1.18 的卡诺图

例 1.19　用卡诺图法求逻辑函数 $Y=AB+BC+AC$ 的反函数最简式。

解:

(1) 画出该逻辑函数的卡诺图,如图 1.23 所示。

(2) 画包围圈,合并函数值为 0 的最小项。

(3) 写出反函数的最简"与或"表达式

$$\overline{Y}=\overline{A}\,\overline{B}+\overline{B}\,\overline{C}+\overline{A}\,\overline{C}$$

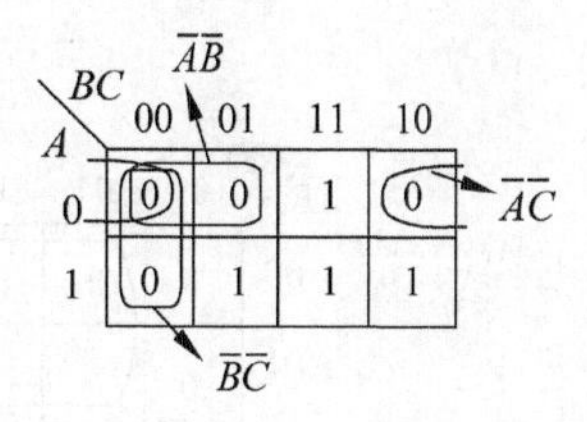

图 1.23　例 1.19 的卡诺图

3. 具有无关项的逻辑函数卡诺图化简

在某些实际的数字系统中,逻辑函数的输出只对应于输入变量的一部分取值,而某些输入变量取值不会出现,或者一旦出现,逻辑值可以是任意的。这样的取值组合所对应的最小项称为无关项、任意项或约束项,在卡诺图中用符号×表示。无关项的意义在于:其值可以取 1 也可以取 0,具体取什么值,可以根据使函数尽量简化的原则而定。

例如电梯运行,用逻辑变量 A、B、C 分别表示电梯的升、降、停命令。设 $A=1$ 表示升,$B=1$ 表示降,$C=1$ 表示停,则:

ABC 的可能取值为　001　010　100;不可能取值为　000　011　101　110　111,所以约束项为

$$\overline{A}\,\overline{B}\,\overline{C}\quad \overline{A}BC\quad A\overline{B}C\quad AB\overline{C}\quad ABC$$

约束条件为

$$\overline{A}\,\overline{B}\,\overline{C}+\overline{A}BC+A\overline{B}C+AB\overline{C}+ABC=0$$

或

$$\sum d(0,3,5,6,7)=0$$

约束条件,即由约束项相加所构成的值为 0 的逻辑表达式。

例 1.20 利用卡诺图化简函数

$$F(A,B,C,D)=\sum d(1,7,8)+\sum m(3,5,9,10,12,14,15)$$

解:

(1) 画出函数的卡诺图,顺序为:先填 1,再填×,再填 0,如图 1.24 所示。

(2) 合并最小项,画圈时×既可以当 1,又可以当 0。

(3) 写出最简"与或"表达式

$$\begin{cases}Y=\overline{A}D+A\overline{D}\\ \sum d(3,5,9,10,12,14,15)=0\end{cases}$$

例 1.21 利用卡诺图化简函数 $Y=\overline{A}C\overline{D}+\overline{A}B\overline{C}\overline{D}+A\overline{B}\overline{C}\overline{D}$。约束条件:$AB+AC=0$。

解:

(1) 画出函数的卡诺图,顺序为:先填 1,再填×,再填 0,如图 1.25 所示。

(2) 合并最小项,画圈时×既可以当 1,又可以当 0。

(3) 写出最简"与或"表达式。

最简"与或"式为

$$\begin{cases}Y=C\overline{D}+B\overline{D}+A\overline{D}\\ AB+AC=0\end{cases}$$

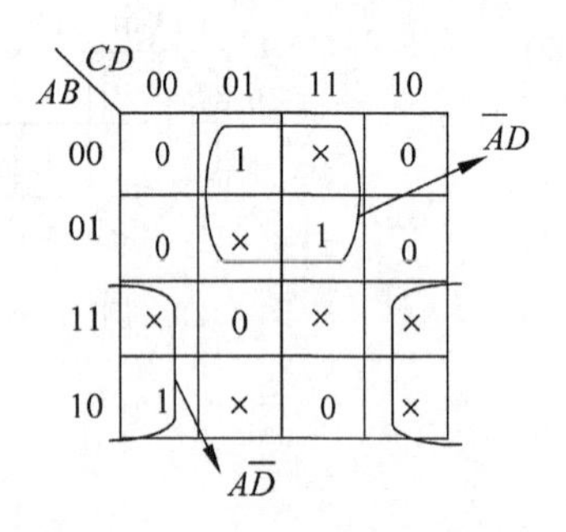

图 1.24 例 1.20 的卡诺图

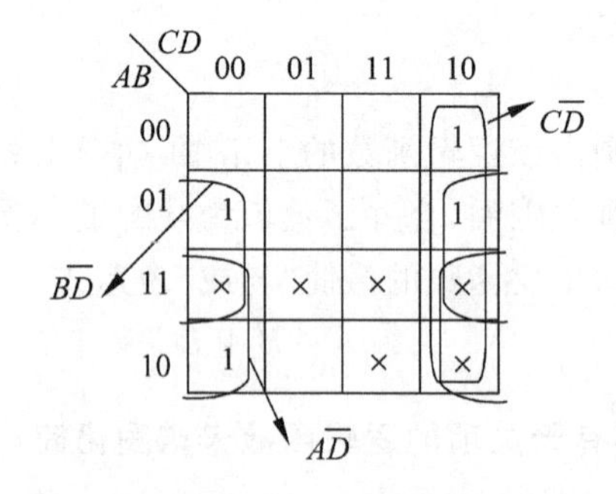

图 1.25 例 1.21 的卡诺图

例 1.22 设计一个逻辑电路,能够判断一位十进制数是奇数还是偶数,当十进制数是奇数时,电路输出为 1,当十进制数是偶数时,输出为 0。

解: 设用 8421BCD 码表示十进制数,一位十进制数用四位 8421BCD 码表示,因此输入变量有 4 个,用 A、B、C、D 表示,分别表示四位代码;输出用 Y 表示,当对应十进制数为奇数时,输出 $Y=1$,反之 $Y=0$,列出真值表如表 1.17 所示。

表 1.17 例 1.22 的真值表

十进制数	输入变量				输出 Y	十进制数	输入变量				输出 Y
	A	B	C	D			A	B	C	D	
0	0	0	0	0	0	2	0	0	1	0	0
1	0	0	0	1	1	3	0	0	1	1	1

续表

十进制数	输入变量				输出 Y	十进制数	输入变量				输出 Y
	A	B	C	D			A	B	C	D	
4	0	1	0	0	0	无关项	1	0	1	0	×
5	0	1	0	1	1		1	0	1	1	×
6	0	1	1	0	0		1	1	0	0	×
7	0	1	1	1	1		1	1	0	1	×
8	1	0	0	0	0		1	1	1	0	×
9	1	0	0	1	1		1	1	1	1	×

一位十进制数不包括10～15,8421BCD码只有10个,而四位二进制代码有16种取值组合,后6种组合对应的最小项是无关项,其取值可以为0也可以为1,用×表示。将真值表1.17的内容填入四变量卡诺图,如图1.26所示。

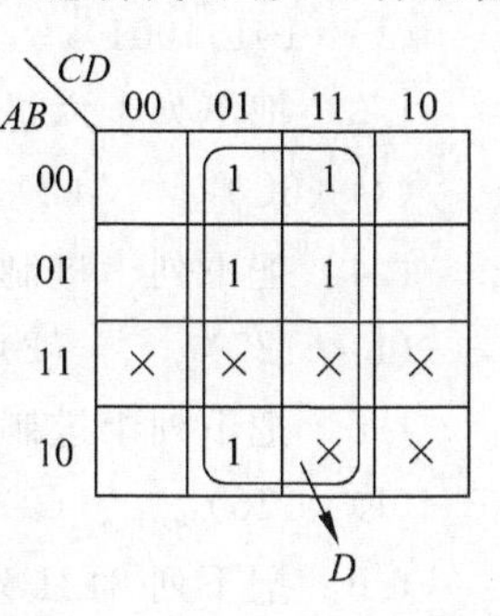

图1.26 例1.22的卡诺图

此时若利用无关项,将最小项m_{11}、m_{13}、m_{15}对应的小方格视为1,可以得到最大的包围圈,则化简后函数为$Y=D$。

若不利用无关项,化简后函数为$Y=\overline{A}D+\overline{B}\overline{C}D$,结果就复杂得多。

合并最小项时,究竟把无关项视为1还是作为0,应以得到的包围圈最大且个数最少为原则,但包围圈内部都是约束项无意义。

思考题

1. 什么叫最小项?最小项有什么特点?
2. 卡诺图化简法应用的基本原理是什么?
3. 卡诺图两侧变量取值的标注次序应遵守什么规则?
4. 什么是无关项?在化简过程中无关项如何处理?

1.7 本章小结

本章主要介绍了三部分内容:数制和编码、逻辑代数的公式和定理及逻辑运算、逻辑函数的表示和逻辑函数化简。

在数字系统和计算机中,常用按一定规则排列的二进制编码来表示数字、符号和汉字等。因此,数制和编码对于学习数字系统是非常重要和基础的内容。

为了进行逻辑运算,必须熟练掌握常用的基本公式、定理等,才能大大提高逻辑运算的速度。

逻辑函数的化简是本章的重点。本章介绍了两种化简方法——公式化简法和卡诺图化简法。公式化简法的优点在于其不受任何条件的限制,但这种方法没有固定的步骤可循,在化简较为复杂的逻辑函数时,不仅需要熟练运用各种公式和定理,而且需要有一定的运算技巧和经验。卡诺图化简法的优点是简单、直观又有一定的化简步骤可循,因而容易掌握。但卡诺图化简法的缺点是变量个数超过五个时,因化简达不到简单、直观的目的而失去实用价值。

在数字系统实际设计时,为了降低成本、减少器件数目,往往不限于使用单一功能的逻辑门电路,而可以通过逻辑式的变换,转换成"与非-与非"式、"或非-或非"式等不同的形式。究竟转换成哪种形式,要根据选用哪种类型的电子器件而定。

习题 1

1.1 把下列二进制数转换成十进制数。

(1) $(10010)_2$　(2) $(101101)_2$　(3) $(0.01101)_2$　(4) $(110.101)_2$

1.2 把下列二进制数转换成八进制数和十六进制数。

(1) $(101.1001)_2$　(2) $(1011011)_2$　(3) $(01110.1101)_2$　(4) $(110101)_2$

1.3 把下列十六进制数转换成二进制数。

(1) $(6C)_{16}$　(2) $(80E)_{16}$　(3) $(4D.EB)_{16}$　(4) $(F5A.2C)_{16}$

1.4 把下列十进制数转换成二进制数。要求二进制数保留到小数点后4位有效数字。

(1) $(125)_{10}$　(2) $(0.251)_{10}$　(3) $(107.39)_{10}$　(4) $(174.06)_{10}$

1.5 把下列十进制数转换成8421BCD码。

(1) $(125)_{10}$　(2) $(0.251)_{10}$　(3) $(107.39)_{10}$　(4) $(174.06)_{10}$

1.6 把下列8421BCD码转换成十进制数。

(1) $(101.1001)_{8421BCD}$　(2) $(1010011)_{8421BCD}$　(3) $(010110.01101)_{8421BCD}$

(4) $(110101)_{8421BCD}$

1.7 证明下列等式成立。

(1) $\bar{A}B+A\bar{B}=(\bar{A}+\bar{B})(A+B)$

(2) $(A+\bar{C})(B+D)(B+\bar{D})=AB+B\bar{C}$

(3) $A+BC=(A+B)(A+C)$

(4) $\bar{A}\bar{B}\bar{C}+A(B+C)+BC=\overline{A\bar{B}\bar{C}+\bar{A}\bar{B}C+\bar{A}B\bar{C}}$

1.8 将下列函数化为最小项之和的形式。

(1) $Y=\bar{A}BC+AC+\bar{B}C$

(2) $Y=\bar{L}M+\bar{N}L+\bar{M}N$

(3) $Y=AB+\overline{\overline{BC}(\bar{C}+\bar{D})}$

(4) $Y=\overline{\bar{A}\bar{B}+ABD}(B+CD)$

1.9 将下列逻辑函数转换成"与非-与非"形式。

(1) $Y=A\bar{B}+ABC+AC$

(2) $Y=(A+\bar{B})(\bar{A}+B)C+\overline{BC}$

(3) $Y=\overline{A\bar{B}C+AB\bar{C}+\bar{A}BC}$

(4) $Y=AB+AC+\overline{B(A+C)}$

1.10 将下列逻辑函数转换成"或非-或非"形式。

(1) $Y=\bar{A}BC+A\bar{C}$

(2) $Y=(A+C)(\bar{A}+B+\bar{C})(\bar{A}+\bar{B}+C)$

(3) $Y=A(B+C)+BC+AB\bar{C}$

(4) $Y=\overline{AB\bar{C}+\bar{B}C}\bar{D}+\bar{A}\bar{B}D$

1.11　用公式法将下列逻辑函数化为最简“与或”式。

(1) $Y=AB+\bar{A}\bar{B}+A\bar{B}$

(2) $Y=ABC+\bar{A}\bar{B}+C$

(3) $Y=AB+AC+\bar{A}B+B\bar{C}$

(4) $Y=\overline{A+B}\cdot\overline{ABC}\cdot\overline{\bar{A}C}$

(5) $Y=A\bar{B}(\bar{A}CD+\overline{AD+\bar{B}\bar{C}})(\bar{A}+B)$

(6) $Y=A\bar{B}+B\bar{C}D+\bar{C}\bar{D}+AB\bar{C}+A\bar{C}D$

(7) $Y=A\bar{B}(C+D)+B\bar{C}+\bar{A}\bar{B}+\bar{A}C+BC+\bar{B}\bar{C}\bar{D}$

(8) $Y=A+\overline{(B+\bar{C})}(A+\bar{B}+C)(A+B+C)$

1.12　求下列函数的反函数并化为最简“与或”式。

(1) $Y=\overline{(A+\bar{B})(\bar{A}+C)}\cdot AC+BC$

(2) $Y=(AB+\bar{A}\bar{B})(C+D)(E+\overline{CD})$

(3) $Y=(A\bar{B}+C)\overline{\overline{AB}+CD}+\overline{ACD}$

(4) $Y=\overline{\overline{A+C}(\overline{BC}+D)}\cdot B+AD$

(5) $Y=A+\overline{B+\bar{C}+\bar{D}+\bar{E}}$

1.13　用卡诺图法将下列逻辑函数化为最简“与或”式。

(1) $Y=A\bar{B}\bar{C}+AC+\bar{A}BC+\bar{B}C\bar{D}$

(2) $Y=\bar{A}\bar{B}+B\bar{C}+\bar{A}+\bar{B}+ABC$

(3) $Y=A\bar{B}\bar{C}+\bar{A}\bar{B}+\bar{A}D+C+BD$

(4) $Y=\overline{(\bar{A}+\bar{B})D}+(\bar{A}\bar{B}+BD)\bar{C}+\bar{A}B\bar{C}D+\bar{D}$

(5) $Y=A\bar{B}D+\bar{A}\bar{B}\bar{C}D+\bar{B}CD+\overline{(A\bar{B}+C)(B+D)}$

(6) $Y=\sum m(0,1,2,5,6,7)$

(7) $Y=\sum m(2,3,4,5,8,9,14,15)$

(8) $Y=\sum m(0,1,2,5,8,9,10,12,14)$

(9) $Y=\sum m(0,1,2,3,6,8)+\sum d(10,11,12,13,14,15)$

(10) $Y=\sum m(0,1,4,9,12,13)+\sum d(2,3,6,10,11,14)$

(11) $Y=\sum m(1,4,7,9,12,15)+\sum d(6,14)$

(12) $Y=\sum m(0,2,6,8,10,12)+\sum d(5,7,13,15)$

1.14　用卡诺图法将下列逻辑函数化为最简“与-或”式。

(1) $Y=AB\bar{C}+A\bar{B}\bar{C}+\bar{A}\bar{B}C\bar{D}+A\bar{B}C\bar{D}$

约束条件为

$$CD=0$$

(2) $Y=\overline{A+C+D}+\bar{A}\bar{B}C\bar{D}+A\bar{B}\bar{C}D$

约束条件为

$$A\bar{B}C\bar{D}+A\bar{B}CD+AB\bar{C}\bar{D}+AB\bar{C}D+ABC\bar{D}+ABCD=0$$

(3) $Y=\sum m(5,6,8,10)+\sum d(0,1,2,13,14,15)$

(4) $Y=\sum m(1,4,8,12,13)+\sum d(2,3,6,10,11,14)$

(5) $Y=\sum m(0,3,5,6,8,13)$

约束条件为

$$\sum d(1,4,10)=0$$

1.15 列出下述问题的真值表,并写出其逻辑表达式。

(1) 设三变量逻辑函数,当输入变量 A、B、C 的状态不一致时,输出为 1,反之为 0。

(2) 设三变量逻辑函数,当输入变量 A、B、C 组合中出现偶数个 1 时,输出为 1,反之为 0。

1.16 已知某逻辑电路的输入 A、B、C 及输出 Y 的波形图如图 1.27 所示,试列出真值表,写出最简"与或"逻辑表达式,并画出逻辑图。

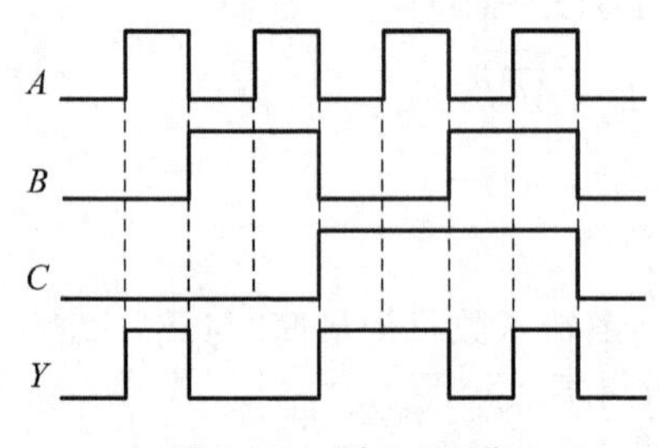

图 1.27 题 1.16 图

第2章 集成逻辑门电路

本章要点

◇ 了解晶体管的开关特性；
◇ 掌握 TTL 与非门、OC 门、三态门的特性与功能；
◇ 熟悉 CMOS 门电路的特性与功能；
◇ 掌握门电路的使用注意事项。

任何复杂的逻辑功能，都可以由最基本的“与”“或”“非”等逻辑运算来实现，而完成这些运算的器件就是相应的门电路。门电路是构成数字系统的最基本部件。随着半导体技术的飞速发展，这些器件都已集成化，每一个芯片上可以集成成千上万甚至几百万个晶体管，但就其功能而言，仍然是几种基本电路的组合。集成门电路按电路结构的不同，可由晶体管组成，或由场效应管组成。前者的输入级和输出级均采用晶体管，故称为晶体管-晶体管逻辑门电路（TTL 门电路）；后者为金属-氧化物-半导体互补对称逻辑门电路（CMOS 门电路）。

趣味知识

从荒唐到精明

乔治·布尔(George Boole)1815 年生于英国东部的工业城市林肯市。他的父亲是一个小商贩，在当时，工人阶级的孩子没有希望接受任何形式的教育，而且他们一般过着父辈们早已成型的生活模式。然而，乔治·布尔打破了这种生活模式。他虽然出身低微，但后来成为当时最受人尊敬的数学家之一。

布尔的父亲曾经自学了少量数学知识。在布尔 6 岁时，父亲发现布尔渴望学习，于是就把他的全部知识教给布尔。8 岁时，布尔就超过了他的父亲的理解力，并且渴望学到更多的知识。他很快就认识到数学能力的提高严重依赖于对拉丁文的理解。幸运的是，他家的一位朋友在当地开有一家书店，而且他所掌握的拉丁文知识足以令布尔入门。在他把自己所知道的一切教给布尔以后，布尔又看了他书店里卖的其他图书。到 12 岁时，布尔攻克了拉丁文；到 14 岁时，他又掌握了希腊语、法语、德语和意大利语。

然而在 16 岁时，贫困开始困扰着布尔。父母再也无法供他学习了，他被迫去打工，当一名收入微薄的助教。4 年后，他自己开办了一所学校，并兼任所有课程的老师。就是在他担任老师这个角色时，发现自己的数学知识很薄弱，因此他开始在当地图书馆研读数学杂志，力图在数学方面领先于自己的学生。不久他便发现自己很有数学天赋，不仅掌握了当时的全部数学观点，而且开始形成自己的一些观点，后来他的这些观点发表在杂志上。在发表了一系列论文以后，他的知名度变得很高，并于 1849 年应邀成为昆斯学院的一名教师。

在接受这一职位以后,布尔更加坚持自己的观点,其中一个观点便是发展一个符号逻辑系统。在这个系统中,他创建了一种代数形式,这种代数有着自己的符号和规则集。采用这个代数系统,布尔能够把一个要证明的命题转变为符号语言,然后对它进行处理,确定它是否成立,这个代数系统后来被称为布尔代数。布尔代数有三种基本运算(一般称为逻辑运算):与(AND)、或(OR)、非(NOT)。有了这三种运算,布尔就能够执行加、减、乘、除和比较运算。这些逻辑函数本质上是二进制的,因此只涉及两个实体——真(TRUE)或假(FALSE),是(YES)或非(NO),断开(OPEN)或接通(CLOSED),0或1,依此类推。布尔的看法是:如果所有的逻辑变量都能化简为两个基本电平之一,就可以消除可疑的中间观点,从而更容易得出有效的结论。

当时,布尔的系统(后来称为"布尔代数")并没有引起同事的重视,而且常常遭到批评,被称之为毫无用处的荒唐事。然而,大约在一个世纪之后,科学家们将乔治·布尔的布尔代数同二进制数相结合,使数字电子计算机成为可能。

2.1 晶体管的开关特性

为了掌握各种门电路的逻辑功能和特性,首先要熟悉开关器件的特性,这是门电路的工作基础。

在数字电路中,半导体二极管和三极管多数情况下工作在开关状态。它们在信号作用下,时而导通,时而截止,起着开关接通与断开的作用。对于一个理想开关,应具备的条件是:

(1) 开关接通时,相当于短路状态,其接触电阻为0Ω;开关断开时,相当于开路状态,其接触电阻为无穷大,流过的电流等于0A。

(2) 开关状态的转换能在瞬间完成,即转换速度非常快。

2.1.1 二极管的开关特性

在数字电路中,二极管通常工作在开关状态,因此理解它的开关条件及其在开关状态的工作特点很重要。

图2.1(a)是一个二极管电路。一个理想二极管相当于一个理想的开关,如图2.1(b)所示。导通时相当于开关闭合,即短路,不管流过其中的电流是多少,它两端的电压总是0V;截止时相当于开关断开,即断路,不管它两端电压有多大,流过其中的电流均为0A,而且状态的转换在瞬间完成。当然,实际上并不存在这样的二极管。下面以硅二极管为例来分析实际二极管的开关特性。

1. 导通条件及导通时的特点

由图2.1(c)所示二极管的伏安特性可知,当二极管两端所加正向电压U_D大于阈值电压0.5V时,二极管开始导通,此后电流I_D随着U_D的增大而急剧增加,在$U_D=0.7V$左右时,伏安特性曲线已经很陡,即I_D在一定范围内变化,U_D基本保持在0.5V不变,因此在数字电路中,常常把$U_D \geqslant 0.5V$看成是硅二极管导通的条件。而且一旦导通,就近似认为U_D

保持为0.7V不变，如同一个具有0.7V压降的闭合开关，如图2.1(d)所示。

2. 截止条件及截止时的特点

由硅二极管的伏安特性可知，当U_D小于阈值电压时，I_D已经很小，因此在数字电路中常把$U_D< 0.5V$看成硅二极管的截止条件，而且一旦截止，就近似认为$I_D \approx 0A$，如同断开的开关，如图2.1(d)所示。

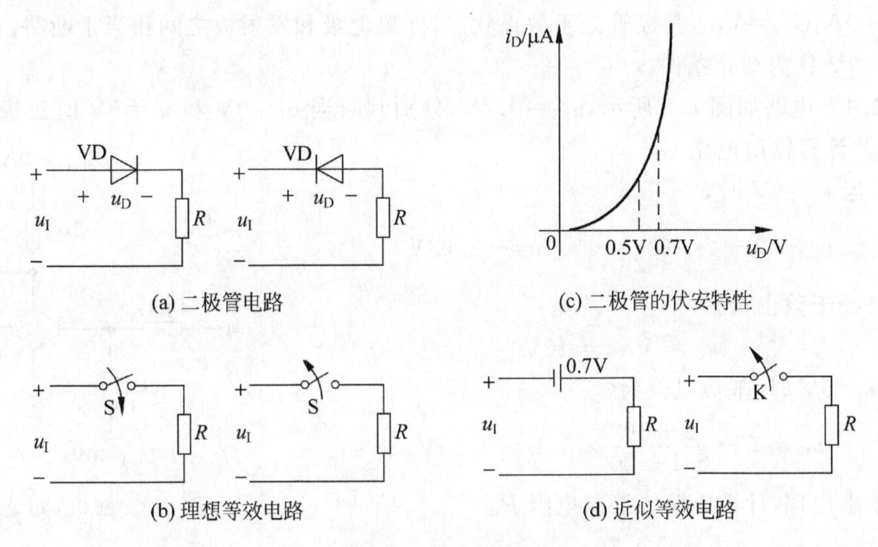

图2.1　二极管开关电路

2.1.2　三极管的开关特性

三极管有三种工作状态：放大状态、截止状态和饱和状态。在数字电路中，三极管是最基本的开关元件，通常工作在饱和区或截止区，放大区只是出现在三极管由饱和到截止或由截止到饱和的状态转换过程中，是瞬间即逝的。下面以NPN型硅管为例介绍三极管的开关特性。

1. 饱和导通条件及饱和时的特点

开关电路的工作信号是脉冲信号，如图2.2所示。当输入信号u_I为高电平时(设电平为5V)，发射结正向偏置，当其基极电流足够大时，将使三极管饱和导通。三极管处于饱和状态时，其饱和管压降为U_{CES}很小(硅管约为0.3V，锗管约为0.1V)。因此，在工程上可以认为$U_{CES}=0V$，即集电极与发射极之间相当于短路，在电路中相当于开关闭合。这时集电极电流$I_{CS}=V_{CC}/R_C$。

图2.2　三极管的开关电路

晶体管处于放大与饱和两种状态边缘时的状态称为临界饱和状态，临界饱和基极电流为

$$I_{BS} = I_{CS}/\beta = V_{CC}/\beta R_C \tag{2.1}$$

所以晶体管饱和条件是

$$i_B \geqslant I_{BS} = V_{CC}/\beta R_C \tag{2.2}$$

饱和时的特点是$U_{CE}=U_{CES}\leqslant 0.3V$,集电极与发射极之间如同闭合的开关,输出为低电平($u_o\approx 0V$)。

2. 截止条件及截止时的特点

当电路无输入信号时,三极管发射结偏置电压为0V,所以基极电流$I_B=0A$,集电极电流为$I_C=0A$,$U_{CE}=V_{CC}$,三极管处于截止状态,即集电极和发射极之间相当于断路。因此通常把$u_I=0V$作为截止条件。

例 2.1 电路如图2.3所示,$u_{BE}=0.7V$,分别判断当$u_I=0V$和$u_I=5V$时三极管的工作状态,并计算输出电压u_O。

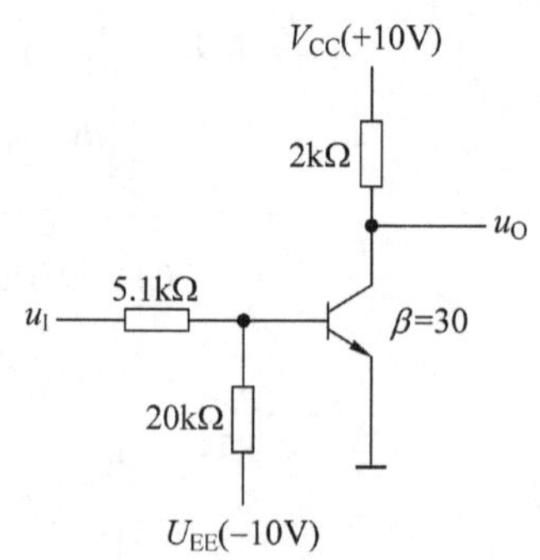

图 2.3 例 2.1 电路图

解:当$u_I=0V$时,

$$u_B = 0 - \frac{10}{5.1+20}\times 5.1 = -2.03V$$

故三极管处于截止状态,

$$u_O = V_{CC} = 10V$$

当$u_I=5V$时,基极电位为

$$u_B = 5 - \frac{5+10}{5.1+20}\times 5.1 = 1.95V$$

根据戴维南定理,计算电路的等效电阻R_B

$$R_B = \frac{5.1\times 20}{5.1+20} = 4.1k\Omega$$

则

$$i_B = \frac{u_B - u_{BE}}{R_B} = \frac{1.95-0.7}{4.1} = 0.3mA$$

临界饱和基极电流为

$$I_{BS} = \frac{V_{CC}-U_{CES}}{\beta R_C} = \frac{10-0.3}{30\times 2} = 0.16mA$$

可见,$i_B>I_{BS}$,故三极管处于饱和状态,$u_O=U_{CES}\approx 0.3V$。

思考题

1. 二极管导通时有什么特点?截止时有什么特点?
2. 三极管饱和导通条件是什么?截止条件是什么?

2.2 最基本的门电路

数字电路中基本的逻辑关系有三种,即"与"逻辑、"或"逻辑和"非"逻辑。逻辑门电路是用以实现逻辑关系的电路,因此基本逻辑门电路分别称为与门、或门和非门。由这三种基本逻辑门电路可以组成其他多种复合门电路。

2.2.1 与门电路

与门是用以实现与逻辑关系的电路。如图2.4(a)所示是由二极管组成的与门电路。

A、B是它的两个输入端，Y是输出端，二极管VD_1、VD_2经限流电阻R接至电源$+V_{CC}$。当输入端全为高电平时，例如均为5V，则两个二极管均截止，输出是高电平。若输入端中任一端或几端为0V低电平，例如A端为0V，B端为5V时，则VD_1优先导通并把输出Y的电平钳制在0V低电平上。这时，VD_2因承受反向电压而截止，从而把B端与Y端隔离开来，输出为低电平。

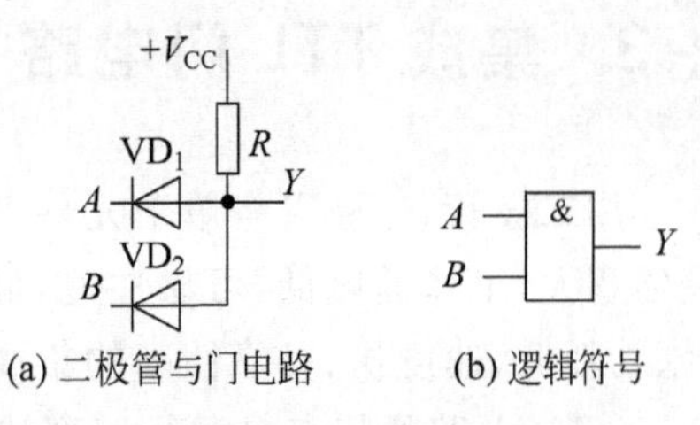

(a) 二极管与门电路　(b) 逻辑符号

图 2.4　与门电路

与门的逻辑符号如图2.4(b)所示。逻辑表达式为$Y=A\cdot B$。可见与门的逻辑功能符合“与”逻辑关系。

2.2.2 或门电路

或门是用以实现或逻辑关系的电路。图2.5(a)是由二极管组成的或门电路，其电路结构与图2.4(a)相似，只是二极管连接方向相反，并取负电源供电而已。当A、B端全是低电平时，二极管VD_1、VD_2均截止，输出是低电平。若输入端中任一端或几端为高电平，例如A端为5V，B端为0V时，则VD_1导通并把输出Y的电平钳制在5V高电平上。这时，VD_2因承受反向电压而截止，从而把B端与Y端隔离开来，输出为高电平。

或门的逻辑符号如图2.5(b)所示。同理，其真值表和逻辑表达式也与“或”逻辑关系相同。

2.2.3 非门电路

非门是用以实现非逻辑关系的电路。如图2.6(a)所示是由晶体管组成的非门电路，又称为反相器。由晶体管开关特性可知，当输入端A为0V低电平时，晶体管截止，输出$Y\approx V_{CC}$，为高电平；当A端为5V高电平时，晶体管饱和，$Y\approx 0V$，为低电平。即输出端Y与输入端A的逻辑状态相反，其真值表和逻辑表达式也与非逻辑关系相同。图2.6(b)所示是其逻辑符号。

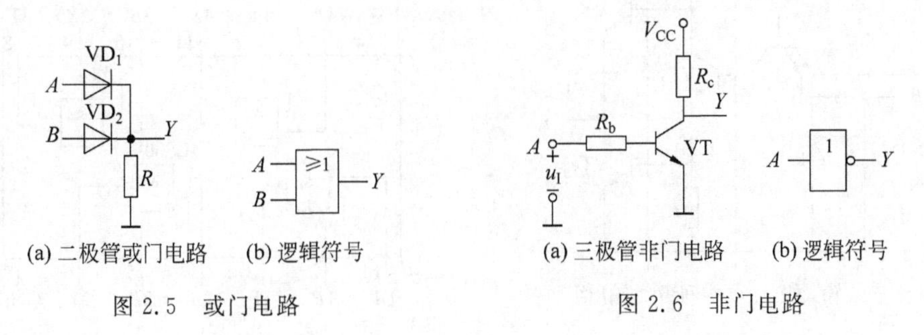

(a) 二极管或门电路　(b) 逻辑符号　(a) 三极管非门电路　(b) 逻辑符号

图 2.5　或门电路　图 2.6　非门电路

思考题

试列出如图2.4所示与门、图2.5所示或门、图2.6所示非门电路的真值表，并与第1章介绍的“与”“或”“非”逻辑的真值表相比较。

2.3 集成 TTL 门电路

用二极管、三极管等单个元件组成的门电路称为分立元件门电路。这种门电路的缺点是体积大,工作速度低,可靠性差,带负载能力较弱。因此数字设备中广泛采用体积小、重量轻、功耗低、速度快、可靠性高的集成门电路。

TTL 电路的特点是运行速度快,电源电压低(仅 5V),有较强的带负载能力。在 TTL 门电路中,以与非门应用最为普遍,因此这里只讨论 TTL 集成与非门。

2.3.1 典型的集成与非门电路

TTL 与非门的典型电路如图 2.7 所示,它由输入级、中间级和输出级三部分组成。输入级由多发射极晶体管 VT_1 和电阻 R_1 组成,VT_1 有多个发射极,任何一个发射极(A 或 B)都可以和基极、集电极构成一个 NPN 型三极管。发射极 A、B 作为与非门的输入端。中间级由 VT_2 和 R_2、R_3 组成,它将输入信号放大,并传送至输出级。输出级由 VT_4、VT_5、VD_5 和 R_4 组成。由中间级 VT_2 输出的两个信号反相,使得 VT_4 和 VT_5 总是一个导通而另一个截止。与非门的输出 Y 由 VT_4 和 VT_5 的连接端引出。

输入端 A、B 若有一个或几个为低电平 0 时,VT_1 的发射结必有一个导通,基极电位约在 0.7～1V 左右,该电位不足以使 VT_1 的集电结和 VT_2、VT_5 导通,从而使其均处于截止状态,并导致 VT_4 导通,输出 Y 为高电平 1。只有当输入端全部为高电平 1 时,VT_1 管的基极电位大约为 2.1V(VT_1 的集电结,VT_2、VT_5 的发射结电压各 0.7V),VT_2、VT_5 的发射结均导通,并使 VT_4 截止,输出 Y 为低电平 0。其输入/输出符合与非逻辑关系。

如图 2.8 所示为集成四 2 输入与非门 74LS00 的引脚排列图,其内部的各个与非门互相独立,可以单独使用。

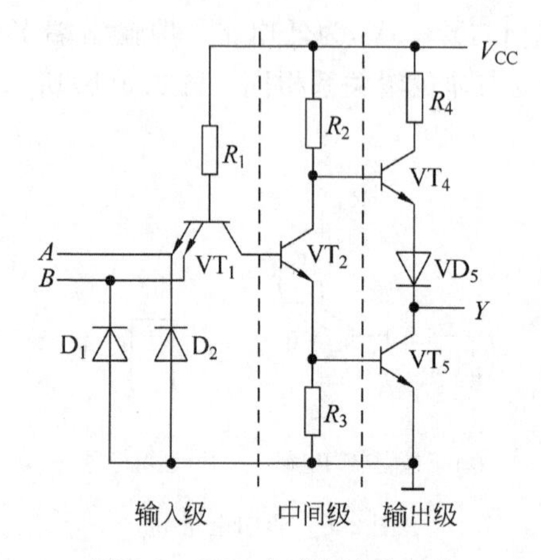

图 2.7 TTL 与非门电路结构

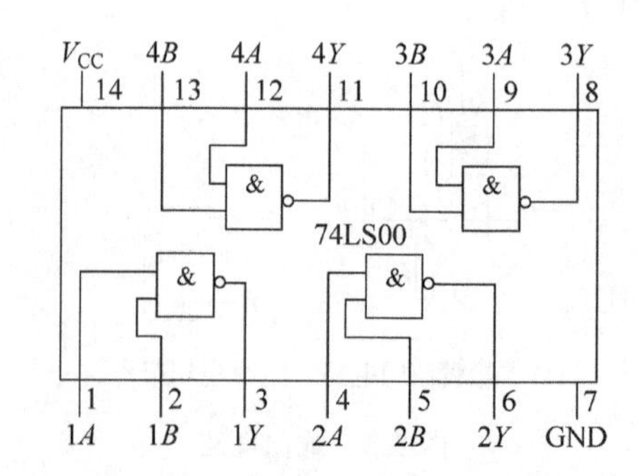

图 2.8 74LS00 的引脚排列图

2.3.2 集成与非门的主要参数

TTL 与非门空载时输出电压 U_O 随输入电压 U_I 变化的关系曲线称为电压传输特性曲

线，如图 2.9 所示。它是通过实验得出的。当 U_I 从零开始增加时，在一定范围内输出高电平基本保持不变。当 U_I 上升到一定值后，输出很快下降为低电平，这时即使 U_I 继续增加，输出低电平也基本不变。如果输入电压从大到小变化，输出电压也将沿曲线作反方向变化。通过电压传输特性曲线可以获得 TTL 与非门的一些特性参数。

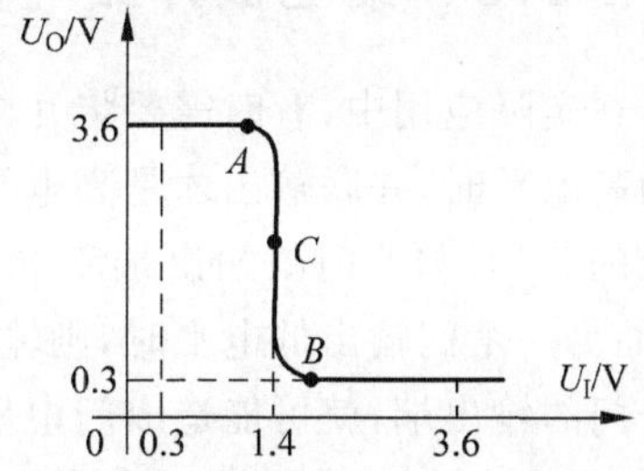

图 2.9 TTL 与非门的电压传输特性

1. 输出高电平 U_{OH}

U_{OH}是指输入低平时的输出电压值。一般 U_{OH}＝3.6V。

2. 输出低电平 U_{OL}

U_{OL}是指输入端全为高电平时的输出电压值。一般 $U_{OL}\leqslant 0.4$V。

3. 开门电平 U_{ON}、关门电平 U_{OFF}和阈值电压 U_T

保持输出为高电平的最大输入电压叫做关门电平 U_{OFF}，对应图 2.9 中的 A 点，TTL 产品规定 $U_{OFF}\geqslant 0.8$V。保持输出为低电平的最小输入电压叫做开门电平 U_{ON}，对应图 2.9 中的 B 点，TTL 产品规定 $U_{ON}\leqslant 2.0$V。把 A 点和 B 点之间连线的中点 C 所对应的输入电压值称为阈值电压，用 U_T 表示。对于理想的电压传输特性，A 点到 B 点的变化是陡直的，即 $U_{ON}=U_{OFF}=U_T$。当 $U_I<U_T$ 时，输出电压 U_O 为高电平；$U_I>U_T$ 时，输出电压 U_O 为低电平。值得注意的是：U_{OFF}、U_{ON}、U_T 都是指输入电压。

4. 扇出系数 N_O

与非门正常工作时，输出端能够驱动后级同类与非门的个数称为扇出系数 N_O。它表示与非门带负载的能力，TTL 与非门产品规定 $N_O\geqslant 8$，特殊制作的所谓“驱动器”，扇出系数可以大于 20。

5. 平均传输延迟时间 t_{pd}

在 TTL 电路中，晶体管工作状态的变化均需要经过一定时间才能完成，因此输出波形比输入端波形要滞后一段时间，如图 2.10 所示。t_{rd}为导通延迟时间，t_{fd}为截止延迟时间。其平均传输延迟时间 t_{pd}定义为

$$t_{pd}=\frac{t_{rd}+t_{fd}}{2} \tag{2.3}$$

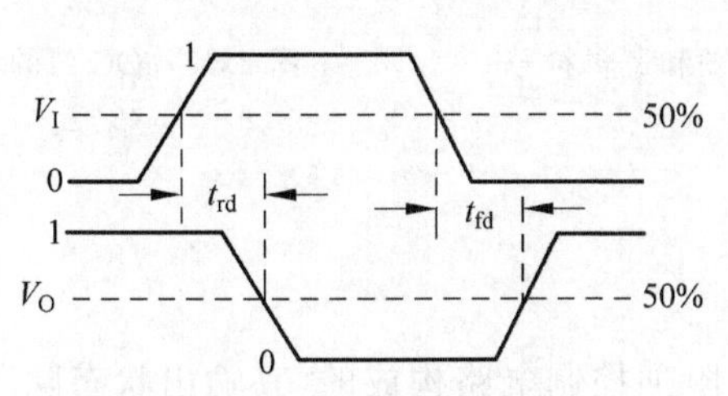

图 2.10 平均传输延迟时间的定义

t_{pd}是衡量电路开关速度的一个重要参数；t_{pd}越小，开关速度越快。TTL 与非门的 t_{pd}一般为几纳秒至几十纳秒。

TTL 与非门的其他参数如功耗、噪声容限等，这里不再一一介绍，使用时可查阅技术手册。

2.3.3 集电极开路与非门

在实际应用中,有时需要将几个与非门的输出端并联进行线"与",即各个与非门的输出均为高电平时,并联输出才是高电平;任何一个门输出低电平,并联输出就为低电平。前面讨论的 TTL 与非门的输出端不允许并联,即不能进行线与运算,否则当一个门输出高电平,而另一个门输出低电平时,则输出端并联后必然会产生一个很大的负载电流同时流过这两个门的输出端,就可能造成门电路损坏,如图 2.11 所示。集电极开路与非门(OC 门)可以实现线"与",其典型电路如图 2.12 所示,其特点是将原 TTL 与非门电路中的输出管 VT_5 的集电极开路,并去掉了集电极电阻,因此,使用时必须外接上拉电阻 R_L。多个 OC 门输出端相连时,可以共用一个上拉电阻。

利用 OC 门可以实现线"与"关系。如图 2.13 所示电路,其输出为

$$Y = Y_1 \cdot Y_2 \cdot Y_3 = \overline{AB} \cdot \overline{CD} \cdot \overline{EF} = \overline{AB + CD + EF} \qquad (2.4)$$

实际上完成了与或非运算。

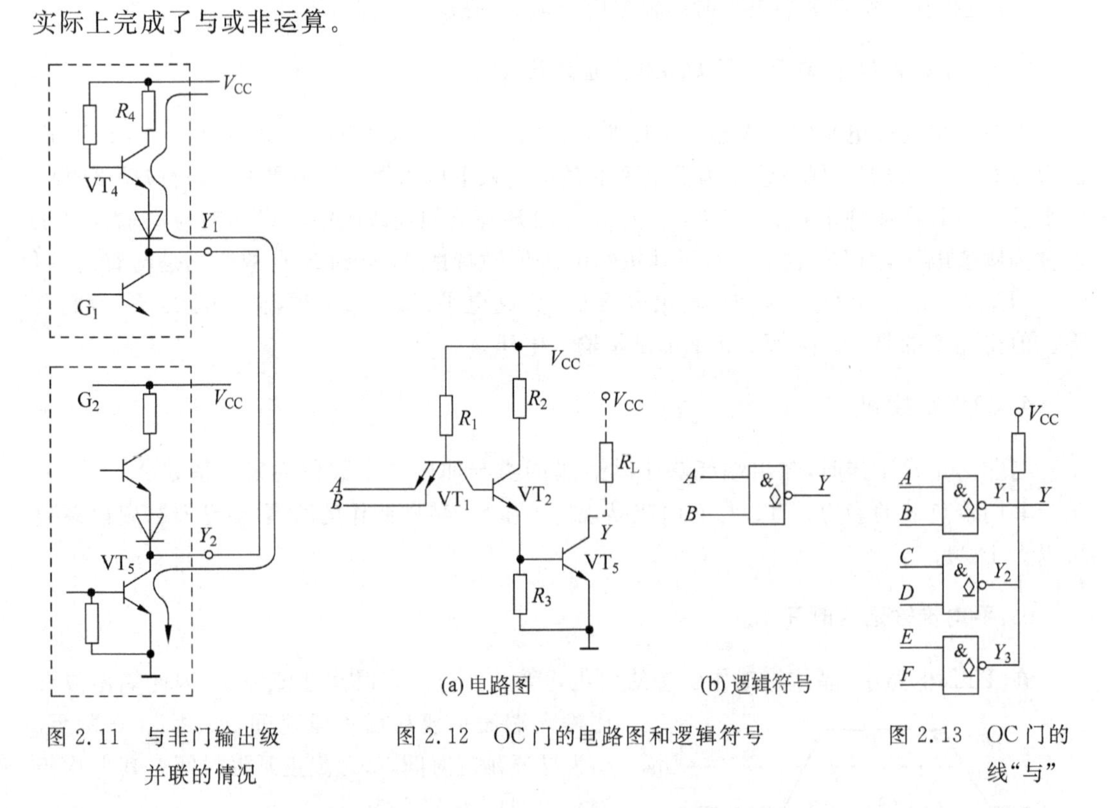

图 2.11 与非门输出级并联的情况

图 2.12 OC 门的电路图和逻辑符号

图 2.13 OC 门的线"与"

2.3.4 三态输出与非门

三态输出与非门是在普通与非门电路的基础上附加控制电路构成的,其输出状态除了高电平、低电平之外,还有第三种状态,即高阻状态,也称为禁止状态。三态门的电路和逻辑符号如图 2.14 所示。其中$\overline{EN}$为控制端,也称使能端,如图 2.14 所示,控制端低电平有效,当$\overline{EN}=0$ 时,$Y=\overline{AB}$,当$\overline{EN}=1$ 时,电路处于高阻状态,其真值表如表 2.1 所示。

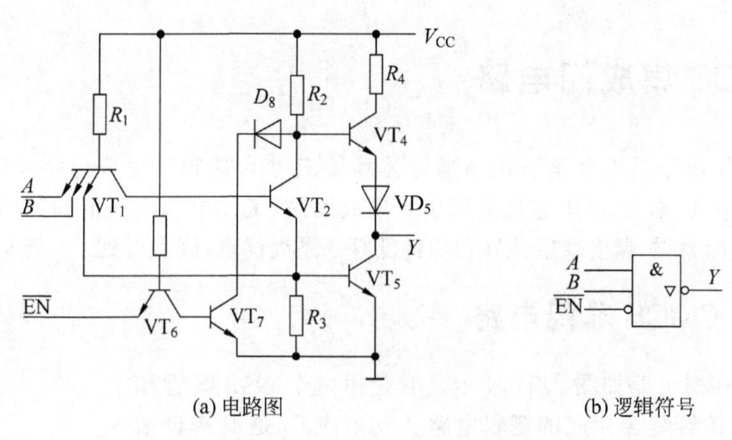

(a) 电路图　　(b) 逻辑符号

图 2.14　三态门的电路图和逻辑符号

表 2.1　三态门的真值表

输　入			输　出
$\overline{EN}$	**A**	**B**	**Y**
1	×	×	高阻
0	0	0	1
0	0	1	1
0	1	0	1
0	1	1	0

三态门是数字系统在采用总线结构时对接口电路提出的要求，利用三态门可以实现在总线上分时传输数据，如图 2.15 所示。为实现这一功能，必须保证在任何时刻，都只有一个三态门处于选通状态，即只有一个三态门向总线传输数据，否则会造成总线上数据混乱。

利用三态门还可以实现数据的双向传输，如图 2.16 所示。当$\overline{EN}=0$ 时，门 G_1 选通，门 G_2 禁止，数据 D_0 传向总线；当$\overline{EN}=1$ 时，门 G_2 选通，门 G_1 禁止，数据由总线传向 D_1。

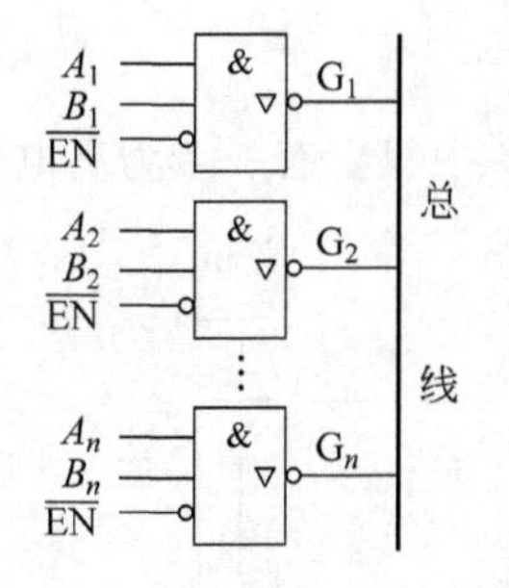

图 2.15　三态门用于总线数据传输

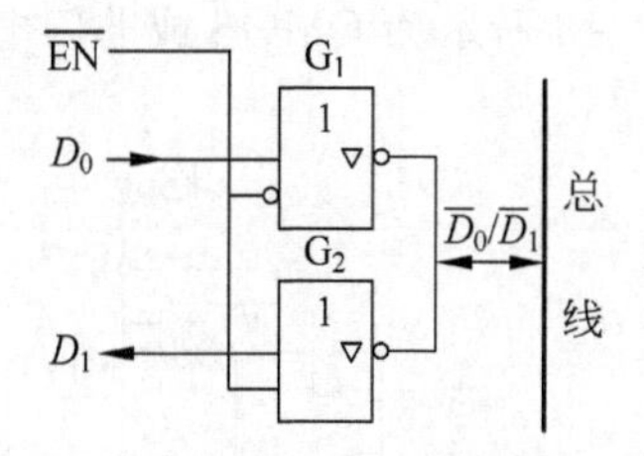

图 2.16　三态门实现双向传输数据

思考题

1. 试分析 OC 门电路的工作原理。

2. 试分析三态门电路的工作原理。

3. TTL 门电路中为了实现线“与”，可以采用集电极开路门和三态门，试说明其原理，两种电路各用于何种场合？

2.4 CMOS 集成门电路

CMOS 逻辑电路是以金属氧化物半导体场效应管为基础的集成电路。CMOS 集成电路具有工艺简单、成本低、占用芯片面积小且集成度高、工作电源电压范围宽(3～18V)、输入阻抗高、带负载能力强、温度稳定性好和功耗低等一系列优点，因此得到了广泛应用。

2.4.1 CMOS 非门电路

CMOS 反相器电路如图 2.17 所示。它是由一个 NMOS 管和一个 PMOS 晶体管复合而成的逻辑电路。其中 VT_1 是 P 沟道增强型 MOS 管；VT_2 是 N 沟道增强型 MOS 管。VT_1 的开启电压为 U_{VT1}，VT_2 的开启电压为 U_{VT2}，CMOS 电路的电源要求为：$V_{DD}>U_{VT1}+|U_{VT2}|$。

当 $u_I=0$ 时，VT_2 截止，VT_1 导通，$u_O\approx V_{DD}$，为高电平；当 $u_I=V_{DD}$时，VT_2 导通，VT_1 截止，$u_O\approx 0$，为低电平。由此可见，该电路的工作过程很像 TTL 电路的推拉式输出，所以带负载能力较强，静态功耗很小。

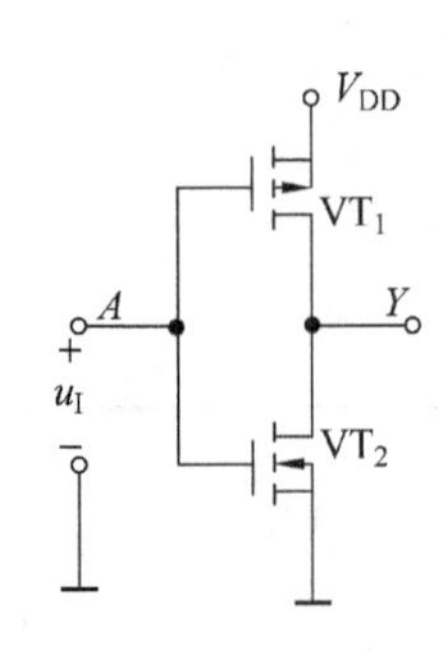

图 2.17 CMOS 反相器

2.4.2 CMOS 与非门

CMOS 与非门电路如图 2.18 所示。VT_1 和 VT_2 的连接如同一个 CMOS 反相器，VT_3 和 VT_4 的连接也如同一个 CMOS 反相器，当输入端 A 和 B 中有一个为低电平时，VT_1 和 VT_3 至少有一个截止，VT_2 和 VT_4 也至少有一个导通，输出 Y 为高电平；只有输入端 A 和 B 同时为高电平时，VT_1 和 VT_3 都导通，VT_2 和 VT_4 都截止，输出 Y 才为低电平。从上述分析可知该电路实现了“与非”逻辑。

2.4.3 CMOS 或非门

如图 2.19 所示为 CMOS 或非门电路。输入端 A 和 B 中只要有一个为高电平，则 VT_1

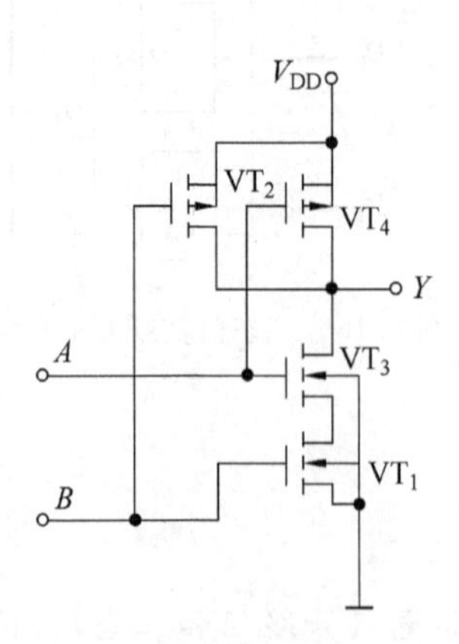

图 2.18 CMOS 与非门

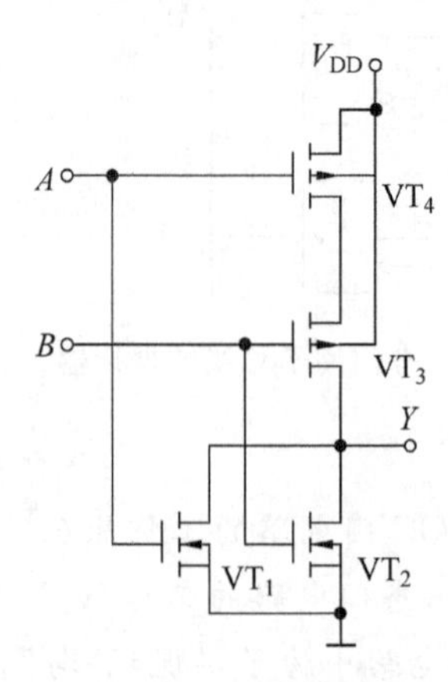

图 2.19 CMOS 或非门

和 VT_2 中至少有一个导通，输出 Y 为低电平，只有 A 和 B 端同时为低电平时，VT_1 和 VT_2 都截止，VT_3 和 VT_4 都导通，输出 Y 为高电平，故该电路实现了“或非”逻辑。

2.4.4 CMOS 输入保护电路

CMOS 电路的输入端一般是 MOS 管的栅极。极间与沟道之间隔着很薄的绝缘氧化层，一般只有 1nm 左右，只要外界有很小的感应电荷源，就可能迅速积累电荷而建立起相当高的电压，引起栅极与衬底间氧化层击穿而导致器件永久性失效。因此，CMOS 电路输入端一般加有保护电路，并且在电路生产过程中制作在同一芯片上。

如图 2.20 所示为一种常见的输入端二极管保护电路。图中二极管正向导通压降约 0.5V，反向击穿电压小于氧化层击穿电压值。因此，MOS 管的栅极电压被限制在 -0.5V 和 $(V_{DD}+0.5\text{V})$ 之间，并且使保护二极管先于氧化层反向击穿（二极管的反向击穿并不会导致永久性失效），以保证氧化层不会击穿。

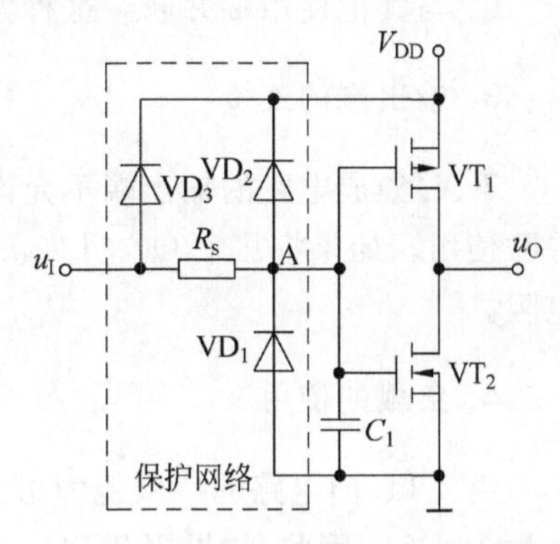

图 2.20 输入端二极管保护电路

R_s 与输入电容 C_1 组成积分网络，使输入端出现的感应电压延迟一段时间后才作用到 MOS 管的栅极上，并且使其幅度有所衰减。但是，这也使信号的传输产生延迟，影响电路工作速度。因此，R_s 的阻值不宜过大，一般多晶硅栅极电阻为 250Ω。

正常工作时（$0 \leqslant u_I \leqslant V_{DD}$），保护电路不起作用。

思考题

1. 分析 TTL 门电路和 CMOS 门电路的逻辑性能有何差异？
2. CMOS 电路有何优点？

2.5 逻辑门电路使用注意事项及应用举例

门电路是数字电路的基本单元，正确使用门电路是数字电路不可或缺的环节。

2.5.1 TTL 门电路的使用

1. 电源选择

TTL 集成电路的电源电压允许变化的范围比较窄，一般采用 5V 电源，74 系列一般要求电源电压稳定度在±5%范围内。在使用时不能将电源与地颠倒；为防止干扰，要在电源和地之间接滤波电容。

2. 输入端的连接

在 TTL 集成电路使用时，各个输入端不能直接与高于＋5.5V 或低于－0.5V 的低内阻电源相连接。另外，还经常会遇到在多输入端的逻辑门中，有的输入端暂时不用的情况，一般可做如下处理：

(1) 与门和与非门暂时不用的输入端有三种处理方法。

① 悬空。对逻辑门电路来说,悬空相当于高电平,并不影响与门和与非门的逻辑功能,但悬空易受干扰,有时会造成电路的误动作。

② 与其他使用端并联。这种方法会增大前级驱动门的负担。

③ 直接连接到电源 V_{CC}上或将不同的输入端通过一个电阻接到电源 V_{CC}上。

(2) 或门和或非门暂时不用的输入端有两种处理方法。

① 接地。

② 与其他使用端并联。这种方法也会增大前级驱动门的负担。

3. 输出端的连接

TTL 集成电路的输出端不允许直接接地或电源。除三态门和 OC 门外,输出端不允许并联使用。如果将几个 OC 门并联实现线"与"功能时,应在输出端与电源之间接一个上拉电阻。

4. 负载的使用

由 TTL 门电路的负载能力可知,TTL 门电路输出低电平时的灌电流负载能力较强,最大为 16mA。因此,如果用 TTL 门电路驱动较大负载时,应选用灌电流负载,而不宜采用拉电流负载。

2.5.2 CMOS 门电路的使用

在使用 CMOS 集成电路时,除认真阅读产品说明书或有关资料,了解其引脚分布和极限参数外,还应注意以下几个问题。

1. 电源选择

CMOS 集成电路的工作电压一般为 3～18V,但当电路中有门电路的模拟应用(如振荡电路、线性放大)时,最低电压不应低于 4.5V。由于 CMOS 集成电路工作电压范围宽,即使电源电压不稳定也可以正常工作。

2. 输入端问题

CMOS 集成电路的输入端不允许悬空,因为悬空使电位不定,破坏正常的逻辑关系；悬空也容易受干扰,引起电路误动作。因此暂时不用的输入端,对于与门和与非门,应接高电平；对于或门和或非门,应接地。若电路工作速度不高,功耗也没有特殊要求时,也可以将暂时不用的输入端与使用端并联。

因为 CMOS 集成电路为高输入阻抗器件,易感应静电高压,而电路部件间绝缘层很薄,因此在使用时尤其要注意静电防护问题。

(1) 包装、运输和存储 CMOS 器件时,不宜接触化纤材料,最好用防静电材料包装。

(2) 组装、调试 CMOS 电路时,所有工具、仪表、工作台、服装、手套等应注意接地或防静电。

(3) CMOS 电路中有输入二极管钳位保护，为防止过流损坏，对于低内阻信号源，要加限流电阻。

3. 输出端问题

CMOS 集成电路的输出端不允许接电源或地，否则输出级 MOS 管就会因过流而损坏。另外 CMOS 电路不允许将两个器件的输出端并联，因为不同器件参数不同，有可能导致 NMOS 和 PMOS 器件同时导通，形成大电流。为了增加电路的驱动能力，允许把同一芯片上的同类电路并联使用。

4. 负载问题

CMOS 集成电路的负载能力很强，CMOS 电路的扇出系数最大为 50，使用时也至少为 20。为了提高驱动能力，还可以将同一芯片内几个同类电路并联使用，此时负载能力提高 N 倍(N 为并联同类门的个数)。

2.5.3 TTL 电路与 CMOS 电路的连接

在数字系统中，往往由于工作速度或功耗指标等的要求，需要采用多种逻辑器件混合使用，常见的如 TTL 和 CMOS 两种器件同时使用。由于不同器件的参数不同，因此需要接口电路进行电平或电流变换之后才能连接。无论是用 TTL 电路驱动 CMOS 电路，还是用 CMOS 电路驱动 TTL 电路，都必须保证电平和电流两方面的适配，即驱动门必须能为负载门提供符合要求的高低电平和足够大的输入电流，具体条件如下：

$$
\begin{array}{ccc}
\text{驱动门} & & \text{负载门} \\
U_{OH} & \geqslant & U_{IH} \\
U_{OL} & \leqslant & U_{IL} \\
I_{OH} & \geqslant & I_{IH} \\
I_{OL} & \geqslant & I_{IL}
\end{array}
$$

为了方便比较，表 2.2 给出了两种 TTL 门电路和三种 CMOS 系列门电路的有关参数，其中 74HCT 系列与 TTL 电路完全兼容(引脚次序也一样)。

表 2.2 TTL 和 CMOS 电路的输入/输出特性参数

参数名称	电路类型				
	TTL 74 系列	TTL 74LS 系列	CMOS CD4000 系列	高速 CMOS 74HC 系列	高速 CMOS 74HCT 系列
U_{OH}/V	2.4	2.7	4.95	4.4	4.4
U_{OL}/V	0.4	0.5	0.05	0.1	0.1
I_{OH}/mA	0.4	0.4	0.5	4	4
I_{OL}/mA	16	8	0.5	4	4
U_{IH}/V	2	2	3.5	3.15	2
U_{IL}/V	0.8	0.8	1.5	0.9	0.8
I_{IH}/μA	40	20	0.1	1	1
I_{IL}/mA	1.6	0.4	0.1×10^{-3}	1×10^{-3}	1×10^{-3}

1. CMOS 门驱动 TTL 门

当用 CMOS 电路驱动 TTL 电路时,由于 CMOS 电路驱动电流较小,尤其是输出低电平时,所以对 TTL 电路的驱动能力很有限。因此,要设法扩大 CMOS 电路输出低电平时吸收负载电流的能力,具体可采用以下三种方法。

(1) 将封装在同一芯片内的同类 CMOS 门并联使用,以扩大 CMOS 电路输出低电平时的带负载能力,如图 2.21 所示。

(2) 在 CMOS 门的输出端增加一级有驱动能力的 CMOS 驱动器,例如 CD4010、CD40107 等;或者用三极管来实现电流扩展。其电路如图 2.22 所示,只要满足 $I_{OH}>i_B$,并且 $i_O>I_{IL}$ 即可。

(3) 74HCT 系列 CMOS 电路与 TTL 电路兼容,因此可以选用 74HCT 系列直接驱动 TTL 电路。

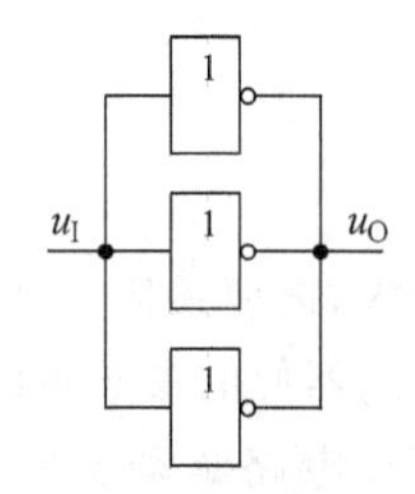

图 2.21 将 CMOS 电路并联以提高吸收电流能力

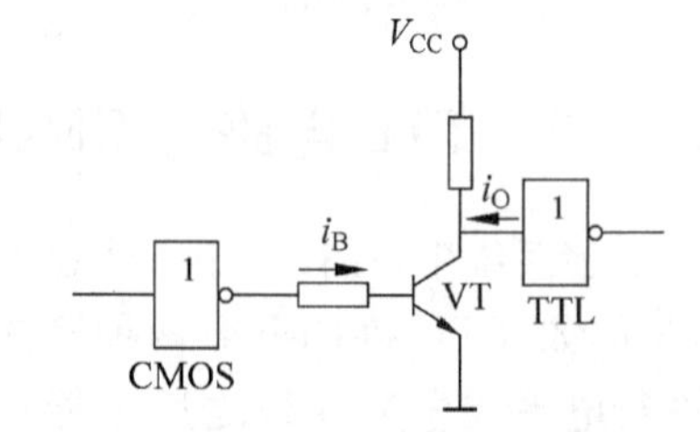

图 2.22 用三极管提高吸收电流能力

例 2.2 用一个 74HC00 与非门电路来驱动 TTL 反相器和 6 个 74LS 门电路,试计算此时的 CMOS 门电路是否过载?

解:查表 2.2 可知,对一个基本 TTL 反相器,$I_{IL}=1.6\text{mA}$,一个 74LS 门电路的输入电流为 0.4mA,则 6 个 74LS 门的输入电流为 $I_{IL}=6\times0.4\text{mA}=2.4\text{mA}$。总输入电流为 $I_{IL}=1.6\text{mA}+2.4\text{mA}=4\text{mA}$。

从表中可知:74HC00 门电路的输出电流 $I_{OL}=4\text{mA}$,故 CMOS 门电路未过载。

2. TTL 门驱动 CMOS 门

用 TTL 门电路驱动 CMOS 门电路时,TTL 输出高电平与 CMOS 的输入电压参数不兼容,例如 74LS 系列 TTL 门电路的 U_{OH} 为 2.7V,而 74HC 系列 CMOS 门电路的 U_{IH} 为 3.5V。为克服这一矛盾,常采用在 TTL 电路的输出端接一个上拉电阻的方法来提升输出高电平,如图 2.23 所示。如果 CMOS 电路的电源电压较高,则 TTL 电路须采用集电极开路门。

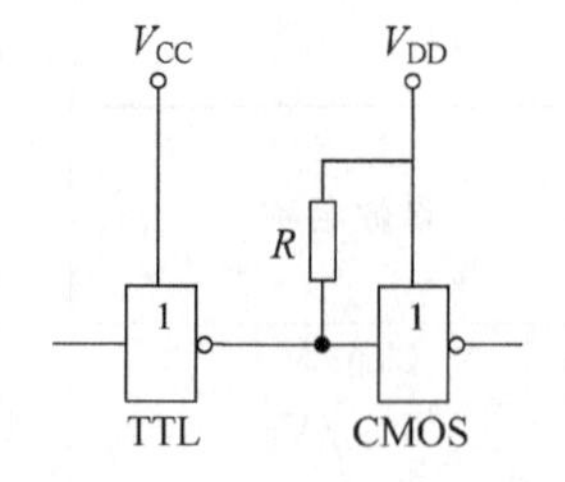

图 2.23 TTL 门电路驱动 CMOS 门电路

2.5.4 逻辑门电路应用举例

在日常生活中,常遇到在同一条电话线上同时并联两部电话机或电话被人盗用的情况。在电话线上接入如图 2.24 所示的电路,可使用户不必提起电话筒就知道另一部电话是否正在使用,也可以指示电话线路是否被他人非法盗用等。

当线路上无话机被提起时,电话线路上约有48V的直流电压;当有话机被提起时,线路电压降至10V左右,图2.24就是通过检测线路电压来判断是否有电话正在使用的电路图。图中VD_1～VD_4组成桥式整流电路(又称为极性校正电路),使电话线上的电压总保持2端正、4端负。无话机使用时,$U_{24}\approx48V$,该电压经过R_1、R_2分压,使F点电位$U_F\approx2.5V$。非门G_1～G_4采用CMOS系列的CD4069,并由两节电池供电,使工作电源约为3V,所以当$U_F=2.5V$时,G_1输出低电平,G_3、G_4也输出低电平,复合管VT截止,发光二极管VD_5不亮。当有话机使用时,该线路电压将降至$U_{24}\approx10V$,经过R_1、R_2分压,使F点电位$U_F\approx0.5V$。G_1输出高电平,G_3、G_4也输出高电平,并通过R_3向VT提供基极电流,使VT导通,发光二极管VD_5被点亮,表明电话线路上有话机在使用。

在图2.24中,电容C_1的作用是消除振铃信号及干扰信号的影响,G_3、G_4并联使用可增加电路的负载能力。

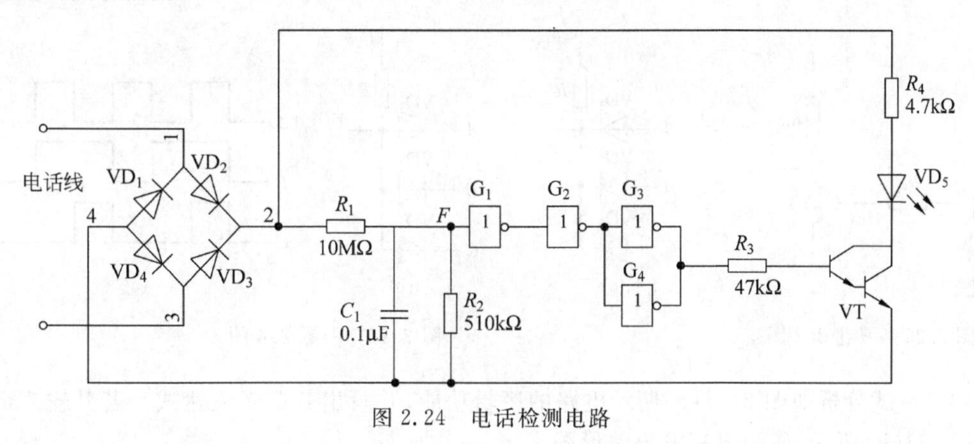

图2.24 电话检测电路

思考题

1. 门电路暂时不用的输入端如何处理?
2. CMOS电路如何防护静电?
3. TTL电路与CMOS电路接口应注意什么问题?
4. 若某2输入与非门,无论输入信号A如何变化,输出信号都与输入信号B完全相同,试判断该与非门有什么故障?若某2输入或非门,无论输入信号A如何变化,输出信号恒等于0,试判断该或非门有什么故障?

2.6 本章小结

门电路是数字电路的基础,本章主要介绍了门电路的相关知识。

半导体器件在数字电路中工作在开关状态,因此首先要熟悉晶体管的开关特性,即晶体管导通时相当于开关闭合,截止时相当于开关断开。

TTL门电路和CMOS门电路是两类最常用的门电路。熟悉门电路的特性是正确使用门电路的重要环节。OC门和三态门是数字系统尤其是计算机系统中常用的逻辑器件,是实现线"与"和总线数据传输的基本器件。

正确使用、运输电子器件,必须了解门电路在使用过程中应注意的事项。对于 CMOS 门电路,还要特别注意静电防护。

TTL 电路与 CMOS 电路的接口是设计数字系统经常遇到的问题。

习题 2

2.1 晶体三极管为什么可以作开关使用?其截止、放大、饱和的条件各是什么?

2.2 电路如图 2.25 所示,已知 $R_C=2\text{k}\Omega$,$R_B=100\text{k}\Omega$,$\beta=30$,$V_{CC}=5\text{V}$,当输入电压分别为 0V 和 5V 时,试判断晶体管工作在什么状态。

2.3 说明与非门、或非门能否当作非门使用,如果能,如何使用?

2.4 试分析如图 2.26(a)和图 2.26(b)所示电路的逻辑功能,并写出其逻辑表达式。若其输入信号 A、B、C 的波形如图 2.26(c)所示,请画出其输出波形图。

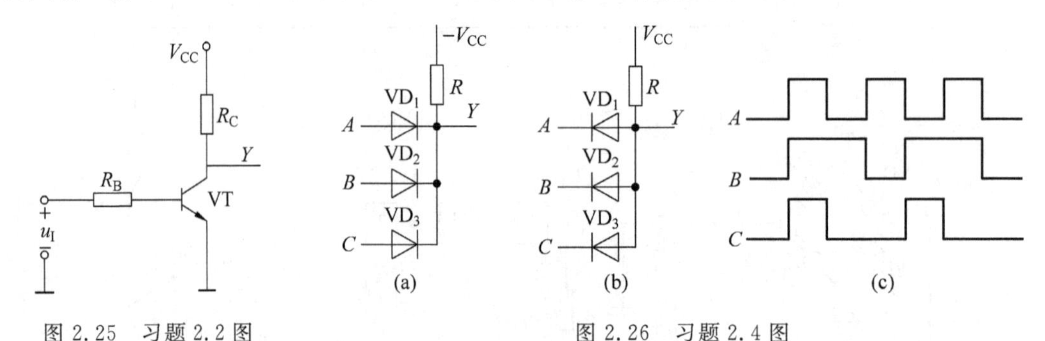

图 2.25 习题 2.2 图

图 2.26 习题 2.4 图

2.5 试分析如图 2.27(a)所示电路的逻辑功能,并写出其逻辑表达式。若其输入波形如图 2.27(b)所示,请画出其输出波形图。

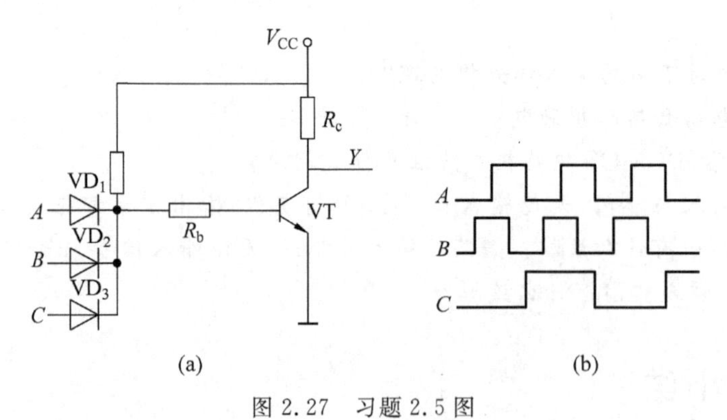

图 2.27 习题 2.5 图

2.6 逻辑电路如图 2.28 所示,试分别写出其逻辑表达式。

2.7 若与非门的一个输入端接 5V 输入信号,其他输入端做以下四种不同处理,则输出分别为何种状态?

(1) 其他输入端悬空;

(2) 其他输入端接电源正极;

(3) 其他输入端中只有一个输入端接地;

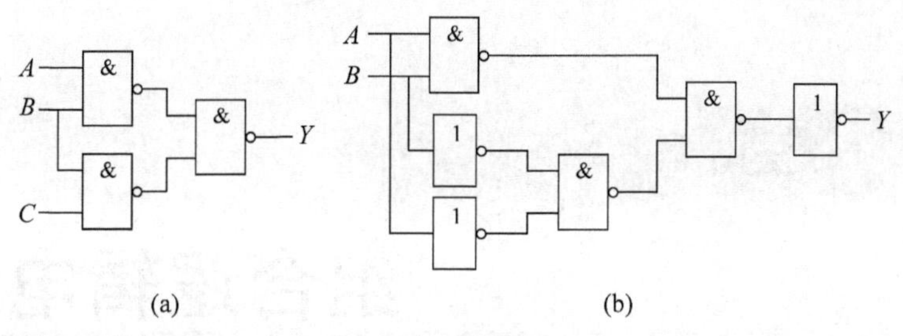

图 2.28 习题 2.6 图

(4) 其他输入端全部接地。

2.8 若或非门的一个输入端接地,其他输入端做以下四种不同处理,则输出分别为何种状态?

(1) 其他输入端悬空;

(2) 其他输入端接电源正极;

(3) 其他输入端中只有一个输入端接地;

(4) 其他输入端全部接地。

2.9 请说明下列各门电路中哪些输出端可以并联使用。

(1) TTL电路的OC门;

(2) TTL电路的三态输出门;

(3) 普通的CMOS门;

(4) CMOS电路的三态输出门。

2.10 用与非门实现下列逻辑函数。

(1) $Y=AB+AC$

(2) $Y=A\oplus B$

(3) $Y=\overline{\overline{AB\bar{C}}+\overline{A\bar{B}C}+\overline{\overline{A}BC}}$

2.11 试分析如图 2.29 所示电路的逻辑功能,写出逻辑表达式,并列出真值表。

2.12 试分析图 2.30(a)和图 2.30(b)所示电路的逻辑功能,写出Y的表达式。图中的与非门和或非门均为CMOS门电路。

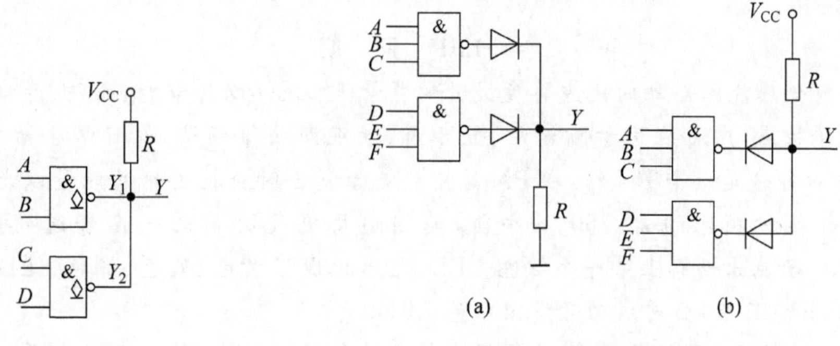

图 2.29 习题 2.11 图　　图 2.30 习题 2.12 图

2.13 用 TTL 三态门及普通 TTL 门电路实现 4 位三态总线驱动器/接收器,画出其逻辑图。

第3章 组合逻辑电路

本章要点

◇ 熟悉组合电路的基本概念；
◇ 掌握组合电路的分析方法和设计方法，能完成实际逻辑问题的分析和设计；
◇ 熟悉中规模集成电路模块的功能；
◇ 掌握中规模集成电路芯片在电路设计中的灵活应用；
◇ 了解组合电路中的竞争-冒险现象。

在生产和生活实践中遇到的逻辑问题层出不穷，为之设计的逻辑电路也举不胜举。数字系统中的各种逻辑组件，从电路结构和逻辑功能上分为两大类：组合逻辑电路和时序逻辑电路。在数字系统中，由基本逻辑门组成的组合逻辑电路是研究数字电路的基础，常用的组合逻辑电路有编码器、译码器、数据分配器、数据选择器、数值比较器、全加器等。同时，为了使用方便，这些组合逻辑电路均有中规模集成电路器件(MSI)。

本章主要介绍采用小规模器件(SSI)及中规模器件(MSI)分析、设计组合电路的方法，并介绍常用MSI器件的功能及应用。这些器件具有特定的逻辑功能，通常用符号图、功能表、逻辑表达式或硬件描述语言描述其逻辑功能。在进行逻辑设计时，需要正确选择器件。从集成度角度讲，可选择中、大规模集成器件或高密度可编程逻辑器件；从工艺上讲，可用TTL或CMOS集成器件，即要综合考虑所用器件数量、功耗、速度、负载能力及价格等。

趣味知识

LED 照 明

在当前全球能源短缺的忧虑再度提升的背景下，LED以其节能、高效、寿命长、无辐射、绿色环保等特点，广泛应用于指示灯、显示屏、景观照明等领域，在日常生活中处处可见。LED的核心部分是一个PN结，在PN结中载流子复合时会把过剩的能量以光的形式释放出来，发出各种颜色的光。50多年前，美国通用电气公司的一名普通研究人员Nick Holonyakjr研制出世界上第一个红色LED，之后出现了黄色、蓝色、绿色LED。直到1996年日本Nichia(日亚)公司成功开发出白色LED。

长期以来LED受到亮度差、价格昂贵等条件的限制，无法作为通用光源推广应用。近几年来，随着人们对半导体发光材料研究的不断深入和LED制造工艺的不断进步，各种颜色的超高亮度LED的研制取得了突破性进展，其发光效率提高了近千倍，其中最重要的是超高亮度白光LED的出现，使LED应用领域拓展至高效率照明光源市场，成为国际公认的下一代固态照明光源、人类继爱迪生发明白炽灯泡后最伟大的发明之一。

目前 LED 照明有三种最新的设计理念：

① 情景照明。2008 年飞利浦公司提出情景照明，根据环境的需求来设计灯具。情景照明以场所为出发点，旨在营造一种漂亮、绚丽的光照环境，去烘托场景效果。

② 情调照明。2009 年由凯西欧公司提出情调照明，以人的需求来设计灯具。情调照明是以人的情感为出发点，从人的角度去创造一种意境光照环境。情调照明与情景照明不同，情调照明是动态的，是可以满足人们精神需求的照明方式；而情景照明是静态的，它只能强调场景光照的需求，不能表达人的情绪。

③ 人文照明。采用最新的科学技术对“光”进行创造，使照明技术参数与环境、氛围、活动、人物心情等相适应，成为一个从积极方面影响人的情绪、生活、工作的因素，在照明方式与照明效果方面，追求人文、科技、艺术的统一，是一种以人为本的照明方式。

那么到底这些 LED 显示设备是怎么工作的？其内部受到什么样的系统控制？应用到什么数字电路理论？大家可以根据本章中相关的知识，想一想最简单的电梯中看到的层 6 是如何显示出来的？层 28 又如何显示出来的？火车站内“北京站 14:12 开”等又是如何显示的？

3.1 组合电路的分析和设计

如果一个逻辑电路在任何时刻的输出状态只取决于这一时刻的输入状态，而与电路原来的状态无关，则称这样的电路为组合逻辑电路。

组合逻辑电路具有如下特点：

(1) 在电路结构上只由逻辑门组成，不含记忆性元件；

(2) 输出、输入之间没有反馈延迟电路。

通常组合电路可以有若干个输入变量：$I_0, I_1, I_2, \cdots, I_{n-1}$；也可以有若干个输出变量：$Y_0, Y_1, Y_2, \cdots, Y_{m-1}$。每一个输出函数是全部或部分输入变量的函数：$Y(t_n)=F[I(t_n)]$，即

$$
\begin{aligned}
Y_0 &= F_0(I_0, I_1, I_2, \cdots, I_{n-1}) \\
Y_1 &= F_1(I_0, I_1, I_2, \cdots, I_{n-1}) \\
Y_2 &= F_2(I_0, I_1, I_2, \cdots, I_{n-1}) \\
&\vdots \\
Y_{m-1} &= F_{m-1}(I_0, I_1, I_2, \cdots, I_{n-1})
\end{aligned}
$$

其框图如图 3.1 所示。

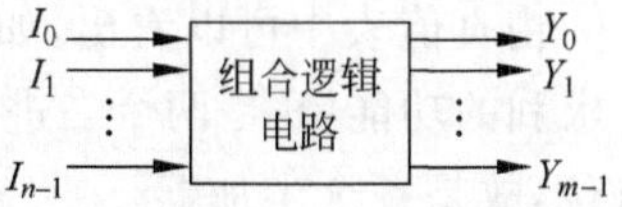

组合逻辑电路逻辑功能的描述方法有逻辑函数表达式、真值表、逻辑图和卡诺图等，这些方法之间可以相互转换。

图 3.1 组合电路框图

3.1.1 组合电路的分析

组合逻辑电路的分析，就是针对给定的组合电路，利用门电路和逻辑代数知识，找出电路输出和输入之间的逻辑关系，从而确定它的逻辑功能。

组合电路一般按照下列步骤进行分析(见图 3.2)。

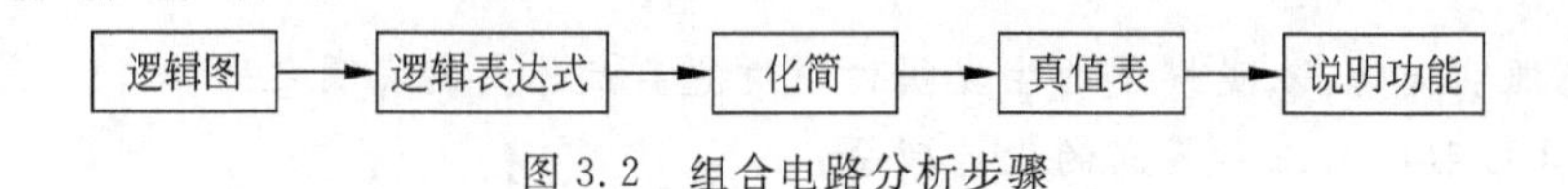

图 3.2 组合电路分析步骤

(1) 根据给定的逻辑电路图,写出输出端的逻辑表达式。

已知逻辑图写出函数式,其方法是:从逻辑图输入端到输出端逐级写出每个逻辑门对应的逻辑表达式,就可以得到最后的函数表达式。

(2) 对输出逻辑函数进行化简,得到最简表达式。一般化为最简“与或”式。

(3) 列出真值表。

其方法是:将输入变量取值的所有状态组合逐一代入逻辑函数式求出函数值,列成表,即可得到真值表。

(4) 根据真值表中输入/输出的关系,说明电路的逻辑功能。

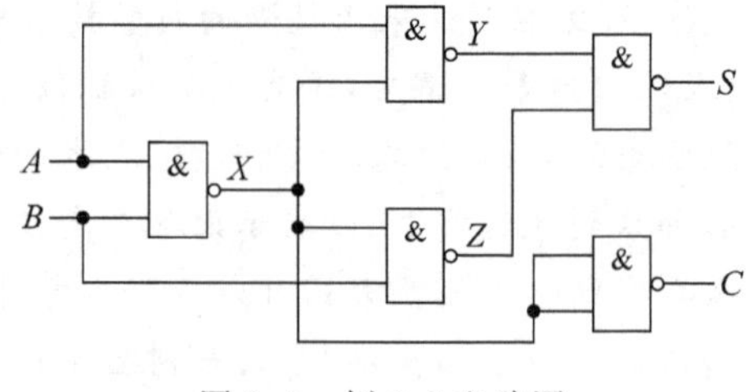

图 3.3 例 3.1 电路图

例 3.1 分析如图 3.3 所示电路的逻辑功能。

解:

(1) 由逻辑图逐级写出函数式。

由图 3.3 可以写出 Y 的逻辑函数式:

$$X = \overline{AB}$$

$$Y = \overline{XA}$$

$$Z = \overline{XB}$$

$$S = \overline{YZ} = \overline{\overline{\overline{AB}A} \cdot \overline{\overline{AB}B}}$$

$$C = \overline{X} = \overline{\overline{AB}}$$

(2) 化简和变换。

$$S = \overline{\overline{\overline{AB}A} \cdot \overline{\overline{AB}B}} = \overline{AB}A + \overline{AB}B = A\overline{B} + \overline{A}B$$

$$C = \overline{\overline{AB}} = AB$$

(3) 根据最简式列真值表。

由最简式可列出真值表,见表 3.1。

(4) 说明逻辑功能。

由真值表中可以看出,如图 3.3 所示组合逻辑电路完成对输入两个 1 位二进制变量 A、B 求和的功能,S 是两个二进制数的和,C 是向高位的进位。因为该电路不考虑来自低位的进位,故是一个半加器。

表 3.1 例 3.1 真值表

A	B	S	C
0	0	0	0
0	1	1	0
1	0	1	0
1	1	0	1

例 3.2　分析如图 3.4 所示电路的逻辑功能，输入信号 A、B、C、D 是一组二进制代码。

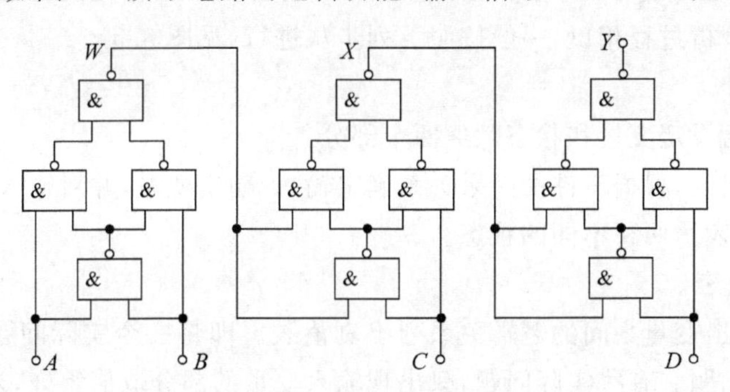

图 3.4　例 3.4 电路图

解：

(1) 由逻辑图逐级写出函数式。

设中间变量为 W、X，分别写出 W、X、Y 的函数式

$$W=\overline{\overline{A\,\overline{AB}}\;\overline{\overline{AB}\,B}},\quad X=\overline{\overline{W\,\overline{WC}}\;\overline{\overline{WC}\,C}},\quad Y=\overline{\overline{X\,\overline{XD}}\;\overline{\overline{XD}\,D}}$$

(2) 将各级函数化简，最后得到 Y 的最简式。

$$W=\overline{\overline{A\,\overline{AB}}\;\overline{\overline{AB}\,B}}=A\overline{B}+\overline{A}B$$

$$X=W\overline{C}+\overline{W}C=A\overline{B}\,\overline{C}+\overline{A}B\overline{C}+\overline{A}\,\overline{B}C+ABC$$

$$\begin{aligned}Y&=X\overline{D}+\overline{X}D\\&=A\overline{B}\,\overline{C}\,\overline{D}+\overline{A}B\overline{C}\,\overline{D}+\overline{A}\,\overline{B}C\overline{D}+ABC\overline{D}+\overline{A}\,\overline{B}\,\overline{C}D+\overline{A}BCD+A\overline{B}CD+AB\overline{C}D\end{aligned}$$

(3) 列真值表，见表 3.2。

表 3.2　例 3.2 真值表

A	B	C	D	Y	A	B	C	D	Y
0	0	0	0	0	1	0	0	0	1
0	0	0	1	1	1	0	0	1	0
0	0	1	0	1	1	0	1	0	0
0	0	1	1	0	1	0	1	1	1
0	1	0	0	1	1	1	0	0	0
0	1	0	1	0	1	1	0	1	1
0	1	1	0	0	1	1	1	0	1
0	1	1	1	1	1	1	1	1	0

(4) 说明逻辑功能。

由表 3.2 中可以看出，当输入变量 A、B、C、D 四位代码中 1 的个数为奇数时，输出变量 Y 的值为 1，为偶数时输出 Y 的值为 0，所以该电路为奇校检电路。

3.1.2　组合电路的设计

组合电路的设计，就是根据给定的设计要求，设计出能实现该要求的最简逻辑电路。所谓“最简”,是指电路所用的器件数目最少,器件的种类最少,器件之间的连线最少。

设计过程与分析过程相反,一般按照下列步骤进行(见图3.5)。

(1) 逻辑抽象。

逻辑抽象分为设定变量和状态赋值两个部分。

由实际问题出发,根据事件的因果关系确定输入/输出变量,并对输入/输出变量进行状态赋值,即用0、1表示两种不同的状态。

(2) 建立真值表。

根据输入/输出变量之间的逻辑关系列出真值表。即将一个实际问题抽象成由真值表描述的逻辑函数问题。有些实际问题,只出现输入变量的部分取值组合,未出现的取值组合可以不在真值表中列出,若列出则相应的输出用“×”表示,视为无关项。

(3) 由真值表写出逻辑函数,并进行化简或变换。

由真值表写逻辑函数的方法是:先找出真值表中使逻辑函数取值为1的那些输入变量取值组合,再将这些输入变量组合写成最小项的形式,最后将这些最小项相加即可。

由真值表直接得到的逻辑函数不一定是最简式,为使所设计的电路最简,必须用公式法或卡诺图法对逻辑函数进行化简。如果已选定了某种器件(如与非门、或非门等)来设计电路,则还要对函数表达式进行变换。例如要用与非门实现电路,则必须把表达式变换为“与非-与非”形式。

(4) 画出逻辑图。

根据化简或变换后的表达式画出相应的逻辑电路图。

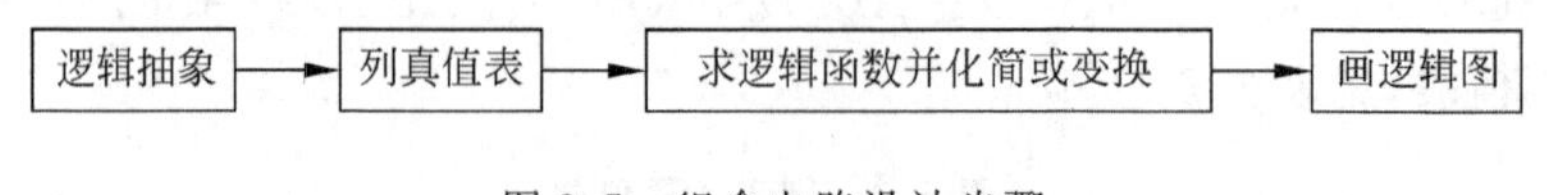

图3.5 组合电路设计步骤

例3.3 设计一个三人表决电路。三个人对某一事件进行表决,要求三人中两个或两个以上人同意,则事件通过。

解:

(1) 逻辑抽象。

设定变量:

输入变量三个:A、B、C;

输出变量一个:Y。

状态赋值:

A、B、C等于0:表示不同意;

A、B、C等于1:表示同意;

$Y=0$:表示未通过;

$Y=1$:表示通过。

(2) 列真值表。

将输入变量的所有取值组合及相应的输出值列入表中,见表3.3。

表 3.3　例 3.3 真值表

A	B	C	Y
0	0	0	0
0	0	1	0
0	1	0	0
0	1	1	1
1	0	0	0
1	0	1	1
1	1	0	1
1	1	1	1

(3) 写出逻辑函数表达式并化简。

$$Y=\overline{A}BC+A\overline{B}C+AB\overline{C}+ABC$$
$$=BC+A\overline{B}C+AB\overline{C}$$
$$=BC+AC+AB$$

该表达式为最简与或式,也可以将其转换为“与非-与非”式

$$Y=\overline{\overline{BC+AC+AB}}$$
$$=\overline{\overline{BC}\cdot\overline{AC}\cdot\overline{AB}}$$

(4) 画出逻辑图。

若用与门和或门实现,见图 3.6；若用与非门实现,见图 3.7。

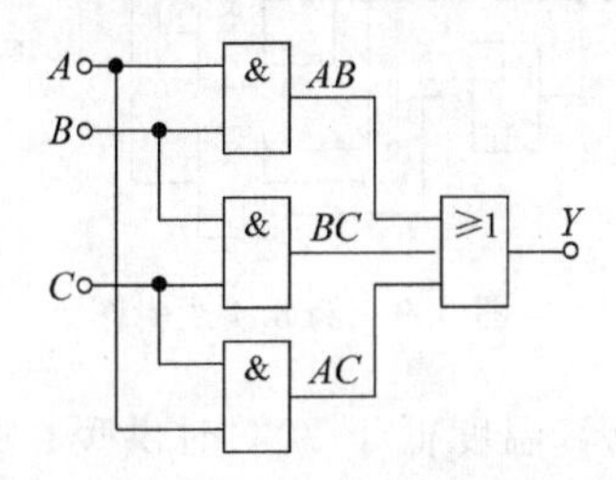

图 3.6　用与门和或门实现的逻辑图

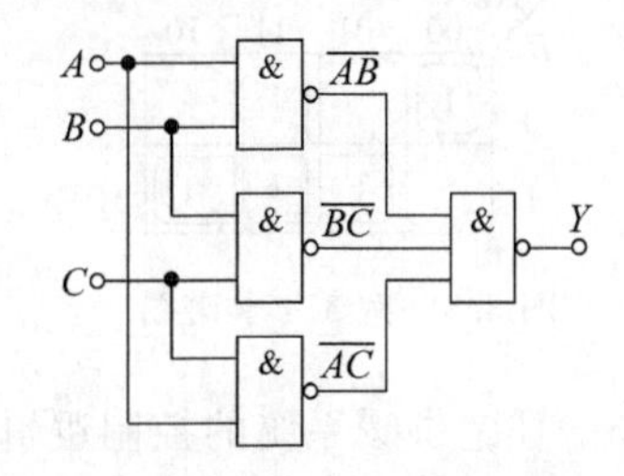

图 3.7　用与非门实现的逻辑图

例 3.4　设计一个监视交通信号灯工作状态的逻辑电路。正常情况下,红、黄、绿灯只有一个亮,否则视为故障状态,发出报警信号,提醒有关人员修理。

解:

(1) 逻辑抽象。

设定变量:

R、Y、G 分别表示红、黄、绿三个灯；Z 表示是否有故障。

状态赋值:

R、Y、G 等于 1 时表示灯亮,等于 0 时表示灯灭；$Z=0$ 表示正常,$Z=1$ 表示有故障。

(2) 列真值表。

根据题意,列出真值表见表 3.4。

表 3.4 例 3.4 真值表

R	Y	G	Z
0	0	0	1
0	0	1	0
0	1	0	0
0	1	1	1
1	0	0	0
1	0	1	1
1	1	0	1
1	1	1	1

(3) 写出输出表达式并化简。

$$Z=\overline{R}\,\overline{Y}\,\overline{G}+\overline{R}YG+R\overline{Y}G+RY\overline{G}+RYG$$

用卡诺图化简,如图 3.8 所示。

所以 $Z=\overline{R}\,\overline{Y}\,\overline{G}+RY+RG+YG$。

(4) 画出逻辑图。

逻辑图如图 3.9 所示。

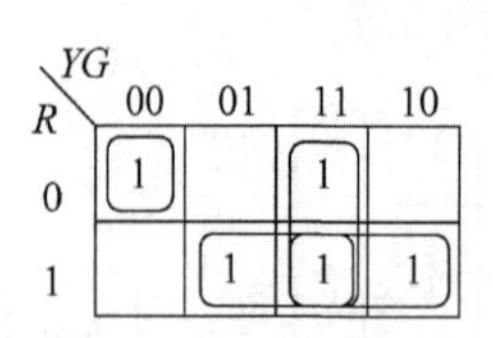

图 3.8 例 3.4 卡诺图

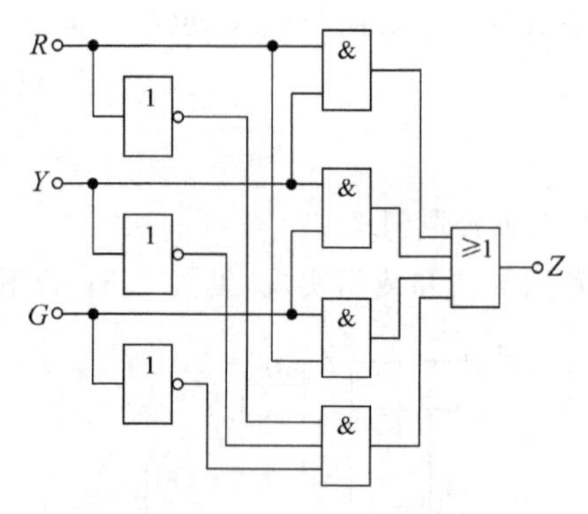

图 3.9 例 3.4 逻辑图

例 3.5 住宅供暖系统的控制逻辑操作如下:白天,温度低于 20℃时供暖;晚上,温度低于 18℃时供暖。设分别以逻辑符号 A、B、C 来表示:白天时 A 为 1,晚上 A 为 0;如果温度高于 20℃时 B 为 1,否则为 0;如果温度高于 18℃时 C 为 1,否则为 0。设计一个逻辑电路,它的输出信号用 Y 表示,需要供暖时为 1。

解:将上面描述的设计要求转换为真值表,如表 3.5 所示。表中列出了输入变量的所有组合,但是有两种组合不可能出现,因为温度不可能即高于 20℃($B=1$),又低于 18℃($C=0$)。这两种组合是无关项,以×表示。

表 3.5 例 3.5 真值表

A	B	C	Y
0	0	0	1
0	0	1	0
0	1	0	×
0	1	1	0

续表

A	B	C	Y
1	0	0	1
1	0	1	1
1	1	0	×
1	1	1	0

根据真值表写逻辑函数时，也可以先由真值表画出卡诺图，再由卡诺图直接写出最简与或表达式。由图 3.10 所示的卡诺图可以得出输出信号的最简逻辑表达式：$Y=\overline{C}+A\overline{B}$。逻辑电路图如图 3.11 所示。

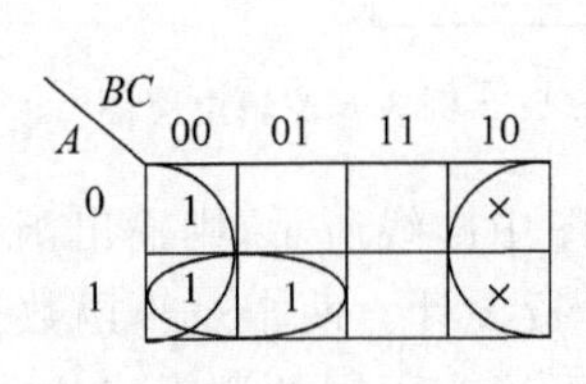

图 3.10 例 3.5 卡诺图

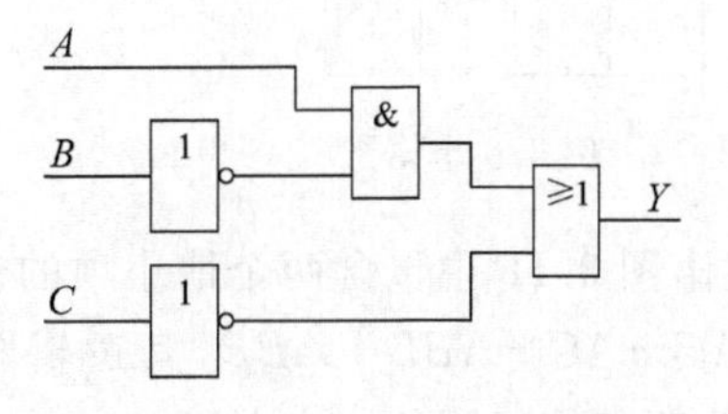

图 3.11 例 3.5 逻辑图

例 3.6 孩子们困惑的一个传统问题是：一个农夫带着一只狗、一只鹅和一袋黑麦旅行。农夫来到一条河边，他必须从河东岸到西岸。过河只使用一条船，并且船上只有两个位置，一个给农夫划船，一个给他所带的东西。如果农夫不在，那么鹅将吃掉黑麦或者狗将吃掉鹅。设计一个电路模拟解决这个问题。

解：用 A、B、C、D 分别表示农夫、狗、鹅、黑麦，如果相应对象在东岸，逻辑信号为 1，如果在西岸则为 0；用 Y 表示黑麦或鹅所处的状态，任何时候，处于安全状态为 1，处于危险状态为 0。由题中描述可得到真值表如表 3.6 所示。

表 3.6 例 3.6 真值表

A	B	C	D	Y
0	0	0	0	1
0	0	0	1	1
0	0	1	0	1
0	0	1	1	0
0	1	0	0	1
0	1	0	1	1
0	1	1	0	0
0	1	1	1	0
1	0	0	0	0
1	0	0	1	0
1	0	1	0	1
1	0	1	1	1
1	1	0	0	0
1	1	0	1	1
1	1	1	0	1
1	1	1	1	1

画出卡诺图(如图 3.12 所示),由卡诺图可以得出输出信号的最简逻辑表达式:$Y=\overline{A}\overline{C}+AC+B\overline{C}D+\overline{B}C\overline{D}$。逻辑电路图如图 3.13 所示。

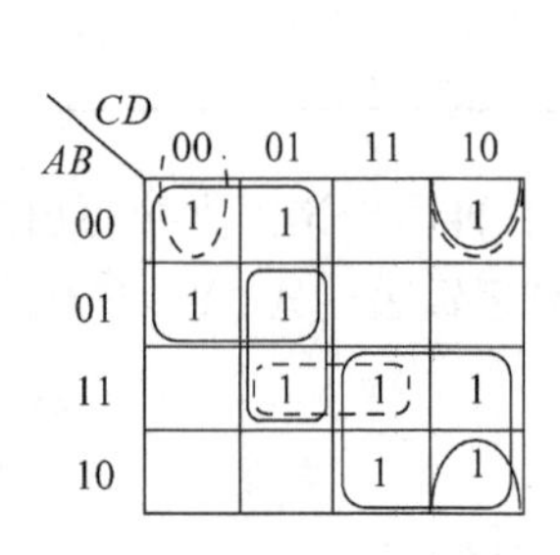

图 3.12 例 3.6 卡诺图

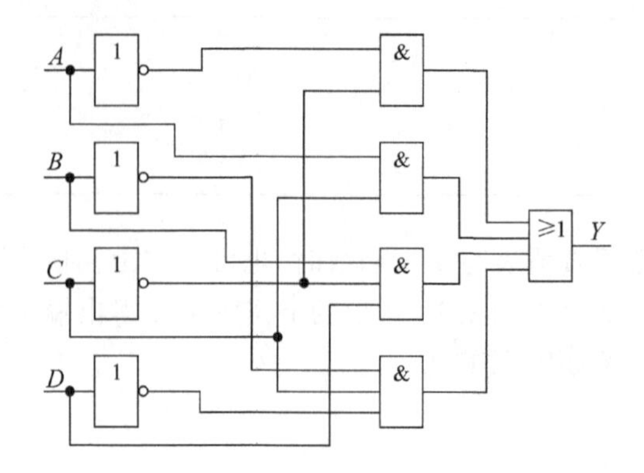

图 3.13 例 3.6 逻辑电路图

如果卡诺图 3.12 中包含两个最小项的包围圈,如图中虚线所示,则输出函数逻辑表达式为:$Y=\overline{A}\overline{C}+AC+ABD+\overline{A}\overline{B}\overline{D}$,其逻辑图读者可自行设计。两个逻辑函数虽然形式不同,但逻辑功能却是相同的。由此可见,同一逻辑函数可以有不同的逻辑表达式,同一逻辑功能也可以由不同的逻辑电路实现。这两种实现方法在实际操作中有什么不同呢?

思考题

1. "逻辑抽象"的概念是什么?包含哪些内容?
2. 对于同一个实际问题,不同的人经过逻辑抽象可能得到不同的逻辑函数,为什么?

3.2 编码器

在数字电路中,经常需要将有特定意义的信息(如文字、符号、图像等)转换成相应的二进制代码,这一过程称为编码,实现编码功能的电路称为编码器。

3.2.1 编码器的功能和分类

在数字系统中,数字信号不仅可以表示数字,还可以表示各种不同的指令、信息及事物等。在二值数字逻辑中,信号都是以高、低电平的形式出现的,所以编码器的功能就是把输入的高、低电平信号变成相应的二进制代码输出,如图 3.14 所示。通常编码器有 m 个信息输入端 $x_1,x_2,\cdots,x_m$,n 个二进制代码输出端 $z_1,z_2,\cdots,z_n$,m 和 n 应满足关系:$m\leqslant 2^n$。

目前,常用的编码器有二进制编码器和二-十进制编码器。

1. 二进制普通编码器

二进制编码器是用 n 位二进制代码对 2^n 个特定输入信息进行编码的电路。在二进制普通编码器中,2^n 个输入信号,任一时刻只允许一个编码输入有效,否则输出会发生混乱。

现在以 3 位二进制普通编码器为例,介绍一下二进制普通编码器的工作原理。图 3.15 为 3 位二进制编码器的框图。I_0 ~I_7 是一组互斥的高电平输入变量,任一时刻只允许其中一个取值为1。输出是3位二进制代码 $Y_2Y_1Y_0$，因此又将此编码器称为8线-3线编码器。其输入/输出信号对应的编码关系见真值表3.7。

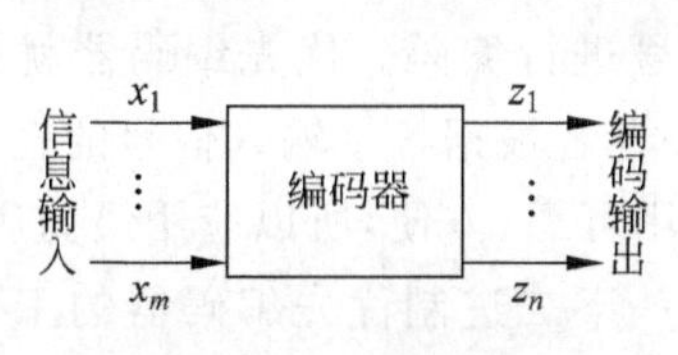

图3.14 编码器框图

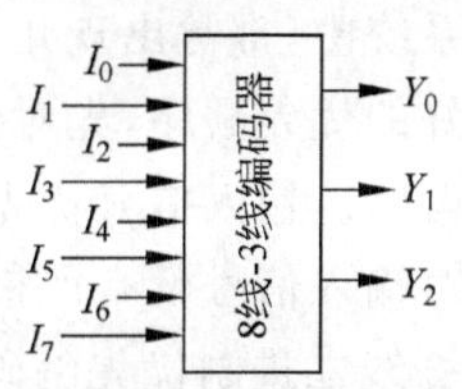

图3.15 3位二进制编码器框图

根据真值表，可以写出对应的输出表达式为

$$\begin{cases} Y_2 = I_4 + I_5 + I_6 + I_7 \\ Y_1 = I_2 + I_3 + I_6 + I_7 \\ Y_0 = I_1 + I_3 + I_5 + I_7 \end{cases}$$

表3.7 8线-3线二进制编码器真值表

输入								输出		
I_0	I_1	I_2	I_3	I_4	I_5	I_6	I_7	Y_2	Y_1	Y_0
1	0	0	0	0	0	0	0	0	0	0
0	1	0	0	0	0	0	0	0	0	1
0	0	1	0	0	0	0	0	0	1	0
0	0	0	1	0	0	0	0	0	1	1
0	0	0	0	1	0	0	0	1	0	0
0	0	0	0	0	1	0	0	1	0	1
0	0	0	0	0	0	1	0	1	1	0
0	0	0	0	0	0	0	1	1	1	1

由表达式可得出由或门构成的编码器电路，如图3.16(a)所示；也可以变换为与非表达式，得到由与非门构成的编码器电路，如图3.16(b)所示。

$$\begin{cases} Y_2 = \overline{\overline{I_4} \cdot \overline{I_5} \cdot \overline{I_6} \cdot \overline{I_7}} \\ Y_1 = \overline{\overline{I_2} \cdot \overline{I_3} \cdot \overline{I_6} \cdot \overline{I_7}} \\ Y_0 = \overline{\overline{I_1} \cdot \overline{I_3} \cdot \overline{I_5} \cdot \overline{I_7}} \end{cases}$$

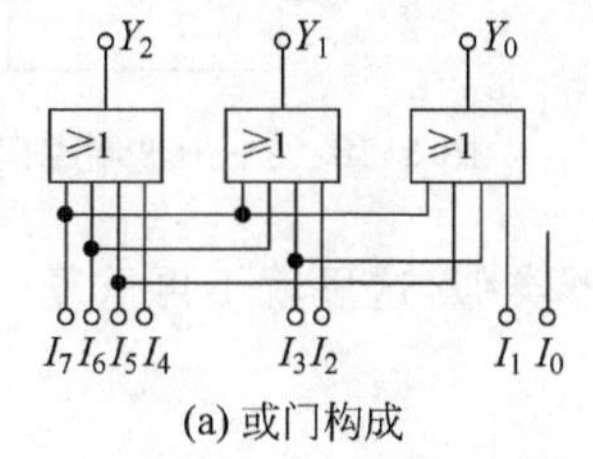

(a) 或门构成

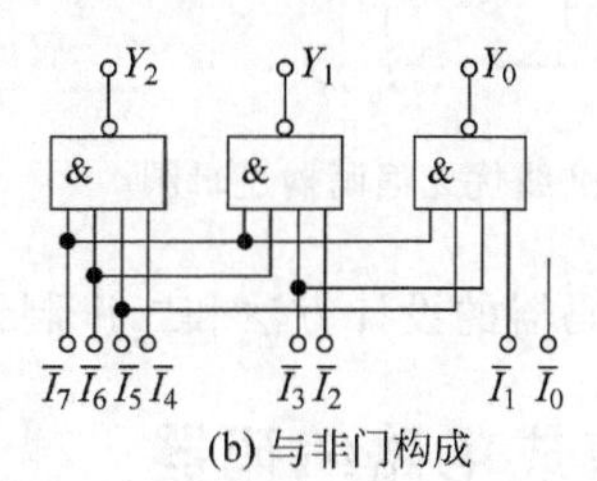

(b) 与非门构成

图3.16 3位二进制编码器逻辑图

2. 二进制优先编码器

在实际数字系统中,常常出现几个输入端同时加入输入信号的情况,因此需要编码器能够按照事先安排好的优先顺序,先对优先级高的信号进行编码。优先编码器就是根据优先顺序进行编码的电路。输入信号优先级的设定是设计者根据各个输入信号的轻重缓急而定的。优先编码器对输入信号没有严格要求,而且使用可靠、方便,所以应用最为广泛。

现在以 4 线-2 线二进制优先编码器为例,介绍一下二进制优先编码器的工作原理。其真值表见表 3.8。

根据真值表 3.8 可得如下逻辑表达式:

$$\begin{cases} Y_1 = I_3 + \overline{I_3} I_2 = I_3 + I_2 \\ Y_0 = I_3 + \overline{I_3}\,\overline{I_2} I_1 = I_3 + \overline{I_2} I_1 \end{cases}$$

表 3.8 4 线-2 线优先编码器真值表

输入				输出	
I_3	I_2	I_1	I_0	Y_1	Y_0
1	×	×	×	1	1
0	1	×	×	1	0
0	0	1	×	0	1
0	0	0	1	0	0

由逻辑表达式得 4 线-2 线优先编码器逻辑图,见图 3.17。

3. 二-十进制编码器

二-十进制编码器就是能将 10 个输入信号 $I_0 \sim I_9$ 分别转换成对应 BCD 码的电路,即 10 线-4 线编码器,其框图见图 3.18。它也可以分为普通编码器和优先编码器两类。

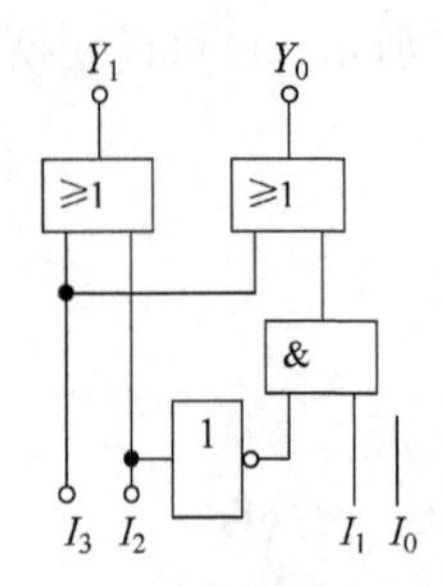

图 3.17 4 线-2 线优先编码器逻辑图

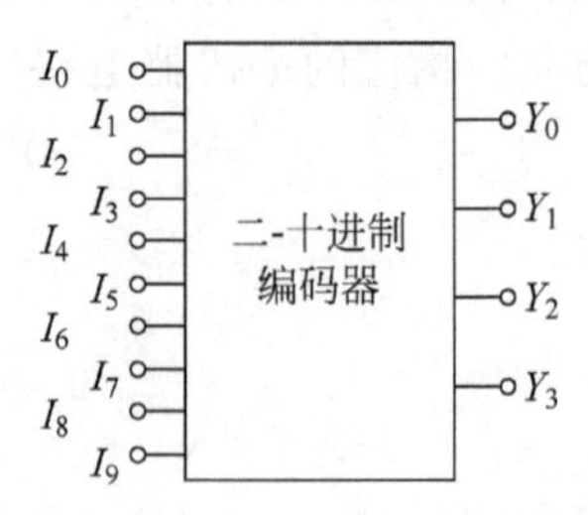

图 3.18 二-十进制编码器框图

二-十进制编码器的设计方法和二进制编码器类似,这里就不再重复。

3.2.2 集成电路编码器

集成编码器芯片中,常用的有两种,即 8 线-3 线二进制优先编码器 74LS148 和 10 线-4 线二-十进制优先编码器 74LS147。

1. 8 线-3 线优先编码器 74LS148

表 3.9 列出了 8 线-3 线优先编码器 74LS148 的真值表，其逻辑图如图 3.19 所示。

表 3.9 74LS148 真值表

$\bar{S}$	输入								输出				
	$\bar{I}_0$	$\bar{I}_1$	$\bar{I}_2$	$\bar{I}_3$	$\bar{I}_4$	$\bar{I}_5$	$\bar{I}_6$	$\bar{I}_7$	$\bar{Y}_2$	$\bar{Y}_1$	$\bar{Y}_0$	$\bar{Y}_s$	$\bar{Y}_{EX}$
1	×	×	×	×	×	×	×	×	1	1	1	1	1
0	1	1	1	1	1	1	1	1	1	1	1	0	1
0	×	×	×	×	×	×	×	0	0	0	0	1	0
0	×	×	×	×	×	×	0	1	0	0	1	1	0
0	×	×	×	×	×	0	1	1	0	1	0	1	0
0	×	×	×	×	0	1	1	1	0	1	1	1	0
0	×	×	×	0	1	1	1	1	1	0	0	1	0
0	×	×	0	1	1	1	1	1	1	0	1	1	0
0	×	0	1	1	1	1	1	1	1	1	0	1	0
0	0	1	1	1	1	1	1	1	1	1	1	1	0

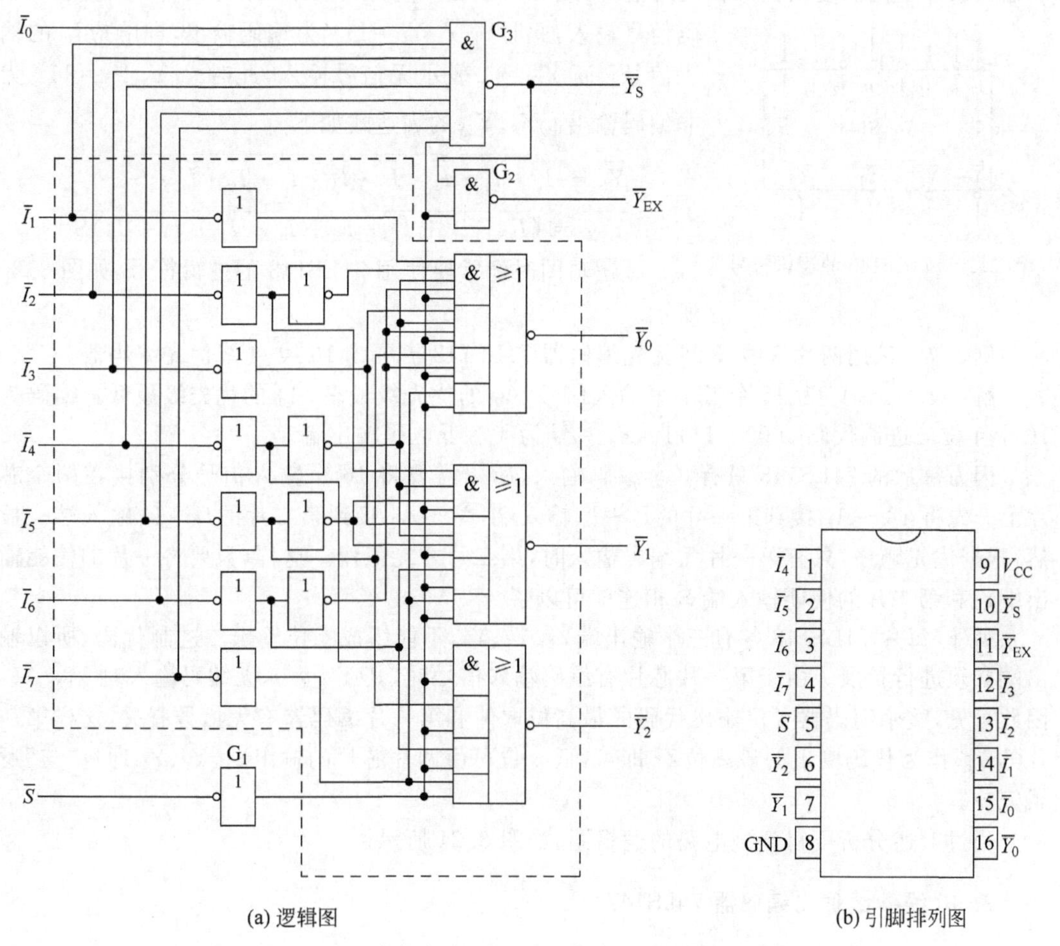

(a) 逻辑图　　(b) 引脚排列图

图 3.19 8 线-3 线优先编码器 74LS148 的逻辑图和引脚排列图

在图 3.19 中,$\overline{Y}_2$、$\overline{Y}_1$、$\overline{Y}_0$ 为三个输出端,低电平有效;$\overline{I}_7 \sim \overline{I}_0$ 为 8 个输入端,也是低电平有效。$\overline{I}_7$ 的优先级最高,$\overline{I}_0$ 的优先级最低。当$\overline{I_7}=0$ 时,不管其他输入端有无输入信号,都输出 $\overline{Y}_2\ \overline{Y}_1\ \overline{Y}_0=000$;当$\overline{I}_7$ 端输入无效,即$\overline{I_7}=1$,$\overline{I_6}=0$ 时,输出 $\overline{Y}_2\ \overline{Y}_1\ \overline{Y}_0=001$。依次类推,对其他输入信号按优先顺序编码,表 3.9 中×表示取任意值。由表 3.9 可得输出端的表达式如下

$$\begin{cases}\overline{Y}_2=\overline{(I_7+I_6+I_5+I_4)\cdot S}\\ \overline{Y}_1=\overline{(I_7+I_6+\overline{I}_5\overline{I}_4I_3+\overline{I}_5\overline{I}_4I_2)\cdot S}\\ \overline{Y}_0=\overline{(I_7+\overline{I}_6I_5+\overline{I}_6\overline{I}_4I_3+\overline{I}_6\overline{I}_4\overline{I}_2I_1)\cdot S}\end{cases}$$

同时,为了增加电路的灵活性,扩展电路的功能,74LS148 电路中集成了三个控制端。$\overline{S}$ 为使能输入端,只有当 $\overline{S}=0$ 时,编码器才能正常工作;当 $\overline{S}=1$ 时,各输出门被封锁,输出均为高电平。$\overline{Y_S}$为使能输出端,当 $\overline{S}=0$ 时,只有$\overline{I}_7 \sim \overline{I}_0$ 都无信号输入(即$\overline{I}_7 \sim \overline{I}_0$ 都为 1)的情况下,$\overline{Y_S}=0$。所以在多片 74LS148 进行扩展连接时,通常将高位芯片的$\overline{Y_S}$端和低位芯片的 $\overline{S}$ 相连,当高位芯片无输入信号时,启动低位芯片工作。$\overline{Y}_{EX}$为优先编码器工作状态标志,当$\overline{I}_7 \sim \overline{I}_0$ 中无低电平输入信号或只有$\overline{I}_0$ 为低电平输入信号时,$\overline{Y}_2\ \overline{Y}_1\ \overline{Y}_0$ 均为 111,出现了输入条件不同而输出代码相同的情况,此时可以由 $\overline{Y}_{EX}$的状态来区别。$\overline{Y}_{EX}=0$ 表示有编码信号输入,此时$\overline{Y}_2\ \overline{Y}_1\ \overline{Y}_0=111$ 为编码输出,即响应$\overline{I}_0$ 的输入信号;而 $\overline{Y}_{EX}=1$ 表示无信号输入,此时$\overline{Y}_2\ \overline{Y}_1\ \overline{Y}_0=111$ 为非编码输出。$\overline{Y_S}$、$\overline{Y}_{EX}$的表达式如下

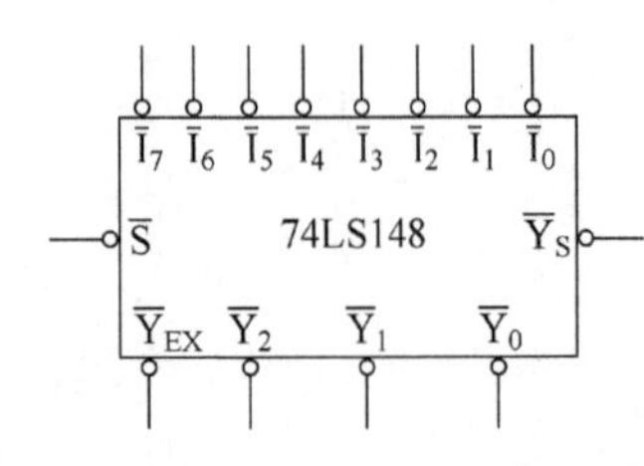

图 3.20 74LS148 的逻辑符号

$$\overline{Y_S}=\overline{\overline{I_0}\cdot\overline{I_1}\cdot\overline{I_2}\cdot\overline{I_3}\cdot\overline{I_4}\cdot\overline{I_5}\cdot\overline{I_6}\cdot\overline{I_7}\cdot S}$$

$$\overline{Y_{EX}}=\overline{(I_0+I_1+I_2+I_3+I_4+I_5+I_6+I_7)S}$$

画逻辑图时经常要使用 74LS148 的逻辑符号,如图 3.20 所示。

例 3.7 试用两片 8 线-3 线优先编码器 74LS148 扩展成 16 线-4 线优先编码器。

解:设$\overline{A}_{15} \sim \overline{A}_0$ 为 16 个低电平输入信号,$\overline{A}_{15}$的优先级最高,$\overline{A}_0$ 的优先级最低。编码为 16 个 4 位二进制代码 0000~1111。$\overline{Z}_3 \sim \overline{Z}_0$ 为 4 个低电平输出端。

因为每片的 74LS148 只有 8 个编码输入,所以需要将 16 个输入信号分别接在两个芯片上。先将$\overline{A}_{15} \sim \overline{A}_8$ 接到第一片的$\overline{I}_7 \sim \overline{I}_0$ 输入端,$\overline{A}_7 \sim \overline{A}_0$ 接到第二片的$\overline{I}_7 \sim \overline{I}_0$ 输入端。显然,根据优先顺序,只有第一片无编码输入时,第二片才能工作。这样,只要将一片的使能输出端$\overline{Y_S}$和第二片的使能输入端 $\overline{S}$ 相连就可以了。

另外,每片 74LS148 各有三个输出端$\overline{Y}_2$、$\overline{Y}_1$、$\overline{Y}_0$,不能组成 4 位输出二进制代码,所以输出端必须进行扩展。由于第一片芯片有编码输入信号时,其 $\overline{Y}_{EX}=0$,无编码输入时 $\overline{Y}_{EX}=1$,因此可见,整个编码器 4 位输出代码的最高位取值和第一片编码器有无信号有关,这样第一片的 $\overline{Y}_{EX}$作为代码输出的最高位$\overline{Z}_3$ 即可,低 3 位可由两片芯片的输出$\overline{Y}_2$、$\overline{Y}_1$、$\overline{Y}_0$ 通过"与"逻辑完成。

通过上述分析可得到该电路的逻辑图,如图 3.21 所示。

2. 10 线-4 线优先编码器 74LS147

常用集成编码器还有二-十进制优先编码器 74LS147,其逻辑图如图 3.22 所示。由

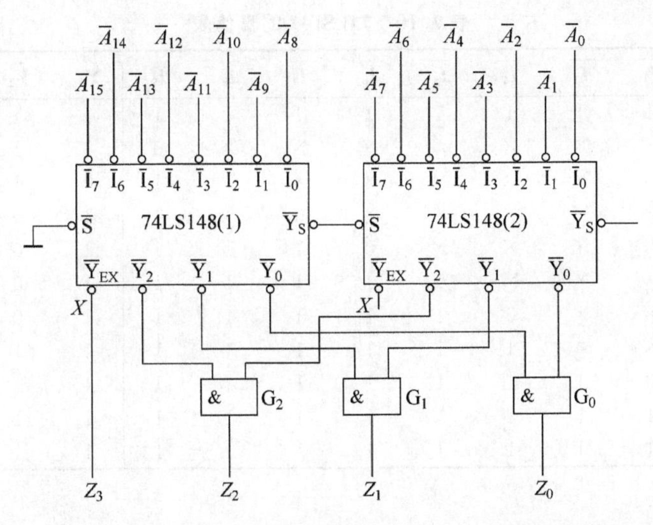

图 3.21 用两片 74LS148 组成的 16 线-4 线优先编码器逻辑图

图 3.22 可得其输出表达式：

$$
\begin{cases}
\overline{Y_3} = \overline{I_8 + I_9} \\
\overline{Y_2} = \overline{I_7\,\overline{I_8}\,\overline{I_9} + I_6\,\overline{I_8}\,\overline{I_9} + I_5\,\overline{I_8}\,\overline{I_9} + I_4\,\overline{I_8}\,\overline{I_9}} \\
\overline{Y_1} = \overline{I_7\,\overline{I_8}\,\overline{I_9} + I_6\,\overline{I_8}\,\overline{I_9} + I_3\,\overline{I_4}\,\overline{I_5}\,\overline{I_8}\,\overline{I_9} + I_2\,\overline{I_4}\,\overline{I_5}\,\overline{I_8}\,\overline{I_9}} \\
\overline{Y_0} = \overline{I_9 + I_7\,\overline{I_8}\,\overline{I_9} + I_5\,\overline{I_6}\,\overline{I_8}\,\overline{I_9} + I_3\,\overline{I_4}\,\overline{I_6}\,\overline{I_8}\,\overline{I_9} + I_1\,\overline{I_2}\,\overline{I_4}\,\overline{I_6}\,\overline{I_8}\,\overline{I_9}}
\end{cases}
$$

由图 3.22 可得 74LS147 的真值表，如表 3.10 所示。

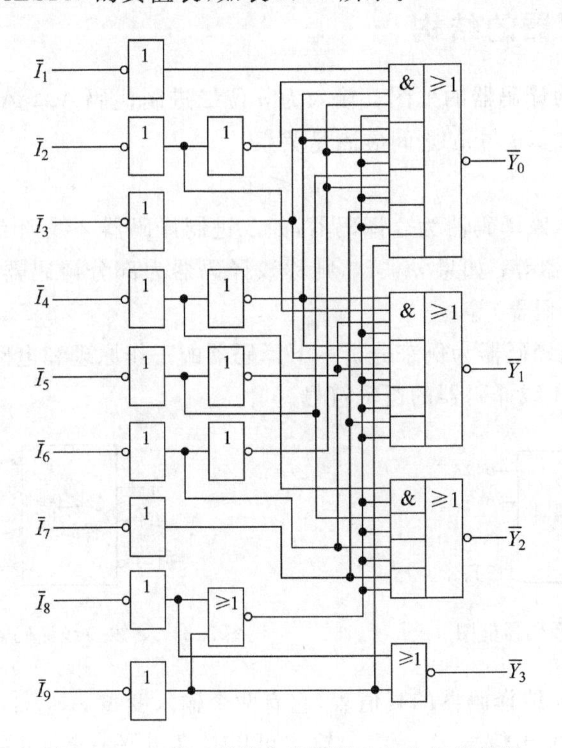

图 3.22 10 线-4 线优先编码器 74LS147 逻辑图

表 3.10　74LS147 的真值表

$\overline{I_0}$	$\overline{I_1}$	$\overline{I_2}$	$\overline{I_3}$	$\overline{I_4}$	$\overline{I_5}$	$\overline{I_6}$	$\overline{I_7}$	$\overline{I_8}$	$\overline{I_9}$	$\overline{Y_3}$	$\overline{Y_2}$	$\overline{Y_1}$	$\overline{Y_0}$
1	1	1	1	1	1	1	1	1	1	1	1	1	1
×	×	×	×	×	×	×	×	×	0	0	1	1	0
×	×	×	×	×	×	×	×	0	1	0	1	1	1
×	×	×	×	×	×	×	0	1	1	1	0	0	0
×	×	×	×	×	×	0	1	1	1	1	0	0	1
×	×	×	×	×	0	1	1	1	1	1	0	1	0
×	×	×	×	0	1	1	1	1	1	1	0	1	1
×	×	×	0	1	1	1	1	1	1	1	1	0	0
×	×	0	1	1	1	1	1	1	1	1	1	0	1
×	0	1	1	1	1	1	1	1	1	1	1	1	0
0	1	1	1	1	1	1	1	1	1	1	1	1	1

思考题

在需要使用普通编码器的场合,能否使用优先编码器代替?在需要使用优先编码器的场合,能否使用普通编码器代替?

3.3 译码器/数据分配器

编码器是将有特定意义的信息(如文字、符号、图像等)转换成相应的二进制代码。译码器与之相反,是将二进制代码"翻译"出来,还原成有特定意义的输出信息。

3.3.1 译码器的结构

如图 3.23 所示为译码器的框图。输入为 n 位二进制代码 $A_{n-1}A_{n-2}\cdots A_1A_0$,输出为 m 个信号 $Y_0,Y_1,\cdots,Y_{m-1}$,n 与 m 之间应满足关系

$$m \leqslant 2^n \tag{3.1}$$

如果 $m=2^n$,则称该译码器为全译码器,如二进制译码器 2 线-4 线译码器、3 线-8 线译码器、4 线-16 线译码器等;如果 $m<2^n$,则称该译码器为部分译码器,如二-十进制译码器(也称为 4 线-10 线译码器)等。

下面以 2 线-4 线译码器为例来分析一下译码器的工作原理和电路结构。

图 3.24 为 2 线-4 线译码器的逻辑符号。

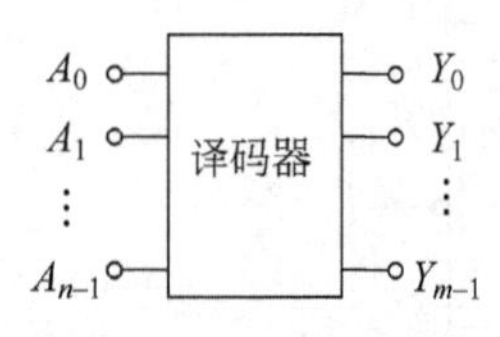

图 3.23　译码器框图

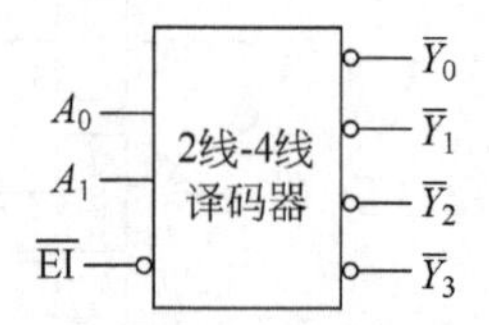

图 3.24　2 线-4 线译码器逻辑符号

表 3.11 为 2 线-4 线译码器的真值表,它有两个输入变量 A_1,A_0,4 个输入代码 00、01、10、11,可翻译出 4 个输出信号 $Y_0 \sim Y_3$。输出可以是高电平有效,也可以是低电平有效,这

里是以低电平有效为例。表中$\overline{\mathrm{EI}}$为使能输入端,低电平有效。

由表 3.11 可以很容易写出输出端的表达式,由此得到如图 3.25 所示的逻辑图。

$$\begin{cases}\overline{Y_3}=\overline{\overline{\mathrm{EI}}A_1A_0}\\ \overline{Y_2}=\overline{\overline{\mathrm{EI}}A_1\overline{A_0}}\\ \overline{Y_1}=\overline{\overline{\mathrm{EI}}\overline{A_1}A_0}\\ \overline{Y_0}=\overline{\overline{\mathrm{EI}}\overline{A_1}\overline{A_0}}\end{cases}$$

表 3.11 2 线-4 线译码器真值表

输入			输出			
$\overline{\mathrm{EI}}$	A_1	A_0	$\overline{Y_0}$	$\overline{Y_1}$	$\overline{Y_2}$	$\overline{Y_3}$
1	×	×	1	1	1	1
0	0	0	0	1	1	1
0	0	1	1	0	1	1
0	1	0	1	1	0	1
0	1	1	1	1	1	0

由于对每一组可能的输入代码,译码器仅有一个输出信号有效,也可以将译码器称作最小项译码器,即每个输出端对应于一个最小项。在数字系统中译码器有着广泛的应用,如各种显示译码器、用译码器实现的数据分配器、存储器中的地址译码器和控制器中的指令译码器等。

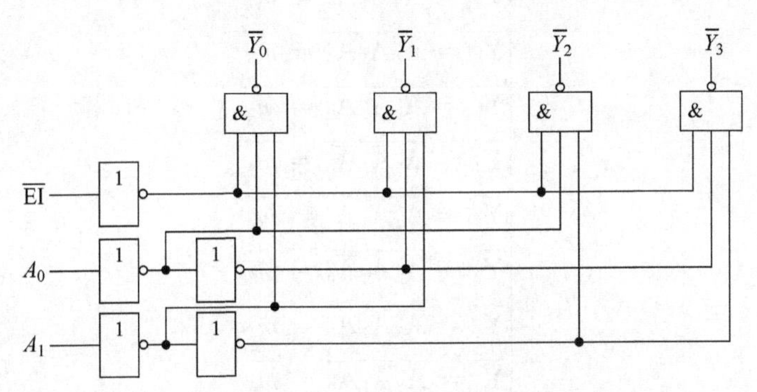

图 3.25 2 线-4 线译码器逻辑图

3.3.2 集成电路译码器

译码器的中规模集成电路有很多种,这里主要介绍三种通用的译码器:3 线-8 线译码器 74LS138、4 线-10 线译码器 74LS42 和显示译码器 74LS48。

1. 3 线-8 线译码器 74LS138

74LS138 是一种应用很广泛的二进制译码器,图 3.26 为其逻辑图及引脚图。它有 3 个代码输入端 A_2,A_1,A_0,8 个低电平信号输出端$\overline{Y_7}\sim\overline{Y_0}$,因此属于全译码器。

由图 3.26 可写出 74LS138 的输出表达式:

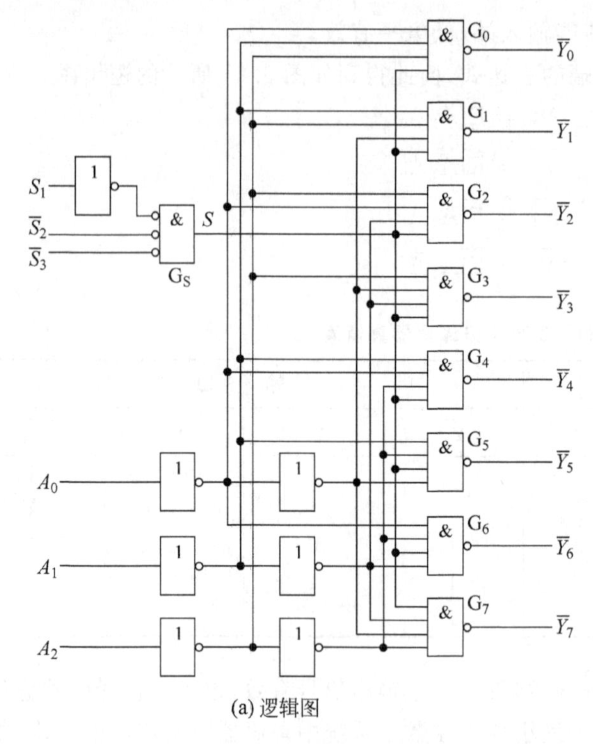

(a) 逻辑图

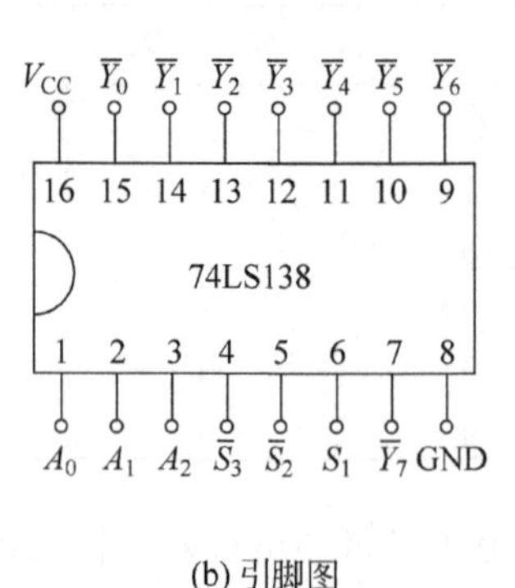

(b) 引脚图

图 3.26 3 线-8 线译码器 74LS138

$$
\begin{cases}
\overline{Y_7} = \overline{A_2 A_1 A_0} = \overline{m_7} \\
\overline{Y_6} = \overline{A_2 A_1 \overline{A}_0} = \overline{m_6} \\
\overline{Y_5} = \overline{A_2 \overline{A}_1 A_0} = \overline{m_5} \\
\overline{Y_4} = \overline{A_2 \overline{A}_1 \overline{A}_0} = \overline{m_4} \\
\overline{Y_3} = \overline{\overline{A}_2 A_1 A_0} = \overline{m_3} \\
\overline{Y_2} = \overline{\overline{A}_2 A_1 \overline{A}_0} = \overline{m_2} \\
\overline{Y_1} = \overline{\overline{A}_2 \overline{A}_1 A_0} = \overline{m_1} \\
\overline{Y_0} = \overline{\overline{A}_2 \overline{A}_1 \overline{A}_0} = \overline{m_0}
\end{cases}
$$

此外,74LS138 还有三个附加控制端 S_1、$\overline{S_2}$、$\overline{S_3}$,为使能输入端。只有当三个使能端都有效,即 $S_1=1$ 且 $\overline{S}_2+\overline{S}_3=0$ 时,译码器才能正常工作;否则译码器被禁止,所有的输出都为高电平,如表 3.12 所示。利用这些附加控制端可以很方便地进行译码器的扩展。

表 3.12 74LS138 真值表

输入					输出							
S_1	$\overline{S}_2+\overline{S}_3$	A_2	A_1	A_0	$\overline{Y}_0$	$\overline{Y}_1$	$\overline{Y}_2$	$\overline{Y}_3$	$\overline{Y}_4$	$\overline{Y}_5$	$\overline{Y}_6$	$\overline{Y}_7$
0	×	×	×	×	1	1	1	1	1	1	1	1
×	1	×	×	×	1	1	1	1	1	1	1	1
1	0	0	0	0	0	1	1	1	1	1	1	1
1	0	0	0	1	1	0	1	1	1	1	1	1

续表

输入					输出							
S_1	$\bar{S}_2+\bar{S}_3$	A_2	A_1	A_0	$\bar{Y}_0$	$\bar{Y}_1$	$\bar{Y}_2$	$\bar{Y}_3$	$\bar{Y}_4$	$\bar{Y}_5$	$\bar{Y}_6$	$\bar{Y}_7$
1	0	0	1	0	1	1	0	1	1	1	1	1
1	0	0	1	1	1	1	1	0	1	1	1	1
1	0	1	0	0	1	1	1	1	0	1	1	1
1	0	1	0	1	1	1	1	1	1	0	1	1
1	0	1	1	0	1	1	1	1	1	1	0	1
1	0	1	1	1	1	1	1	1	1	1	1	0

例 3.8 试用两片 3 线-8 线译码器 74LS138 组成 4 线-16 线译码器，将输入的 4 位二进制代码 $D_3D_2D_1D_0$ 译成 16 个独立的低电平信号$\bar{Y}_0\sim\bar{Y}_{15}$。

解：因为 74LS138 只有 3 个代码输入端 A_0、A_1、A_2，所以想进行 4 位代码的译码，必须利用芯片附加控制端作为第四个代码输入端。

取第一片 74LS138 作为低位芯片，第二片 74LS138 作为高位芯片。将高位芯片的 S_1 和低位芯片的$\overline{S_2}$、$\overline{S_3}$相连，作为第四个代码输入端 D_3，使两片芯片的 $A_2=D_2$、$A_1=D_1$、$A_0=D_0$；同时使高位芯片的$\overline{S_2}$、$\overline{S_3}$都接地，低位芯片的 S_1 接+5V 电源，如图 3.27 所示，便得到了所求的 4 线-16 线译码器。

由图 3.27 可以看出，当 $D_3=0$ 时，低位芯片工作而高位芯片禁止，这样就将输入代码 0000～0111 从低位芯片的 8 个输出端$\overline{Y_0}\sim\overline{Y_7}$输出；当 $D_3=1$ 时，高位芯片工作而低位芯片禁止，这样就将输入代码 1000～1111 从高位芯片的 8 个输出端$\overline{Y_8}\sim\overline{Y_{15}}$输出。综合两个芯片的译码过程，便构成 4 线-16 线译码器。

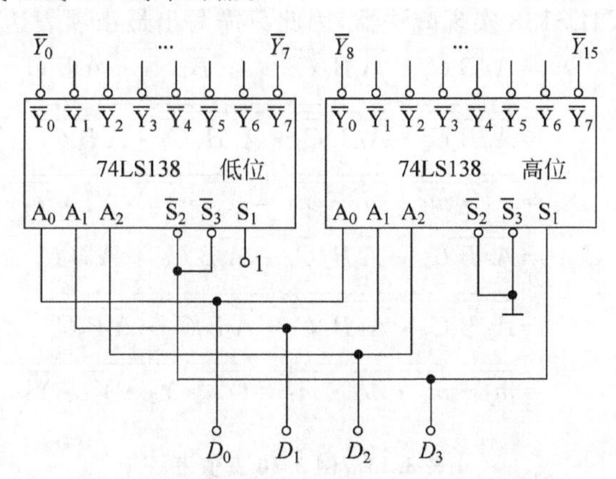

图 3.27 用两片 74LS138 组成的 4 线-16 线译码器

由于二进制译码器的每一个输出端都对应一个最小项，而任何一个逻辑函数都可以变换为最小项之和的形式，因此利用译码器和一些附加的门电路就可以实现组合逻辑函数。

例 3.9 用集成译码器实现逻辑函数 $Z=AB+BC+AC$。

解：

(1) 根据逻辑函数选择译码器。由于逻辑函数 Z 中含有 A、B、C 三个输入变量，所以应选用 3 线-8 线译码器 74LS138。

(2) 写出函数的标准与或式,再转换为与非-与非式。

$$\begin{aligned}Z &= AB + BC + AC \\ &= ABC + AB\bar{C} + \bar{A}BC + A\bar{B}C \\ &= m_3 + m_5 + m_6 + m_7 \\ &= \overline{\bar{m}_3 \cdot \bar{m}_5 \cdot \bar{m}_6 \cdot \bar{m}_7}\end{aligned}$$

(3) 确认函数变量和译码器输入的关系。

令

$$A_2 = A,\quad A_1 = B,\quad A_0 = C$$

则

$$Z = \overline{\bar{Y}_3 \cdot \bar{Y}_5 \cdot \bar{Y}_6 \cdot \bar{Y}_7}$$

(4) 画出连线图,如图 3.28 所示。

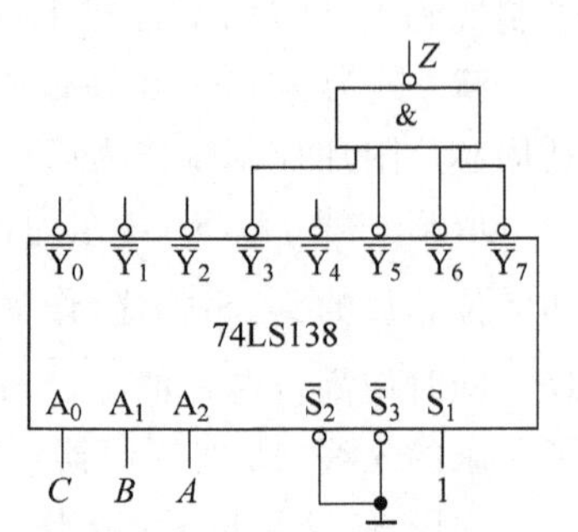

图 3.28 例 3.9 的逻辑图

例 3.10 用 3 线-8 线译码器 74LS138 设计一个 1 位二进制减法器。

解:

(1) 逻辑抽象。

1 位二进制减法器应能进行被减数 A_i 与减数 B_i 和来自低位的借位信号 C_i 相减,并给出差 D_i 和产生的向高位借位信号 C_{i+1}。

(2) 列真值表。

根据减法器的功能,列出真值表,如表 3.13。

(3) 写出逻辑函数表达式并化简。

根据设计要求用 74LS138 实现减法器,因此只需写出最小项表达式。

$$\begin{aligned}D_i &= \bar{A}_i \bar{B}_i C_i + \bar{A}_i B_i \bar{C}_i + A_i \bar{B}_i \bar{C}_i + A_i B_i C_i \\ &= \overline{\overline{\bar{A}_i \bar{B}_i C_i} \cdot \overline{\bar{A}_i B_i \bar{C}_i} \cdot \overline{A_i \bar{B}_i \bar{C}_i} \cdot \overline{A_i B_i C_i}} \\ &= \overline{\bar{m}_1 \cdot \bar{m}_2 \cdot \bar{m}_4 \cdot \bar{m}_7} = \overline{\bar{Y}_1 \cdot \bar{Y}_2 \cdot \bar{Y}_4 \cdot \bar{Y}_7}\end{aligned}$$

$$\begin{aligned}C_{i+1} &= \bar{A}_i \bar{B}_i C_i + \bar{A}_i B_i \bar{C}_i + \bar{A}_i B_i C_i + A_i B_i C_i \\ &= \overline{\overline{\bar{A}_i \bar{B}_i C_i} \cdot \overline{\bar{A}_i B_i \bar{C}_i} \cdot \overline{\bar{A}_i B_i C_i} \cdot \overline{A_i B_i C_i}} \\ &= \overline{\bar{m}_1 \cdot \bar{m}_2 \cdot \bar{m}_3 \cdot \bar{m}_7} = \overline{\bar{Y}_1 \cdot \bar{Y}_2 \cdot \bar{Y}_3 \cdot \bar{Y}_7}\end{aligned}$$

表 3.13 例 3.10 真值表

输入变量			输出变量	
A_i	B_i	C_i	D_i	C_{i+1}
0	0	0	0	0
0	0	1	1	1
0	1	0	1	1
0	1	1	0	1
1	0	0	1	0

续表

输入变量			输出变量	
A_i	B_i	C_i	D_i	C_{i+1}
1	0	1	0	0
1	1	0	0	0
1	1	1	1	1

(4) 画出逻辑图。

将 74LS138 的输入端接减法器的输入端，即 $A_i=A_2$、$B_i=A_1$、$C_i=A_0$，减法器的输出信号 D_i、C_{i+1} 分别通过与非门与译码器的相应输出端相连，即可实现 1 位二进制减法器，如图 3.29 所示。

例 3.11 用 3 线-8 线集成译码器 74LS138 和 8 线-3 线集成编码器 74LS148 实现 3 位格雷码向二进制数转换的电路。

解：用 3 线-8 线集成译码器 74LS138 和 8 线-3 线集成编码器 74LS148 实现 3 位格雷码向二进制数转换，可以利用十进制数为媒介，先用译码器将输入的格雷码转换为十进制数，再通过编码器对十进制数进行编码，将其转换成二进制数。其真值表如表 3.14 所示。

表 3.14 例 3.11 真值表

输入变量			十进制数	输出变量		
G_2	G_1	G_0		B_2	B_1	B_0
0	0	0	0	0	0	0
0	0	1	1	0	0	1
0	1	1	2	0	1	0
0	1	0	3	0	1	1
1	1	0	4	1	0	0
1	1	1	5	1	0	1
1	0	1	6	1	1	0
1	0	0	7	1	1	1

从真值表可以看出，只要将译码器的输出端按图 3.30 所示与编码器的输入端对应相连，编码器的输出就是二进制数。

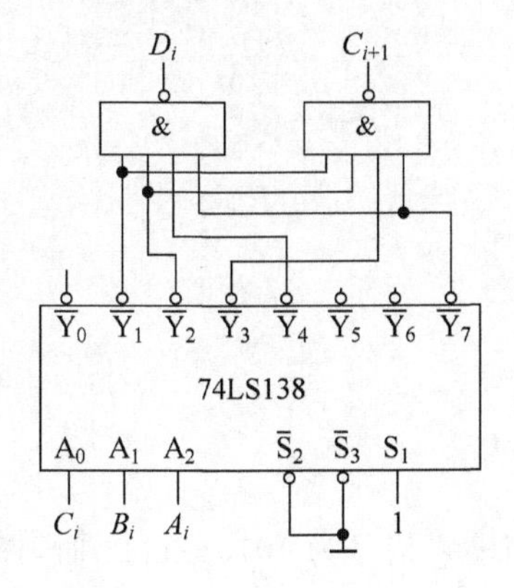

图 3.29 例 3.10 逻辑图

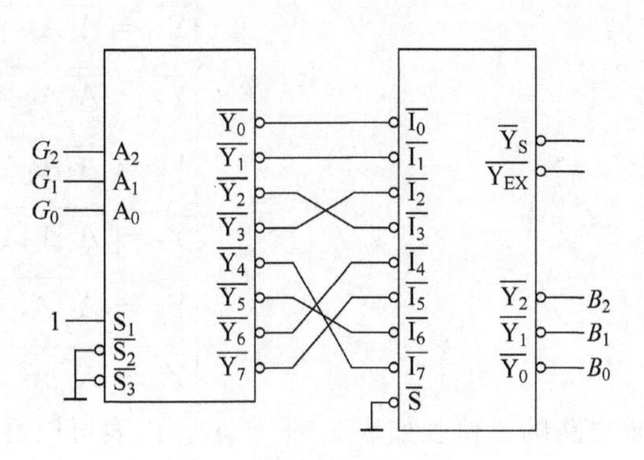

图 3.30 例 3.11 逻辑图

2. 4线-10线译码器74LS42

74LS42是一种二-十进制译码器，其输入是4位BCD码，输出是10个高、低电平信号，所以也称其为4线-10线译码器。图3.31为74LS42的逻辑图。

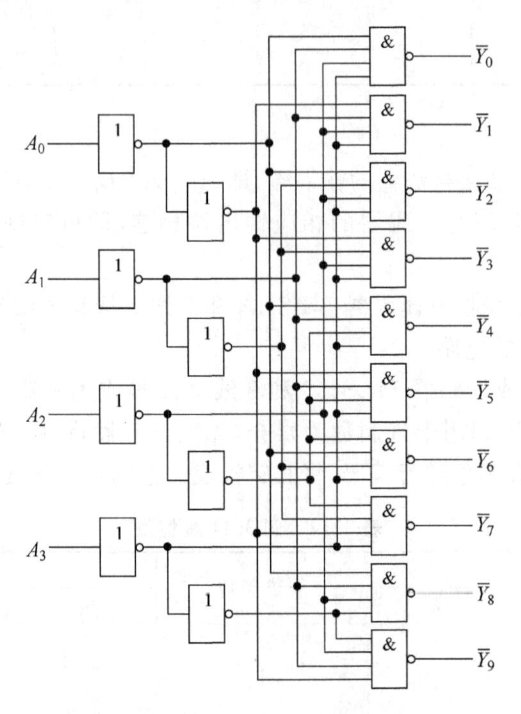

图3.31 74LS42逻辑图

根据图3.31可得到74LS42的输出表达式：

$$\begin{cases}
\overline{Y_0}=\overline{\overline{A_3}\,\overline{A_2}\,\overline{A_1}\,\overline{A_0}}\\
\overline{Y_1}=\overline{\overline{A_3}\,\overline{A_2}\,\overline{A_1}A_0}\\
\overline{Y_2}=\overline{\overline{A_3}\,\overline{A_2}A_1\,\overline{A_0}}\\
\overline{Y_3}=\overline{\overline{A_3}\,\overline{A_2}A_1A_0}\\
\overline{Y_4}=\overline{\overline{A_3}A_2\,\overline{A_1}\,\overline{A_0}}\\
\overline{Y_5}=\overline{\overline{A_3}A_2\,\overline{A_1}A_0}\\
\overline{Y_6}=\overline{\overline{A_3}A_2A_1\,\overline{A_0}}\\
\overline{Y_7}=\overline{\overline{A_3}A_2A_1A_0}\\
\overline{Y_8}=\overline{A_3\,\overline{A_2}\,\overline{A_1}\,\overline{A_0}}\\
\overline{Y_9}=\overline{A_3\,\overline{A_2}\,\overline{A_1}A_0}
\end{cases}$$

该电路的真值表如表3.15所示。由表可以看出，当输入信号为1010～1111时，译码器输出都为高电平，即译码器拒绝“翻译”。

表 3.15 4 线-10 线译码器 74LS42 的真值表

序号	输入				输出									
	A_3	A_2	A_2	A_0	$\bar{Y}_0$	$\bar{Y}_1$	$\bar{Y}_2$	$\bar{Y}_3$	$\bar{Y}_4$	$\bar{Y}_5$	$\bar{Y}_6$	$\bar{Y}_7$	$\bar{Y}_8$	$\bar{Y}_9$
0	0	0	0	0	0	1	1	1	1	1	1	1	1	1
1	0	0	0	1	1	0	1	1	1	1	1	1	1	1
2	0	0	1	0	1	1	0	1	1	1	1	1	1	1
3	0	0	1	1	1	1	1	0	1	1	1	1	1	1
4	0	1	0	0	1	1	1	1	0	1	1	1	1	1
5	0	1	0	1	1	1	1	1	1	0	1	1	1	1
6	0	1	1	0	1	1	1	1	1	1	0	1	1	1
7	0	1	1	1	1	1	1	1	1	1	1	0	1	1
8	1	0	0	0	1	1	1	1	1	1	1	1	0	1
9	1	0	0	1	1	1	1	1	1	1	1	1	1	0
伪码	1	0	1	0	1	1	1	1	1	1	1	1	1	1
	1	0	1	1	1	1	1	1	1	1	1	1	1	1
	1	1	0	0	1	1	1	1	1	1	1	1	1	1
	1	1	0	1	1	1	1	1	1	1	1	1	1	1
	1	1	1	0	1	1	1	1	1	1	1	1	1	1
	1	1	1	1	1	1	1	1	1	1	1	1	1	1

3. 显示译码器

在数字系统中,常需要将数字或运算结果显示出来,以便于人们观测、查看及监测数字系统的工作情况。显示译码器就是将二进制代码译成数字、文字、符号并加以显示的电路,由译码器、驱动器和显示器组成。显示译码器用来驱动各种显示器件,目前常用的显示器件有三种:七段数码显示器、点阵式显示器和液晶显示器。下面以七段数码管显示器为例,介绍一下七段数码显示器的工作原理及其驱动电路——BCD 七段译码器。

(1) 七段数码显示器

七段数码显示器又称七段数码管,是由七段可发光材料构成的,当给其中的某段加一定的驱动电压或电流时,相应材料段就会发光;利用不同发光段的组合,就可以显示出 0～9 十个数字。根据发光材料不同,可分为荧光、液晶(LCD)和发光二极管(LED)等多种七段数码管。目前应用最广泛的主要是发光二极管七段显示器。

如图 3.32 所示,a～g 每一段都是一个发光二极管,驱动不同的二极管发光就可以组成不同的数字。

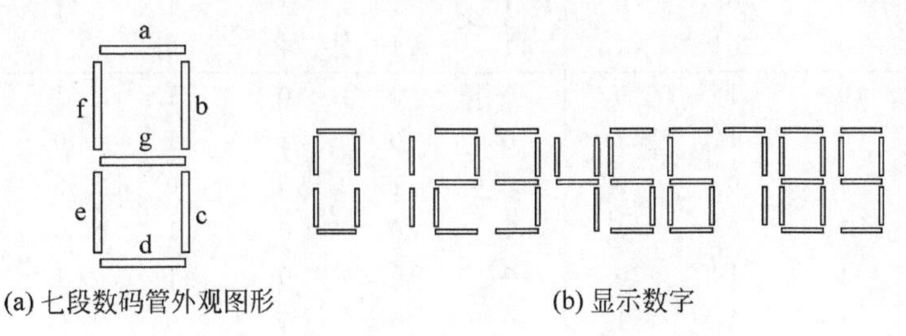

图 3.32 七段数码管及其显示的数字图形

根据连接方式不同,七段数码管分为共阴极和共阳极两种。图 3.33(a)为共阳极形式,即将 7 个发光二极管的阳极连在一起作为公共端,使用时阴极接低电平的那些发光二极管发光,显示字形;如图 3.33(b)所示为共阴极形式,即将 7 个发光二极管的阴极连在一起作为公共端,使用时阳极接高电平的那些发光二极管发光,显示字形。使用时改变发光二极管两端的电压差就可以调整亮度。

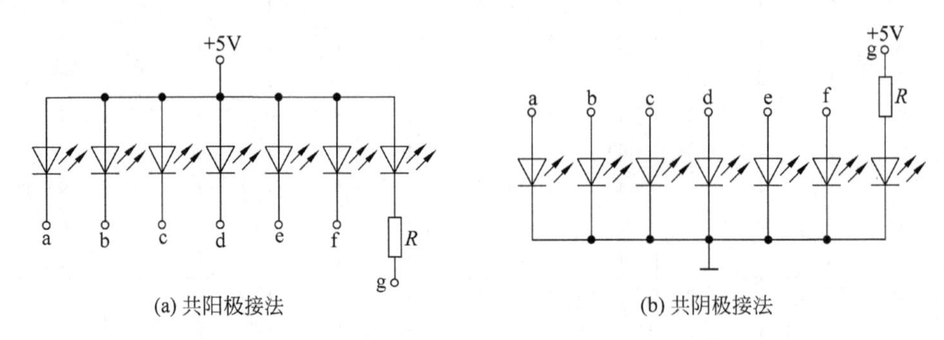

图 3.33 七段数码管的连接方式

LED 数码显示器的特点是工作电压较低(1.5～3V),体积小,寿命长(大于 1000h),响应速度快(1～100ns)、颜色丰富等。

(2) 七段显示译码器 74LS48

驱动七段数码管的译码器称为 BCD 七段译码器,它将 BCD 码变换成十进制数并在数码管上显示出来。图 3.34 为中规模集成 BCD 七段译码器 74LS48 的逻辑图,其真值表如表 3.16 所示。

表 3.16 BCD 七段译码器 74LS48 的真值表

数字	输入				输出						
	A_3	A_2	A_1	A_0	Y_a	Y_b	Y_c	Y_d	Y_e	Y_f	Y_g
0	0	0	0	0	1	1	1	1	1	1	0
1	0	0	0	1	0	1	1	0	0	0	0
2	0	0	1	0	1	1	0	1	1	0	1
3	0	0	1	1	1	1	1	1	0	0	1
4	0	1	0	0	0	1	1	0	0	1	1
5	0	1	0	1	1	0	1	1	0	1	1
6	0	1	1	0	0	0	1	1	1	1	1
7	0	1	1	1	1	1	1	0	0	0	0
8	1	0	0	0	1	1	1	1	1	1	1
9	1	0	0	1	1	1	1	0	0	1	1
10	1	0	1	0	0	0	0	1	1	0	1
11	1	0	1	1	0	0	1	1	0	0	1
12	1	1	0	0	0	1	0	0	0	1	1
13	1	1	0	1	1	0	0	1	0	1	1
14	1	1	1	0	0	0	0	1	1	1	1
15	1	1	1	1	0	0	0	0	0	0	0

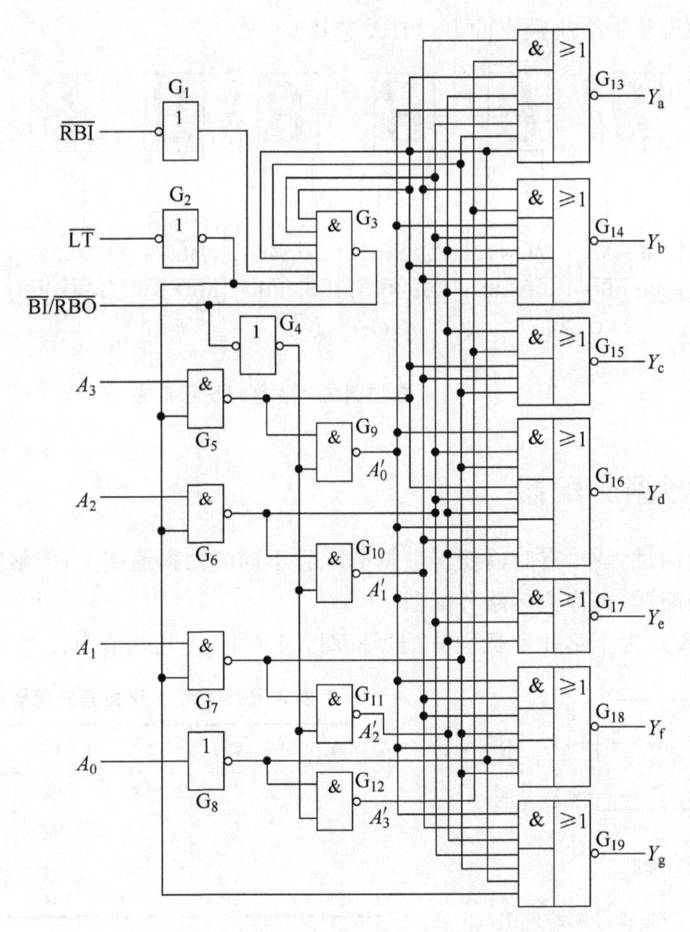

图 3.34 BCD 七段译码器 74LS48 的逻辑图

由图 3.34 可以看出，A_3，A_2，A_1，A_0 为 74LS48 译码器的输入端，$Y_a \sim Y_g$ 为其输出端。此外，74LS48 还有灭灯输入/灭零输出（$\overline{\text{BI}}/\overline{\text{RBO}}$，该端既可作$\overline{\text{BI}}$输入又可作$\overline{\text{RBO}}$输出）、灭零输入$\overline{\text{RBI}}$和试灯输入$\overline{\text{LT}}$等输入/输出端。其作用如下。

试灯输入端$\overline{\text{LT}}$：低电平有效。当$\overline{\text{LT}}=0$ 时，数码管的七段全亮，与输入的译码信号无关。所以该输入端可以用来测试数码管的好坏。

灭零输入端$\overline{\text{RBI}}$：低电平有效。当$\overline{\text{LT}}=1$，$\overline{\text{RBI}}=0$ 且译码输入全为 0 时，该位输出不显示，即 0 字被熄灭；当译码输入不全为 0 时，该位正常显示。所以该输入端可以用来消隐无效的 0。

灭灯输入/灭零输出$\overline{\text{BI}}/\overline{\text{RBO}}$：当$\overline{\text{BI}}/\overline{\text{RBO}}$作为输入使用，且$\overline{\text{BI}}/\overline{\text{RBO}}=0$ 时，数码管七段全灭，与译码输入无关。当$\overline{\text{BI}}/\overline{\text{RBO}}$作为输出使用时，受控于$\overline{\text{LT}}$和$\overline{\text{RBI}}$，当$\overline{\text{LT}}=1$，$\overline{\text{RBI}}=0$ 且 $A_3A_2A_1A_0=0000$ 时，$\overline{\text{BI}}/\overline{\text{RBO}}=0$，其他情况下$\overline{\text{BI}}/\overline{\text{RBO}}=1$。所以该控制端主要用于显示多位数字时多个译码器之间的连接。

图 3.35 为有灭零控制的 8 位数码显示系统。将$\overline{\text{RBO}}$和$\overline{\text{RBI}}$配合使用，可以实现多位十进制数码显示器整数前和小数点后的灭零控制。只要在整数部分把高位的$\overline{\text{RBO}}$与低位的$\overline{\text{RBI}}$相连，在小数部分将低位的$\overline{\text{RBO}}$与高位的$\overline{\text{RBI}}$相连，就可以把前、后多余的零熄灭（这里

用的数码管为增设了一个小数点的 BS201A 芯片)。

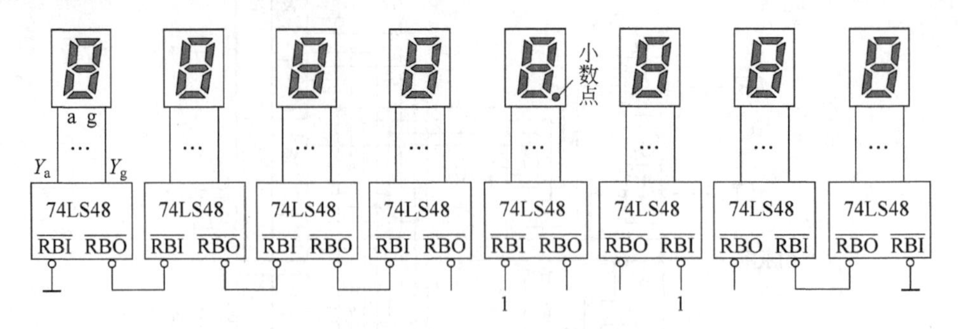

图 3.35 有灭零控制的 8 位数码显示系统

3.3.3 数据分配器

在数据传输的过程中,有时需要将数据分配到不同的数据通道上,能够完成这种功能的电路称为数据分配器,也称为多路分配器。

如图 3.36 所示为 1 路-4 路数据分配器框图,表 3.17 为其真值表。

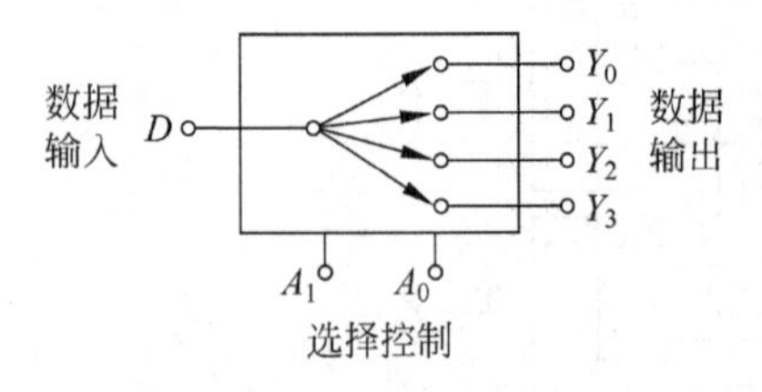

图 3.36 1 路-4 路数据分配器框图

表 3.17 1 路-4 路数据分配器真值表

A_1	A_0	Y_0	Y_1	Y_2	Y_3
0	0	D	0	0	0
0	1	0	D	0	0
1	0	0	0	D	0
1	1	0	0	0	D

由真值表 3.17 可以看出,当选择控制端 A_1A_0 为 00 时将数据 D 分配到 Y_0 端输出,为 01 时,数据 D 分配到 Y_1 端输出,依此类推。根据真值表可得数据分配器的输出表达式:

$$\begin{cases} Y_0 = D \cdot \overline{A}_1\overline{A}_0 \\ Y_1 = D \cdot \overline{A}_1 A_0 \\ Y_2 = D \cdot A_1\overline{A}_0 \\ Y_3 = D \cdot A_1 A_0 \end{cases}$$

根据输出表达式可以得到其逻辑图,如图 3.37 所示。

数据分配器实际上都是由译码器来实现的,具体做法是:将传送的数据接至译码器的使能端,就可以通过改变译码器的输入,把数据分配到不同的通道上。

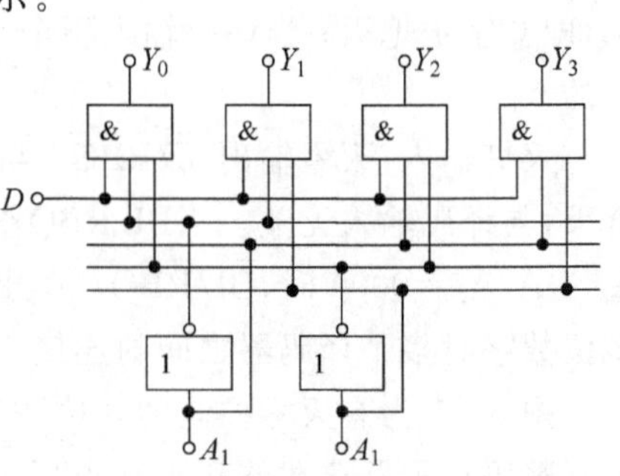

图 3.37 4 路数据分配器逻辑图

图 3.38 为由 3 线-8 线译码器 74LS138 构成的 8 路数据分配器。译码器输出$\overline{Y_0}\sim\overline{Y_7}$作为 8 路数据输出,译码器输入 A_2,A_1,A_0 作为 3 个选择控制端,从使能控制端 S_1,$\overline{S_2}$,$\overline{S_3}$中选择一个作为数据输入端

D。如果数据从 S_1 端输入时，则输出为反码形式；如果数据从$\overline{S_2}$或$\overline{S_3}$端输入时，则输出为原码形式。例如，如果数据从$\overline{S_2}$端输入，当 $S_1\ \overline{S_2}\ \overline{S_3}=100$ 时，译码器正常译码，此时选择控制端 A_2,A_1,A_0 选中的输出状态与$\overline{S_2}$相同(为 0)；当 $S_1\ \overline{S_2}\ \overline{S_3}=110$ 时，译码器不译码，此时选择控制端 A_2,A_1,A_0 选中的输出状态也与$\overline{S_2}$相同(为 1)，满足了数据分配的功能。

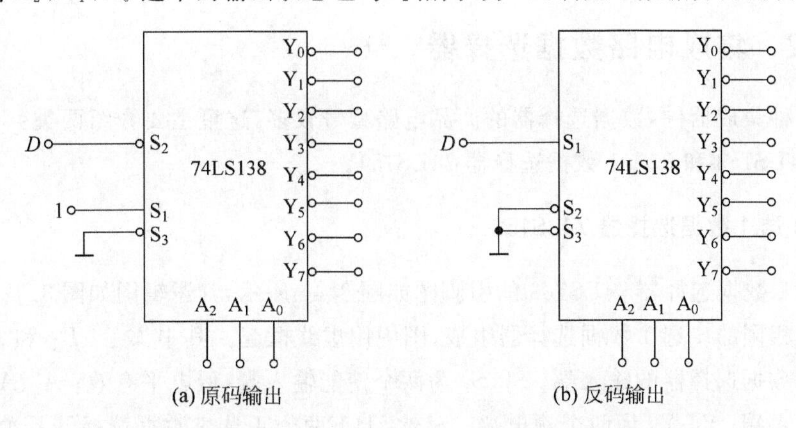

图 3.38 3 线-8 线译码器 74LS138 构成的 8 路数据分配器

思考题

1. 用二-十进制译码器附加门电路能否得到任意形式的四变量逻辑函数？为什么？

2. 用 4 线-16 线译码器(输入为 A_3、A_2、A_1、A_0，输出为$\overline{Y}_0\sim\overline{Y}_{15}$)能否取代图 3.27 所示的 3 线-8 线译码器？如果可以，应如何连线？

3.4 数据选择器

在数字信号的传输过程中，有时需要从一组输入数据中选出某一个，实现这种功能的器件称为数据选择器，又名多路选择器或多路开关。其功能是在 n 个选择控制信号的控制下，从 2^n 个输入信号中选择一个作为输出。

3.4.1 数据选择器的结构

现以 4 选 1 数据选择器为例介绍一下数据选择器的工作原理。其框图如图 3.39 所示，$D_0\sim D_3$ 为 4 路数据输入端，Y 为输出端，A_1,A_0 为选择控制信号，或称为地址信号。其真值表如表 3.18 所示。

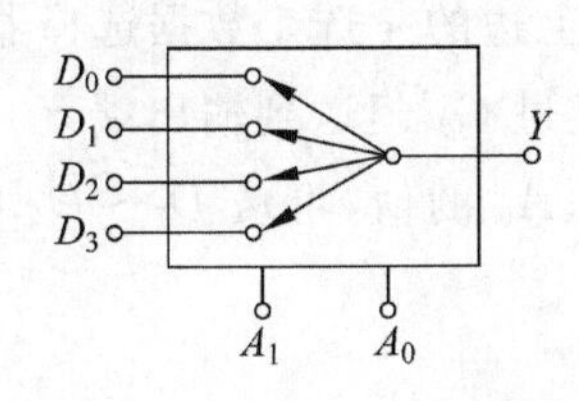

图 3.39 4 选 1 数据选择器框图

表 3.18 4 选 1 数据选择器真值表

D	A_1	A_0	Y
D_0	0	0	D_0
D_1	0	1	D_1
D_2	1	0	D_2
D_3	1	1	D_3

表 3.18 说明，当地址码 $A_1A_0=00$ 时选择 D_0 输出，当 $A_1A_0=01$ 时选择 D_1 输出，依此类推。4 选 1 数据选择器的输出表达式如下

$$Y = D_0\overline{A}_1\overline{A}_0 + D_1\overline{A}_1A_0 + D_2A_1\overline{A}_0 + D_3A_1A_0 \tag{3.2}$$

由输出表达式可得 4 选 1 数据选择器的逻辑图如图 3.40 所示。

3.4.2 集成电路数据选择器

作为一种集成器件，数据选择器的商品电路型号较多，这里主要介绍两类：双 4 选 1 数据选择器 74LS153 和 8 选 1 数据选择器 74LS151。

1. 双 4 选 1 数据选择器 74LS153

双 4 选 1 数据选择器 74LS153 的引脚图如图 3.41 所示，其逻辑图如图 3.42 所示，它是由两个完全相同的 4 选 1 数据选择器组成，图中用虚线框起。其中 $D_{13} \sim D_{10}$ 和 $D_{23} \sim D_{20}$ 为两个 4 选 1 数据选择器的输入端；$\overline{S}_1$、$\overline{S}_2$ 为两个使能输入端，低电平有效；A_1、A_0 为公共的地址信号输入端；Y_1、Y_2 为两个输出端。显然，上下两个 4 选 1 数据选择器是独立的，通过给定不同的地址码，从 4 路输入数据中选择 1 路输出。

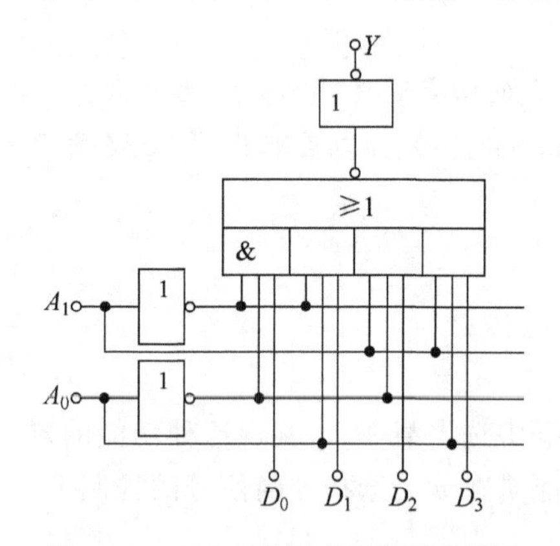

图 3.40 4 选 1 数据选择器的逻辑图

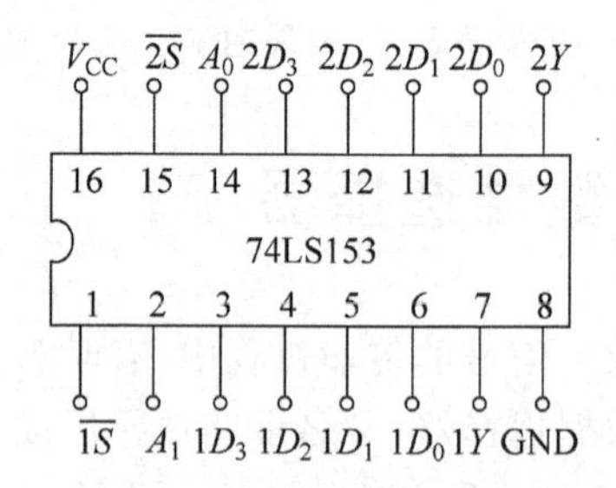

图 3.41 双 4 选 1 数据选择器 74LS153 的引脚图

用 1 片双 4 选 1 数据选择器 74LS153 可以构成一个 8 选 1 的数据选择器。因为 8 选 1 的数据选择器需要三位地址信号，而 74LS153 只有两个地址码 A_1，A_0，所以只能利用两个使能输入端$\overline{S}_1$，$\overline{S}_2$ 构成第三位地址码，如图 3.43 所示。

将高位地址码 A_2 直接与$\overline{S}_1$ 相连，将$\overline{A_2}$与$\overline{S}_2$ 相连，同时将两个数据选择器的输出端用或门连接，就得到了 8 选 1 的数据选择器。当 $A_2=0$ 时，上边的 4 选 1 数据选择器工作，通过给定的 A_1、A_0 的值，可从 $D_3 \sim D_0$ 中选择某一路数据经过 G_2 门送到输出端 Y。反之，若 $A_2=1$，则下面的 4 选 1 数据选择器工作，通过给定的 A_1、A_0 的值，可从 $D_7 \sim D_4$ 中选择某一路数据经过 G_2 门送到输出端 Y。

2. 8 选 1 数据选择器 74LS151

8 选 1 数据选择器 74LS151 的真值表如表 3.19 所示。

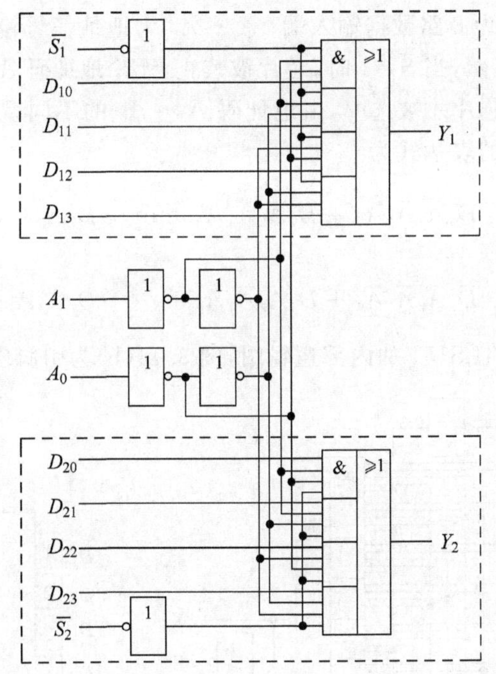

图 3.42　双 4 选 1 数据选择器 74LS153 的逻辑图

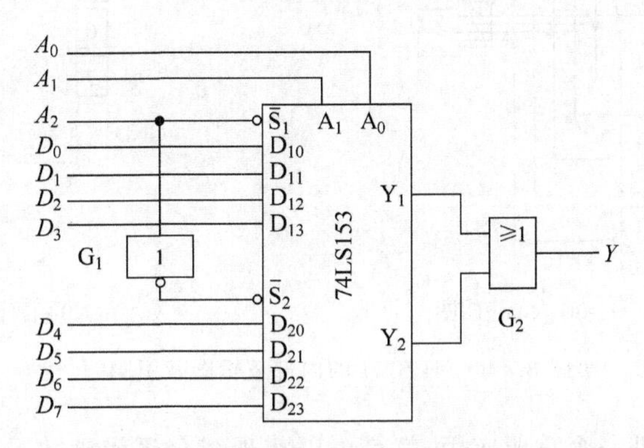

图 3.43　用双 4 选 1 数据选择器构成的 8 选 1 数据选择器

表 3.19　8 选 1 数据选择器 74LS151 的真值表

输入					输出	
D	A_2	A_1	A_0	$\bar{S}$	Y	$\bar{Y}$
×	×	×	×	1	0	1
D_0	0	0	0	0	D_0	$\overline{D_0}$
D_1	0	0	1	0	D_1	$\overline{D_1}$
D_2	0	1	0	0	D_2	$\overline{D_2}$
D_3	0	1	1	0	D_3	$\overline{D_3}$
D_4	1	0	0	0	D_4	$\overline{D_4}$
D_5	1	0	1	0	D_5	$\overline{D_5}$
D_6	1	1	0	0	D_6	$\overline{D_6}$
D_7	1	1	1	0	D_7	$\overline{D_7}$

表 3.19 中 $D_7 \sim D_0$ 为 8 路数据输入端；$A_2 \sim A_0$ 为地址信号输入端；Y、$\overline{Y}$ 为互补输出端；$\overline{S}$ 为使能输入端。显然，当 $\overline{S}=1$ 时，芯片被禁止，无论地址码 $A_2 \sim A_0$ 取何值，输出总是 $Y=0$；只有当 $\overline{S}=0$ 时，芯片才被选中，由地址码 $A_2 \sim A_0$ 的不同取值选择某一路数据送到输出 Y 端。所以输出端的表达式为

$$\overline{S}=0,\quad \begin{cases} Y = D_0\overline{A}_2\overline{A}_1\overline{A}_0 + D_1\overline{A}_2\overline{A}_1A_0 + \cdots + D_7A_2A_1A_0 = \sum_{i=0}^{7} D_i m_i \\ \overline{Y} = \overline{D}_0\overline{A}_2\overline{A}_1\overline{A}_0 + \overline{D}_1\overline{A}_2\overline{A}_1A_0 + \cdots + \overline{D}_7A_2A_1A_0 = \sum_{i=0}^{7} \overline{D}_i m_i \end{cases} \tag{3.3}$$

图 3.44(a)所示是 74LS151 的内部逻辑图，图 3.44(b)为引脚图。

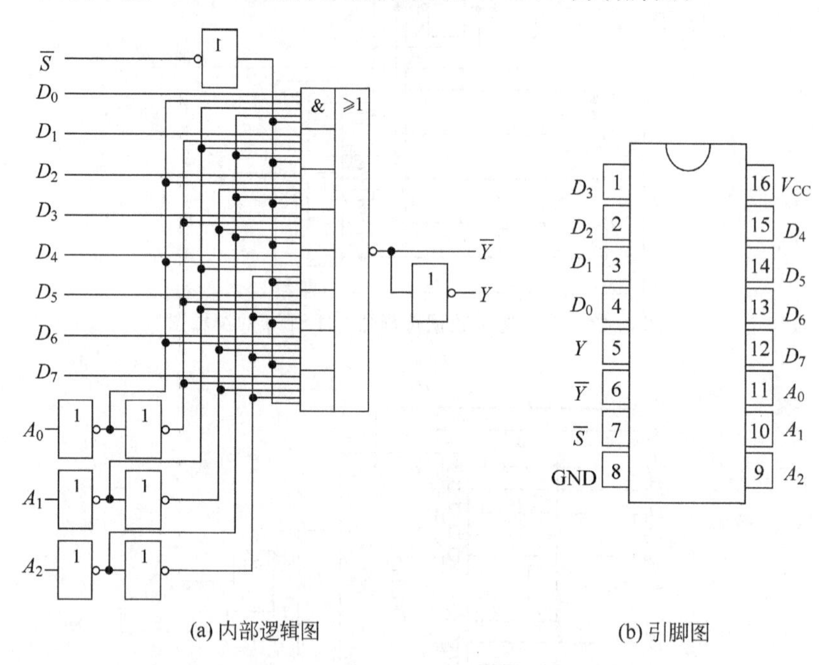

(a) 内部逻辑图　　(b) 引脚图

图 3.44　74LS151 的内部逻辑图及引脚图

数据选择器的另外一个重要应用，就是可以实现组合逻辑函数。从数据选择器的输出函数表达式可以看出，它是关于地址码的最小项和对应的各路输入端数据的“与-或”形式，而任何的组合逻辑函数都可以写成最小项之和的形式。因此，用数据选择器可以实现组合逻辑函数。其基本思想是：利用地址变量产生的最小项，通过数据输入信号 D_i 的不同取值，来选取组成逻辑函数所需的最小项。

例 3.12　用 8 选 1 数据选择器实现组合逻辑函数 $L=\overline{A}BC+A\overline{B}C+AB$。

解：首先写出函数的标准与或式

$$\begin{aligned} L &= \overline{A}BC + A\overline{B}C + AB\overline{C} + ABC \\ &= m_3 + m_5 + m_6 + m_7 \\ &= m_3D_3 + m_5D_5 + m_6D_6 + m_7D_7 \end{aligned}$$

将上式与式(3.3)相比较，若令 $A_2=A, A_1=B, A_0=C$，则 $D_3=D_5=D_6=D_7=1$，而式中没有出现的最小项 m_0、m_1、m_2、m_4 对应的数据输入端 $D_0=D_1=D_2=D_4=0$，并将使能端接低电平。其逻辑图如图 3.45 所示。

例 3.13 用 8 选 1 数据选择器实现函数 $Z=\sum m(3,4,5,6,7,8,9,10,12,14)$。

解：8 选 1 数据选择器有 3 个地址控制端，与数据输入信号 D_i 配合使用可以实现任何形式的四变量以下函数。首先写出函数的标准与或式

$$Z=\overline{A}\overline{B}CD+\overline{A}B\overline{C}\overline{D}+\overline{A}B\overline{C}D+\overline{A}BC\overline{D}+\overline{A}BCD$$
$$+A\overline{B}\overline{C}\overline{D}+A\overline{B}\overline{C}D+A\overline{B}C\overline{D}+AB\overline{C}\overline{D}+ABC\overline{D}$$

将此式与数据选择器的输出表达式(3.3)，即 $Y=D_0\overline{A}_2\overline{A}_1\overline{A}_0+D_1\overline{A}_2\overline{A}_1A_0+\cdots+D_7A_2A_1A_0$ 相比较，确定输入变量和地址码的对应关系。若令 $A_2=A, A_1=B, A_0=C$，则有

$$Z=m_0\cdot 0+m_1\cdot D+m_2\cdot 1+m_3\cdot 1+m_4\cdot 1+m_5\cdot\overline{D}+m_6\cdot\overline{D}+m_7\cdot\overline{D}$$

只要令 $D_0=0, D_1=D, D_2=D_3=D_4=1, D_5=D_6=D_7=\overline{D}$，就可得到 3.46 所示为其逻辑图。

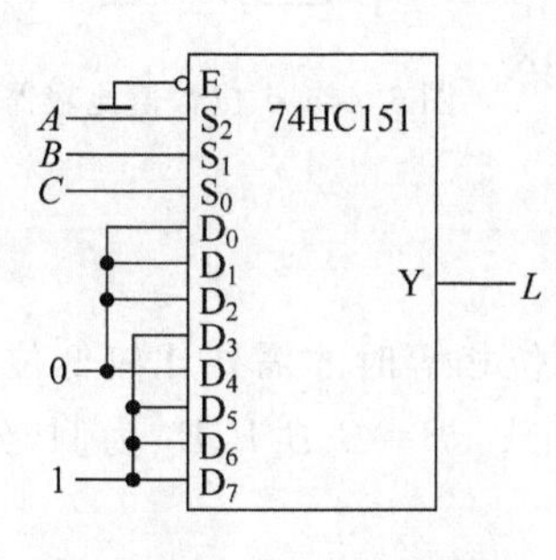

图 3.45 例 3.12 逻辑图

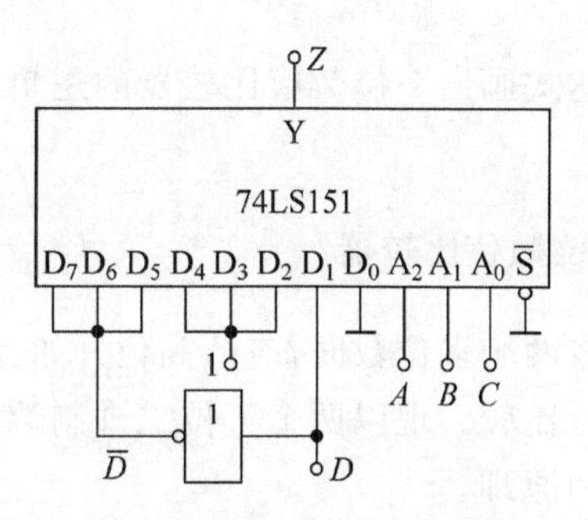

图 3.46 例 3.13 的逻辑图

思考题

1. 数据选择器输入数据的位数和地址信号的位数之间应满足怎样的关系？
2. 如果用一个 4 选 1 数据选择器产生一个三变量逻辑函数，电路的接法是否唯一？
3. 如何用 8 选 1 数据选择器实现 16 选 1 数据选择器？

3.5 数值比较器

在数字系统中经常需要比较两个数字的大小，数值比较器就是能对两个二进制数进行比较的逻辑电路。

3.5.1 数值比较器的结构

1. 1 位数值比较器

现在以比较 A、B 两个二进制数的第 i 位为例来分析 1 位数值比较器的工作原理，其框图如图 3.47 所示。因为两个 1 位数比较只能有三种结果：大于、等于或小于，分别用三个输出变量 L_i、G_i、M_i 来表示，可得表 3.20 所示的真值表。

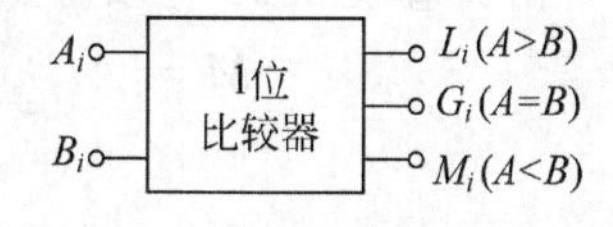

图 3.47 1 位数值比较器框图

表 3.20 1 位数值比较器真值表

A_i	B_i	L_i	G_i	M_i
0	0	0	1	0
0	1	0	0	1
1	0	1	0	0
1	1	0	1	0

由真值表写出输出函数表达式

$$\begin{cases} L_i = A_i\overline{B}_i \\ G_i = \overline{A}_i\overline{B}_i + A_iB_i \\ M_i = \overline{A}_iB_i \end{cases} \tag{3.4}$$

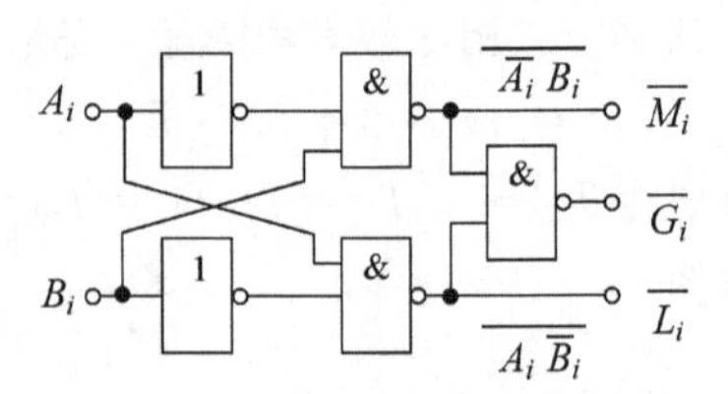

图 3.48 1 位数值比较器的逻辑图

由表达式画出 1 位数值比较器的逻辑图，如图 3.48 所示。

2. 多位数值比较器

当比较两个多位数时，应从高位开始比较，只有高位相等时才需要比较低位，这样逐次向低位进行比较。现以两个 4 位二进制数 $A=A_3A_2A_1A_0$、$B=B_3B_2B_1B_0$ 为例，分析一下多位数比较的原理。

如果 $A_3>B_3$(或 $A_3<B_3$)，则无论两个数的低位大小如何，都有 $A>B$(或 $A<B$)；如果 $A_3=B_3$，则需要比较次高位，依此类推。很明显，只有 4 位都对应相等时，才有 $A=B$。因此可得到 4 位数值比较器的真值表，如表 3.21 所示。

表 3.21 4 位数值比较器的真值表

比较输入				输出		
A_3 B_3	A_2 B_2	A_1 B_1	A_0 B_0	L	G	M
>	×	×	×	1	0	0
=	>	×	×	1	0	0
=	=	>	×	1	0	0
=	=	=	>	1	0	0
=	=	=	=	0	1	0
<	×	×	×	0	0	1
=	<	×	×	0	0	1
=	=	<	×	0	0	1
=	=	=	<	0	0	1

由真值表 3.21 可以得到四位数值比较器的输出表达式

$$\begin{cases} M = A_3B_3 + (A_3\odot B_3)A_2B_2 + (A_3\odot B_3)(A_2\odot B_2)A_1B_1 \\ \quad + (A_3\odot B_3)(A_2\odot B_2)(A_1\odot B_1)A_0B_0 \\ G = (A_3\odot B_3)(A_2\odot B_2)(A_1\odot B_1)(A_0\odot B_0) \\ L = \overline{M+G} \end{cases} \tag{3.5}$$

两个 4 位数每一位进行比较，都可以由 1 位数值比较器完成，所以结合输出表达式，即可得到 4 位数值比较器的逻辑图，如图 3.49 所示。

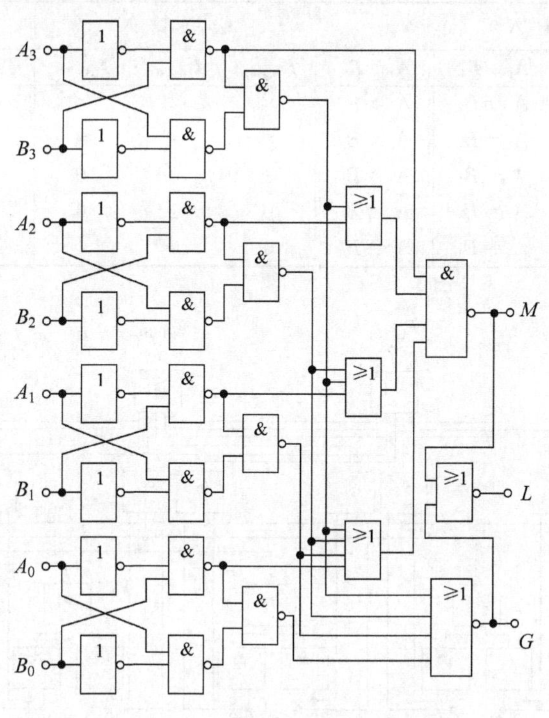

图 3.49 4 位数值比较器的逻辑图

3.5.2 集成数值比较器

74LS85 是典型的 4 位集成数值比较器，可以比较两个 4 位二进制数 $A = A_3A_2A_1A_0$ 和 $B = B_3B_2B_1B_0$ 的大小，三种输出结果由 $F_{(A>B)}$、$F_{(A<B)}$、$F_{(A=B)}$ 表示；$I_{(A>B)}$、$I_{(A<B)}$、$I_{(A=B)}$ 为级联输入端，当芯片扩展时与低位芯片的输出对应相连。其引脚图如图 3.50 所示。表 3.22 为 74LS85 的真值表。

4 位集成数值比较器 74LS85 的逻辑图如图 3.51 所示，也是由 4 个 1 位数值比较器构成。

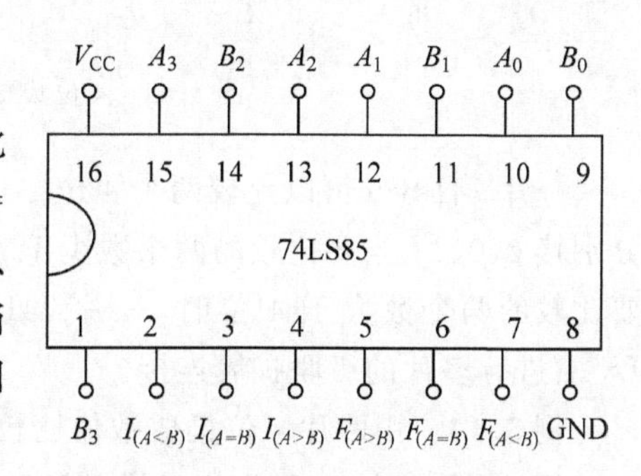

图 3.50 4 位数值比较器 74LS85 的引脚图

表 3.22 4 位数值比较器 74LS85 的真值表

比较输入				级联输入			输出		
A_3 B_3	A_2 B_2	A_1 B_1	A_0 B_0	$I_{(A>B)}$	$I_{(A<B)}$	$I_{(A=B)}$	$F_{(A>B)}$	$F_{(A<B)}$	$F_{(A=B)}$
$A_3>B_3$	×	×	×	×	×	×	1	0	0
$A_3<B_3$	×	×	×	×	×	×	0	1	0
$A_3=B_3$	$A_2>B_2$	×	×	×	×	×	1	0	0
$A_3=B_3$	$A_2<B_2$	×	×	×	×	×	0	1	0
$A_3=B_3$	$A_2=B_2$	$A_1>B_1$	×	×	×	×	1	0	0
$A_3=B_3$	$A_2=B_2$	$A_1<B_1$	×	×	×	×	0	1	0

续表

比较输入				级联输入			输出		
A_3　B_3	A_2　B_2	A_1　B_1	A_0　B_0	$I_{(A>B)}$	$I_{(A<B)}$	$I_{(A=B)}$	$F_{(A>B)}$	$F_{(A<B)}$	$F_{(A=B)}$
$A_3=B_3$	$A_2=B_2$	$A_1=B_1$	$A_0>B_0$	×	×	×	1	0	0
$A_3=B_3$	$A_2=B_2$	$A_1=B_1$	$A_0<B_0$	×	×	×	0	1	0
$A_3=B_3$	$A_2=B_2$	$A_1=B_1$	$A_0=B_0$	1	0	0	1	0	0
$A_3=B_3$	$A_2=B_2$	$A_1=B_1$	$A_0=B_0$	0	1	0	0	1	0
$A_3=B_3$	$A_2=B_2$	$A_1=B_1$	$A_0=B_0$	0	0	1	0	0	1

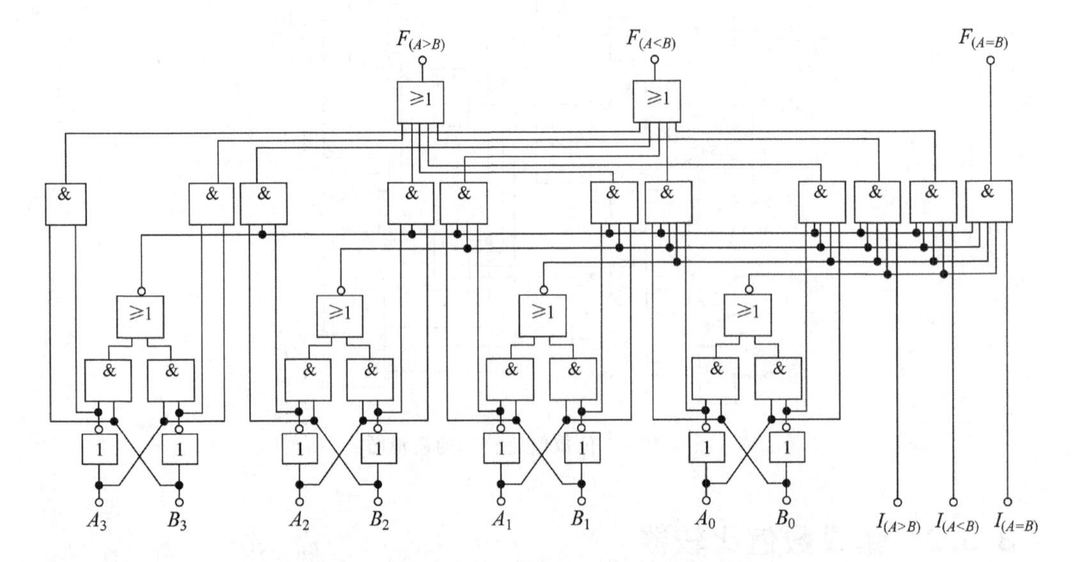

图 3.51　4 位集成数值比较器 74LS85 的逻辑图

一片 74LS85 可以比较两个 4 位二进制数的大小，此时级联输入端 $I_{(A>B)}$、$I_{(A<B)}$、$I_{(A=B)}$ 分别接 0、0、1；当要比较的两个数少于 4 位时，高位多余的输入端可同时接 0 或接 1。而当要比较的两个数大于 4 位时，一片 74LS85 不够用，就要利用级联输入端 $I_{(A>B)}$、$I_{(A<B)}$、$I_{(A=B)}$ 进行多片的级联扩展连接。

例 3.14　用两片 4 位集成数值比较器 74LS85 构成一个 8 位的数值比较器。

解：假设比较两个 8 位二进制数 $A(A_7A_6A_5A_4A_3A_2A_1A_0)$、$B(B_7B_6B_5B_4B_3B_2B_1B_0)$，需要两片 74LS85。低位芯片(1)的输入端接 A、B 的低四位($A_3A_2A_1A_0$ 和 $B_3B_2B_1B_0$)；其级联输入端 $I_{(A>B)}$、$I_{(A<B)}$、$I_{(A=B)}$ 分别接 0、0、1；其输出端 $F_{(A>B)}$、$F_{(A<B)}$、$F_{(A=B)}$ 分别对应接至高位芯片(2)的级联输入端 $I_{(A>B)}$、$I_{(A<B)}$、$I_{(A=B)}$。整个电路的比较结果由高位芯片(2)的输出端引出，如图 3.52 所示。

如果 A、B 两个数的高 4 位对应相等，即 $A_7A_6A_5A_4=B_7B_6B_5B_4$，则 A、B 两个数的大小由低位芯片的比较结果决定，此时整个电路的输出(即高位芯片的输出)与其级联输入端的状态一致；如果 A、B 两个数的高 4 位不相等 $A_7A_6A_5A_4\neq B_7B_6B_5B_4$，则无论低 4 位 $A_3A_2A_1A_0$ 和 $B_3B_2B_1B_0$ 大小关系如何，A、B 两个数的大小都由高 4 位决定，此时，高位芯片的输出与其级联输入端没有关系。

多片 74LS85 通过级联输入端进行上述串联扩展，可以对任意二进制数比较大小，但这

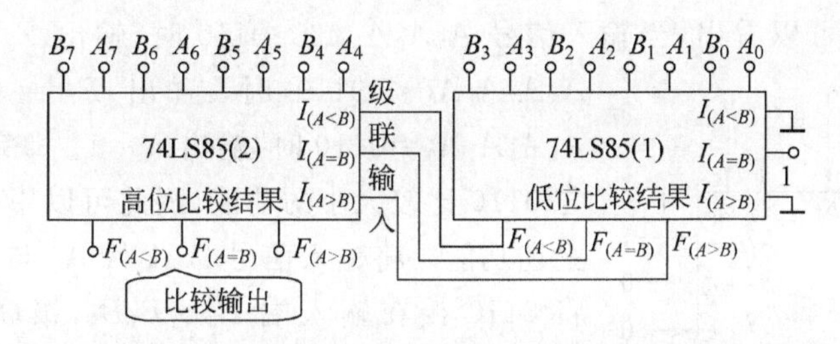

图 3.52　由两片 74LS85 构成的 8 位数值比较器

种串联比较是逐级进位的，当级联的芯片较多时，所需的进位传递时间就比较长，工作速度比较慢。因此，当扩展位数较多时，常采用并联扩展方式。

例 3.15　试用 5 片 4 位集成数值比较器 74LS85 构成一个 16 位的数值比较器。

解：将两个 16 位二进制数按高低位次序分成 4 组，每一组用一片 74LS85 进行比较，各组的比较是并行的。将每组比较的结果再经过一片 74LS85 进行比较后，最终得到两个 16 位数的比较结果，如图 3.53 所示。

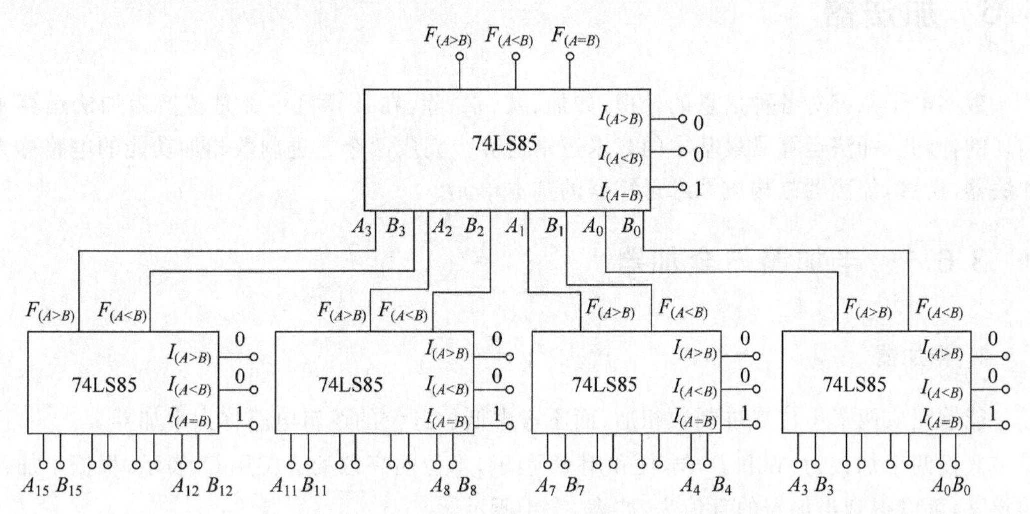

图 3.53　5 片 74LS85 构成的 16 位数值比较器

例 3.16　试用集成数值比较器 74LS85 设计电路实现真值表 3.23 的逻辑功能。

表 3.23　例 3.16 真值表

输入信号				输出信号			输入信号				输出信号		
A_3	A_2	A_1	A_0	F_2	F_1	F_0	A_3	A_2	A_1	A_0	F_2	F_1	F_0
0	0	0	0	0	1	0	1	0	0	0	1	0	0
0	0	0	1	0	1	0	1	0	0	1	1	0	0
0	0	1	0	0	1	0	1	0	1	0	1	0	0
0	0	1	1	0	1	0	1	0	1	1	1	0	0
0	1	0	0	0	1	0	1	1	0	0	1	0	0
0	1	0	1	0	1	0	1	1	0	1	1	0	0
0	1	1	0	0	0	1	1	1	1	0	1	0	0
0	1	1	1	1	0	0	1	1	1	1	1	0	0

解：从真值表可以看出，当输入信号 $A_3A_2A_1A_0>0110$ 时，输出 $F_2=1$；当输入信号 $A_3A_2A_1A_0<0110$ 时，输出 $F_1=0$。当输入信号 $A_3A_2A_1A_0=0110$ 时，输出 $F_0=1$。即完成的是输入信号与 0110 比较大小的功能，因此可以用一片 74LS85 实现上述功能。将输入信号 $A_3A_2A_1A_0$ 与对应输入端相连，将 0110 接在输入端 $B_3B_2B_1B_0$，级联输入 $I_{(A>B)}=0$，$I_{(A<B)}=0$，$I_{(A=B)}=1$，逻辑图如图 3.54 所示。

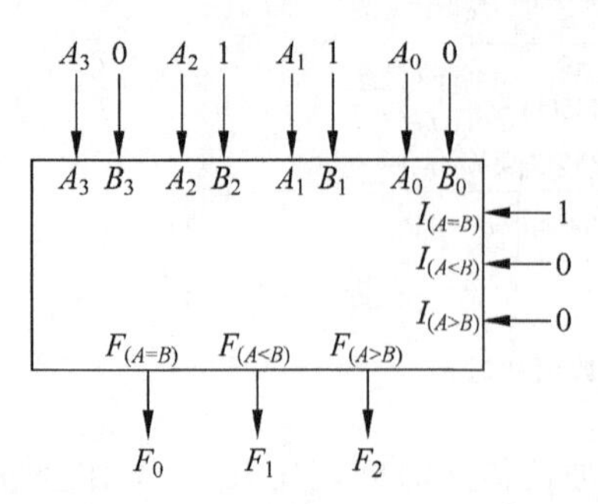

图 3.54　例 3.16 逻辑图

思考题

1. 如果用 4 位数值比较器比较两个 3 位二进制数的大小，可以有几种接法？

2. 用串联扩展方式组成的 16 位数值比较器，与用并联扩展方式组成的在进位传递时间上有什么关系？

3.6 加法器

数字电子系统对各种信息的处理，如加、减、乘、除，在计算机中都是转换为加法运算来实现的，因此，加法运算是最基本的算术逻辑运算。完成两个二进制数相加功能的电路称为加法器，显然，加法器是构成算术运算器的基本单元。

3.6.1 半加器与全加器

1. 半加器

能够完成两个 1 位二进制数相加，而不考虑低位进位的逻辑电路称为半加器。

假设两个加数为 A_i 和 B_i，本位和用 S_i 表示，本位向高位的进位用 C_i 表示，根据半加器的定义，可以得到半加器的真值表，如表 3.24 所示。

由表 3.24 可得半加器的输出表达式

$$\begin{cases} S_i = \overline{A}_iB_i + A_i\overline{B}_i = A_i \oplus B_i \\ C_i = A_iB_i \end{cases} \tag{3.6}$$

表 3.24　半加器的真值表

A_i	B_i	S_i	C_i
0	0	0	0
0	1	1	0
1	0	1	0
1	1	0	1

由输出表达式可得到半加器的逻辑图，如图 3.55(a)所示，其逻辑符号如图 3.55(b)所示。

2. 全加器

将两个多位二进制数相加时，除最低位外，还要考虑来自低位的进位。全加器可以将被加数、加数和低位进位信号相加，并根据求和结果，给出该位的进位信号，其框图和逻辑符号如图 3.56 所示。

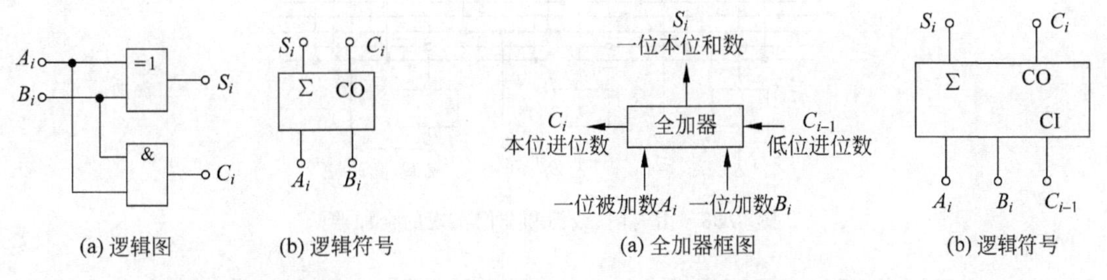

(a) 逻辑图　(b) 逻辑符号

图 3.55　半加器的逻辑图及符号

(a) 全加器框图　(b) 逻辑符号

图 3.56　全加器

根据全加器的定义，可以得到其真值表，如表 3.25 所示。

表 3.25　全加器的真值表

A_i	B_i	C_{i-1}	S_i	C_i
0	0	0	0	0
0	0	1	1	0
0	1	0	1	0
0	1	1	0	1
1	0	0	1	0
1	0	1	0	1
1	1	0	0	1
1	1	1	1	1

由真值表 3.25 可得到 S_i 和 C_i 的卡诺图，如图 3.57 所示。

(a) S_i的卡诺图　(b) C_i的卡诺图

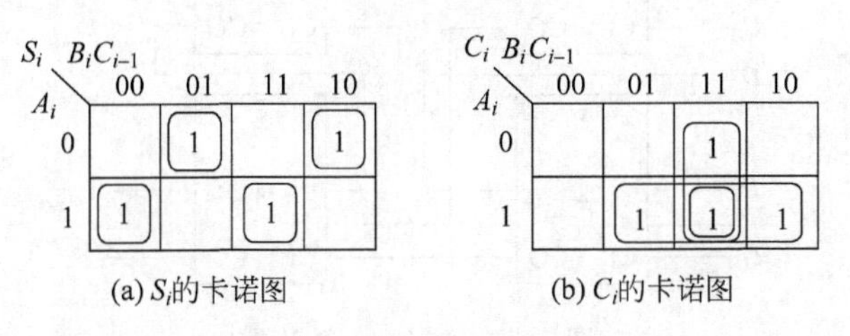

图 3.57　全加器的卡诺图

由卡诺图可以得到输出表达式

$$\begin{cases} S_i = \overline{A}_i\overline{B}_iC_{i-1} + \overline{A}_iB_i\overline{C}_{i-1} + A_i\overline{B}_i\overline{C}_{i-1} + A_iB_iC_{i-1} \\ C_i = A_iB_i + A_iC_{i-1} + B_iC_{i-1} \end{cases} \tag{3.7}$$

如图 3.58 所示是由与门、或门和非门实现的全加器电路。

例 3.17　设计一个 7 人表决电路。

解：根据要求，显然该电路有 7 个输入变量，分别用 A、B、C、D、E、F、G 表示，输入变量

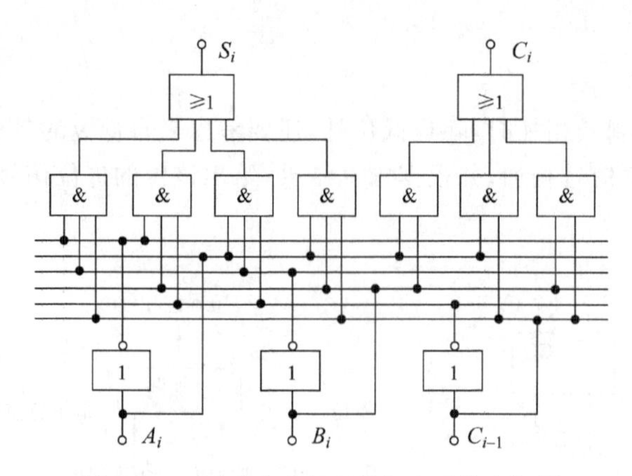

图 3.58 由与门、或门和非门实现的全加器

取值为 1 表示同意,反之表示不同意;有 1 个输出变量,用 Y 表示,Y 取值为 1 表示通过,反之表示没通过。

若按组合逻辑电路设计的一般方法,其输入变量的取值组合有 128 种,真值表有 128 行,用门电路设计将很复杂。这里考虑一下变量赋值不难发现,若使输出 $Y=1$,应使 7 个输入信号的算术和大于或等于 4,因此可以考虑用全加器实现。

每个全加器有 3 个输入端和 2 个输出端,进位输出信号 C_i 代表数字 2,输出和 S_i 代表数字 1。将输入信号 A、B、C 和 E、F、G 分别接到全加器 1 和全加器 2 的输入端,再将两个全加器的输出端 S_i 与输入信号 D 接到全加器 3 的输入端,将三个全加器的进位信号 C_i 接到全加器 4 的输入端,则全加器 4 的进位信号 $C_4=1$,就意味着 7 个输入信号之和大于或等于 4,表决通过,否则就是 7 个输入信号之和小于 4,表决没通过,逻辑图如图 3.59 所示。

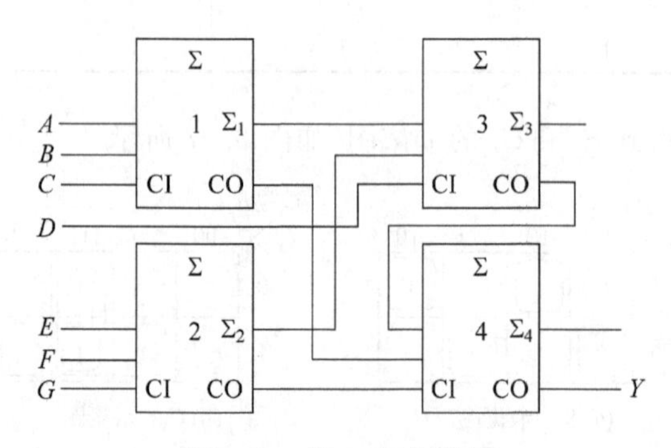

图 3.59 例 3.17 逻辑图

3.6.2 集成加法器

1. 双全加器 74LS183

双全加器 74LS183 集成了两个完全相同的全加器,其引脚图如图 3.60 所示。图 3.61 是 1/2 个 74LS183 的逻辑图。

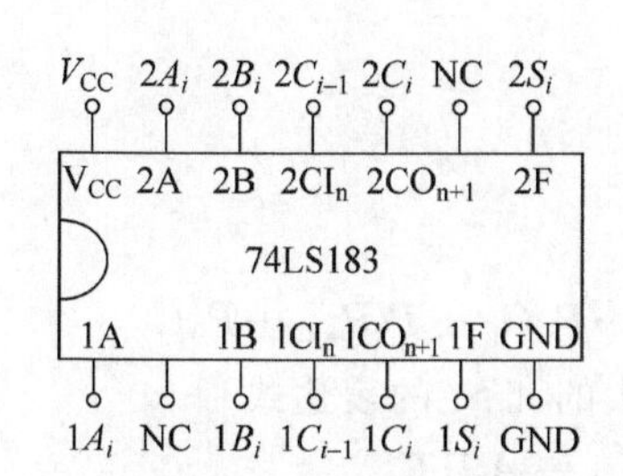

图 3.60 双全加器 74LS183 的引脚图

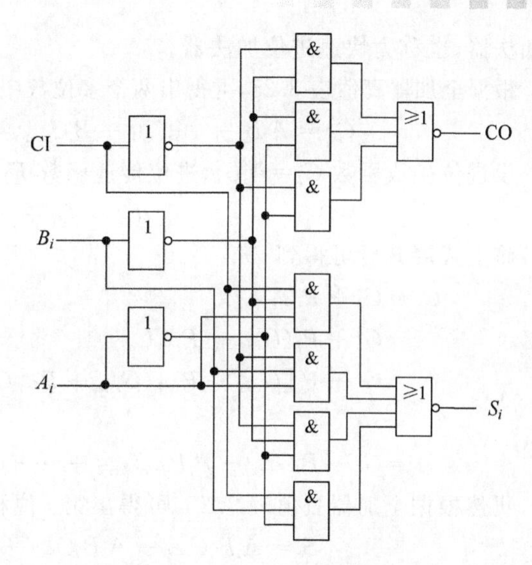

图 3.61 1/2 个 74LS183 的逻辑图

2. 4位二进制加法器

实现多位数加法运算的电路称为加法器。加法器按照相加方式不同,分为串行加法器和并行加法器;按照参加运算的计数规则不同,分为二进制加法器和十进制加法器。

1) 二进制串行进位加法器

两个多位数相加时,可采用多个1位全加器来实现。

如图3.62所示为4位加法器电路,由4个1位全加器构成,将每个全加器低位的进位输出CO接到相邻高位的进位输入端CI上,最低位进位输入端接地。$A(A_3A_2A_1A_0)$和$B(B_3B_2B_1B_0)$为两个加数,S_3、S_2、S_1、S_0表示和,C_3是进位信号。显然,这种连接方式每一位输出的结果必须等到相邻低位产生进位信号后才能建立,因此把这种结构的电路称为串行进位加法器(或逐位进位加法器)。

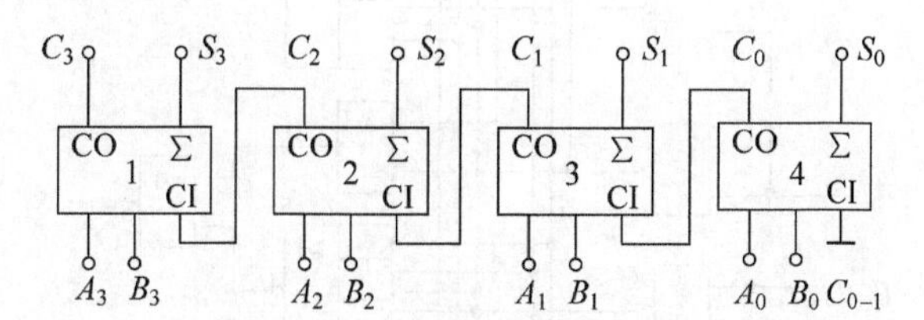

图 3.62 4位串行加法器电路

串行进位加法器的特点是电路结构简单,连接方便,要构成n位串行加法器,只需将n个1位全加器串联就可以了,但这种连接方法运算速度慢。

2) 二进制超前进位加法器 74LS283

为了提高运算速度,必须设法减小或消除由于进位信号逐级传递所消耗的时间。因为第i位的进位输入信号是这两个加数第i位之前各位状态的函数,所以第i位的进位信号(C_{i-1})肯定能由$A_{i-1},A_{i-2},\cdots,A_0$和$B_{i-1},B_{i-2},\cdots,B_0$唯一确定。根据这个道理,就可以通过一定的逻辑电路事先得出每一位全加器的进位输入信号,而无须再从最低位开始向高位逐位传递进位信号了,这样就能有效地提高运算速度。采用这种结构的加法器称为超前进位加法器,也称为快速进位加法器。

根据全加器真值表3.25,可得出两个多位数中第 i 位相加产生的进位输出 C_i 的表达式

$$C_i = A_iB_i + A_iC_{i-1} + B_iC_{i-1} = A_iB_i + (A_i + B_i)C_{i-1}$$

设进位生成函数 $G_i = A_iB_i$,进位传递函数 $P_i = A_i + B_i$,则

$$C_i = G_i + P_iC_{i-1}$$

将上式展开后可得到

$$\begin{aligned} C_i &= G_i + P_iC_{i-1} \\ &= G_i + P_i(G_{i-1} + P_{i-1}C_{i-2}) \\ &= G_i + P_i[G_{i-1} + P_{i-1}(G_{i-2} + P_{i-2}C_{i-3})] \\ &= \cdots \\ &= G_i + P_iG_{i-1} + P_iP_{i-1}G_{i-2} + \cdots + P_iP_{i-1}\cdots P_1G_0 + P_iP_{i-1}\cdots P_0C_0 \end{aligned}$$

仍然根据全加器真值表3.25,可得出第 i 位相加产生的和 S_i 的表达式

$$\begin{aligned} S_i &= \overline{A}_i\overline{B}_iC_{i-1} + \overline{A}_iB_i\overline{C}_{i-1} + A_i\overline{B}_i\overline{C}_{i-1} + A_iB_iC_{i-1} \\ &= \overline{(A_i \oplus B_i)}C_{i-1} + (A_i \oplus B_i)\overline{C}_{i-1} \\ &= A_i \oplus B_i \oplus C_{i-1} \end{aligned}$$

根据 C_i 和 S_i 表达式构成的4位超前进位加法器74LS283如图3.63所示。

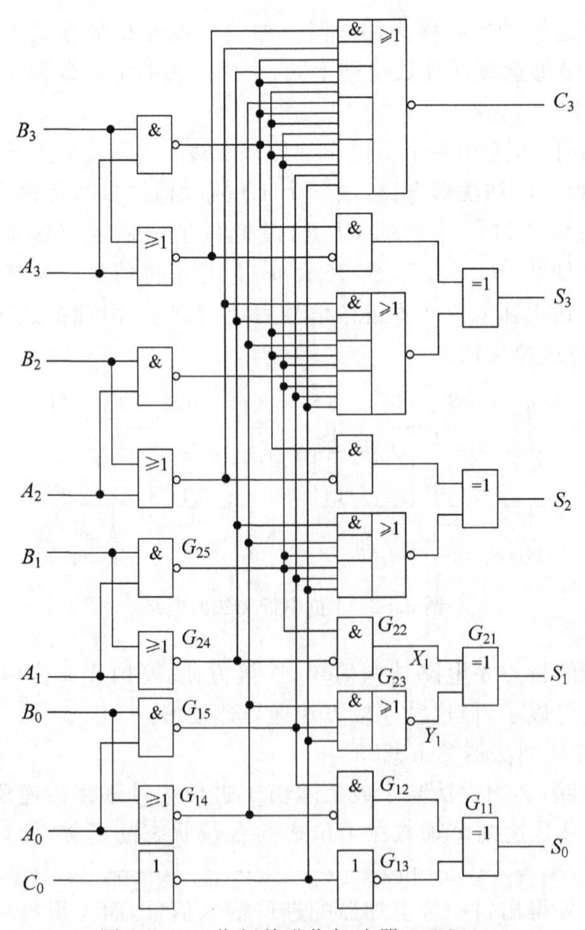

图3.63 4位超前进位加法器74LS283

由图 3.63 可看出,两个 4 位数通过超前进位加法器进行运算时,完成运算只需三级门电路的传输延迟时间,而获得进位输出信号仅需一级反相器和一级与或非门的传输延迟时间,所以运算速度非常快,适合于高速数字计算机、数据处理及控制系统。但是,由图 3.63 明显可以看出电路较复杂,运算位数越多,电路越复杂。因此,运算速度的提高,是以增加电路复杂性为代价的。

思考题

1. 如表 3.25 所示的全加器真值表,若在卡诺图中圈 0,试写出其输出表达式并画出逻辑图。

2. 如何用两个半加器实现 1 位全加器?

3. 串行进位加法器和超前进位加法器有何区别?各有什么优缺点?

3.7 组合逻辑电路中的竞争-冒险现象

前面分析组合逻辑电路时,没有考虑门电路传输延迟时间的影响。实际上信号从输入到稳定输出需要一定时间。由于信号从输入到输出的过程中,不同通路上门电路的级数不同,不同门电路的传输延迟时间也不同,从而使信号由输入经不同通路传输到输出端的时间不同。这就可能使逻辑电路产生错误的输出,这种现象称为竞争-冒险。

3.7.1 竞争-冒险现象的成因

分析一下图 3.64(a)所示逻辑图的工作情况。输出端 L 的逻辑表达式为 $L=A\cdot\overline{A}$,理想情况下,输出应恒等于 0。但是由于 G_1 门的延迟,$\overline{A}$ 下降沿到达 G_2 门的时间滞后于 A 的上升沿,因此,使 G_2 输出端出现了一个正向窄脉冲,如图 3.64(b)所示。与门 G_2 的两个输入信号经不同路径在不同时刻到达的现象,称为竞争;由此而产生输出干扰脉冲的现象称为冒险。

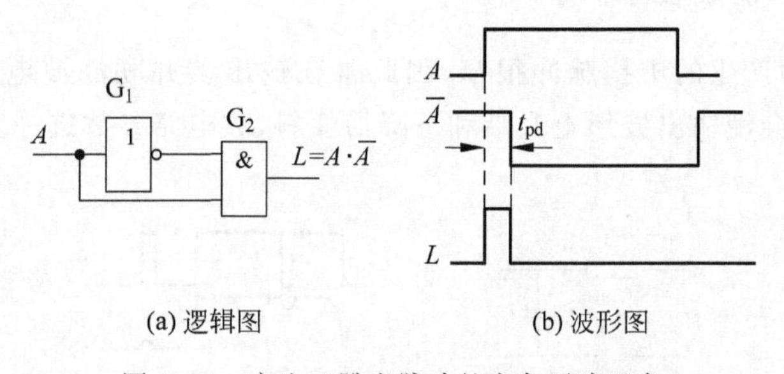

图 3.64　产生正跳变脉冲的竞争冒险现象

同理,如图 3.65(a)所示逻辑图中,理想情况下,$L=A+\overline{A}$ 应恒等于 1,但由于 G_1 门的延迟,会使 G_2 输出端产生一个负脉冲,如图 3.65(b)所示,也会产生竞争-冒险现象。

由以上分析可知,当电路中存在由反相器产生的互补信号,在互补信号的状态发生变化时,就可能出现竞争-冒险现象。

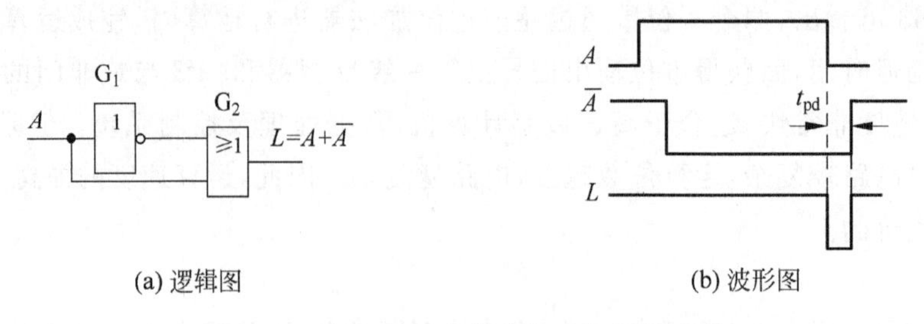

(a) 逻辑图　　(b) 波形图

图 3.65　产生负跳变脉冲的竞争-冒险现象

3.7.2　消除竞争-冒险的措施

当电路中存在冒险现象时，通常采用以下几种方法进行消除。

1. 修改逻辑设计

在产生冒险现象的逻辑表达式上，即利用公式 $AB+\overline{A}C=AB+\overline{A}C+BC$，增加冗余项或乘上冗余因子，使之不出现 $A+\overline{A}$ 或 $A\overline{A}$ 的形式，就可以消除冒险现象。

如函数 $Y=AB+\overline{A}C$，在 $B=C=1$ 时，$Y=A+\overline{A}$ 产生冒险现象，那么如果在表达式 Y 中加入冗余项 BC，就可以消除冒险现象。又如函数 $Y=(A+C)(\overline{A}+B)$，在 $B=C=0$ 时，$Y=A\overline{A}$，产生冒险现象，那么如果在表达式 Y 中乘上冗余因子 $B+C$，也可消除冒险现象。

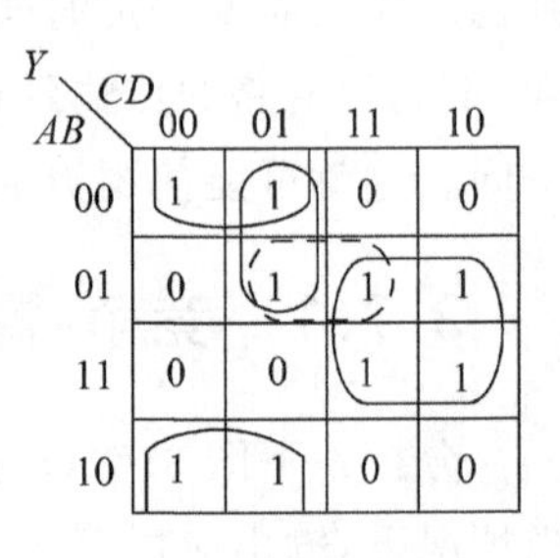

图 3.66　利用卡诺图加入冗余项

在卡诺图中，将“相切”的圈用一个多余的圈连接起来(相当于加入了一个冗余项或冗余因子)，即可消除冒险现象。如图 3.66 所示卡诺图，增加了一个冗余项的圈(m_5 和 m_7)，即可消除冒险现象。

2. 加滤波电容，消除毛刺影响

由于竞争-冒险产生的干扰脉冲很窄，因此常在输出端并联滤波电容 C，如图 3.67 所示。但电容的引入会使输出波形上升沿和下降沿变斜，故电路参数选择要合适，一般电容量在 4～20pF 之间。

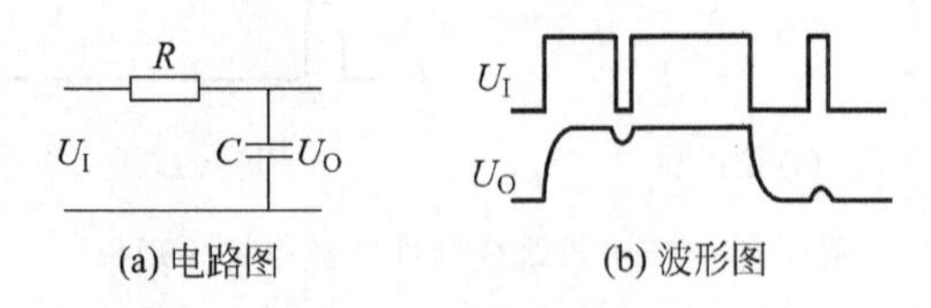

(a) 电路图　　(b) 波形图

图 3.67　加入滤波电容消除冒险

3. 引入选通信号

经过上述分析可知，电路在稳定状态下没有冒险现象，毛刺的产生仅仅发生在输入信号变化的瞬间，因此可以引入选通脉冲，避开输入信号发生转换的瞬间，即可有效地避免冒险发生。如图3.68所示，若在输入变量 A 变化的瞬间引入选通脉冲，则可有效地避免冒险发生。这种方法简单易行，但选通信号的作用时间和极性等一定要合适。

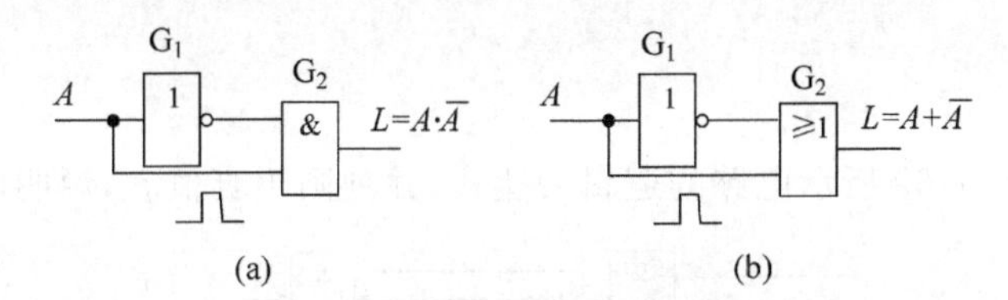

图3.68 引入选通信号消除冒险

以上三种方法各有特点：增加冗余项的方法消除冒险的范围是有限的；加入滤波电容的方法简单易行，但增加了输出电压波形的上升时间和下降时间，使输出电压波形遭到破坏，所以只适用于对输出波形的前、后沿无严格要求的场合；引入选通信号的方法也比较简单，而且不需要增加电路元件，但这种方法对选通脉冲的宽度和作用时间有着严格的要求。因此在具体应用时，应根据具体电路结构及输出要求来选择使用哪种方法消除冒险现象。

思考题

1. 竞争-冒险现象产生的原因是什么？
2. 消除竞争-冒险的方法有哪些？这些方法各有何优缺点？

3.8 本章小结

本章讲述了组合逻辑电路的特点、组合逻辑电路的分析和设计方法，介绍了若干常用组合逻辑器件的工作原理及使用方法。最后简单介绍了组合逻辑电路中的竞争-冒险现象及其消除方法。

组合逻辑电路在逻辑功能上的特点是任意时刻的输出仅仅取决于该时刻的输入，而与电路原来的状态无关。它在电路结构上的特点是只包含门电路，而没有记忆性元件，输入/输出之间没有反馈通路。

在实际应用中，组合逻辑电路已制成了标准化的中规模集成电路，供用户直接使用。这些器件包括编码器、译码器、数据选择器、数值比较器、加法器等。为了增加使用的灵活性，便于功能扩展，在多数中规模集成电路上设置了附加的控制端（或称为使能端、片选端等）。这些控制端既可用于控制芯片的状态（工作或禁止），又可作为输出信号的选通端，还能扩展为输入端以增强电路功能。合理地运用这些控制端能最大限度地发挥电路的潜力，灵活地运用这些器件还可以设计出其他逻辑功能的组合电路。

组合电路的逻辑功能可以用逻辑图、真值表、逻辑表达式等多种方法表示，它们在本质上是相通的，可以相互转换。尽管各种组合电路在功能上千差万别，但是它们的分析方法和设计方法都是一致的。掌握了分析的一般方法，就可以识别任何一个给定电路的逻辑功能，就可以根据给定的要求设计出相应的逻辑电路。因此，学习本章内容时重在掌握分析和设计电路的方法，而不必去记忆各种具体电路。

竞争-冒险是组合逻辑电路工作状态转换过程中经常出现的一种现象。如果负载是一些对窄脉冲敏感的电路，则必须采取措施防止由于竞争而产生的干扰脉冲；如果负载电路对窄脉冲不敏感(例如负载为光电显示器件),就不必考虑这个问题了。

习题 3

3.1 写出如图 3.69 所示电路的逻辑表达式,并列画出真值表,说明电路的逻辑功能。

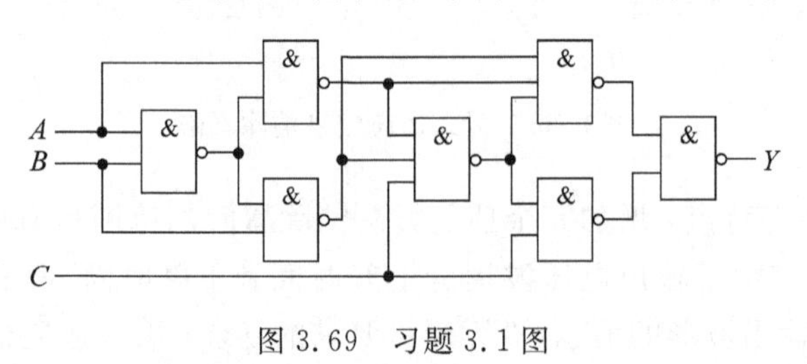

图 3.69 习题 3.1 图

3.2 写出如图 3.70 所示电路中 Y_1、Y_2 的逻辑表达式,并列出真值表,说明电路的逻辑功能。

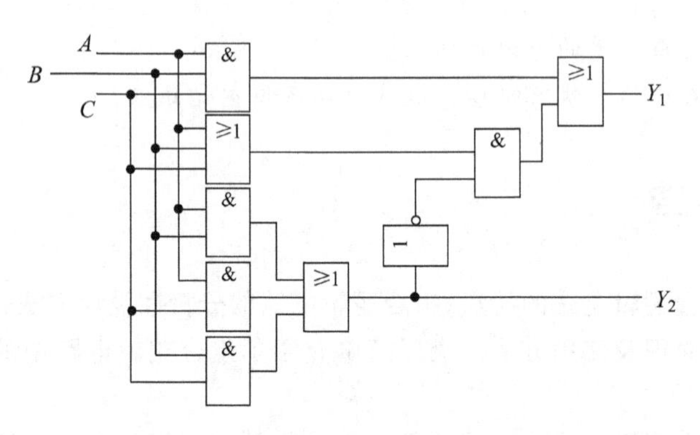

图 3.70 习题 3.2 图

3.3 用红、黄、绿三个指示灯表示 3 台设备的工作状况:绿灯亮表示 3 台设备全部正常;黄灯亮表示有 1 台设备不正常;红灯亮表示有 2 台设备不正常;红灯、黄灯都亮表示 3 台设备都不正常。试列出控制电路的真值表,并用合适的门电路实现该功能。

3.4 某雷达站有 3 部雷达 A、B、C,其中 A 和 B 的功率消耗相等,C 的功率是 A 的两倍。这些雷达由两台发电机 X、Y 供电,发电机 X 的最大输出功率等于雷达 A 的功率,发电机 Y 的最大输出功率是 X 的 3 倍。要求设计一个组合逻辑电路,能够根据各雷达启动或关闭的信号,以最节约电能的方式启、停发电机。

3.5 有一水箱由大、小两台水泵 M_L 和 M_S 供水,如图 3.71 所示。水箱中设置了 3 个水位检测元件 A、B、C。水面低于检测元件时,检测元件输出高电平;水面高于检测元件时,检测元件输出低电平。现要求当水位超过 C 点时水泵停止工作;水位低于 C 点而高于 B 点时 M_S 单独工作;水位低于 B 点而高于 A 点时 M_L 单独工作;水位低于 A 点时 M_L 和 M_S 同时工作。试用门电路设计一个控制两台水

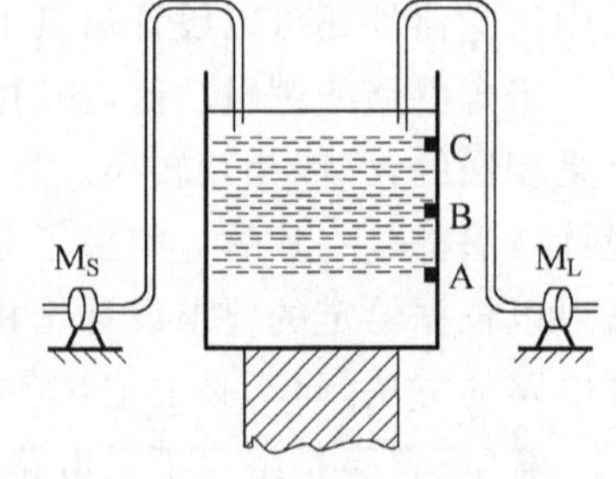

图 3.71 习题 3.5 图

泵的逻辑电路，要求电路尽量简单。

3.6 试用 4 片 8 线-3 线优先编码器 74LS148 组成 32 线-5 线优先编码器。允许附加必要的逻辑门电路。

3.7 某医院有 1、2、3、4 号病室共 4 间，每间病室设有呼叫按钮，同时在护士值班室对应装有 1、2、3、4 号 4 个指示灯。现要求当 1 号病室的按钮按下时，无论其他病室的按钮是否按下，只有 1 号灯亮。当 1 号病室的按钮没有按下而 2 号病室的按钮按下时，无论 3、4 号病室的按钮是否按下，只有 2 号灯亮。当 1、2 号病室的按钮都没有按下而 3 号病室的按钮按下时，无论 4 号病室的按钮是否按下，只有 3 号灯亮。只有在 1、2、3 号病室的按钮均未按下，而 4 号病室的按钮按下时，4 号灯才亮。试用优先编码器 74LS148 和门电路设计满足上述控制要求的逻辑电路。

3.8 写出图 3.72 中 Z_1、Z_2、Z_3 的逻辑表达式，并化为最简与-或表达式。

3.9 用 3 线-8 线译码器 74LS138 完成实现下列多输出函数，可附加必要的逻辑门。

(1) $Y_1=ABC+\overline{A}(B+C)$；

(2) $Y_2=A\overline{B}+\overline{A}B$；

(3) $Y_3=ABC+\overline{A}\overline{B}\overline{C}$。

3.10 用 4 线-16 线译码器 74LS154 和门电路产生如下多输出函数，并画出逻辑图。74LS154 的逻辑符号如图 3.73 所示。

(1) $Y_1=\sum m(0,2,6,8,10)$；

(2) $Y_2=\overline{A}\,\overline{B}\,\overline{C}D+\overline{A}\,\overline{B}C\overline{D}+\overline{A}B\overline{C}\,\overline{D}+A\overline{B}\,\overline{C}\,\overline{D}$；

(3) $Y_3=\overline{A+B}(A+B+C+D)$。

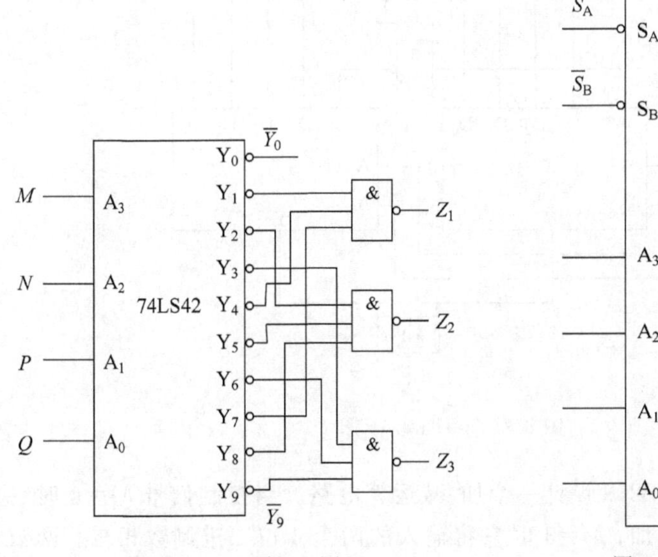

图 3.72 习题 3.8 图

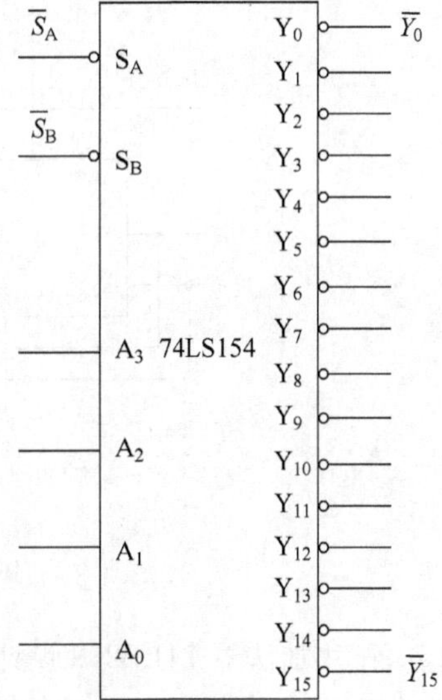

图 3.73 习题 3.10 图

3.11 一个密码锁有 3 个按键，分别为 A、B、C。当 3 个键都不按下时，锁打不开，也不报警；当只有一个键按下时，锁打不开，并发出报警信号；当有两个键同时按下时，锁打开，不报警；但当 3 个键同时按下时，锁被打开，且要报警。要求分别用①3 线-8 线译码器

74LS138 和逻辑门实现；②用双 4 选 1 数据选择器 74LS153 和逻辑门实现。

3.12 用 8 选 1 数据选择器 74LS151 实现下列多输出函数，可附加必要的逻辑门。

(1) $Y_1 = \sum m(0,2,5,7,8,10,13,15)$;

(2) $Y_2 = \sum m(2,3,4,5,8,10,11,14,15)$;

(3) $Y_3 = \sum m(0,5,10,15)$;

(4) $Y_4 = \sum m(2,3,5,7)$;

3.13 设计在一个走廊上用 3 个开关控制一盏灯的逻辑电路，当改变任何一个开关时，灯的状态都会改变。要求用数据选择器实现。

3.14 用 8 选 1 数据选择器 74LS151 设计一个函数发生器，它的功能表如表 3.26 所示。

表 3.26 习题 3.14 表

S_1	S_0	Y
0	0	$A \cdot B$
0	1	$A+B$
1	0	$A\overline{B}+\overline{A}B$
1	1	$\overline{A}$

3.15 图 3.74 是用两个 4 选 1 数据选择器组成的逻辑电路，试写出输出端 F 与输入端 A、B、C、D 之间的逻辑函数式。

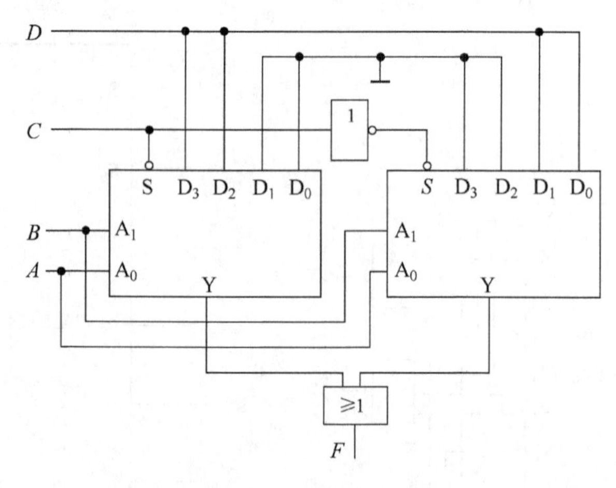

图 3.74 习题 3.15 图

3.16 试用加法器 74LS283 设计一个加/减运算电路。当控制信号 $M=0$ 时它将两个输入的两个 4 位二进制数相加；$M=1$ 时它将输入的两个 4 位二进制数相减。两数相加的绝对值不大于 15。允许附加必要的门电路。

3.17 若使用 4 位数值比较器 74LS85 组成 10 位数值比较器，需要几片芯片？芯片之间如何连接？

3.18 试用两个 4 位数值比较器组成 3 个 4 位二进制数的判断电路。要求能够判 3 个

4 位二进制数 $A(a_3a_2a_1a_0)$、$B(b_3b_2b_1b_0)$、$C(c_3c_2c_1c_0)$是否相等，A 是否最大，A 是否最小，并分别给出“三个数相等”“A 最大”“A 最小”的输出信号。可以附加必要的门电路。

3.19　设计一个组合逻辑电路，其输入为二进制数字 0～15，当输入的数字为素数时输出为 1，否则输出为 0。

3.20　什么叫竞争-冒险现象？当门电路的两个输入端同时向相反的逻辑状态转换(即一个从 0 变成 1，另一个从 1 变成 0)时，输出是否一定有干扰脉冲产生？

3.21　判断下列表达式是否存在冒险-现象？

(1) $F(A,B,C)=A\overline{C}+BC$；

(2) $G(A,B,C)=(A+\overline{C})(B+C)$；

第4章 触发器

本章要点

◇ 理解各种触发器的工作原理和分析方法；
◇ 掌握触发器的主要功能；
◇ 理解触发器的应用和相互间的功能转换。

在复杂的数字系统中，不仅要对二进制信息进行运算和处理，还经常需要将这些信息和运算结果保存起来，为此需要使用具有记忆功能的逻辑单元。触发器就是一种能存储一位二进制信息的基本数字逻辑单元。

触发器是最基本的时序单元电路，能存储一位二进制信息，其输出有两个稳态，分别称为0状态和1状态，可以用来存储二进制信息0或者1。

触发器种类很多，根据逻辑功能不同，可以分为RS触发器、JK触发器、D触发器等；根据电路结构不同，可以分为基本触发器、钟控触发器、主从触发器、边沿触发器等。

趣味知识

量子计算机

近年来，传统计算机发展逐渐遭遇"功耗墙""通信墙"等一系列问题的困扰，性能提高越来越困难。因此，探索全新物理原理的高性能计算技术的需求应运而生。

量子计算机(quantum computer)由美国物理学家理查德·费曼(Richard Feynman)提出。理查德·费曼在研究物理现象的模拟时，发现当模拟量子现象时所需的运算时间变得相当可观，甚至是不切实际的天文数字。理查德·费曼当时就想到，如果用量子系统构成的计算机来模拟量子现象，运算时间就可以大幅度减少。量子计算机的概念从此诞生。

量子计算机是一类遵循量子力学规律进行高速数学和逻辑运算、存储及处理量子信息的物理装置。在20世纪80年代，量子计算机还处于纸上谈兵状态。1994年，贝尔实验室的专家彼得·秀尔(Peter Shor)提出了量子质因子分解算法，证明量子计算机能做出离散对数运算，而且速度远胜传统计算机。因为传统计算机中的晶体管只有开/关状态，只能记录0与1；而基于量子叠加性原理，一个量子位可以同时表示多种状态。如果把半导体比作单一乐器，量子计算机就像交响乐团，一次运算可以处理多种不同状况。一个40b的量子计算机能在很短时间内解开1024位计算机花上数十年才能解决的问题。因此，量子计算机变成了热门的话题，不少学者着力于利用各种量子系统来实现量子计算机。

在传统计算机中，基本信息单位为比特，运算对象是各种比特序列。与此类似，在量子计算机中，基本信息单位是量子比特，运算对象是量子比特序列。要构建量子计算机有两个要求：一个是量子逻辑门精度足够高，另一个是逻辑比特数量足够多。量子计算要产生相对于传统计算足够多的优势，有效的逻辑比特数目必须大于30。

日前，我国量子计算机取得突破性进展，中国科技大学量子实验室成功研发了半导体量子芯片和量子存储。量子芯片相当于未来量子计算机的大脑，可以实现量子计算机的逻辑运算和信息处理；量子存储则有助于实现超远距离量子态量子信息传输。

由中国科技大学研发出的量子芯片的逻辑比特数达到多少呢？据了解，该量子芯片由砷化镓材料制造，用量子点(用半导体工艺做出一个模拟原子能级的结构)实现量子比特，逻辑比特数量为3个。也就是说，只要进行系统扩展，将逻辑比特数量扩大10倍，即可制造出在性能上超越传统计算机的量子计算机。不过，系统扩展难度非常大，建成量子计算机依旧任重道远。

4.1　RS触发器

RS触发器是一种最基本的触发器，也是构成其他各种功能触发器的基础。它的基本组成一般由两个门电路交叉反馈连接而成。

4.1.1　基本RS触发器

基本RS触发器又称直接复位、置位触发器。可以由两个与非门构成，也可以由两个或非门构成，两种结构的RS触发器逻辑功能相同。

1. 与非门构成的基本RS触发器

如图4.1(a)所示是由两个与非门构成的基本RS触发器的逻辑图，其输入/输出端交叉反馈连接。图4.1(b)是其逻辑符号。Q与$\overline{Q}$是触发器的两个互补输出端。我们规定Q端的状态为触发器的输出状态，当$Q=1(\overline{Q}=0)$时称为1态；反之称为0态；$\overline{R}$和$\overline{S}$是两个信号输入端，通常处于高电平状态，有输入信号时为低电平，故该电路称为低电平触发。R、S上的"非"号和逻辑符号中的小圆圈，都表示信号为低电平时才对触发器起作用。

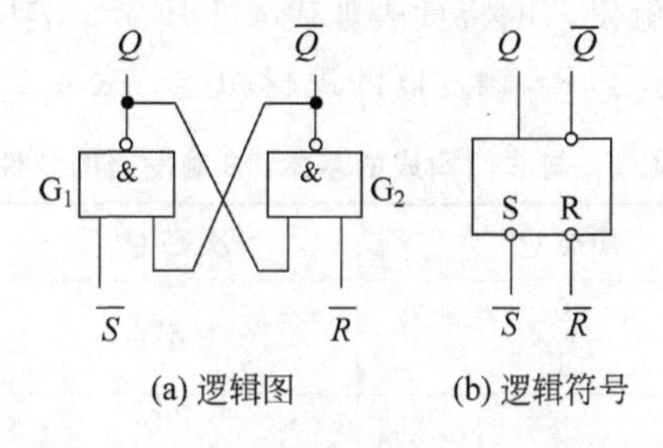

(a) 逻辑图　(b) 逻辑符号

图4.1　与非门构成的基本RS触发器

在描述触发器的逻辑功能时，为了分析问题方便规定：触发器接收触发信号之前的原始稳定状态称为初态，用Q^n表示；触发器接收触发信号之后新建立的稳定状态叫做次态，用Q^{n+1}表示。触发器的次态Q^{n+1}是由输入信号和初态Q^n的取值组合所决定的。下面来分析一下其逻辑功能。

(1) 当$\bar{S}=0$,$\bar{R}=1$时,若初态$Q^n=0$,则$\overline{Q^n}=1$,当加入输入信号后,G_1门的输出$Q^{n+1}=1$,而此时G_2门的输出$\overline{Q^{n+1}}=0$,触发器的状态由0态变为1态并保持稳定;同理,若初态$Q^n=1$,$\overline{Q^n}=0$,触发器输出仍将稳定在$Q^{n+1}=1$,$\overline{Q^{n+1}}=0$的状态。即不管触发器初态如何,其次态一定为1,即$Q^{n+1}=1$。因此把$\bar{S}=0$,$\bar{R}=1$时触发器输出状态为1这种情况称为“置1”(置位状态),故$\bar{S}$端又称为置位端。

(2) 当$\bar{S}=1$,$\bar{R}=0$时,若初态$Q^n=0$,$\overline{Q^n}=1$,则加入输入信号后,G_2门的两个输入端均为0,使其输出$\overline{Q^{n+1}}=1$。而G_1门的两个输入端均为1,其输出$Q^{n+1}=0$;同理,若初态$Q^n=1$,$\overline{Q^n}=0$,$\overline{Q^{n+1}}=\overline{Q^n\cdot\bar{R}}=1$,$Q^{n+1}=0$。以上分析表明,不论触发器初态处于0态还是1态,只要输入端$\bar{S}=1$,$\bar{R}=0$,触发器就稳定在$Q^{n+1}=0$,$\overline{Q^{n+1}}=1$的状态。即触发器处于“置0”状态(复位状态),故$\bar{R}$端又称为复位端。

(3) 当$\bar{S}=1$,$\bar{R}=1$时,若初态$Q^n=0$,$\overline{Q^n}=1$,则输入信号加入后,G_1门的两个输入均为1,其输出$Q^{n+1}=0$,而G_2门因其有一个输入端为0,则其输出为1;同理,若初态$Q^n=1$,$\overline{Q^n}=0$,则触发器次态$Q^{n+1}=1$,即$Q^{n+1}=Q^n$。因此把$\bar{S}=1$,$\bar{R}=1$时,$Q^{n+1}=Q^n$的状态称为触发器的“保持”或“记忆”功能。

(4) 当$\bar{R}=0$,$\bar{S}=0$时,触发器两个输出端Q和$\bar{Q}$都被置1,这就违反了双稳态触发器两输出端互补的规定,破坏了触发器正常的逻辑输出关系。而且一旦输入端$\bar{S}$、$\bar{R}$的低电平信号同时消失,因G_1、G_2两个门的信号传输速度快慢不定,而使触发器的输出状态不能确定。因此$\bar{S}$、$\bar{R}$均为0的输入情况,在实际使用中应当避免。

综上所述,基本RS触发器具有记忆、直接置位、直接复位的功能。但存在“不定态”和输出状态直接受输入信号控制的缺点。

触发器的逻辑功能通常用特性表、特征方程(次态方程)和时序图来描述。

(1) 特性表

由前面所学知识可知,描述逻辑电路输出与输入之间逻辑关系的表格称为真值表。由于触发器次态Q^{n+1}不仅与输入信号有关,而且还与触发器的初态Q^n有关,所以通常把Q^n也做为一个逻辑变量(也称为状态变量)列入真值表中,并把含有这种逻辑变量的真值表叫做触发器的特性表。基本RS触发器的特性表如表4.1所示。表中Q^{n+1}与Q^n、$\bar{R}$和$\bar{S}$之间的一一对应的关系,直观地表示了RS触发器的逻辑功能。表4.2为简化的特性表。

表4.1 与非门构成的基本RS触发器的特性表

输入 $\bar{R}$ $\bar{S}$	初态 Q^n	次态 Q^{n+1}	功能说明
0 0	0	不定	不允许
0 0	1		
0 1	0	0	置0
0 1	1	0	
1 0	0	1	置1
1 0	1	1	
1 1	0	0	保持
1 1	1	1	

表 4.2 与非门构成的基本 RS 触发器的简化特性表

输入 $\overline{R}\,\overline{S}$	输出 Q^{n+1}	功能说明
0 0	不定	不允许
0 1	0	置 0
1 0	1	置 1
1 1	Q^n	保持

(2) 特性方程

反映触发器次态 Q^{n+1} 与初态 Q^n 及输入 $\overline{R}$、$\overline{S}$ 之间关系的逻辑表达式叫特性方程。把特性表 4.1 中 $\overline{R}=0$,$\overline{S}=0$ 时对应的不允许出现的状态用×表示,视为无关项,画出其卡诺图,如图 4.2 所示。

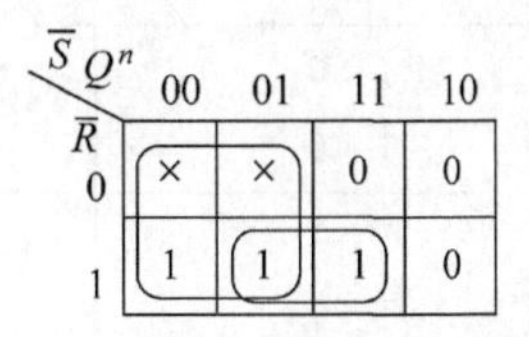

图 4.2 与非门构成的基本 RS 触发器卡诺图

由卡诺图可写出特性方程

$$\begin{cases} Q^{n+1} = S + \overline{R} \cdot Q^n \\ \overline{R} + \overline{S} = 1 \end{cases} \tag{4.1}$$

式中,$\overline{R}+\overline{S}=1$ 为约束条件,表示两输入端 $\overline{R}$、$\overline{S}$ 不能同时为 0。

(3) 时序图

时序图又叫波形图,时序图以输出状态随时间变化的波形描述触发器的逻辑功能。图 4.3 为基本 RS 触发器的时序图。设初态为 0 态。

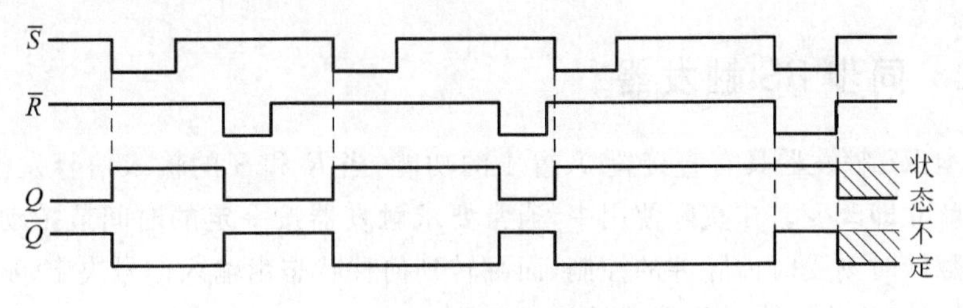

图 4.3 基本 RS 触发器的时序图

2. 或非门构成的基本 RS 触发器

如图 4.4 所示是由两个或非门构成的基本 RS 触发器的逻辑图和逻辑符号。

这种触发器的逻辑功能和与非门构成的基本 RS 触发器相似,不同的是输入信号为高电平有效。即当 R、S 全为 0 时,触发器保持初态不变;当 $R=0$、$S=1$ 时,触发器置 1;当 $R=1$、$S=0$ 时,触发器置 0;如果 R 和 S 同时为 1,Q 和 $\overline{Q}$ 将同时为 0;一旦两个信号同时消失,会使触发器状态不定,这也是不允许出现的输入。表 4.3 是由或非门构成的基本 RS 触发器的特性表,表 4.4 是简化的特性表。其特性方程和与非门构成的基本 RS 触发器相同。只是约束项由 $\overline{R}+\overline{S}=1$ 改写成 $RS=0$,表示两输入信号 R 和 S 不能同时为 1。

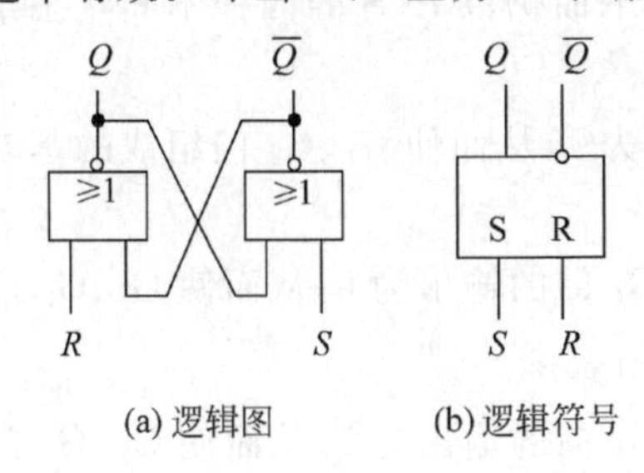

图 4.4 或非门构成的基本 RS 触发器

表 4.3 或非门构成的基本 RS 触发器的特性表

输入 RS	初态 Q^n	次态 Q^{n+1}	功能说明
0 0	0	0	保持
0 0	1	1	
0 1	0	1	置 1
0 1	1	1	
1 0	0	0	置 0
1 0	1	0	
1 1	0	不定	不允许
1 1	1		

表 4.4 基本 RS 触发器的简化特性表

输入 RS	输出 Q^{n+1}	功能说明
0 0	Q^n	保持
0 1	1	置 1
1 0	0	置 0
1 1	不定	不允许

4.1.2 同步 RS 触发器

上述基本 RS 触发器具有直接置 0、置 1 的功能，当 R 和 S 的输入信号发生变化时，触发器的状态就立即改变。在实际使用中，通常要求触发器按一定的时间节拍动作。这就要求触发器的翻转时刻受时钟脉冲的控制，而翻转到何种状态由输入信号决定，从而出现了时钟控制的触发器，称为同步触发器或钟控触发器。

在基本 RS 触发器的基础上，加上两个与非门即可构成同步 RS 触发器，其逻辑图和逻辑符号如图 4.5(a)、(b)所示。S 为置位输入端，R 为复位输入端，CP 为时钟脉冲输入端。

当 CP=0 时，G_3、G_4 门被封锁，其输出均为 1，G_1、G_2 门构成的基本 RS 触发器处于保持状态。此时，无论输入端 R、S 的状态如何变化，都不会改变 G_1、G_2 门的输出，故对触发器状态没有影响。

当 CP=1 时，G_3、G_4 门打开，触发器处于工作状态。下面仍以 R、S 的四种不同状态组合来分析其逻辑功能。

(1) $R=0,S=0$ 时，在 CP=1 时，G_3、G_4 门的输出均为 1，从而使 G_1、G_2 门组成的基本 RS 触发器输出状态保持不变。

(2) $R=0,S=1$ 时，在 CP=1 时，G_3 门的输出为 1，G_4 门的输出为 0，从而使 G_1、G_2 门组成的基本 RS 触发器输出状态置 1，即 $Q^{n+1}=1,\overline{Q^{n+1}}=0$。

(3) $R=1,S=0$ 时，在 CP=1 时，G_3 门的输出为 0，G_4 门的输出为 1，从而使 G_1、G_2 门组成的基本 RS 触发器输出状态置 0，即 $Q^{n+1}=0,\overline{Q^{n+1}}=1$。

(4) $R=1,S=1$ 时，在 CP=1 时，G_3、G_4 门的输出均为 0，从而 G_1、G_2 门组成的基本 RS 触发器的两个输出端均为 1 态；当时钟脉冲信号由 1 变为 0 后，触发器的两个输出端将出现状态不定。所以在实际应用中，应避免这种情况出现。

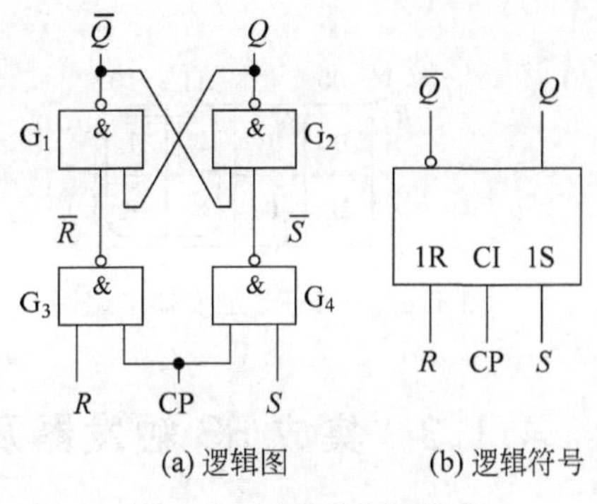

(a) 逻辑图　　(b) 逻辑符号

图 4.5　同步 RS 触发器

由以上分析可以得出同步 RS 触发器的特性表如表 4.5 所示，表 4.6 是简化的特性表。

与基本 RS 触发器一样，由表 4.5 可以得出同步 RS 触发器的卡诺图，如图 4.6 所示。由卡诺图可以得出同步 RS 触发器的特征方程为

$$\begin{cases} Q^{n+1}=S+\overline{R}\cdot Q^n \\ RS=0\text{（约束条件）} \end{cases} \tag{4.2}$$

状态图是反映触发器的状态转换与输入信号取值之间关系的几何图形，是描述触发器逻辑功能的另一种方法，又称为状态转移图。图 4.7 所示是同步 RS 触发器在 CP=1 时的状态图。图中圆圈内的数字表示触发器的状态，箭头表示触发器状态的转换方向，箭头旁边标注的是实现相应转换的输入信号取值，×表示任意取值。

表 4.5　同步 RS 触发器的特性表

时钟 *CP*	输入 *R* *S*	初态 Q^n	次态 Q^{n+1}	功能说明
0	× ×	0	0	保持
0	× ×	1	1	
1	0 0	0	0	保持
1	0 0	1	1	
1	0 1	0	1	置 1
1	0 1	1	1	
1	1 0	0	0	置 0
1	1 0	1	0	
1	1 1	0	不定	不允许
1	1 1	1		

表 4.6　同步 RS 触发器的简化特性表

脉冲 *CP*	输入 *R* *S*	输出 Q^{n+1}	功能说明
0	× ×	Q^n	保持
1	0 0	Q^n	保持
1	0 1	0	置 1
1	1 0	1	置 0
1	1 1	不定	不允许

综上所述，描述触发器逻辑功能的方法有特性表、特性方程、状态图和时序图（波形图）四种。

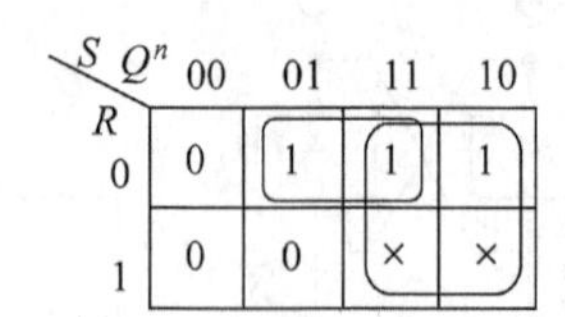

图 4.6　同步 RS 触发器卡诺图

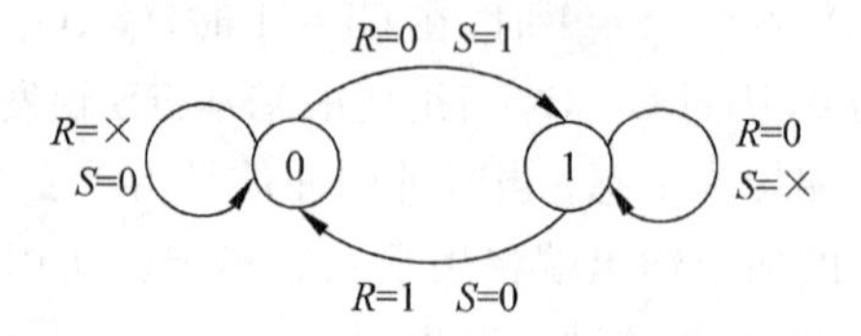

图 4.7　同步 RS 触发器的状态图

4.1.3　集成 RS 触发器及其应用

74LS279 是一种常见的集成 RS 触发器,它是一个四 RS 触发器,双列直插式封装,每个芯片内封装了 4 个输入低电平有效的基本 RS 触发器,如图 4.8(a)所示,图 4.8(b)是其引脚图,其中 RS 触发器 1 和 3 有两个置位输入端 S_1 和 S_2,以便于功能扩展。

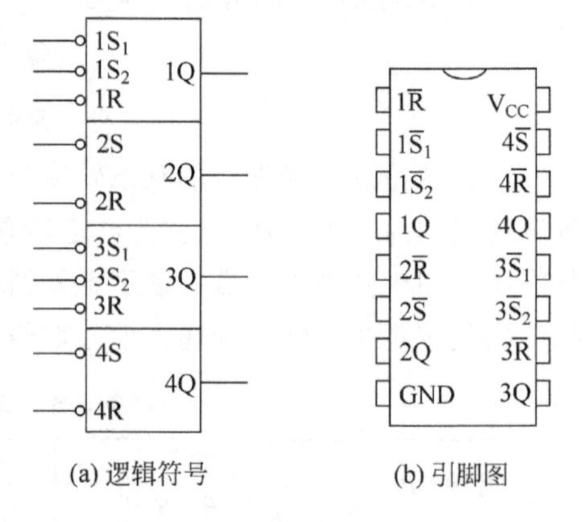

图 4.8　四 RS 触发器 74LS279

RS 触发器经常用于开关消除机械抖动。开关进行状态转换时,开关的断开和闭合会有反弹,致使开关在最后稳定下来之前,会有几毫秒甚至十几毫秒的抖动。这种情况可能会导致电路出现错误的操作。例如,计算机的键盘由开关组成,按下去时,即选择了某个字符;每按下一个键时,由于触点抖动,可能使计算机接收到几个字符。所以在数字系统中消除机械抖动很重要。

如图 4.9(a)所示电路说明了 RS 触发器消除机械抖动的原理。当单刀双掷开关 K 置于 OFF 时,触发器的输入端 $\bar{R}$ 为低电平,$\bar{S}$ 为高电平,触发器输出为 0,如图 4.9(b)中时序图所示。当开关拨至 ON 时,$\bar{R}$ 变为高电平,$\bar{S}$ 在低电平和高电平之间抖动几毫秒,在开关闭合的瞬间,$\bar{S}$ 为低电平,此时 $\bar{S}=0$,$\bar{R}=1$,触发器置位。由于 $\bar{S}$ 的变化只能使触发器的状态在置位和保持之间转换,所以接下来的抖动不影响触发器的高电平输出。同理,当开关再拨回 OFF 时,$\bar{R}$ 将在低电平和高电平之间抖动几毫秒,而 $\bar{R}$ 的变化只会使触发器的状态在复位和保持之间转换,所以接下来的抖动不影响低电平输出。

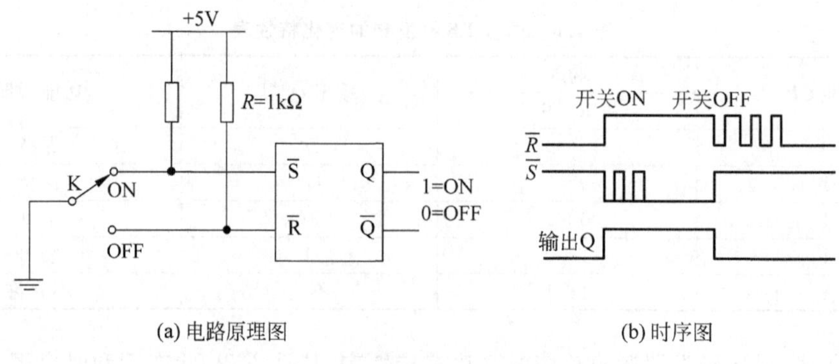

图 4.9　RS 触发器消除机械开关抖动

思考题

1. 按电路结构和触发方式分类,触发器可分为哪几类?
2. 为什么 RS 触发器具有约束条件?

4.2 边沿触发器

边沿触发器只在时钟脉冲上升沿(或下降沿)的瞬间,输出状态才根据输入信号做出响应,也就是说,只有在时钟信号有效边沿附近的输入信号才是真正有效的,而在 CP=0 或 CP=1 期间,输入信号的变化对触发器的状态均无影响。按触发器翻转所对应的 CP 时刻不同,可把边沿触发器分为 CP 上升沿触发和 CP 下降沿触发,也称为 CP 正边沿触发和 CP 负边沿触发。按实现的逻辑功能不同,可以把边沿触发器分为边沿 D 触发器和边沿 JK 触发器,下面分别予以介绍。

4.2.1 边沿 D 触发器

边沿 D 触发器又称为维持阻塞 D 触发器。如图 4.10(a)所示是维持阻塞 D 触发器的逻辑图,其中 G_1、G_2 两个与非门组成基本 RS 触发器,G_3 ~ G_6 组成维持阻塞控制电路。$\overline{R_D}$、$\overline{S_D}$分别是直接复位、置位端,不受 CP 脉冲控制,当$\overline{R_D}=0$,$\overline{S_D}=1$ 时,无论 CP 处于何种状态,触发器都可靠置 0;而当$\overline{R_D}=1$,$\overline{S_D}=0$ 时,无论 CP 处于何种状态,触发器都可靠置 1。在如图 4.10(b)所示逻辑符号中,脉冲输入端 CI 端加了符号"∧",表示边沿触发。CI 端无小圆圈表示触发器在 CP 上升沿触发。

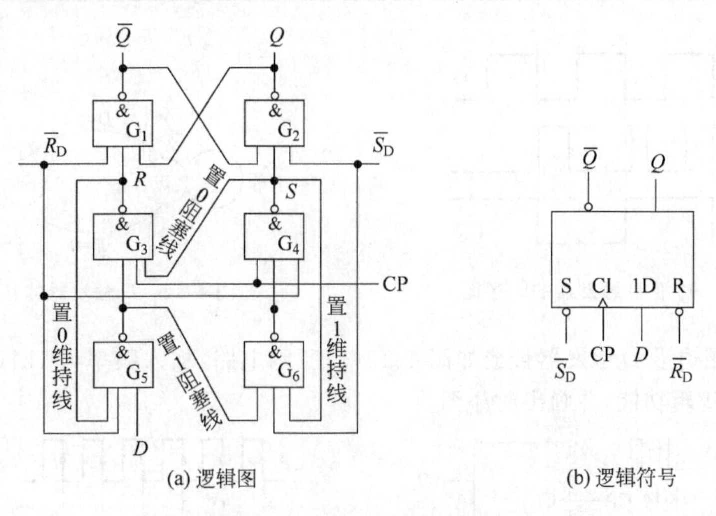

(a) 逻辑图　　(b) 逻辑符号

图 4.10　维持阻塞 D 触发器

CP 上升沿(CP↑)到来之前,CP=0,$R=1$,$S=1$,使与非门 G_1、G_2 构成的基本 RS 触发器保持原态。

当 CP 上升沿(CP↑)到来时,与非门 G_3 和 G_4 打开,其输出由与非门 G_5 和 G_6 的输出状态决定,即 $R=\overline{G_5}=D$,$S=\overline{G_6}=\overline{D}$,根据基本 RS 触发器的逻辑功能,$Q^{n+1}=D$,触发器根

据输入信号 D 的状态翻转。

当 CP=1 时,输入信号被封锁。与非门 G_3 和 G_4 打开后,其输出 R、S 的状态是互补的,即必然有一个是 0。若 $R=G_3=0$,经反馈线反馈至 G_5,封锁 G_5,即封锁了输入信号 D 通往基本 RS 触发器的路径,使触发器输出状态维持 0 态不变,称为置 0 维持线;G_5 输出端至 G_6 输入端的反馈线起到了阻止触发器置 1 的作用,称为置 1 阻塞线。同理,若 $S=G_4=0$ 时,将 G_3 和 G_6 封锁,输入信号 D 通往基本 RS 触发器的路径同样被封锁。G_4 输出端至 G_6 输入端的反馈线起到使触发器维持 1 状态的作用,称为置 1 维持线;G_4 输出端至 G_3 输入端的反馈线起到阻止触发器置 0 的作用,称为置 0 阻塞线,因此该触发器又称为维持-阻塞触发器。

综上所述,此种触发器只有在 CP 的上升沿到来时,才按照输入信号的状态进行翻转,除此之外,在 CP 的其他任何时刻,触发器状态都将保持不变,故这种类型的触发器称为正边沿触发器。

根据以上分析,可以归纳出边沿 D 触发器的特性表,如表 4.7 所示。由特性表不难画出如图 4.11 所示的时序图和 4.12 所示的状态图。

由特性表可以得出 D 触发器的特性方程如下

$$Q^{n+1}=D \tag{4.3}$$

表 4.7　边沿 D 触发器的特性表

CP	D　Q^n	Q^{n+1}	功能说明
↑	0　0	0	置 0
↑	0　1	0	
↑	1　0	1	置 1
↑	1　1	1	

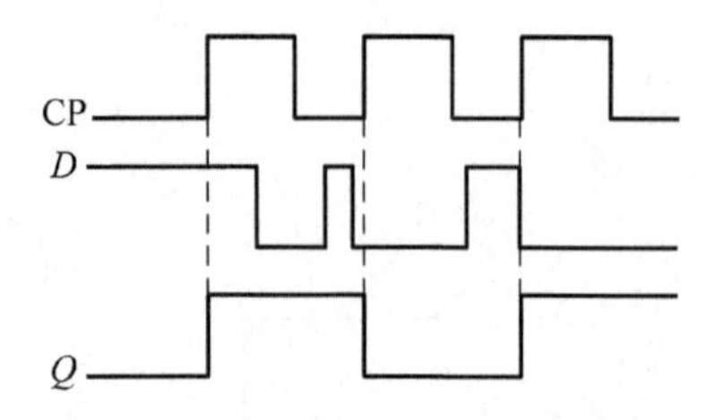

图 4.11　边沿 D 触发器的时序图

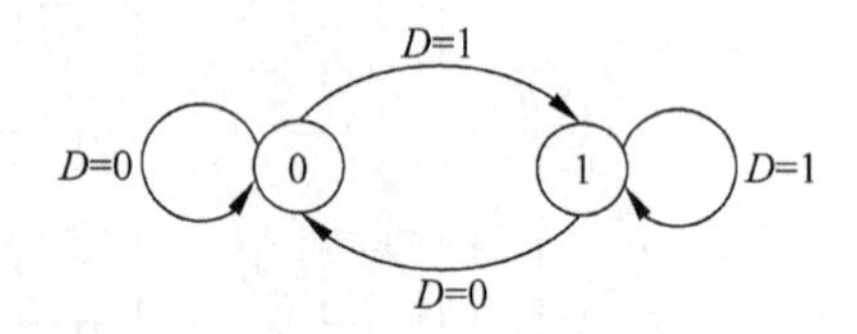

图 4.12　D 触发器的状态图

例 4.1　用边沿 D 触发器接成如图 4.13(a)所示电路,加入频率为 1kHz 的时钟脉冲,试分析电路的逻辑功能,并画出时序图。

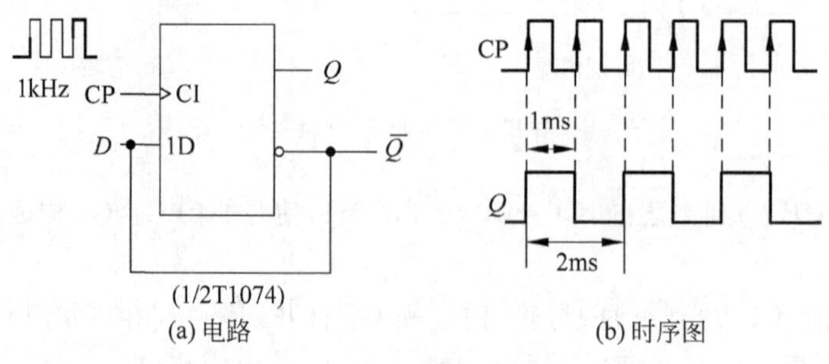

图 4.13　例 4.1 图

解：由图 4.13(a)所示电路，可以写出输入方程 $D=\overline{Q^n}$。

根据 D 触发器的特性方程，则 $Q^{n+1}=D=\overline{Q^n}$，因此，将 D 和 $\overline{Q}$ 端连接的 D 触发器具有记数翻转功能。每输入一个时钟脉冲，在 CP 上升沿到来时，触发器的输出状态改变一次。

据此可画出 Q 端波形，如图 4.13(b)所示。

74LS74 是一种常用的集成双 D 边沿触发器，图 4.14 是其外引线排列图。字母符号上的横线表输入低电平有效；两个触发器以上的多触发器集成器件，在它的输入/输出符号前加同一数字，如 1D、1Q、1CP、1 $\overline{R_D}$ 等等，表示这些引脚属于同一个触发器的引出端。

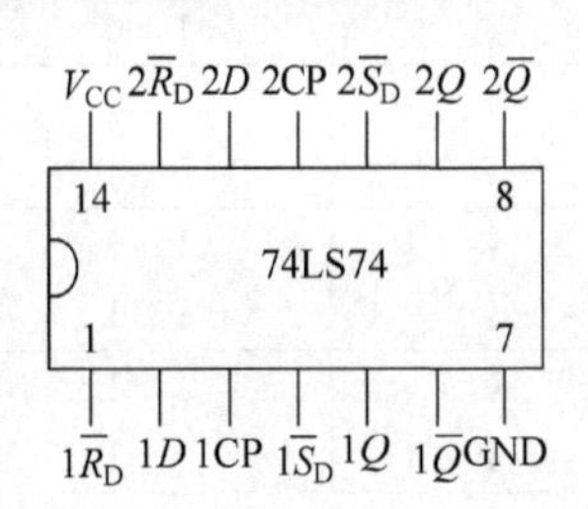

图 4.14 双 D 触发器 74LS74 的外引线排列图

除了上述 74LS74 以外，还有其他系列的 D 触发器，通过查阅有关集成电路的手册，可以得到各种类型的集成触发器的详尽资料。

4.2.2 边沿 JK 触发器

在集成 D 触发器的基础上，加 3 个逻辑门 $G_1 \sim G_3$，如图 4.15(a)所示，就构成了集成 JK 触发器。图 4.15(b)是 JK 触发器的逻辑符号。根据图中虚框内部分的逻辑图，可以得到 D 的输入表达式为

$$D=\overline{\overline{Q^n+J}+KQ^n}=(Q^n+J)\overline{KQ^n}$$
$$=(J+Q^n)(\overline{K}+\overline{Q^n})=J\overline{Q^n}+\overline{K}Q^n$$

将 D 的输入表达式代入 D 触发器的特性方程，即可得 JK 触发器的特性方程：

$$Q^{n+1}=J\overline{Q^n}+\overline{K}Q^n \text{（CP 下降沿有效）} \tag{4.4}$$

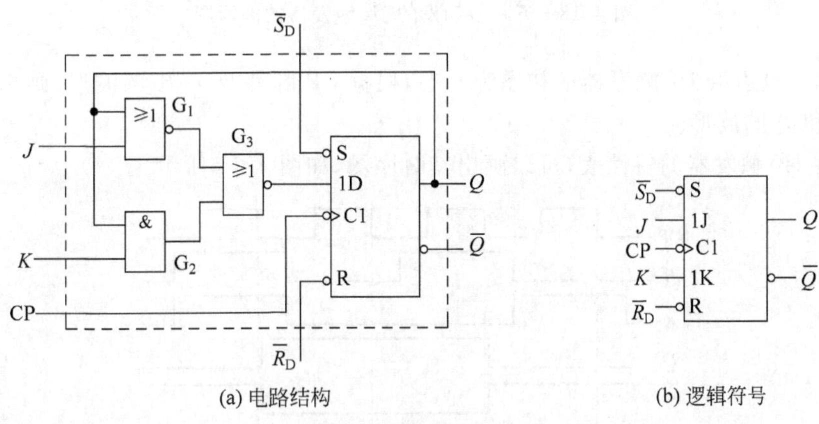

图 4.15 下降沿触发的 JK 触发器

需要特别说明的是，D 触发器和 JK 触发器都有 CP 上升沿触发和下降沿触发的类型，只不过大部分 D 触发器是 CP 上升沿触发，而大部分 JK 触发器是 CP 下降沿触发。表 4.8 是下降沿触发的 JK 触发器的特性表。

由特性表不难得出其卡诺图如图 4.16 所示，状态图如图 4.17 所示，波形图如图 4.18 所示。

表 4.8 下降沿触发 JK 触发器的特性表

CP	$\overline{S_D}$ $\overline{R_D}$	J K	Q^n	Q^{n+1}	功能说明
×	0 1	××	×	1	直接置 1
×	1 0	××	×	0	直接置 0
↓	1 1	0 0	0	0	$Q^{n+1}=Q^n$
↓	1 1	0 0	1	1	保持
↓	1 1	0 1	0	0	$Q^{n+1}=0$
↓	1 1	0 1	1	0	置 0
↓	1 1	1 0	0	1	$Q^{n+1}=1$
↓	1 1	1 0	1	1	置 1
↓	1 1	1 1	0	1	$Q^{n+1}=\overline{Q^n}$
↓	1 1	1 1	1	0	翻转

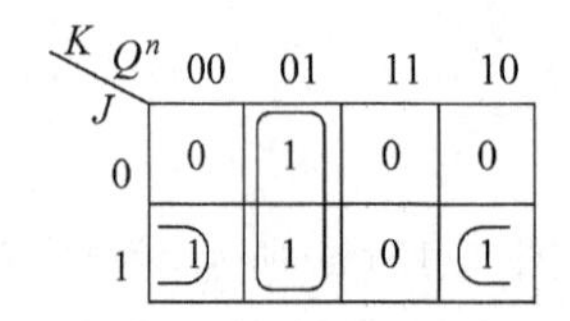

图 4.16 JK 触发器的卡诺图

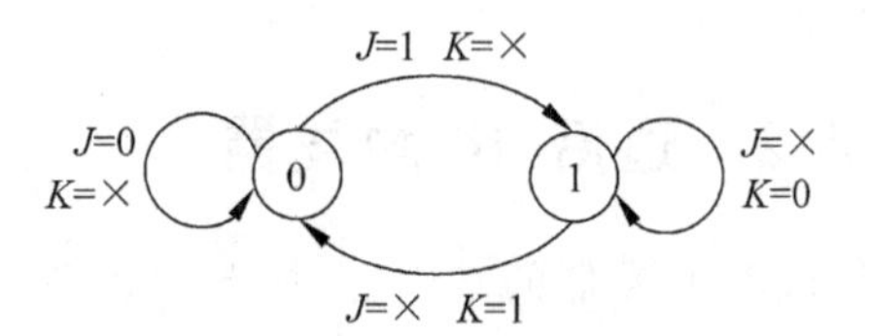

图 4.17 JK 触发器的状态图

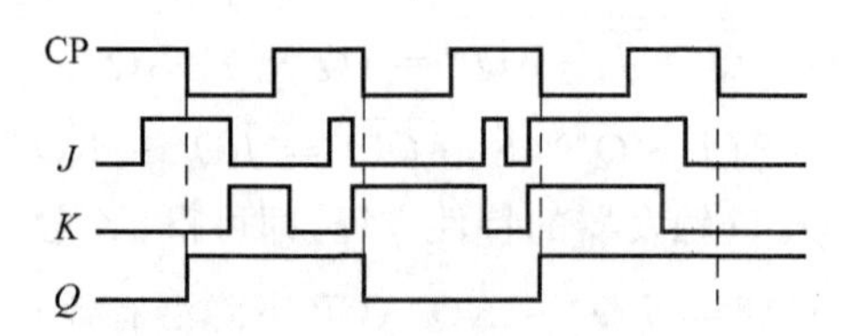

图 4.18 下降沿触发的 JK 触发器的波形图

例 4.2 设边沿 JK 触发器的初态为 0 态,根据 CP 脉冲及 J、K 的波形,画出触发器输出状态 Q 和 $\overline{Q}$ 的波形。

解:由 JK 触发器的特性表,可以画出其时序图,如图 4.19 所示。

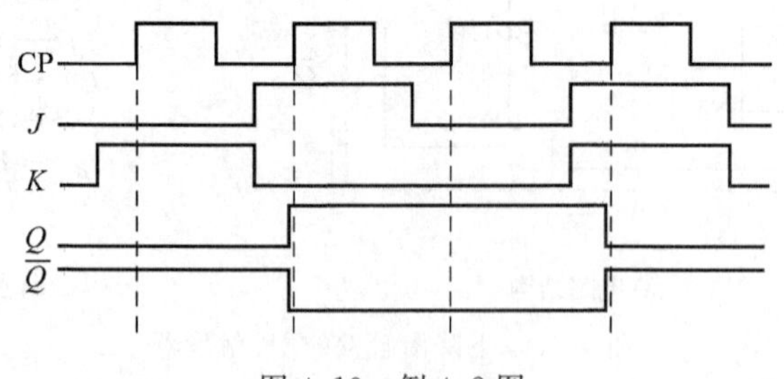

图 4.19 例 4.2 图

实际应用的触发器,通常都是集成触发器。早期生产的集成 JK 触发器大多数是主从型的,如 7472、7473、7476 系列等,都是 TTL 主从 JK 触发器产品。由于主从 JK 触发器工作速度慢且易受噪声干扰,目前已很少应用。随着工艺的发展,JK 触发器大都采用边沿触发工作方式。

在集成JK触发器产品中，若有 n 个 J 输入端和 K 输入端，则 $J_1, J_2, \cdots, J_n$ 之间，K_1，$K_2, \cdots, K_n$ 之间是与逻辑关系，即 $J=J_1 \cdot J_2 \cdot \cdots \cdot J_n$，$K=K_1 \cdot K_2 \cdot \cdots \cdot K_n$。

4.2.3　其他类型的触发器（T触发器和T′触发器）

其他类型的触发器还包括T触发器和T′触发器。如果把JK触发器的两个输入端J和K相连，并把相连后的输入端用 T 表示，就构成了T触发器，如图4.20所示。

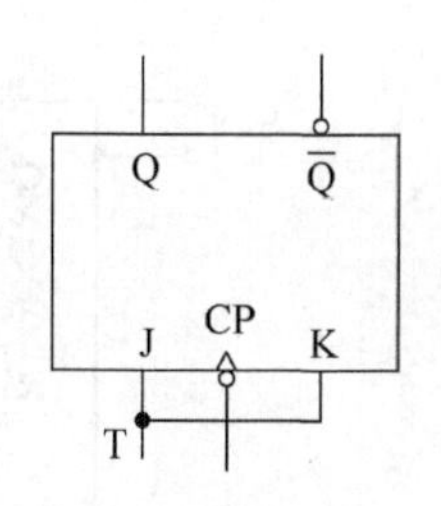

图4.20　T触发器逻辑图

把 $J=K=T$ 代入JK触发器的特性方程 $Q^{n+1}=J\overline{Q^n}+\overline{K}Q^n$，可得到T触发器的特性方程

$$Q^{n+1}=T\overline{Q^n}+\overline{T}Q^n \qquad (4.5)$$

由特性方程列出其特性表，如表4.9。T触发器的功能同样也可用状态图和波形图描述，请读者自己考虑，这里不再赘述。

表4.9　T触发器特性表

T	Q^{n+1}	功能说明
0	Q^n	保持
1	$\overline{Q^n}$	翻转

如果在T触发器中令 $T=1$，则得特性方程 $Q^{n+1}=\overline{Q^n}$，该方程表明每输入一个CP脉冲，触发器的状态就翻转一次。这种具有计数翻转功能的触发器通常称为T′触发器。

4.2.4　应用举例

集成触发器的种类很多，应用范围也很广，下面仅以74HC112和CD4042为例进行介绍。

1. 竞赛抢答器

如图4.21所示是用CD4042四D触发器构成的竞赛抢答器。图中 S_1、S_2、S_3、S_4 是4个抢答开关，由4个参赛者控制，S_1、S_2、S_3、S_4 分别与4个D触发器的输入端相连。S_R 是由主持人控制的开始复位键。当 S_R 按下时，抢答开始。其工作过程如下。

开始抢答之前，主持人先按复位键，使与非门5输出为1，从而CP=1，4个触发器处于接收信号状态。当 S_1、S_2、S_3、S_4 4个键中没有键按下时，D_1、D_2、D_3、D_4 端都通过电阻接地，$Q_1=Q_2=Q_3=Q_4=0$，4个发光二极管均不亮。因为 $\overline{Q_1}$、$\overline{Q_2}$、$\overline{Q_3}$、$\overline{Q_4}$ 均为1而使与非门4输出为0，与非门5输出为1，此时即使复位键松开，CP仍然为1，电路仍处于接收信号状态。

当 S_1～S_4 中有一个键先按下时，设 S_2 先按下，则 $Q_2=D_2=1$，对应发光二极管 LED_2 发光。同时 $\overline{Q_2}=0$，使门4输出为1，门5输出为0，从而CP=0，D_1、D_2、D_3、D_4 的状态被锁存，并且在CP=0期间保持不变，因此其他按键不再起作用。此时可以根据被点亮的发光二极管判断哪个参赛者先抢答。

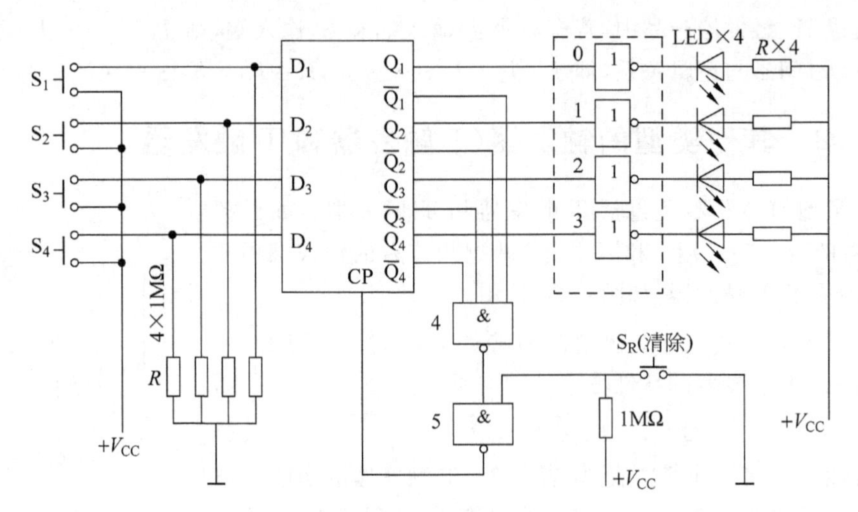

图 4.21　抢答器电路图

2. 电子开关

74HC112 为双下降沿触发的 JK 触发器,其引脚图如图 4.22 所示。图 4.23 所示是用一片 74HC112 组成的单按钮电子开关电路。图中引出端 2、3、16 接电源 $+V_{CC}$,即 $1J=1K=1$,使触发器 1 处于计数翻转状态;4、15 端也与电源相接,即 $1\overline{S_D}=1$,$1\overline{R_D}=1$,使异步置 0、置 1 功能处于无效状态。每按一下开关 S_1,1Q 的输出状态就翻转一次。若原来 1Q 为低电平,它使三极管 VT 截止,继电器 KA 失电不工作,按一下开关 S_1,1Q 翻转为高电平,VT 饱和导通,继电器 KA 得电工作。若再按一下 S_1,则 1Q 翻转恢复为低电平,VT 截止,继电器 KA 失电停止工作,如此循环往复。通过继电器 KA,可以控制其他电器的工作状态,如台灯、电风扇、电机等。

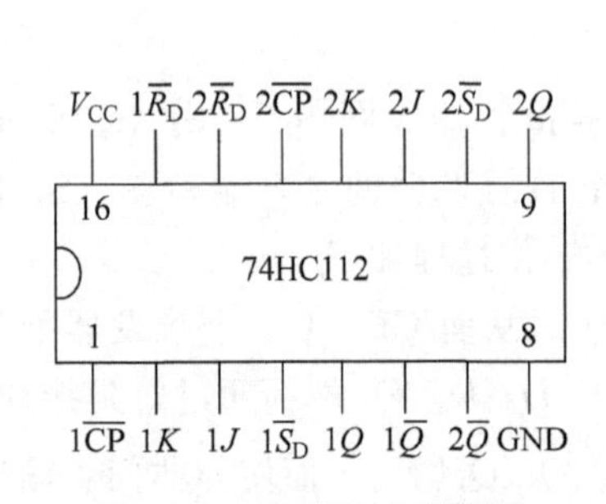

图 4.22　74HC112 引脚图

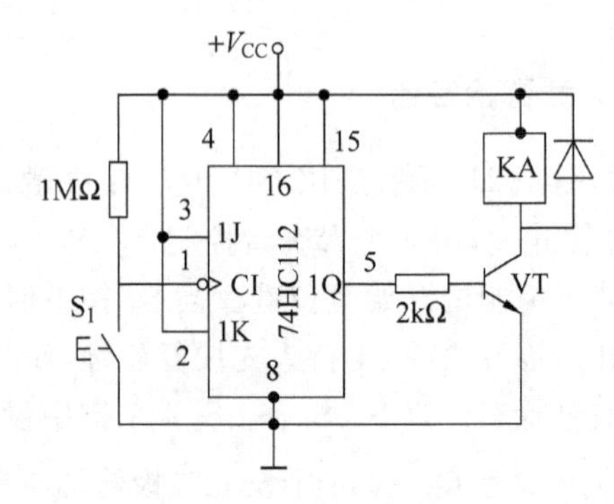

图 4.23　74HC112 构成的单按钮电子开关电路

思考题

1. 边沿触发器输入信号的加入,在时间上(相对于 CP)有什么要求?
2. 如何用 RS 触发器和逻辑门组成 JK 触发器?
3. 如何用 JK 触器和逻辑门组成 D 触发器?

4.3 不同类型触发器间的转换

在集成触发器的产品中，一般将触发器做成 D 型或 JK 型，而在实际应用中往往需要其他类型的触发器。这就需要将现有的触发器转换成所需类型的触发器。常用转换方法称为公式法，就是利用特性方程联解求其转换逻辑图。下面举例说明。

4.3.1 JK 触发器转换成 D 触发器

首先，写出已有触发器的特性方程

$$Q^{n+1} = J\overline{Q^n} + \overline{K}Q^n$$

然后，写出待求触发器的特性方程

$$Q^{n+1} = D$$

为了求出输入信号 J、K 的方程，可将 D 触发器的特性方程转换成与 JK 触发器相似的形式，即

$$Q^{n+1} = D = D(Q^n + \overline{Q^n}) = D\overline{Q^n} + DQ^n$$

将上式和 JK 触发器的特性方程相比较，只需取

$$J = D, \quad K = \overline{D}$$

就得到待求的转换逻辑。据此可以很容易地画出如图 4.24 所示的逻辑图。

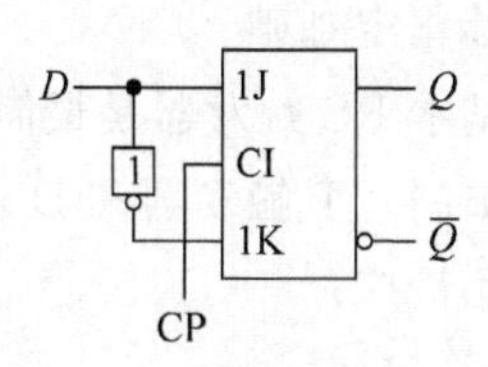

图 4.24 JK 触发器转换为 D 触发器的逻辑图

4.3.2 D 触发器转换成 T、T′触发器

D 触发器的特性方程为

$$Q^{n+1} = D$$

T 触发器的特性方程为 $Q^{n+1} = T\overline{Q^n} + \overline{T}Q^n$，对比后令 $D = T\overline{Q^n} + \overline{T}Q^n = T \oplus Q^n$，即可得到 T 触发器，如图 4.25(a)所示。

T′触发器的特性方程为 $Q^{n+1} = \overline{Q^n}$，所以只要令 $D = \overline{Q^n}$，也就是把 D 触发器的 $\overline{Q}$ 端接到其输入端即可，其逻辑图如图 4.25(b)所示。

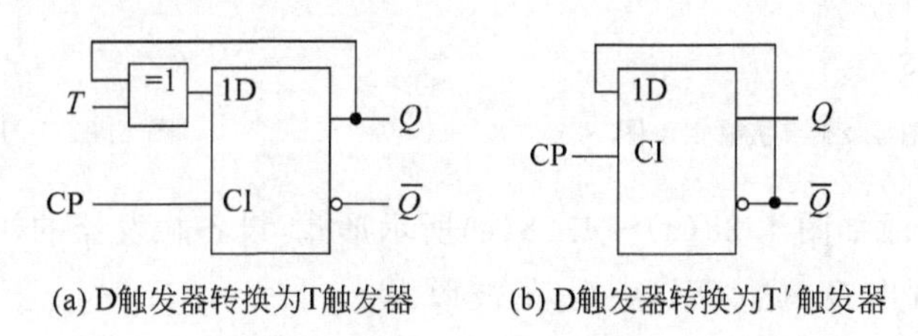

(a) D触发器转换为T触发器　(b) D触发器转换为T′触发器

图 4.25 D 触发器转换为 T、T′触发器的逻辑图

掌握了上述的转换方法，在实际应用中，就可以利用现有的 JK 触发器或 D 触发器得到所需的其他类型触发器。

思考题

1. 如何用D触发器和逻辑门组成JK触发器?

2. 试用D触发器设计一个类似图4.23的电子开关?

4.4 本章小结

触发器是时序逻辑电路的基本组成单元,是具有记忆功能的逻辑电路,每个触发器可以存储1位二进制信息。

按逻辑功能不同,可以分为RS触发器、JK触发器、D触发器等;按电路结构不同,可以分为基本触发器、钟控触发器、主从触发器、边沿触发器等。

触发器的逻辑功能可以用逻辑图、特性表、特性方程、波形图、状态图等多种方法表示,它们在本质上是相通的,可以相互转换。应熟练掌握触发器的逻辑功能,为时序电路的分析与设计奠定基础。

基本RS触发器是最简单、最基本的触发器,但RS触发器存在不确定状态,使用时受到一定限制。T触发器和D触发器的功能比较简单,JK触发器的逻辑功能最为强大、灵活,也应用最广。

习题4

4.1 分析如图4.26所示RS触发器的逻辑功能,并根据输入波形画出Q和$\bar{Q}$的波形(设触发器初态为0态)。

4.2 试分析如图4.27所示电路的逻辑功能,列出特性表,说明它是哪种类型的触发器。

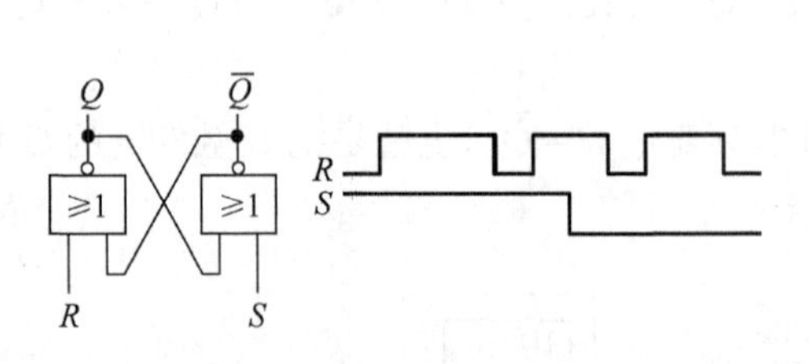

图4.26 习题4.1图

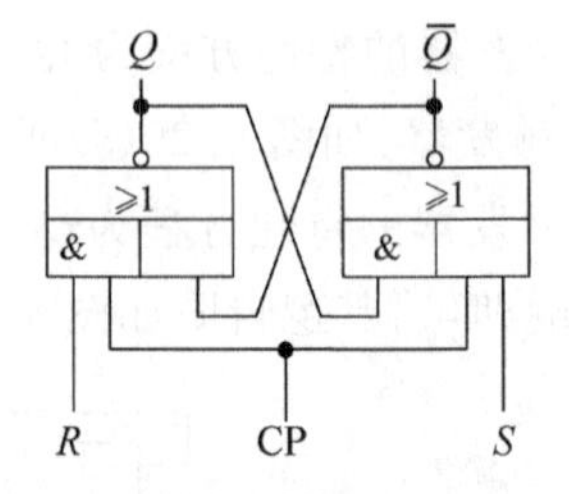

图4.27 习题4.2图

4.3 触发器接成如图4.28(a)~4.28(e)所示形式,设各触发器的初态均为0态,试根据图示的CP波形画出Q_a、Q_b、Q_c、Q_d、Q_e的波形。

4.4 在JK触发器中,CP、J、K的波形如图4.29所示,设初态为0态,试对应画出Q和$\bar{Q}$的波形。

4.5 在如图4.30(a)所示触发器中,输入信号D、CP和异步置位、复位端的波形如图4.30(b)所示,试画出Q和$\bar{Q}$的波形,设初态为0态。

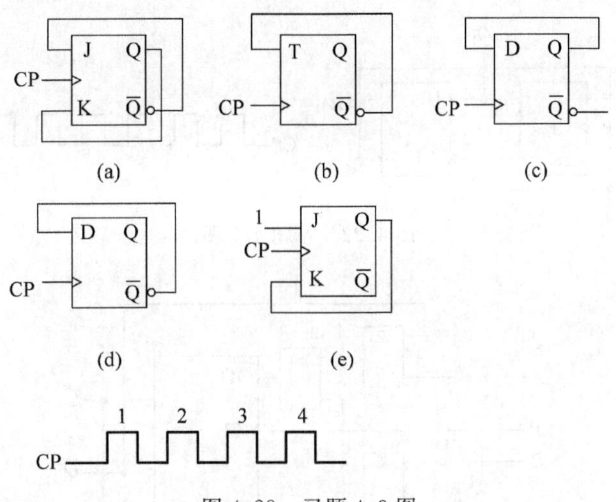

图 4.28 习题 4.3 图

4.6 边沿触发器构成图如图 4.31(a)、(b)所示电路,其输入波形如图 4.31(c),设触发器的初态为 0 态,试画出 Q 端的波形。

4.7 边沿触发器构成的电路如图 4.32 所示,设初态均为 0 态,试根据 CP 波形画出 Q_1、Q_2 的波形。

4.8 分析如图 4.33 所示电路的逻辑功能,列出特性表,说明它是哪种类型的触发器。

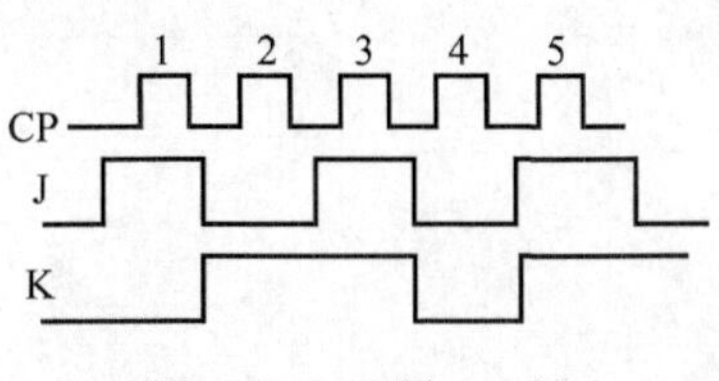

图 4.29 习题 4.4 图

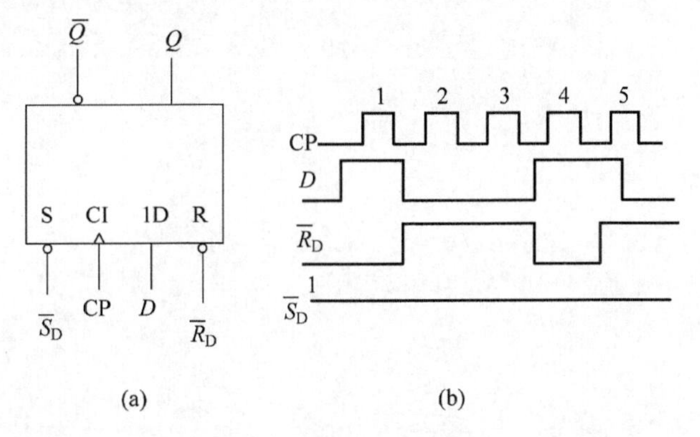

图 4.30 习题 4.5 图

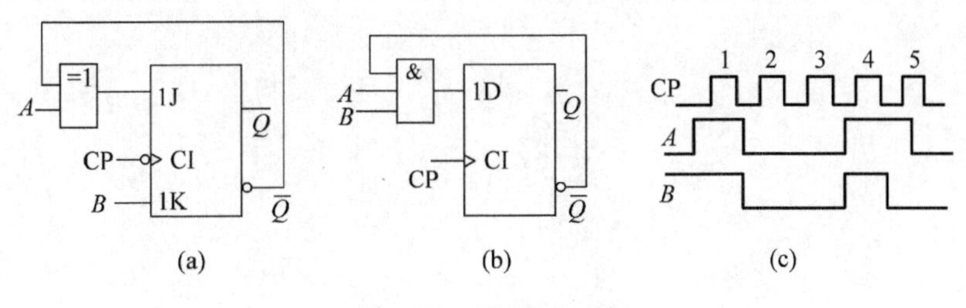

图 4.31 习题 4.6 图

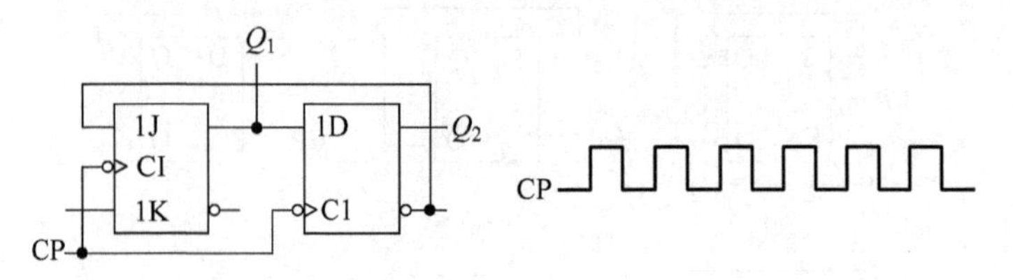

图 4.32　习题 4.7 图

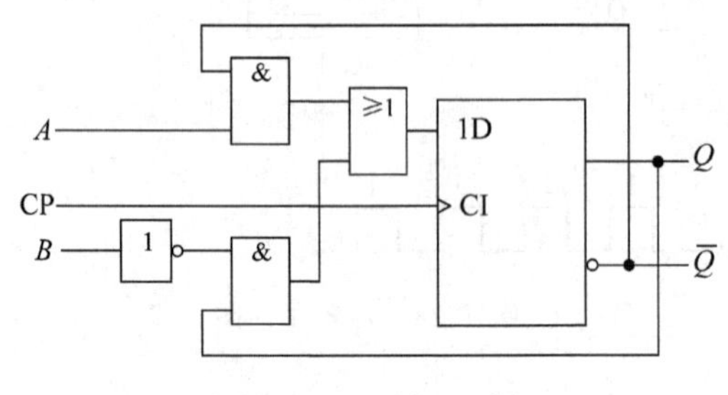

图 4.33　习题 4.8 图

第5章 时序逻辑电路

本章要点

- ◇ 掌握时序逻辑电路的分析与设计方法；
- ◇ 掌握计数器的原理与应用，能够利用中规模集成电路自行设计任意进制计数器；
- ◇ 掌握寄存器的原理与应用。

前面讨论的组合逻辑电路，如编码器、译码器、数据选择器等，电路在任意时刻的输出状态只取决于当前时刻的输入信号组合。本章将讨论另一类数字逻辑电路——时序逻辑电路，简称时序电路，其输出状态不仅与电路当前输入信号组合有关，而且与输入信号作用前电路原有的状态有关。称这样的电路具有"记忆"功能，因为它可以记住电路过去的状态。例如，楼房电梯的控制就是一个典型的时序逻辑问题，电梯的升降不仅取决于当前各按键的输入信号，而且取决于电梯运行的历史状态。如果电梯正在从低楼层向高楼层运行，这时若电梯内已有人按下更高楼层的按键，或者更高楼层有人召唤，电梯则继续向高楼层运行而暂时忽略电梯内要求下行的按键输入或低楼层的召唤信号。可见其控制电路具有"记忆"功能，可以记住当前电梯所在楼层和运行状态。

在数字逻辑系统中，时序电路应用非常广泛，可以完成存储、排序、计数等功能。和组合逻辑电路一样，时序逻辑电路也有很多种，计数器和寄存器是数字系统中两种主要的时序逻辑电路。

趣味知识

诺伊斯的发明

1990年6月3日，因为发明硅集成电路(IC)而闻名于世的罗伯特·诺伊斯(Robert Noyce)，因患心脏病逝世，享年62岁。

诺伊斯在艾奥瓦州格林内尔市的格林内尔学院攻读学士学位时，迷上了计算机和电子技术。幸运的是，他的导师是格兰特·盖尔(Grant Gale)，盖尔于1948年得到了晶体管发明者之一——约翰·巴丁——提供的一个最早的晶体管。盖尔运用这个器件给学生讲授了固态物理学的基础课，而诺伊斯就是其中的一名学生。

基于对电子学的浓厚兴趣，诺伊斯于1953年获得了麻省理工学院的物理学博士学位，并在费城的飞歌公司(Philco Corp.)找到了第一份工作——研究工程师。他于1956年离开该公司，加入芒廷维尤市的肖克利半导体实验室(Shockley Semiconductor Laboratory)，这是由晶体管的另一发明者——威廉·肖克利(William Shockley)——成立的一个公司。

一年后，诺伊斯和其他七名同事辞职加入了仙童照相机和仪器公司(Fairchild Camera

and Instruments Corp.)的半导体公司,这一事件成为硅谷的著名典故。在仙童公司,诺伊斯发明了在一块独立的硅片上互连晶体管的工艺,这种硅片被命名为集成电路(IC),简称为"芯片"。这一技术突破引起电子电路向小型化发展。

这一发明的荣誉实际上是同杰克·科尔比(Jack Kilby)共享的,科尔比在德州仪器公司(Texas Instruments)独立发明了相同的集成电路工艺,而且也获得了这项发明专利权。

1979年,诺伊斯与仙童半导体公司的另一位科学家——摩尔(More)——成立了英特尔(Intel)公司,后来逐渐发展成为美国领先的半导体公司以及计算机内存和微处理器研究的先驱。

1979年,美国总统吉米·卡特授予诺伊斯国家科学奖章(National Medal of Science)。1987年,里根总统又授予他国家科技奖章(National Medal of Technology)。他获得了12项专利,并于1983年被选入美国国家名人堂(National Inventors Hall of Fame)。

虽然诺伊斯的名声远未达到家喻户晓的程度,但是他的发明几乎在当今的每一种电子产品中使用,从而使半导体产业成为电子产业的核心产业之一。

5.1 概述

在组合逻辑电路中,任意时刻的输出信号只取决于当前的输入信号组合。而在时序逻辑电路中,由于电路在结构上具有反馈和存储器件,所以任意时刻的输出信号不仅与当时的输入信号有关,还取决于电路的初始状态。因此时序电路结构上和功能上有自己的特点。

5.1.1 时序逻辑电路的结构和特点

时序逻辑电路具有记忆功能,通过记忆功能可以将输出的信号保持,并与输入信号共同控制下一个输出状态。该记忆功能通常由触发器实现。图5.1所示为时序逻辑电路的基本结构框图。一般来说时序逻辑电路由组合电路和存储电路两部分组成,图中X表示时序电路的输入信号,Z表示时序电路的输出信号,Y表示存储电路的输入信号,Q表示存储电路的输出信号,它被反馈到组合电路的输入端。这些信号之间的逻辑关系可以表示为以下函数

$$Z = F_1(X, Q^n) \tag{5.1}$$

$$Y = F_2(X, Q^n) \tag{5.2}$$

$$Q^{n+1} = F_3(Y, Q^n) \tag{5.3}$$

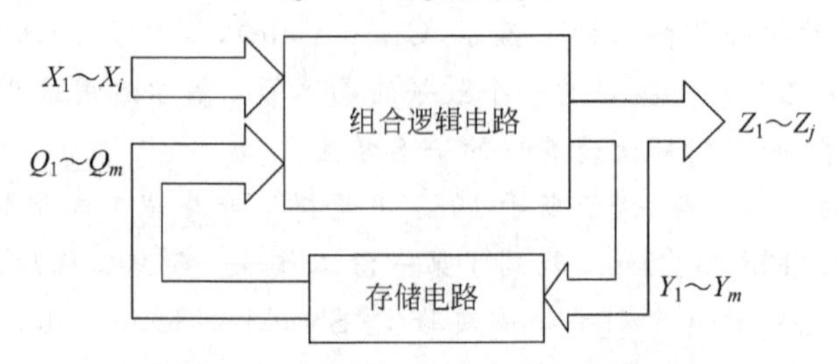

图5.1 时序逻辑电路的基本结构框图

其中，$Z=F_1(X,Q^n)$称为输出方程；$Y=F_2(X,Q^n)$称为存储电路的驱动方程，又称激励方程；$Q^{n+1}=F_3(Y,Q^n)$称为状态方程。

5.1.2　时序逻辑电路的分类

时序逻辑电路的种类很多，根据不同的分类标准可以分为不同类型。

按照时序逻辑电路中触发器的触发方式不同，可以分为同步时序电路和异步时序电路两大类。同步时序电路中所有触发器共用同一个时钟信号，所有触器的状态转变发生在同一时刻。异步时序电路中各触发器没有统一的时钟信号。由于异步时序电路中各触发器的状态变化不是同时发生，因此其速度比同步时序电路慢，其优点是电路结构简单。本书主要介绍同步时序电路。

此外，按照电路中输出信号是否和输入信号直接相关，时序逻辑电路可以分为米里型(Mealy)电路和莫尔型(Moore)电路。在米里型电路中，输出信号不仅取决于存储电路的状态，还取决于输入变量的状态，即电路有外部输入信号。莫尔型电路的输出信号仅取决于存储电路的前一个状态，即电路没有外部输入信号。两种电路如图 5.2 所示。

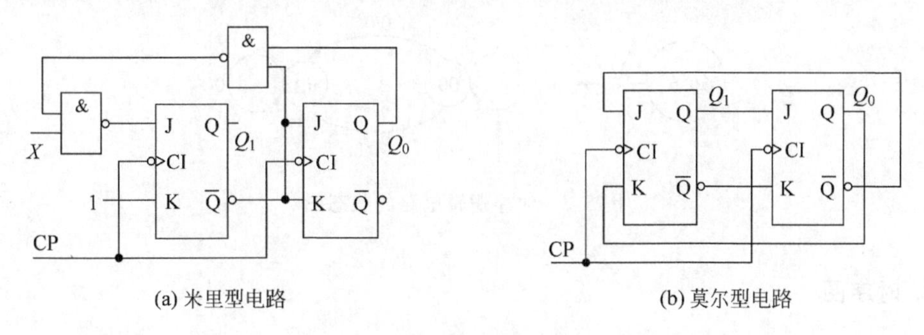

(a) 米里型电路　　(b) 莫尔型电路

图 5.2　米里型和莫尔型电路

5.1.3　时序逻辑电路的表示方法

时序逻辑电路一般可以用逻辑方程、状态图、状态表、时序图等方法来描述。

1. 逻辑方程

根据如图 5.1 所示时序逻辑电路的结构图，写出了时序电路的输出方程、驱动方程和状态方程，这 3 个方程统称为逻辑方程。理论上讲，有了这 3 个方程，时序电路的逻辑功能就唯一确定了。值得注意的是，对很多时序电路来说，由逻辑方程并不能直观地看出电路的逻辑功能；此外，设计电路时，也往往很难根据给出的逻辑要求直接写出电路的逻辑方程。因此，下面介绍几种能够直观反映时序电路状态变化的描述方法。

2. 状态表

状态表是反映时序逻辑电路的输出信号 Z、次态 Q^{n+1} 和输入信号 X、初态 Q^n 之间对应关系的表格。它本质上是以输入信号和初态为自变量的次态卡诺图。如表 5.1 所示，电路的全部输入信号列在状态表的顶部，初态列在表的左边，表的内部列出次态和输出信号。状态表的含义是：处在初态 Q^n、输入信号为 X 时，该电路将进入输出为 Z 的次态 Q^{n+1}。

表 5.1 时序逻辑电路的状态表

初态	输入	次态/输出
Q^n	X	Q^{n+1}/Z

3．状态图

状态图是反映时序逻辑电路状态转换规律及相应输入/输出关系的图形，如图 5.3 所示。在状态图中，圆圈及圆圈内的字母或数字表示电路的各个状态，带箭头的连线表示状态由初态向次态的转换方向，当箭头的起点和终点在同一个圆圈上时，表示电路状态不变。标在连线一侧的字母或数字表示状态转换前输入信号的取值和输出值，通常将输入信号标在斜线上方，而将输出信号标在斜线下方。它表明在该输入信号作用下，将产生相应的输出值，同时电路将发生如箭头所指向的状态转换。

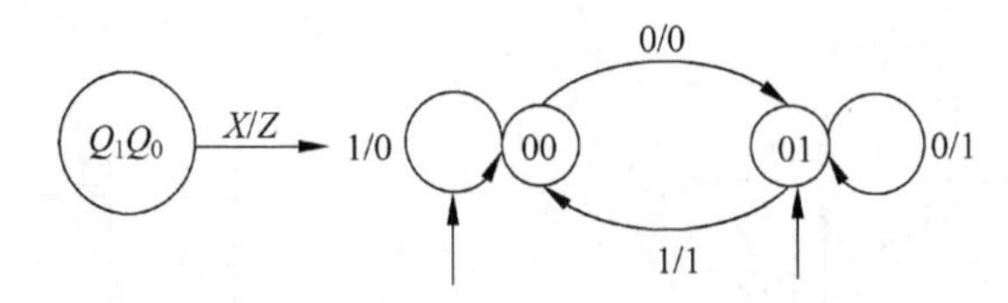

图 5.3 时序逻辑电路的状态图

4．时序图

时序图是时序逻辑电路的工作波形图，能直观地描述时序逻辑电路的时钟信号、输入信号、输出信号以及信号转换等在时间上的对应关系。

时序逻辑电路的各种描述方法之间可以相互转换，下面以例题说明其转换方法。

例 5.1 某时序逻辑电路如图 5.4 所示，写出其逻辑方程，列出状态表，并画出其状态图和时序图。

解：图 5.4 所示时序电路由组合电路和存储电路两部分组成，其中存储电路由两个 D 触发器构成，二者共用一个时钟信号，因此图 5.4 是一个同步时序电路。电路的输入信号为 A，输出信号为 Y。激励信号为 D_1、D_0，状态变量为 Q_1、Q_0。

1) 逻辑方程

根据逻辑电路可以写出电路的输出方程、驱动方程和状态方程。

(1) 输出方程

图 5.4 所示逻辑电路中只有一个输出变量 Y，写出输出方程

$$Y = (Q_0^n + Q_1^n)\overline{A}$$

(2) 激励方程

根据图 5.4 中的组合电路部分，可以写出两个 D 触发器的激励方程

$$\begin{cases} D_0 = (Q_0^n + Q_1^n)A \\ D_1 = \overline{Q_0^n}A \end{cases}$$

(3) 状态方程

将激励方程代入 D 触发器的特性方程 $Q^{n+1}=D$,可以求得状态方程

$$\begin{cases} D_0^{n+1} = (Q_0^n + Q_1^n)A \\ D_1^{n+1} = \overline{Q_0^n}A \end{cases}$$

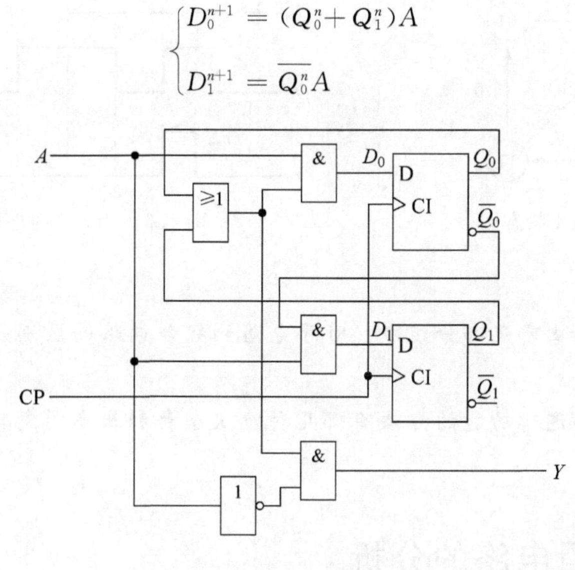

图 5.4　例 5.1 逻辑电路

2) 状态表

求状态表的具体做法是:先填写电路初态 Q^n 的所有状态组合,以及输入信号 X 的所有状态,然后根据输出方程和状态方程,逐行求出当前输出 Z 的相应值,以及次态 Q^{n+1} 的相应值。设电路的初态 $Q_1^nQ_0^n=00$,可求得状态如表 5.2 所示。

表 5.2　例 5.1 状态表

$Q_1^nQ_0^n$	$Q_1^{n+1}Q_0^{n+1}/Z$	
	X=0	**X=1**
00	00/0	10/0
01	00/1	01/0
10	00/1	11/0
11	00/1	01/0

3) 状态图

根据状态表可知,该电路有四个状态 00、01、10、11,因此画出的状态图如图 5.5 所示。

4) 时序图

时序图可以根据时序电路上述三种描述方式中的任何一种得到。设电路初态为 00,输入信号初态为 0,则可以画出其时序图,如图 5.6 所示。

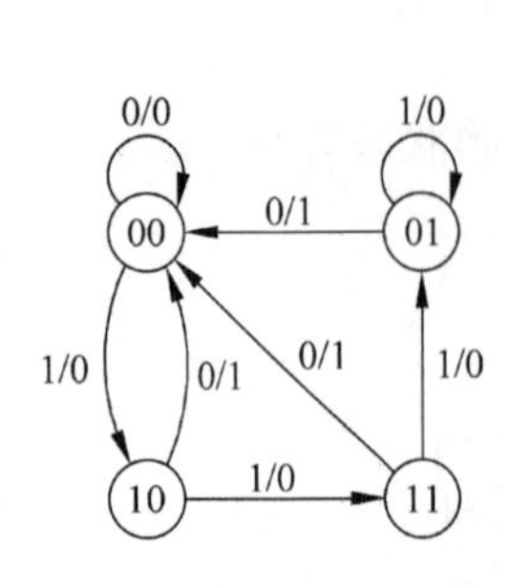

图 5.5 例 5.1 状态图

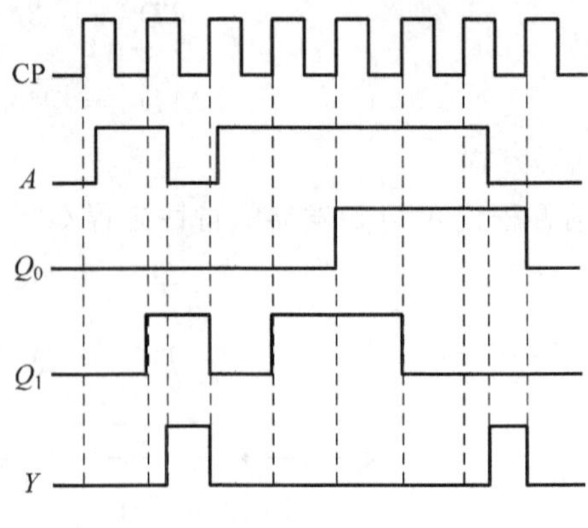

图 5.6 例 5.1 时序图

思考题

1. 时序逻辑电路由哪几部分组成？时序电路和组合电路的区别是什么？时序电路可分为哪几类？

2. 描述时序电路逻辑功能的方法有哪几种？状态表和状态图怎样构成？这几种描述方法如何相互转换？

5.2 时序逻辑电路的分析

时序逻辑电路的分析就是根据给定的逻辑电路图，找出在输入信号和时钟脉冲作用下电路输出信号的变化规律，从而确定电路的逻辑功能。

5.2.1 分析时序逻辑电路的一般步骤

时序逻辑电路分析的一般步骤如下：

(1) 根据给出的逻辑电路图，写出各触发器的时钟方程、时序电路的输出方程、各触发器的驱动方程。

(2) 将驱动方程代入相应触发器的特性方程，求出各触发器的次态方程，即时序电路的状态方程。

(3) 根据状态方程和输出方程，求出时序电路的状态表。

(4) 根据状态表画出电路的状态图和时序图。

(5) 根据状态表或状态图说明电路的逻辑功能。

5.2.2 同步时序逻辑电路分析举例

例 5.2 试分析图 5.7 所示同步时序逻辑电路。

解：根据时序逻辑电路的分析步骤，分析过程如下：

(1) 写出逻辑方程。

对于同步时序电路，各触发器的时钟信号相同，可以不写其逻辑表达式。

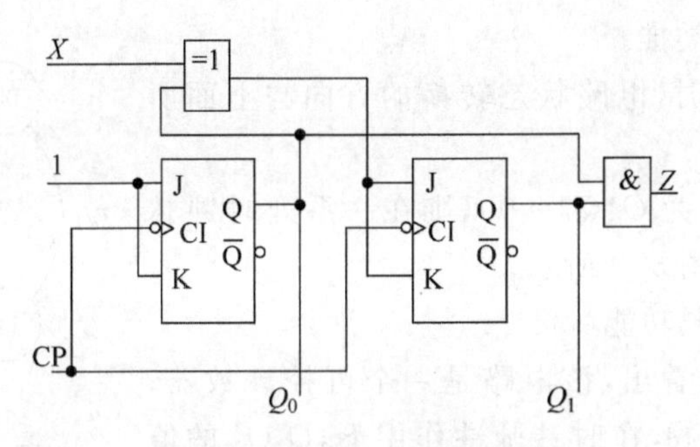

图 5.7　例 5.2 时序逻辑电路

输出方程

$$Z = Q_1^n Q_0^n$$

驱动方程

$$\begin{cases} J_0 = 1 \\ J_1 = X \oplus Q_0^n \end{cases}$$

$$\begin{cases} K_0 = 1 \\ K_1 = X \oplus Q_0^n \end{cases}$$

(2) 将驱动方程代入 JK 触发器的特性方程,求出电路的状态方程。

$$\begin{cases} Q_0^{n+1} = J_0 \overline{Q_0^n} + \overline{K_0} Q_0^n = \overline{Q_0^n} \\ Q_1^{n+1} = J_1 \overline{Q_1^n} + \overline{K_1} Q_1^n \\ \quad = (X \oplus Q_0^n) \overline{Q_1^n} + \overline{X \oplus Q_0^n} Q_1^n \\ \quad = X \oplus Q_0^n \oplus Q_1^n \end{cases}$$

(3) 根据状态方程和输出方程,求出时序电路的状态表。

设电路的初态 $Q_1^n Q_0^n = 00$,可得状态如表 5.3 所示。

表 5.3　例 5.2 的状态表

$Q_1^n Q_0^n$	$Q_1^{n+1} Q_0^{n+1}/Z$	
	X=0	**X=1**
00	01/0	11/0
01	10/0	00/0
10	11/0	01/0
11	00/1	10/1

(4) 根据状态表画出电路的状态图和时序图。

根据状态表可以画出例 5.2 的状态图,如图 5.8 所示。由状态图可知,当输入信号 $X=0$ 时,若电路的初态 $Q_1^n Q_0^n = 00$,则当前输出 $Z=0$,在一个 CP 脉冲作用下,电路的次态转换为 $Q_1^{n+1} Q_0^{n+1} = 01$;若电路的初态 $Q_1^n Q_0^n = 01$,则 $Z=0$;在 CP 脉冲作用下,电路的次态转换为 $Q_1^{n+1} Q_0^{n+1} = 10$;若电路的初态 $Q_1^n Q_0^n = 10$,则 $Z=0$,在 CP 脉冲作用下,电路的次态转换为 $Q_1^{n+1} Q_0^{n+1} = 11$;若电路的初态 $Q_1^n Q_0^n = 11$,则 $Z=1$,在 CP 脉冲作用下,电路的次态转换

为 $Q_1^{n+1}Q_0^{n+1}=00$,依此类推。

当输入信号 $X=1$ 时,电路状态转换的方向与上面所述情况相反。

设电路的初始状态为 $Q_1^nQ_0^n=00$,则在一系列时钟脉冲作用下,其时序图如图 5.9 所示。

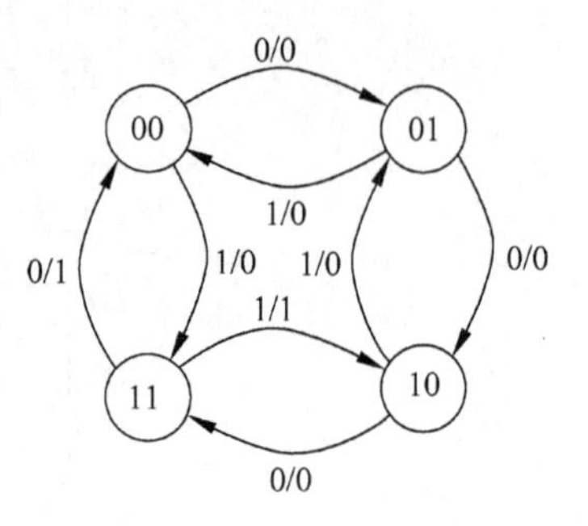

图 5.8 例 5.2 状态图

(5) 分析电路的逻辑功能。

从状态转换图可以看出,该电路是一个可控计数器。当 $X=0$ 时进行加法计数,在时钟脉冲作用下,Q_1Q_0 的值从 00 递增到 11,每经过 4 个时钟脉冲,电路的状态循环变化一次,即该电路是四进制加法计数;同时输出端 Z 输出一个进位脉冲,即 Z 是进位信号。同理,当 $X=1$ 时,该电路进行四进制减法计数,Z 是借位信号。

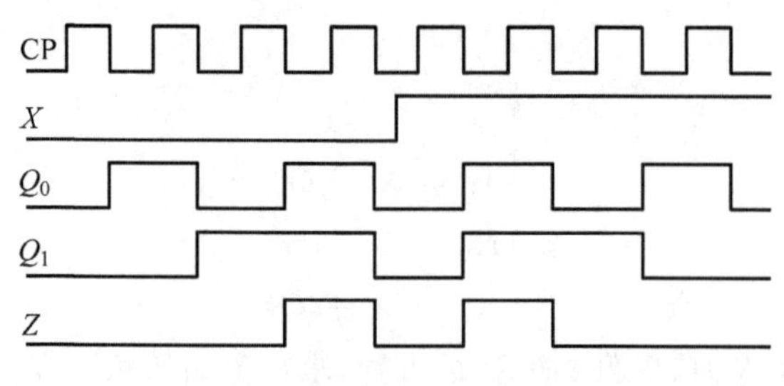

图 5.9 例 5.2 时序图

例 5.3 试分析图 5.10 所示时序逻辑电路。

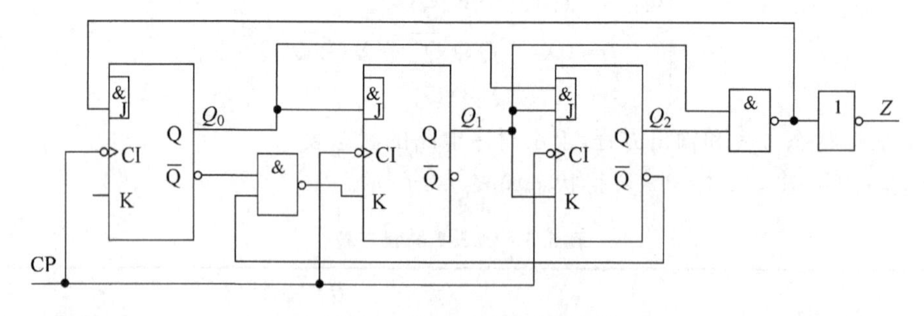

图 5.10 例 5.3 时序逻辑电路

解:

(1) 写出逻辑方程。

输出方程:

$$Z=Q_2^nQ_1^n$$

驱动方程:

$$\begin{cases}J_0=\overline{Q_2^nQ_1^n}\\J_1=Q_0^n\\J_2=Q_1^nQ_0^n\end{cases}\qquad\begin{cases}K_0=1\\K_1=\overline{\overline{Q_2^n}\ \overline{Q_0^n}}\\K_2=Q_1^n\end{cases}$$

(2) 将驱动方程代入 JK 触发器的特性方程,求出电路的状态方程。

$$\begin{cases} Q_0^{n+1} = J_0\ \overline{Q_0^n} + \overline{K_0} Q_0^n = \overline{Q_2^n Q_1^n}\ \overline{Q_0^n} \\ Q_1^{n+1} = J_1\ \overline{Q_1^n} + \overline{K_1} Q_1^n = \overline{Q_1^n} Q_0^n + \overline{Q_2^n} Q_1^n \overline{Q_0^n} \\ Q_2^{n+1} = J_2\ \overline{Q_2^n} + \overline{K_2} Q_2^n = \overline{Q_2^n} Q_1^n Q_0^n + Q_2^n \overline{Q_1^n} \end{cases}$$

(3) 根据状态方程和输出方程，求出时序电路的状态表。

该电路没有输入信号，属于莫尔型时序电路，因此电路任意时刻的次态只取决于电路的初态。设电路的初态 $Q_2^n Q_1^n Q_0^n = 000$，可求得状态如表 5.4 所示。

表 5.4　例 5.3 的状态表

Q_2^n	Q_1^n	Q_0^n	Q_2^{n+1}	Q_1^{n+1}	Q_0^{n+1}	Z
0	0	0	0	0	1	0
0	0	1	0	1	0	0
0	1	0	0	1	1	0
0	1	1	1	0	0	0
1	0	0	1	0	1	0
1	0	1	1	1	0	0
1	1	0	0	0	0	1
1	1	1	0	0	0	1

(4) 根据状态表画出电路的状态图和时序图。

根据状态表可以画出例 5.3 的状态图，如图 5.11 所示。

设电路的初态为 $Q_2^n Q_1^n Q_0^n = 000$，则在一系列时钟脉冲作用下，其时序图如图 5.12 所示。

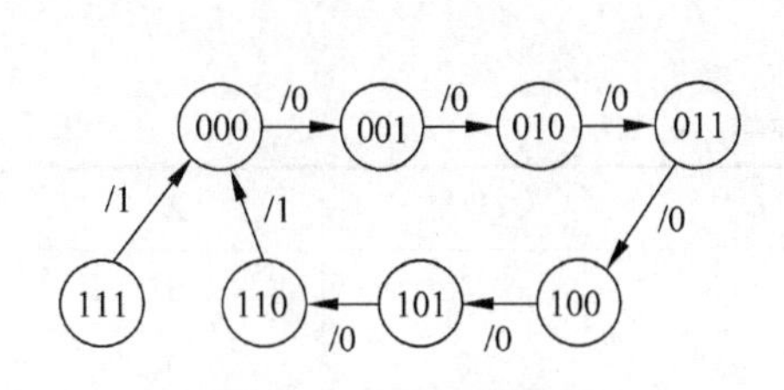

图 5.11　例 5.3 状态图

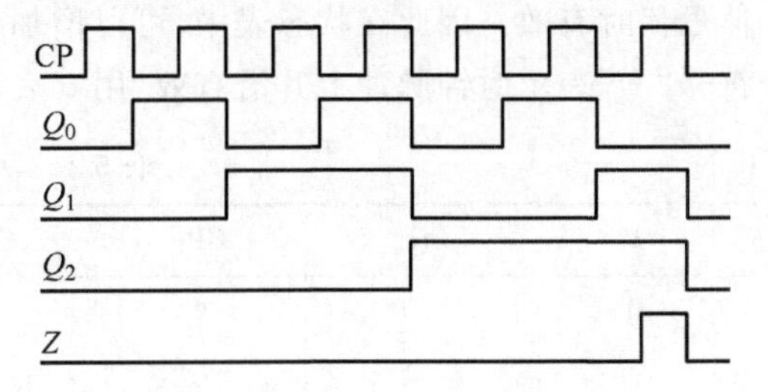

图 5.12　例 5.3 时序图

(5) 分析电路的逻辑功能。

从状态转换图可以看出，该电路是一个七进制计数器。每经过 7 个时钟脉冲，电路的状态循环变化一次，Z 的输出是进位脉冲。

5.2.3　异步时序逻辑电路分析举例

异步时序电路的分析方法和同步时序电路略有不同。在异步时序电路中，由于没有统一的时钟信号，分析电路时应注意，对各个触发器来说，只有加到其 CP 端的时钟信号有效时，其状态才可能发生改变，否则触发器将保持其原有状态不变。因此在考虑各触发器状态是否发生转换时，除考虑驱动信号的影响外，还必须考虑触发器的触发

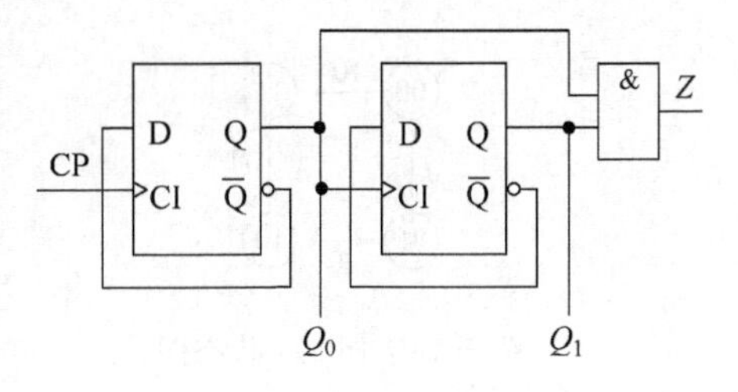

图 5.13　例 5.4 时序逻辑电路

方式和CP端信号是否有效。

例5.4 试分析图5.13所示时序逻辑电路的逻辑功能。

解：

(1) 写出逻辑方程。

此电路为异步时序电路，即各触发器时钟信号的逻辑表达式各不相同，因此必须写出时钟方程。

时钟方程：

$$CP_0 = CP \quad (\text{上升沿触发})$$

$$CP_1 = Q_0 \quad (\text{仅当} Q_0 \text{由} 0 \to 1 \text{时}, Q_1 \text{的状态才可能改变})$$

输出方程：

$$Z = Q_1^n Q_0^n$$

驱动方程：

$$D_0 = \overline{Q_0^n}, \quad D_1 = \overline{Q_1^n}$$

(2) 将驱动方程代入D触发器的特性方程，求出电路的状态方程。

$$\begin{cases} Q_0^{n+1} = D_0 = \overline{Q_0^n} \\ Q_1^{n+1} = D_1 = \overline{Q_1^n} \end{cases}$$

(3) 根据状态方程和输出方程，求出时序电路的状态表。

求状态表的具体做法和同步时序电路基本相同，只是应该特别注意各触发器时钟脉冲信号何时有效。因此在状态表中，可以增加各触发器时钟脉冲情况，如表5.5所示。表中用符号“↑”表示时钟脉冲上升沿有效，用0表示无效。

表5.5 例5.4的状态表

Q_1^n	Q_0^n	CP_1	CP_0	Q_1^{n+1}	Q_0^{n+1}	Z
0	0	↑	↑	1	1	0
0	1	0	↑	0	0	0
1	0	↑	↑	0	1	0
1	1	0	↑	1	0	1

(4) 根据状态表画出电路的状态图和时序图。

根据状态表可以画出例5.4的状态图，如图5.14所示。

设电路的初态为$Q_1^n Q_0^n = 00$，则在一系列时钟脉冲作用下，其时序图如图5.15所示。

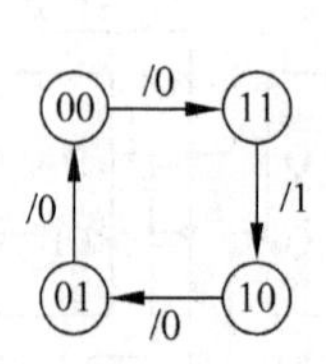

图5.14 例5.4状态图

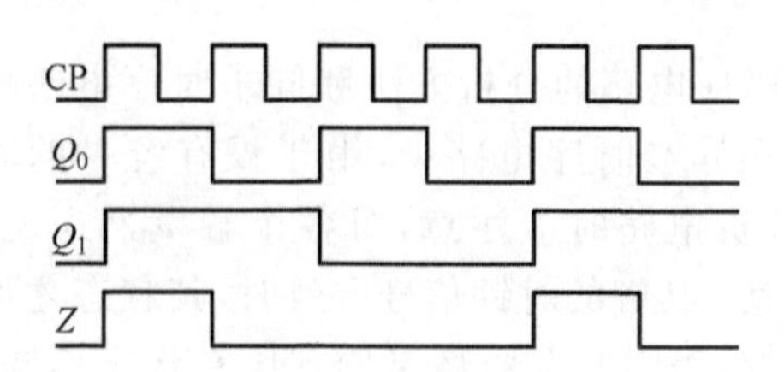

图5.15 例5.4时序图

(5) 分析电路的逻辑功能。

从状态转换图可以看出,该电路是一个四进制减法计数器。每经过4个时钟脉冲,电路的状态循环变化一次,Z是借位信号。

思考题

1. 时序逻辑电路的分析过程分为哪几步?
2. 同步时序电路的分析方法和异步时序电路有何不同之处?
3. 试分析图5.2(a)、(b)所示电路的逻辑功能。

5.3 时序逻辑电路的设计

时序逻辑电路的设计是分析的逆过程,即根据给定的逻辑功能要求,选择适当的逻辑器件,设计出符合要求的时序电路,设计结果应力求简单。

当选用小规模集成电路进行设计时,电路最简的标准是所用的触发器和门电路的数目最少,而且触发器和门电路的输入端数目也最少;当选用中规模或大规模集成电路进行设计时,电路最简的标准是使用的集成电路数目最少,种类最少,而且相互间的连线也最少。

5.3.1 同步时序逻辑电路设计的一般步骤

一般来说,同步时序逻辑电路设计的过程如图5.16所示。

(1) 逻辑抽象,得出电路的原始状态图或原始状态表。

逻辑抽象就是把问题的文字描述用状态图或状态表表示出来,这种状态图或状态表是根据文字描述直接建立起来的,称为原始状态图或原始状态表。这就需要:

① 分析给定的逻辑问题,确定输入变量、输出变量,并定义输入/输出逻辑状态和每个状态的意义。

② 确定电路所应包含的状态,将电路状态顺序编号,并用字母S_0,S_1,S_2等表示这些状态。

③ 按逻辑功能要求画出原始状态图或列出原始状态表。

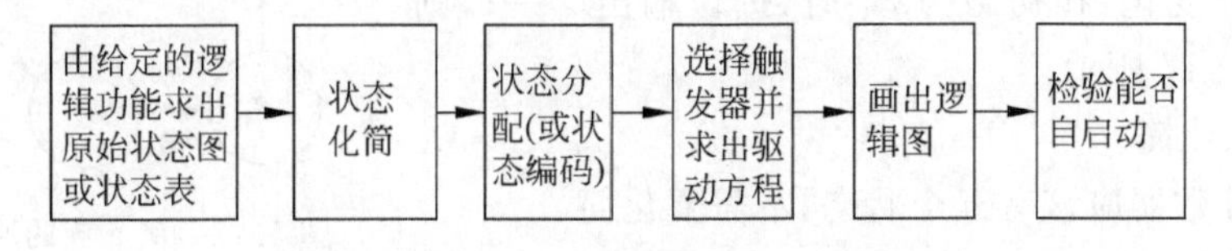

图5.16 同步时序逻辑电路的设计过程

(2) 状态化简。

按逻辑功能要求直接得到的原始状态图或原始状态表中,往往包含多余的状态,因而需要状态化简。在原始状态图中,若有两个或两个以上的状态,在相同输入条件下,不仅有相同的输出,而且建立的次态也相同,则称这些状态是等价状态。显然等价状态是重复的,可以合并为一个,从而得到最简的状态图。状态化简的目的就在于合并等价状态。电路的状态数越少,设计出来的电路也就越简单。

(3) 状态分配。

状态分配又称为状态编码。时序逻辑电路的状态是用触发器的状态组合来表示的,因此，首先要确定触发器的数目 n。因为 n 个触发器共有 2^n 个状态组合，为获得电路所需的 M 个状态，n 的取值必须满足下面的表达式：

$$2^{n-1} < M \leqslant 2^n$$

其次，要给每个电路状态规定对应的触发器状态组合，每组触发器状态组合都是一组二值编码。当 $M<2^n$ 时，从 2^n 个状态中取 M 个状态组合可以有多种方案，理论上讲可以任意选取，但如果编码方案选择得当，可以使设计结果简单。有时按自然二进制数的顺序编码可以简化电路；而使用有一定特征的编码，如格雷码，则有利于减少出现竞争-冒险的可能性。

(4) 选定触发器类型，求出电路的输出方程、触发器的驱动方程和状态方程。

不同逻辑功能的触发器设计出来的电路是不一样的，因此在设计电路之前必须选定触发器类型。选择触发器类型时应考虑器件的供应情况，并力求减少触发器的种类。

根据状态表(或状态图)、状态编码和触发器类型，可以求出电路的输出方程、状态方程和触发器驱动方程。

(5) 根据上面得到的逻辑方程画出逻辑图。

(6) 检查所设计的电路能否自启动。

如果电路不能自启动，则要采取措施加以解决。一般来说，将无效状态的次态指向有效状态中的任何一个，所得到的电路都可以自启动。但究竟次态选取哪个有效状态，则应视所得到的电路是否最简单而定。

5.3.2 同步时序逻辑电路设计举例

例 5.5 设计一个同步五进制加法计数器。

解：根据同步时序逻辑电路的设计步骤，设计过程如下：

(1) 逻辑抽象，得出电路的原始状态图。

根据要求，该电路无输入信号，有进位输出信号，用 Z 表示。

由于是五进制计数器，所以电路应有五个不同的状态，分别用 S_0、S_1、S_2、S_3、S_4 表示。在时钟脉冲作用下，五个状态循环变化，在初态为 S_4 时，进位输出 $Z=1$，则状态图如图 5.17 所示。

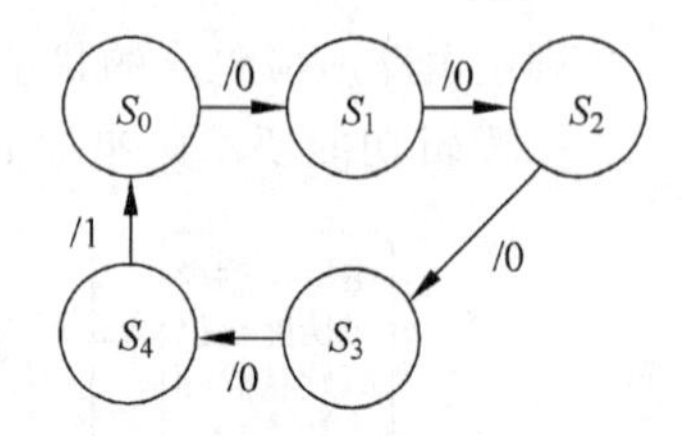

图 5.17 例 5.5 的原始状态图

(2) 状态化简。

五进制计数器应该有五个状态，不需要化简。

(3) 状态分配。

由 $2^{n-1}<M\leqslant 2^n$ 可知，应选用三个触发器，即三位二进制编码。设 $S_0=000$，$S_1=001$，$S_2=010$，$S_3=011$，$S_4=100$，则状态表如表 5.6 所示。

表 5.6 例 5.5 状态表

Q_2^n	Q_1^n	Q_0^n	Q_2^{n+1}	Q_1^{n+1}	Q_0^{n+1}	Z
0	0	0	0	0	1	0
0	0	1	0	1	0	0
0	1	0	0	1	1	0
0	1	1	1	0	0	0
1	0	0	0	0	0	1

(4) 选定触发器类型，求出电路的输出方程、状态方程和触发器驱动方程。

设本例选用 JK 触发器。首先由状态表画出电路输出方程的卡诺图，如图 5.18 所示，再由卡诺图求出电路的输出方程，三个无效状态 101、110、111 做无关项处理，则

$$Z = Q_2^n$$

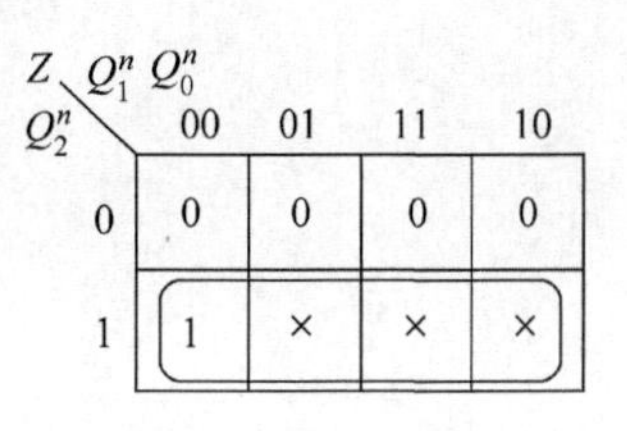

图 5.18　例 5.5 的输出方程卡诺图

然后由状态表画出电路状态方程的卡诺图，如图 5.19 所示，求出电路的状态方程。

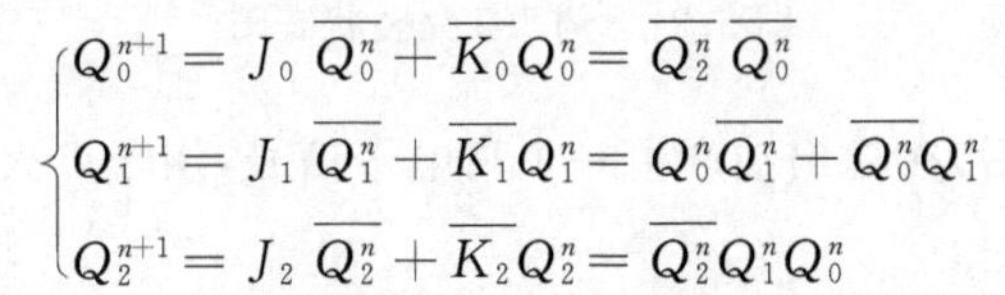

$$\begin{cases} Q_0^{n+1} = J_0 \overline{Q_0^n} + \overline{K_0} Q_0^n = \overline{Q_2^n}\,\overline{Q_0^n} \\ Q_1^{n+1} = J_1 \overline{Q_1^n} + \overline{K_1} Q_1^n = Q_0^n \overline{Q_1^n} + \overline{Q_0^n} Q_1^n \\ Q_2^{n+1} = J_2 \overline{Q_2^n} + \overline{K_2} Q_2^n = \overline{Q_2^n} Q_1^n Q_0^n \end{cases}$$

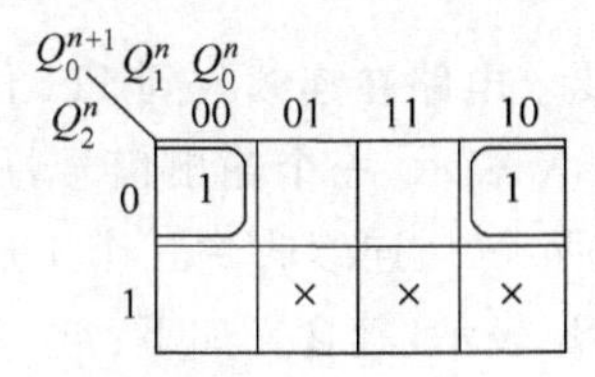

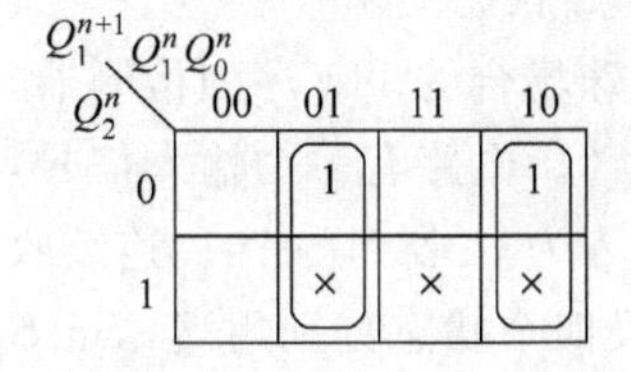

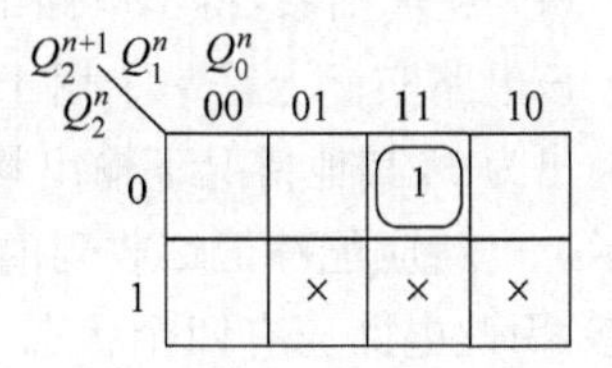

图 5.19　例 5.5 的状态方程卡诺图

需要注意的是，在有无关项的情况下，求状态方程时，不能为使方程最简而将对应方程的初态变量化简掉。如 Q_2^{n+1} 的方程不能写成 $Q_2^{n+1}=Q_1^n Q_0^n$。

最后，将状态方程与 JK 触发器的特性方程 $Q^{n+1}=J\overline{Q^n}+\overline{K}Q^n$ 相比较，求出驱动方程。

$$\begin{cases} J_0 = \overline{Q_2^n} \\ J_1 = Q_0^n \\ J_2 = Q_1^n Q_0^n \end{cases} \qquad \begin{cases} K_0 = 1 \\ K_1 = Q_0^n \\ K_2 = 1 \end{cases}$$

(5) 根据逻辑方程画出逻辑图，如图 5.20 所示。

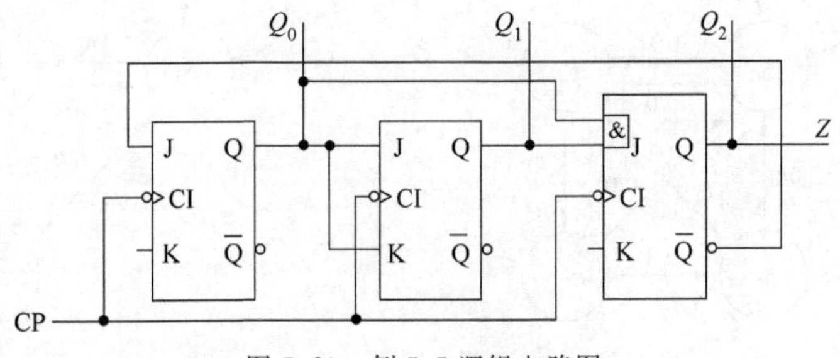

图 5.20　例 5.5 逻辑电路图

(6) 检查所设计的电路能否自启动。

将 3 个无效状态 101、110、111 分别代入状态方程，求得其次态分别为 010、010、000，电路可以自启动。图 5.21 是图 5.20 的完整状态图。

例 5.6　设计一个用于引爆控制的同步时序逻辑电路，该电路有一个输入端和一个输出端。平时输入信号始终为 0，当需要引爆时，则从输入端连续输入 3 个高电平信号，电路

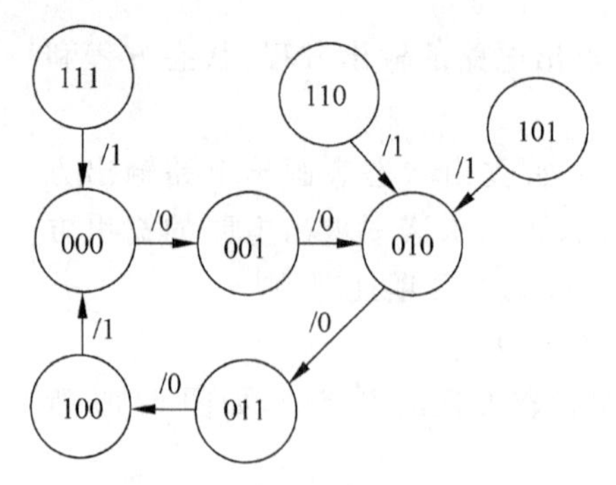

图 5.21 例 5.5 完整状态图

收到第 3 个高电平信号后,在输出端产生一个高电平信号,用于点火引爆。

解:

(1) 逻辑抽象,得出电路的原始状态图。

该电路实际上是一个用于特殊场合的 111 序列检测器。要求电路在连续收到 111 信号时输出为 1,其他情况下输出均为 0。电路有一个输入信号,用 X 表示,一个输出信号,用 Y 表示。电路应能够记忆收到的输入为 0、收到一个 1、连续收到两个 1、连续收到三个 1 后的状态,因此电路应有四个状态。设四个状态分别用 S_0、S_1、S_2、S_3 表示,其含义如下:

S_0——初态或没有收到 1 时电路的状态;

S_1——收到一个 1 后电路的状态;

S_2——连续收到两个 1 后电路的状态;

S_3——连续收到三个 1 后电路的状态。

根据题意可得原始状态图,如图 5.22 所示。

(2) 状态化简。

观察图 5.22 可知,S_0 和 S_3 是等价状态,当输入信号相同时,其次态和输出均相同,因此可以合并,用 S_0 表示。化简后的状态图如图 5.23 所示。

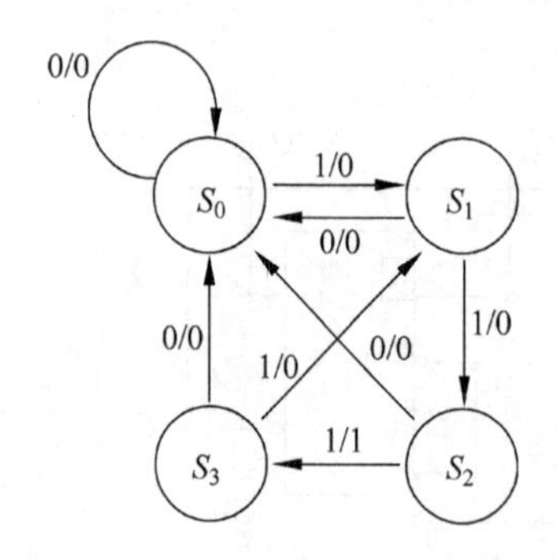

图 5.22 例 5.6 的原始状态图

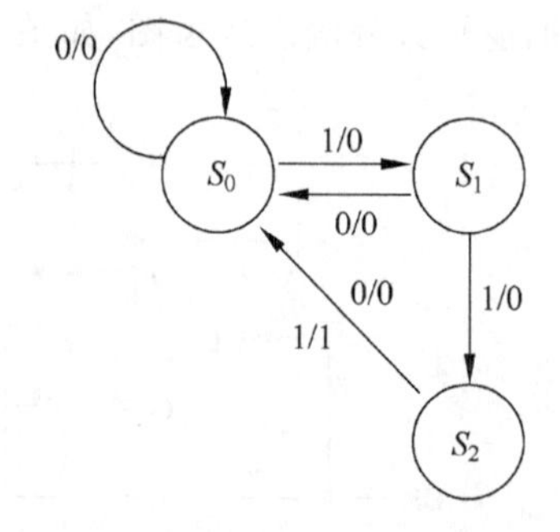

图 5.23 例 5.6 化简后的状态图

(3) 状态分配。

由 $2^{n-1}<M\leqslant 2^n$ 可知,应选用两个触发器,即两位二进制编码。设 $S_0=00$,$S_1=01$,$S_2=11$,则状态表如表 5.7 所示。

(4) 选定触发器类型,求出电路的输出方程、状态方程和触发器驱动方程。

设本例选用 D 触发器。首先由状态表画出电路输出方程、状态方程的卡诺图,如

图 5.24 所示，求出电路的输出方程、状态方程，无效状态做无关项处理。

$$Z = XQ_1^n$$

$$\begin{cases} Q_0^{n+1} = X\overline{Q_1^n} \\ Q_1^{n+1} = XQ_0^n\overline{Q_1^n} \end{cases}$$

表 5.7 例 5.6 状态表

$Q_1^nQ_0^n$	$Q_1^{n+1}Q_0^{n+1}/Z$	
	X=0	X=1
00	00/0	01/0
01	00/0	11/0
11	00/0	00/1

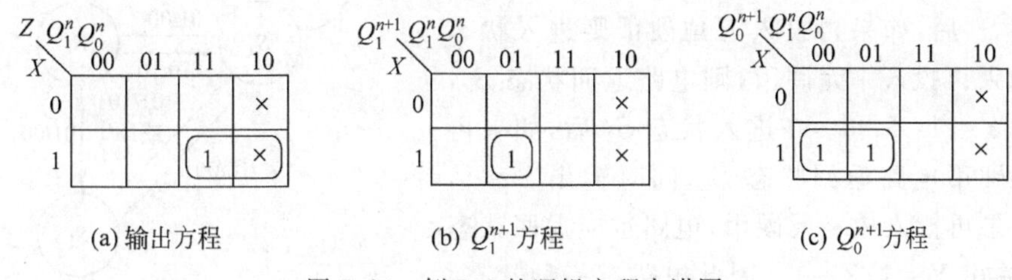

(a) 输出方程　　(b) Q_1^{n+1}方程　　(c) Q_0^{n+1}方程

图 5.24 例 5.6 的逻辑方程卡诺图

最后将状态方程与 D 触发器的特性方程 $Q^{n+1}=D$ 相比较，求出驱动方程：

$$\begin{cases} D_0 = X\overline{Q_1^n} \\ D_1 = X\overline{Q_1^n}Q_0^n \end{cases}$$

(5) 根据上面得到的逻辑方程画出逻辑图，如图 5.25 所示。

(6) 检查所设计的电路能否自启动。

根据图 5.25 画出电路的完整状态图，如图 5.26 所示，从图中可以看出，电路可以自启动。但在实际应用过程中，这个电路却存在问题。因为当输入信号 $X=1$ 时，初态为 10，次态为 00，看似没问题，但输出信号 $Z=1$，这就意味着所设计的系统会做一次不允许发生的引爆操作。为了克服这个缺陷，可以采用增加冗余项的办法，将输出方程改写为 $Z=XQ_1^nQ_0^n$，从而使此时的输出信号 $Z=0$。其正确性读者可以自行检验。

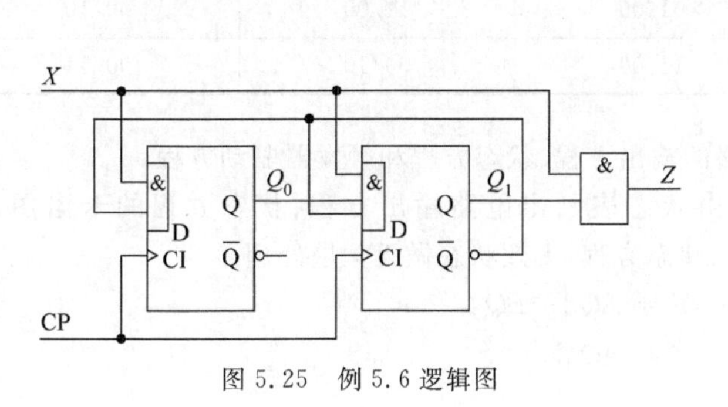

图 5.25 例 5.6 逻辑图

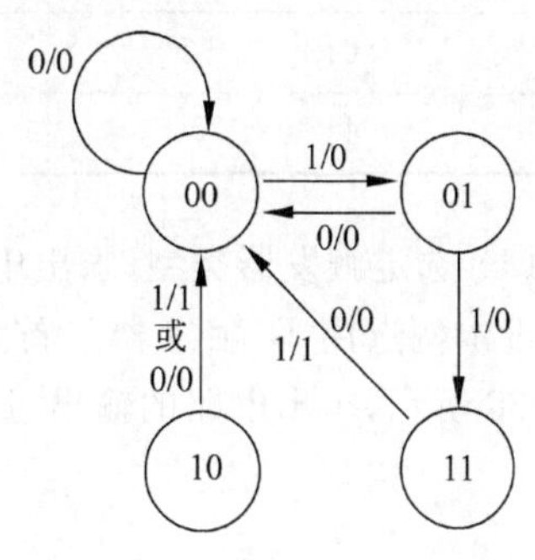

图 5.26 例 5.6 的完整状态图

例 5.7 设计一个自动售饮料机的简单控制电路,设饮料的售价为 1.5 元人民币。要求投币口每次只能投入一枚五角或一元的硬币。投入一元五角硬币后机器自动给出一杯饮料;投入两元硬币后,在给出饮料的同时找回一枚五角硬币。

解:

(1) 逻辑抽象,得出电路的原始状态图。

设投币信号由传感器产生,在电路进入新状态时,该信号同时消失,否则将被误认为是又一次投币信号。根据题意可知,该电路的投币信号为输入信号,投入一枚一元硬币时用 $A=1$ 表示,未投入用 $A=0$ 表示;投入一枚五角硬币时用 $B=1$ 表示,未投入用 $B=0$ 表示。给出饮料和找钱为输出信号,给出饮料用 $Y=1$ 表示,否则用 $Y=0$ 表示;找回一枚五角硬币用 $Z=1$ 表示,否则用 $Z=0$ 表示。

设投币前电路的初始状态为 S_0,投入五角硬币以后状态为 S_1,投入一元硬币后状态为 S_2。在进入状态 S_1 后,如果再投入五角硬币则进入状态为 S_2;如果再投入一元硬币,则电路返回状态 S_0,同时输出 $Y=1,Z=0$。在进入状态 S_2 后,如果再投入五角硬币电路返回状态 S_0,同时输出 $Y=1$,$Z=0$;如果再投入枚一元硬币,电路也应返回状态 S_0,同时输出 $Y=1,Z=1$。因此电路有三种状态,状态图如图 5.27 所示。

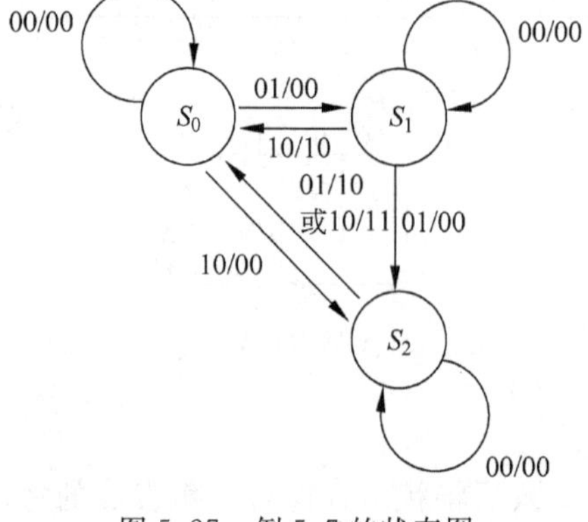

图 5.27 例 5.7 的状态图

(2) 状态化简。

此状态图已经最简,无须化简。

(3) 状态分配。

由 $2^{n-1}<M\leqslant 2^n$ 可知,应选用两个触发器,即两位二进制编码。设 $S_0=00, S_1=01$, $S_2=11$,则状态表如表 5.8 所示。因为每次只能投入一枚硬币,所以输入信号组合 $AB=11$ 不可出现。

表 5.8 例 5.7 状态表

$Q_1^n Q_0^n$	$Q_1^{n+1}Q_0^{n+1}/YZ$		
	$AB=00$	$AB=01$	$AB=10$
00	00/00	01/00	11/00
01	01/00	11/00	00/10
11	11/00	00/10	00/11

(4) 选定触发器类型,求出电路的输出方程、状态方程和触发器驱动方程。

设本例选用 D 触发器。首先由状态表画出电路输出方程、状态方程的卡诺图,如图 5.28 所示,求出电路的输出方程、状态方程,无效状态做无关项处理。

$$Y = AQ_0^n + BQ_1^n$$

$$Z = AQ_1^n$$

$$\begin{cases} Q_1^{n+1} = A\overline{Q_0^n} + B\overline{Q_1^n}Q_0^n + \overline{A}\,\overline{B}Q_1^n \\ Q_0^{n+1} = A\overline{Q_0^n} + B\overline{Q_1^n} + \overline{A}\,\overline{B}Q_0^n \end{cases}$$

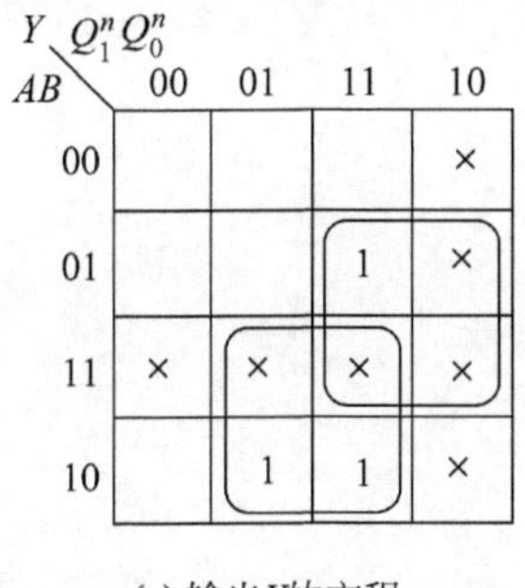

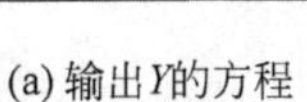
(a) 输出Y的方程

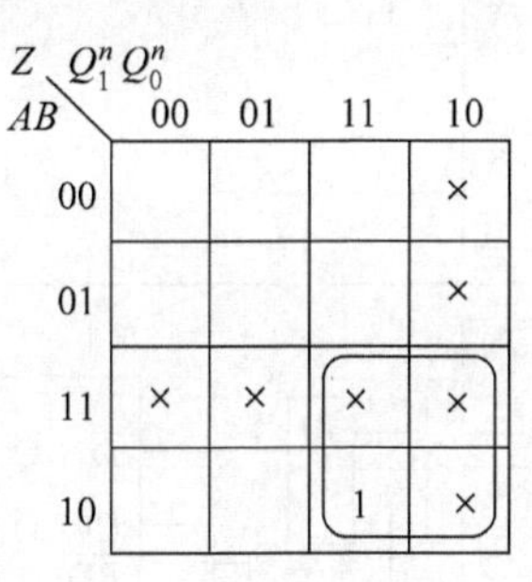

(b) 输出Z的方程

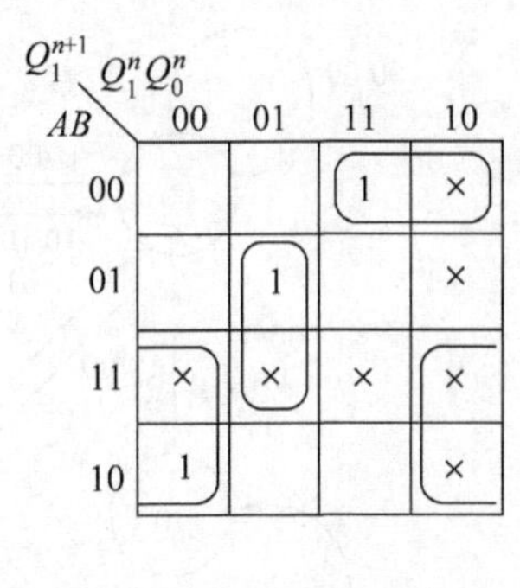

(c) Q_1^{n+1}方程

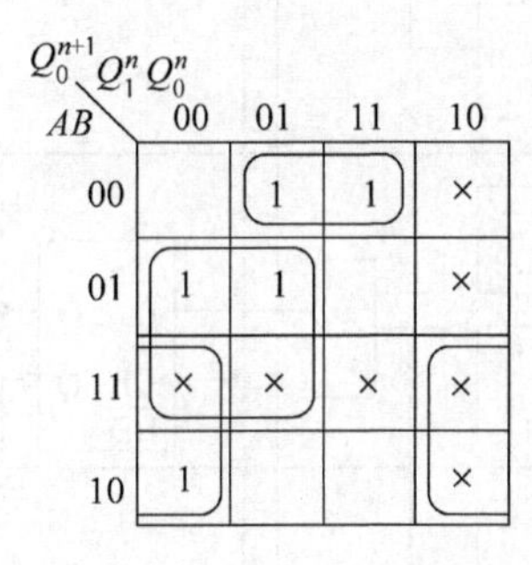

(d) Q_0^{n+1}方程

图 5.28　例 5.7 的逻辑方程卡诺图

最后将状态方程与 D 触发器的特性方程 $Q^{n+1}=D$ 相比较，求出驱动方程：

$$\begin{cases} D_0 = A\overline{Q_0^n} + B\overline{Q_1^n} + \overline{A}\,\overline{B}Q_0^n \\ D_1 = A\overline{Q_0^n} + B\overline{Q_1^n}Q_0^n + \overline{A}\,\overline{B}Q_1^n \end{cases}$$

(5) 根据上面得到的逻辑方程画出逻辑图，如图 5.29 所示。

(6) 检查所设计的电路能否自启动。

根据图 5.29 画出电路的完整状态图，如图 5.30 所示，从图中可以看出，电路可以自启动。但在实际应用过程中，这个电路却存在问题。因为当输入信号 $AB=01$ 时，初态为 10，次态为 00；当 $AB=10$ 时，初态为 10，次态为 11。这看似没问题，但当输入信号 $AB=01$ 时，输出信号 $Y=1$；当输入信号 $AB=10$ 时，输出信号 $Y=1$，$Z=1$，这就意味着，所设计的系统会产生误找零钱或误给出饮料等操作。为了避免发生误操作，在工作开始时应在异步清零端加上低电平信号将电路置为 00 状态。

思考题

1. 时序逻辑电路的设计过程分为哪几步？

2. 例 5.6 中，若状态分配为 $S_0=00$，$S_1=01$，$S_2=10$，试重新设计电路，并比较该电路与原例 5.6 的电路有什么不同？

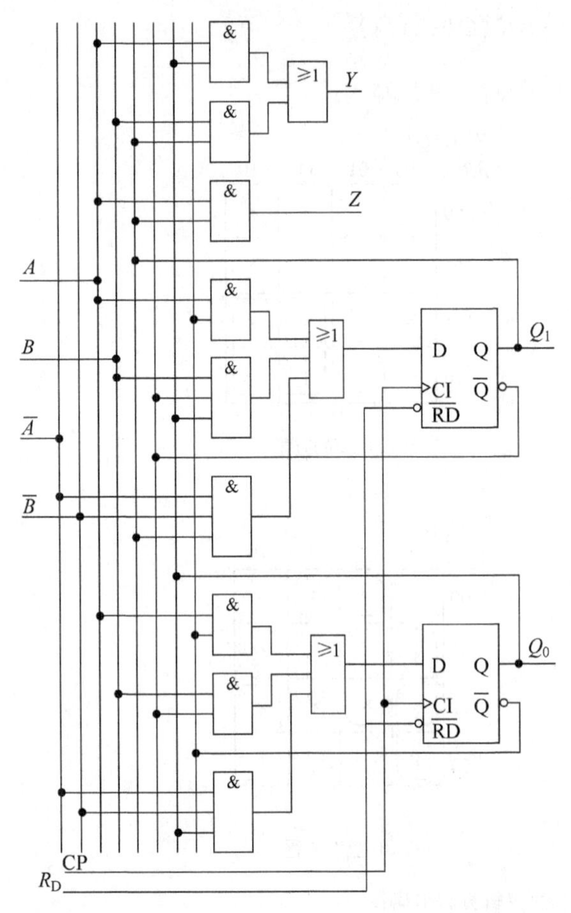

图 5.29 例 5.7 逻辑电路图

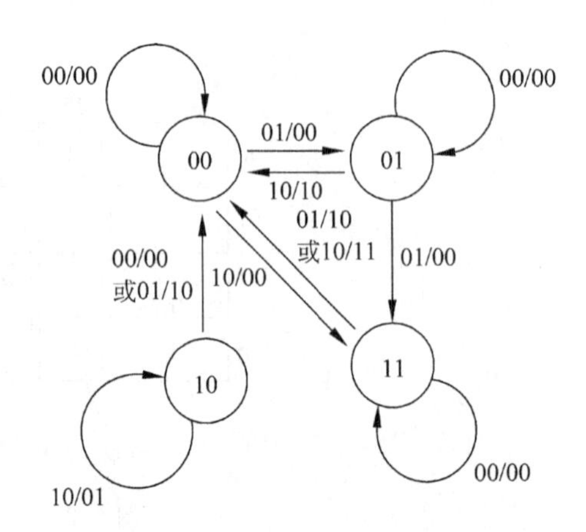

图 5.30 例 5.7 完整状态图

5.4 计数器

计数器是一种用途极为广泛的时序逻辑电路,它不仅可以用于计数,还可以用作定时、分频和程序控制等用途。计数器可以按多种方式来分类:按计数过程中数的增减趋势,可分为加法计数器、减法计数器和加减均可的可逆计数器;按进制方式可分为二进制计数器、十进制计数器和任意进制计数器;根据各个计数单元动作的次序,可分为同步计数器和异步计数器。在数字系统中,任意进制数都是以二进制数为基础的,因此二进制计数器是组成各种进制计数器的基础。本节首先分析二进制计数器,然后介绍其他进制计数器。

5.4.1 二进制加法计数器

由于二进制数每一位有 1 或 0 两种取值可能,因此可以用一个触发器来表示 1 位二进制数。习惯上用触发器的 0 态表示二进制数码 0,用触发器的 1 态表示二进制数码 1。这样,用 n 个触发器可以表示一组 n 位二进制数。

1. 异步二进制加法计数器

图 5.31 是由 3 个 JK 触发器组成的异步 3 位二进制加法计数器的逻辑图。图中各个触发器的 J 端和 K 端都悬空，相当于高电平 1，均处于计数状态。计数脉冲从最低位触发器的 CP 端输入，其他各位触发器的 CP 脉冲依次接在相邻低位触发器的 Q 端上，通过低位触发器逐个向高位触发器输出进位脉冲而使触发器逐级翻转，所以这种计数器称为异步计数器。

3 个触发器的置 0 端接在一起，作为计数器的清零端$\overline{RD}$。计数之前，先在$\overline{RD}$端加一个负脉冲，使各个触发器全部处于 0 态，即计数器的状态为 000。

当第 1 个计数脉冲下降沿到来时，触发器 Q_0 翻转，由 0 态变为 1 态，即 $Q_0=1$。这时 Q_0 端由 0 变为 1 的正跳变不能使触发器 Q_1 翻转，其他触发器也因为没有触发脉冲而保持 0 态不变。计数器输出状态为 001。

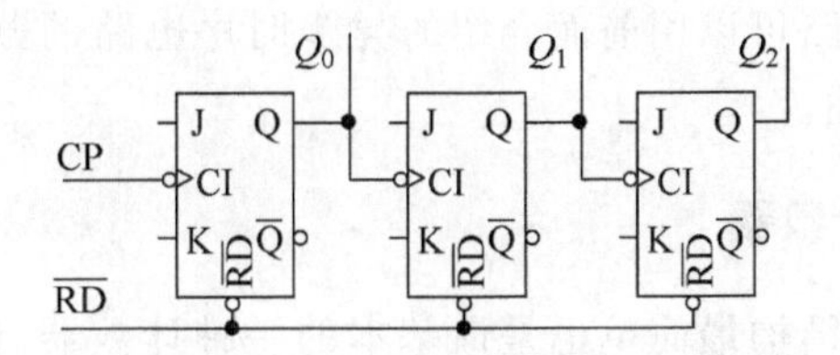

图 5.31 用 JK 触发器组成的异步二进制加法计数器

当第 2 个计数脉冲下降沿到来时，Q_0 翻转为 0，这时，Q_0 端由 1 变为 0 所产生的脉冲下降沿使 Q_1 翻转，由 0 态变为 1 态。但 Q_1 端由 0 变为 1 的正跳变不能使 Q_2 翻转。计数器的状态为 010。

如果继续输入计数脉冲，则每输入一个计数脉冲，Q_0 翻转一次；每输入两个计数脉冲，Q_1 翻转一次；每输入 4 个计数脉冲，Q_2 翻转一次。所以输入 7 个计数脉冲后，计数器的状态为 111。计数器的状态与输入脉冲个数的关系如表 5.9 所示。图 5.32 所示是各触发器的状态波形图。

表 5.9 计数器与输入脉冲个数的关系

输入脉冲个数	Q_2^n	Q_1^n	Q_0^n	CP_2	CP_1	CP_0	Q_2^{n+1}	Q_1^{n+1}	Q_0^{n+1}
1	0	0	0	0	0	↑	0	0	1
2	0	0	1	0	↑	↑	0	1	0
3	0	1	0	0	0	↑	0	1	1
4	0	1	1	↑	↑	↑	1	0	0
5	1	0	0	0	0	↑	1	0	1
6	1	0	1	0	↑	↑	1	1	0
7	1	1	0	0	0	↑	1	1	1
8	1	1	1	↑	↑	↑	0	0	0

显然，输入第 8 个计数脉冲后，3 个触发器将依次由 1 态翻转为 0 态。计数器又处于 000 状态。这时 Q_2 输出一个进位脉冲。由此可见，一个 3 位二进制计数器共有 $2^3=8$ 个状态。可以累计 8 个计数脉冲，即逢八进一。所以 3 位二进制计数器可以组成 1 位八进制计数器。

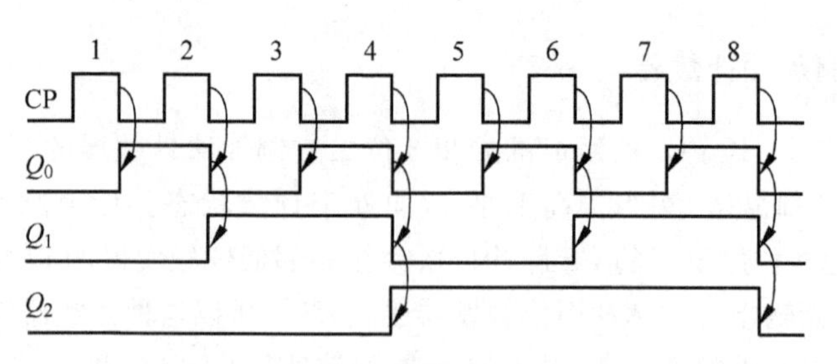

图 5.32　3位二进制加法计数器的时序图

观察图 5.32 所示波形可以看出，每个触发器波形变化的频率为其相邻低位触发器波形变化频率的 1/2。相对于计数脉冲而言，Q_0、Q_1、Q_2 的输出脉冲分别是二分频、四分频和八分频，因此这种计数器也可以作为分频器使用。

异步二进制计数器电路可以用前面介绍的异步时序电路的分析方法进行分析，读者可以自行分析，这里不再赘述。

2. 同步二进制加法计数器

异步二进制计数器是结构最简单也是最基本的一种计数器，但其工作速度较低。如果把计数脉冲同时加在各个触发器的 CP 端，就构成了同步计数器。同步计数器的特点是在 CP 脉冲作用下，应当翻转的触发器同时翻转，不应当翻转的触发器状态保持不变，并且工作速度较快。图 5.33 是由 4 个 JK 触发器组成的同步二进制加法计数器的逻辑图。

根据时序电路的分析方法，写出图 5.33 的驱动方程

$$\begin{cases} J_0 = K_0 = 1 \\ J_1 = K_1 = Q_0^n \\ J_2 = K_2 = Q_0^n \cdot Q_1^n \\ J_3 = K_3 = Q_0^n \cdot Q_1^n \cdot Q_2^n \end{cases}$$

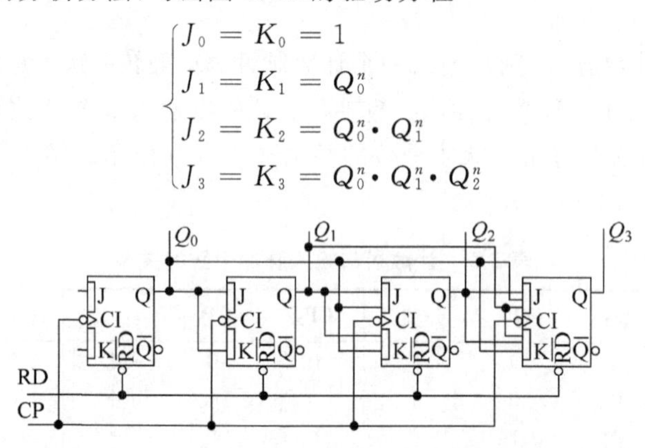

图 5.33　用 JK 触发器组成的同步二进制加法计数器

把驱动方程代入 JK 触发器的特性方程，得到其状态方程

$$\begin{cases} Q_0^{n+1} = \overline{Q_0^n} \\ Q_1^{n+1} = Q_0^n \oplus Q_1^n \\ Q_2^{n+1} = (Q_0^n Q_1^n) \oplus Q_2^n \\ Q_3^{n+1} = (Q_0^n Q_1^n Q_2^n) \oplus Q_3^n \end{cases}$$

由状态方程可以求出其状态表，如表 5.10 所示，波形图如图 5.34 所示。从中可以看出图 5.33 所示是一个 4 位二进制加法计数器。

表 5.10 同步二进制计数器状态表

输入脉冲个数	Q_3	Q_2	Q_1	Q_0
0	0	0	0	0
1	0	0	0	1
2	0	0	1	0
3	0	0	1	1
4	0	1	0	0
5	0	1	0	1
6	0	1	1	0
7	0	1	1	1
8	1	0	0	0
9	1	0	0	1
10	1	0	1	0
11	1	0	1	1
12	1	1	0	0
13	1	1	0	1
14	1	1	1	0
15	1	1	1	1
16	0	0	0	0

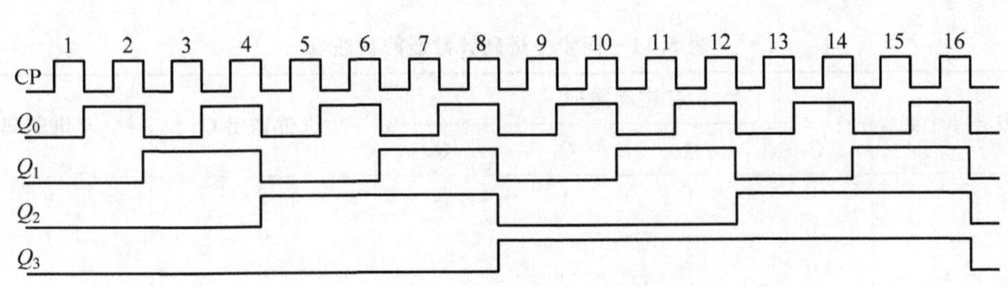

图 5.34 同步二进制加法计数器波形图

5.4.2 十进制计数器

二进制计数器虽然结构简单，但是位数多时读数比较困难，而且人们更习惯于十进制计数，因此，在数字装置的终端，广泛采用十进制数进行显示，因此需要十进制计数器。

十进制计数器需要有 10 个稳定的状态输出，以分别表示 0～9 十个数码，目前广泛应用 4 位二进制计数器组成一位十进制计数器，也就是从 4 位二进制计数器的 0000～1111 这 16 种状态中，取其中的 10 种状态分别表示十进制数的 0～9 十个数码。当然，从 16 种状态中选取 10 种状态的方法有很多种，通常采用的是 8421BCD 编码方式。图 5.35 所示是 8421BCD 码同步十进制加法计数器的逻辑图，图中 C 为进位输出端。

根据时序电路的分析方法，写出图 5.35 的驱动方程

$$
\begin{cases}
J_0 = K_0 = 1 \\
J_1 = \overline{Q_3^n} Q_0^n & \begin{cases} K_1 = Q_0^n \\ K_2 = Q_1^n Q_0^n \\ K_1 = Q_0^n \end{cases} \\
J_2 = Q_1^n Q_0^n \\
J_3 = Q_2^n Q_1^n Q_0^n
\end{cases}
$$

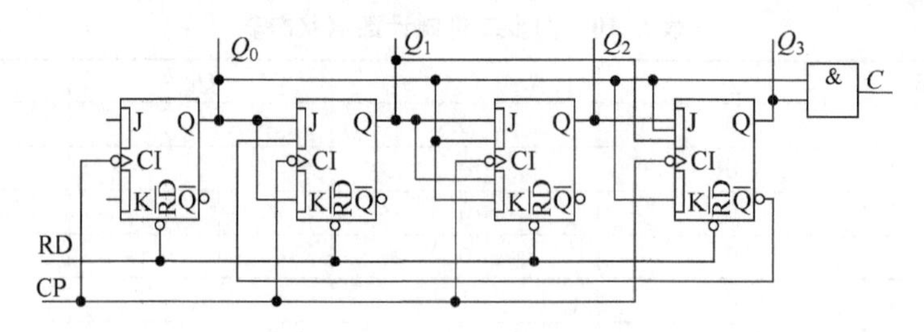

图 5.35 同步十进制加法计数器

把驱动方程代入 JK 触发器的特性方程，得到其状态方程和输出方程

$$C = Q_3^n Q_0^n$$

$$\begin{cases} Q_0^{n+1} = \overline{Q_0^n} \\ Q_1^{n+1} = \overline{Q_3^n} Q_0^n \overline{Q_1^n} + \overline{Q_0^n} Q_1^n \\ Q_2^{n+1} = (Q_0^n Q_1^n) \oplus Q_2^n \\ Q_3^{n+1} = Q_2^n Q_1^n Q_0^n \overline{Q_3^n} + \overline{Q_0^n} Q_3^n \end{cases}$$

由状态方程可以求出其状态表如表 5.11 所示，其波形图如图 5.36 所示，从中可以看出该电路是一个十进制计数器。

表 5.11 同步十进制计数器的状态表

计数脉冲个数	二进制数码				进位输出 C	十进制码
	Q_3	Q_2	Q_1	Q_0		
0	0	0	0	0	0	0
1	0	0	0	1	0	1
2	0	0	1	0	0	2
3	0	0	1	1	0	3
4	0	1	0	0	0	4
5	0	1	0	1	0	5
6	0	1	1	0	0	6
7	0	1	1	1	0	7
8	1	0	0	0	0	8
9	1	0	0	1	1	9
10	0	0	0	0	0	0

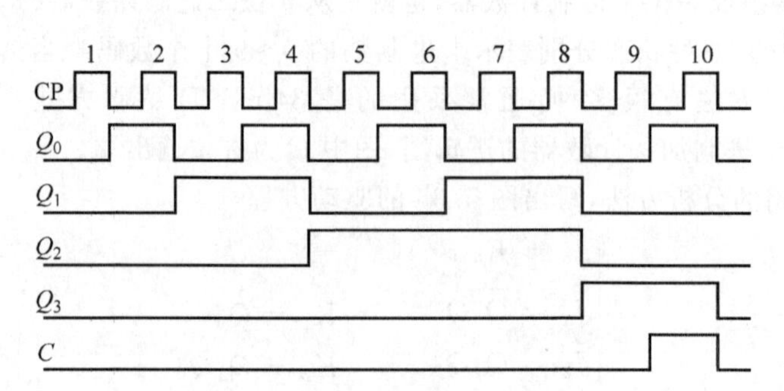

图 5.36 十进制计数器的时序图

5.4.3 集成计数器

在实际应用中常常用到的是集成计数器。集成计数器具有体积小、功耗低、功能灵活、使用方便的优点。

集成计数器种类很多,表 5.12 列出了几种常用集成计数器。限于篇幅,这里只介绍几种典型产品的功能和应用。

表 5.12 几种集成计数器

CP 脉冲	型号	计数模式	清 0 方式	预置数方式
同步	74161	4 位二进制加法	异步(低电平)	同步
	74LS191	单时钟 4 位二进制可逆	无	异步
	74LS193	双时钟 4 位二进制可逆	异步(高电平)	异步
	74160	十进制加法	异步(低电平)	同步
	74LS190	单时钟十进制可逆	无	异步
异步	74LS293	双时钟 4 位二进制加法	异步	无
	74LS290	二-五-十进制加法	异步	异步

1. 集成计数器 74161

1) 74161 的功能

74161 是同步 4 位二进制加法计数器。图 5.37(a)、(b)所示分别是其逻辑图和引脚图。图中 R_D 是异步清 0 端,低电平有效;LD 是同步置数端,低电平有效;A、B、C、D 是预置数据输入端;EP 和 ET 是计数器使能端;RCO 是进位输出端,其设置为多片集成计数器级联提供了方便。表 5.13 是 74161 的功能表。由表可知,74161 具有如下功能。

(1) 异步清 0。当 $R_D=0$ 时,无论其他输入端状态如何,计数器输出将置 0。

(2) 同步并行预置数。在 $R_D=1$ 的条件下,当 LD=0,并且 CP 的上升沿作用时,D、C、B、A 输入端的数据将同时分别被 $Q_3 \sim Q_0$ 接收。

(3) 保持。在 $R_D=\text{LD}=1$ 的条件下,当 EP · ET=0 时,即两个使能端中有一个为 0 时,不管有无 CP 脉冲,计数器保持原有状态不变。需要说明的是,当 EP=0,ET=1 时,进位输出 RCO 也保持不变;而当 ET=0 时,无论 EP 状态如何,RCO=0。

(4) 计数。当 $R_D=\text{LD}=\text{EP}=\text{ET}=1$ 时,74161 处于计数状态,其状态表与表 5.10 相同。

表 5.13 74161 的功能表

清 0 端	预置端	使能端		时钟	预置输入端				输出端			
R_D	LD	EP	ET	CP	D	C	B	A	Q_3	Q_2	Q_1	Q_0
0	×	×	×	×	×	×	×	×	0	0	0	0
1	0	×	×	↑	D	C	B	A	D	C	B	A
1	1	0	×	×	×	×	×	×	保持			
1	1	×	0	×	×	×	×	×	保持			
1	1	1	1	↑	×	×	×	×	计数			

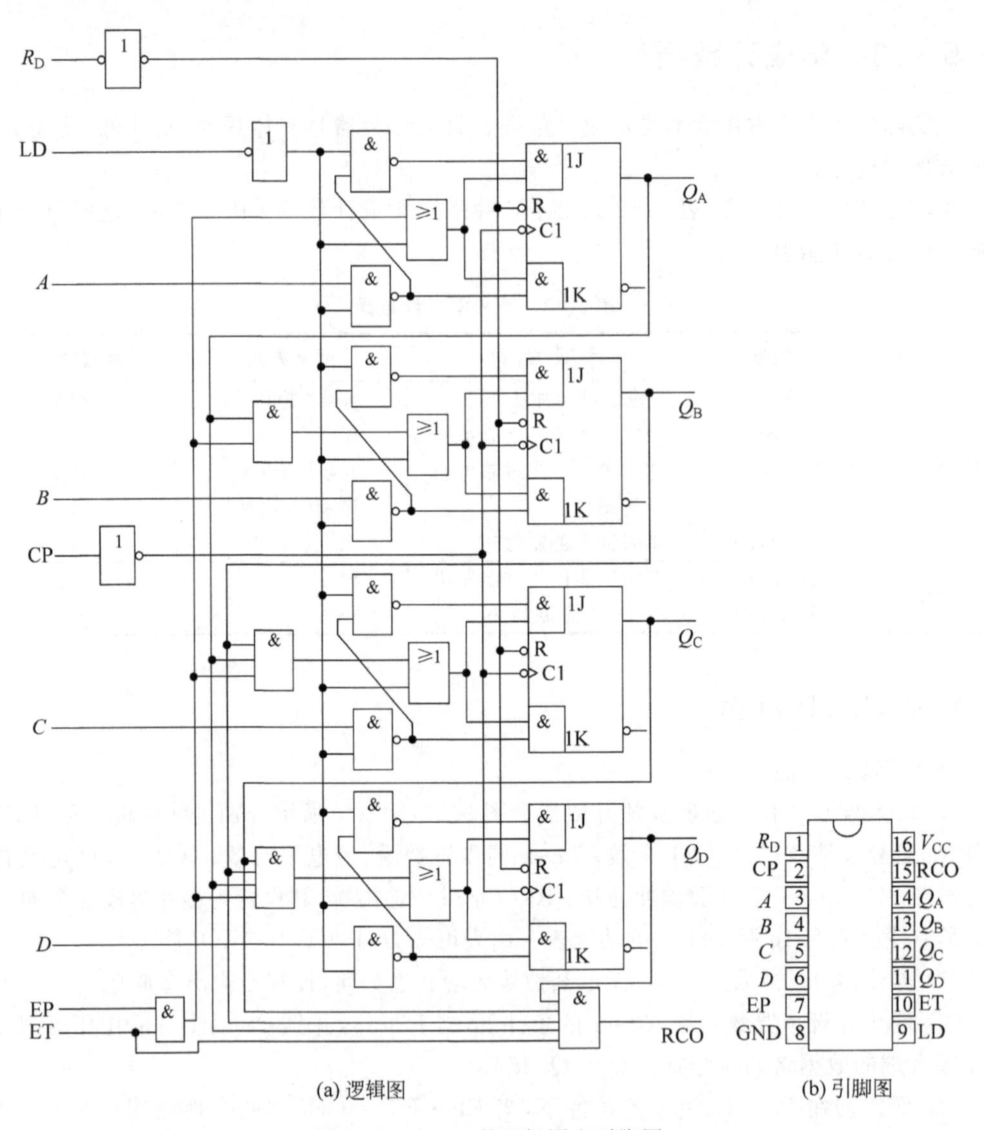

(a) 逻辑图　　(b) 引脚图

图 5.37　74161 的逻辑图和引脚图

74LS161、74HC161、74HCT161 等集成计数器的逻辑功能、外形尺寸、引脚排列顺序等与 74161 完全相同。

2) 用 74161 构成任意进制计数器

尽管集成计数器产品种类很多,也不可能任意进制计数器都有其对应的产品,在需要时,可以用现有的计数器外加适当的电路连接而成。

用现有 M 进制集成计数器构成 N 进制计数器时,如果 $M>N$,则只需一片集成芯片即可;若 $M<N$,则须多片集成计数器进行级联。

例 5.8　用 74161 构成九进制计数器。

解:九进制计数器有 9 个状态($N=9$),而 74161 有 16 个状态($M=16$),属于 $M>N$ 的情况。因此必须设法跳过 7($M-N=16-9=7$)个状态。一般有两种实现方法:反馈清 0 法和反馈置数法。

1）反馈清 0 法

反馈清 0 法适用于有清 0 输入端的集成计数器。74161 具有异步清 0 功能，在计数过程中，无论输出端处于哪种状态，只要使 $R_D=0$，计数器立即回到 0000 状态。清 0 信号消失后，又从 0000 状态开始重新计数。图 5.38(a)所示就是用反馈清 0 法实现的九进制计数器。从图中可知，74161 从 0000 开始计数，当输入第 9 个脉冲时，输出 $Q_3Q_2Q_1Q_0=1001$，通过与非门反馈给 R_D，使 74161 立即回到 0000 状态。接着清 0 信号消失，计数器重新从 0000 开始计数。即 1001 状态仅在瞬间出现，因此不能计入有效循环。其状态图如 5.38(b)所示。

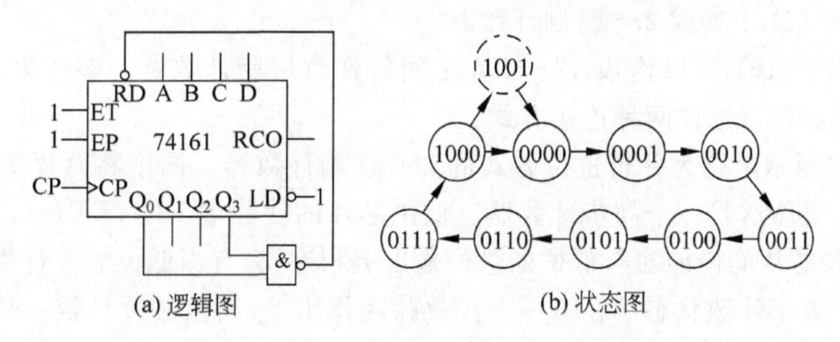

图 5.38 74161 用反馈清 0 法实现的九进制计数器

2）反馈置数法

这种方法适用于具有预置数功能的集成计数器。对于同步置数的计数器而言，可以将其计数过程中输出的任何一个状态通过译码产生的预置数控制信号反馈至预置数控制端，在下一个 CP 脉冲作用下，计数器把预置数据输入端 D、C、B、A 的状态置入输出端，当预置数控制信号消失后，计数器从预置的状态开始重新计数。

图 5.39(a)所示反馈置数法实现的九进制计数器。图中 Q_D 取反后与预置数控制端 LD 相连，当计数输出 $Q_3Q_2Q_1Q_0=1000$ 时，产生预置数控制信号。在下一个 CP 脉冲作用下，计数器置 0000 状态，同时预置数控制信号消失，计数器开始重新计数。图 5.39(b)是其状态图。

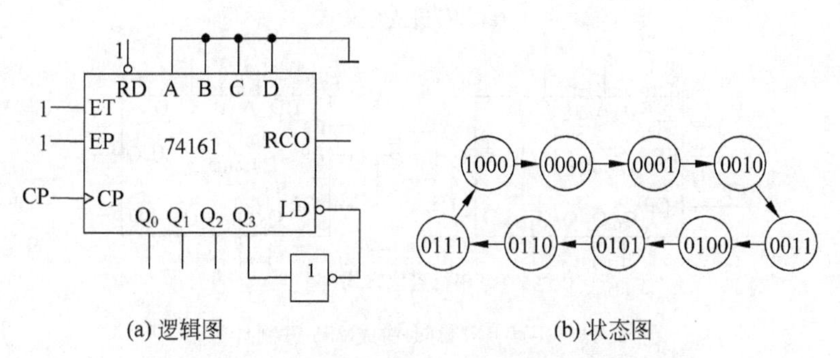

图 5.39 74161 用反馈置数法实现的九进制计数器

图 5.40 所示是反馈置数法的另一种电路。图中将进位输出信号 RCO 取反后与 LD 相连。当计数输出 $Q_3Q_2Q_1Q_0=1111$ 时，进位输出 RCO=1，取反后产生预置数控制信号 0，在下一个 CP 脉冲作用下，计数器置 0111 状态，同时预置数控制信号消失，计数器开始重新计数，即该电路计数状态从 0111 变为 1111。

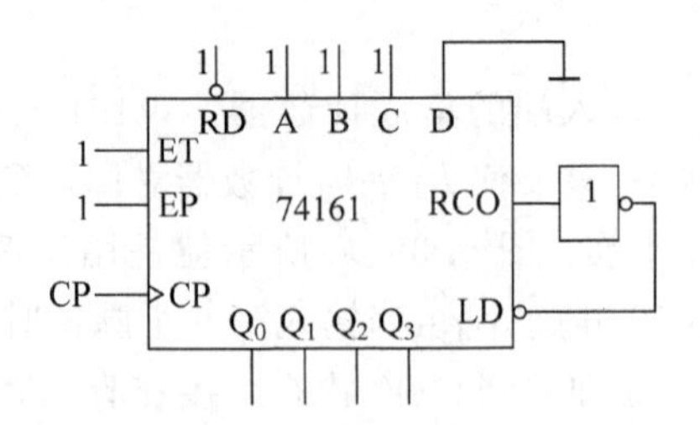

图 5.40 反馈置数法的另一种电路

例 5.9 用 74161 构成 256 进制计数器。

解：用两片 74161 可以构成 17～256 之间的任意进制计数器。多片集成计数器级联时，有并行进位和串行进位两种连接方式。

图 5.41(a)所示电路为并行进位方式的 256 进制计数器。图中将两片 74161 的 CP 脉冲连接在一起，显然这是一个同步计数器。低位芯片的使能端 EP＝ET＝1，因而总处于计数状态；而高位芯片的使能端与低位的进位输出端相连，只有当低位芯片计数到 1111 状态时，高位芯片才处于计数状态。在下一个计数脉冲作用下，高位芯片计数一个脉冲，低位芯片状态由 1111 变为 0000，其进位信号也随之消失，从而使高位芯片停止计数。

图 5.41(b)所示电路为串行进位方式的 256 进制计数器。低位芯片的进位输出信号 RCO 取反后与高位芯片的 CP 脉冲相连，显然这是一个异步计数器。从图中可知，只有当低位芯片状态由 1111 变为 0000 时，使其 RCO 由 1 变 0，高位芯片的 CP 由 0 变 1 时，高位芯片才计数一个脉冲，其他情况下，高位芯片保持不变。

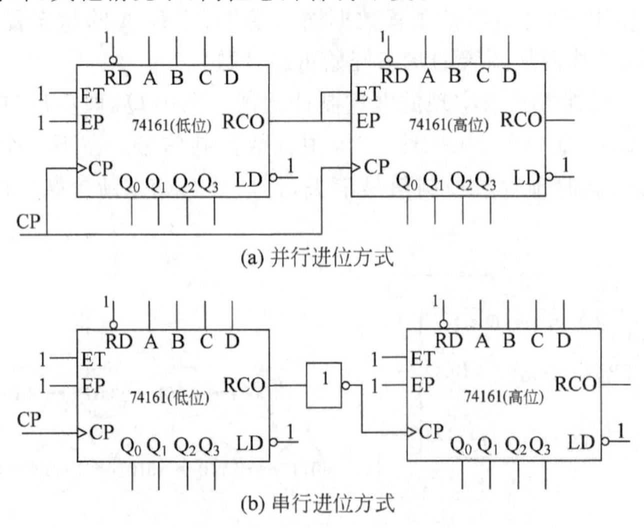

图 5.41 用两片 74161 构成 256 进制计数器

例 5.10 设计一个能连续输出串行序列 1011100 的序列发生器。

解：该序列长度为 7，即该序列发生器每 7 个时钟脉冲发出一串相同的串行信号，因此电路中必须有 7 个状态，每个状态依次输出 1、0、1、1、1、0、0。因此可以用 74161 设计的七进制计数器实现，采用反馈清 0 法，输出信号从 $Q_2Q_1Q_0$ 取出。为使每个状态的输出符合要求，可以通过 3 线-8 线译码器实现。计数器的输出 $Q_2Q_1Q_0$ 对应接到译码器的输入端

$A_2A_1A_0$,根据译码器实现组合逻辑函数的方法列出真值表,如表 5.14 所示。

则输出表达式为

$$Z=\overline{\overline{Y_0}\,\overline{Y_2}\,\overline{Y_3}\,\overline{Y_4}}$$

表 5.14 例 5.9 真值表

Q_2 Q_1 Q_0	A_2 A_1 A_0	Z
0 0 0	0 0 0	1
0 0 1	0 0 1	0
0 1 0	0 1 0	1
0 1 1	0 1 1	1
1 0 0	1 0 0	1
1 0 1	1 0 1	0
1 1 0	1 1 0	0

其逻辑图如图 5.42 所示。

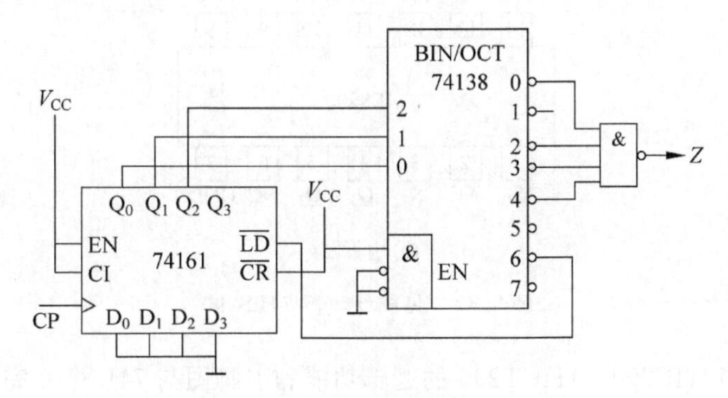

图 5.42 例 5.10 逻辑图

2. 集成计数器 74LS290

集成计数器 74LS290 是异步二-五-十进制计数器。图 5.43 是其逻辑图和引脚图。图中 R_{01}、R_{02}为异步置 0 控制端,当它们都为 1 时,计数器置 0,处于 0000 状态。S_{01}、S_{02}是异步置 9 控制端,当它们都为 1 时,计数器置 9,处于 1001 状态。用于计数时,R_{01}、R_{02}与 S_{01}、S_{02}均至少有一个为低电平。CP_0、CP_1 是两个时钟脉冲输入端,下降沿有效。74LS290 的逻辑功能表如表 5.15 所示。由逻辑图可见,4 个 JK 触发器分成两组,若由 CP_0 输入,Q_0 输出,而其余 3 个触发器不用时,为二进制计数器;由 CP_1 输入,$Q_3Q_2Q_1$ 输出,为五进制计数器;将 Q_0 接 CP_1,由 CP_0 输入,$Q_3Q_2Q_1Q_0$ 输出,则为 8421BCD 码十进制计数器。因此通常把 74LS290 叫做二-五-十进制计数器。

在二-五-十进制的基础上,利用反馈控制置 0 或置 9 端,将 Q_3、Q_2、Q_1、Q_0 与 R_{01}、R_{02}及 S_{01}、S_{02}进行适当连接,就可以得到二～十计数器中的任意一种。接线方法见表 5.16。用两片 74LS290 可以组成二～一百进制计数器中的任意一种。如图 5.44(a)、(b)所示分别是由 74LS290 组成的三进制计数器和六十进制计数器。其工作原理读者可自行分析。

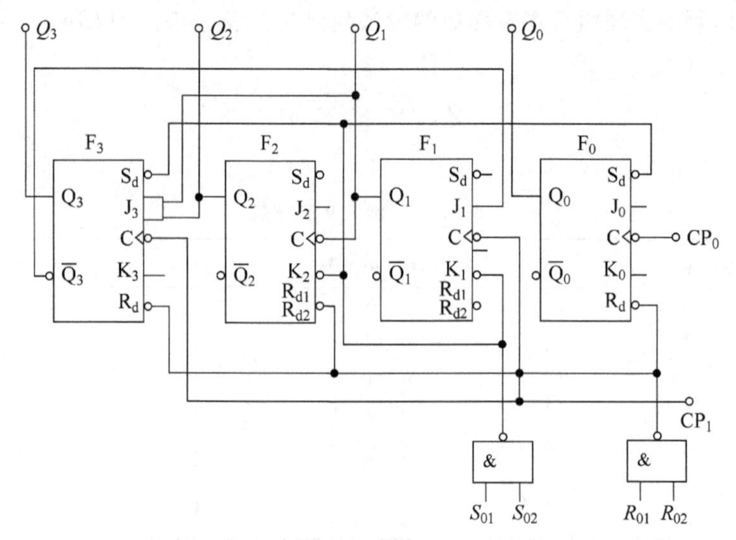

(a) 逻辑图

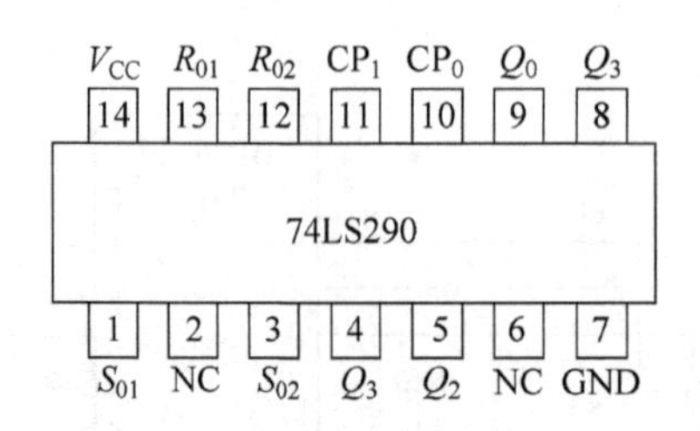

(b) 引脚图

图 5.43 集成计数器 74LS290

集成计数器 74HC290、74HCT290 的逻辑功能和引脚图与 74LS290 完全相同。

表 5.15 74LS290 功能表

控 制 端				输 出 端			
R_{01}	R_{02}	S_{01}	S_{02}	Q_3	Q_2	Q_1	Q_0
1	1	0	×	0	0	0	0
1	1	×	0	0	0	0	0
0	×	1	1	1	0	0	1
×	0	1	1	1	0	0	1
0	×	0	×	计数			
0	×	×	0				
×	0	0	×				
×	0	×	0				

表 5.16 74LS290 实现 9 种进制计数的接线法

进制	S_{01}	S_{02}	R_{01}	R_{02}	CP_0	CP_1	输 出 端
二	0	0	0	0	输入信号	悬空	Q_0
三	0	0	Q_1	Q_2	悬空	输入信号	Q_2Q_1

续表

进制	S_{01}	S_{02}	R_{01}	R_{02}	CP_0	CP_1	输出端
四	0	0	Q_3	Q_3	悬空	输入信号	$Q_3Q_2Q_1$
五	0	0	0	0	悬空	输入信号	$Q_3Q_2Q_1$
六	0	0	Q_1	Q_2	输入信号	Q_0	$Q_3Q_2Q_1Q_0$
七	Q_1	Q_2	0	0	输入信号	Q_0	$Q_3Q_2Q_1Q_0$
八	0	0	Q_3	Q_3	输入信号	Q_0	$Q_3Q_2Q_1Q_0$
九	0	0	Q_3	Q_0	输入信号	Q_0	$Q_3Q_2Q_1Q_0$
十	0	0	0	0	输入信号	Q_0	$Q_3Q_2Q_1Q_0$

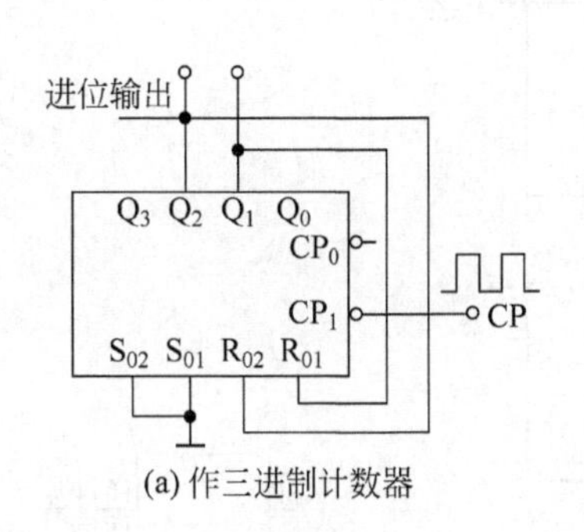

(a) 作三进制计数器

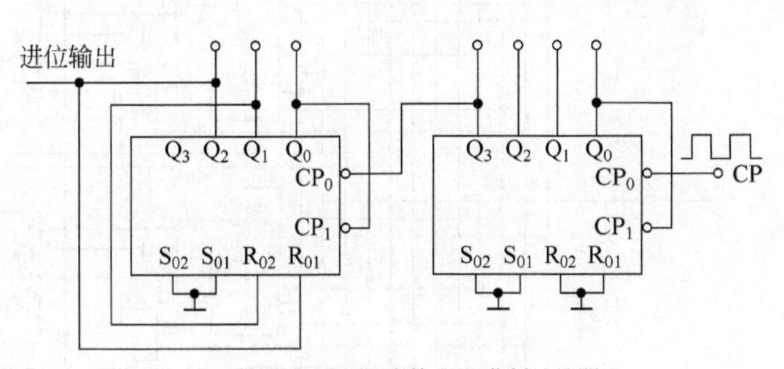

(b) 74LS290组成的六十进制计数器

图 5.44 74LS290 的应用

3. 集成计数器 74LS193

74LS193 是双时钟 4 位二进制同步可逆计数器。图 5.45(a)、(b)分别是其逻辑图和引脚图。表 5.17 是其功能表。74LS193 也有两个时钟脉冲输入端。从表中可见，当 74LS193 进行加法计数时，$CP_D=1$，时钟脉冲从 CP_U 输入；进行减法计数时，$CP_U=1$，时钟脉冲从 CP_D 输入。R_D 是异步清 0 端，高电平有效；LD 是异步置数端，低电平有效。

74HC193、74HCT193 与 74LS193 的逻辑功能和引脚图完全相同。

表 5.17 74LS193 功能表

清 0 端 R_D	预置端 LD	时钟 CP_U	时钟 CP_D	预置数输入端 D	C	B	A	输出端 Q_3	Q_2	Q_1	Q_0
1	×	×	×	×	×	×	×	0	0	0	0
0	0	×	×	D	C	B	A	D	C	B	A
0	1	↑	1	×	×	×	×	加法计数			
0	1	1	↑	×	×	×	×	减法计数			

5.4.4 计数器应用举例

1. 流水灯控制电路

闪烁的霓虹灯装点了都市的夜色，烘托了节日的氛围。这里介绍一种用计数器控制的

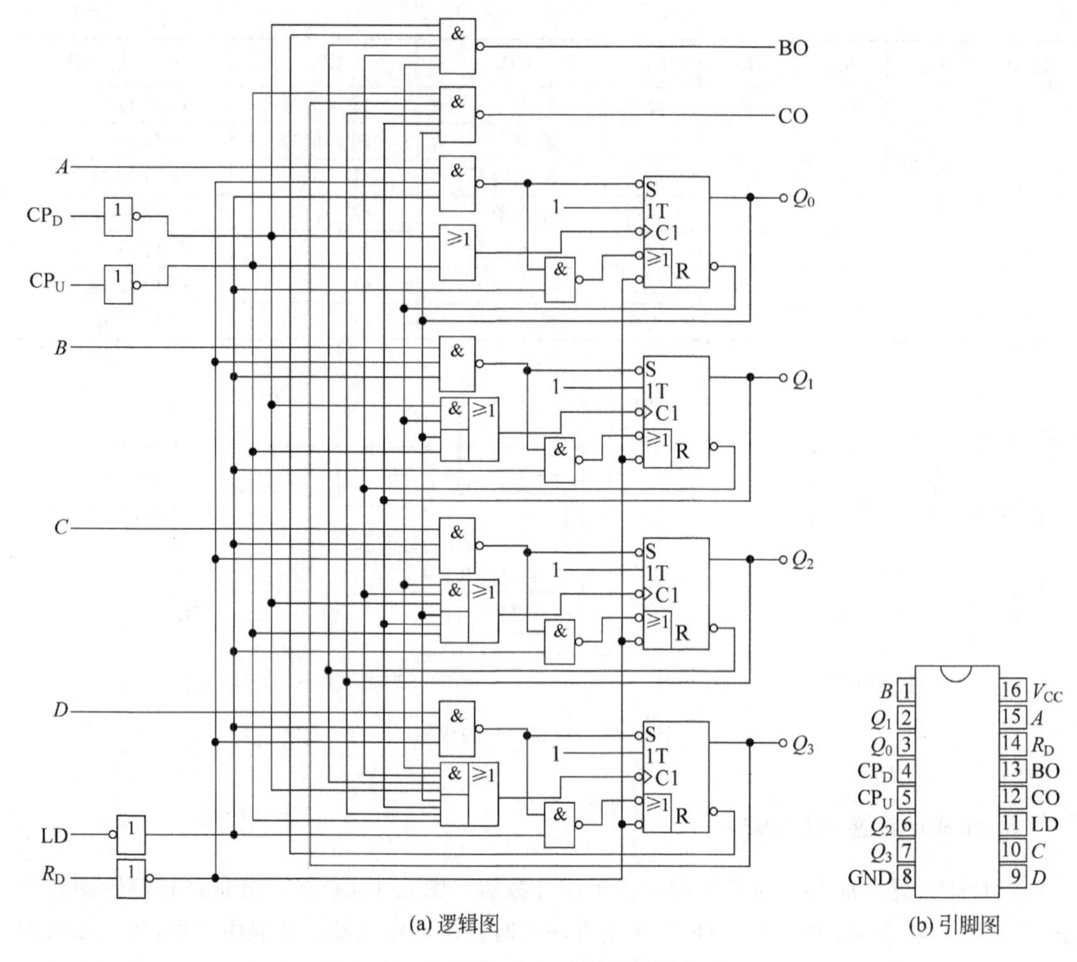

(a) 逻辑图

(b) 引脚图

图 5.45 双时钟 4 位二进制计数器 74LS193

流水灯,如图 5.46 所示。图中的 CD4017 是 CMOS 二-十进制计数器兼译码器集成芯片,其外引脚图如 5.47 所示。主要引脚功能如下。

CP:计数脉冲输入端,上升沿触发。

$\overline{\text{EN}}$:使能端,低电平有效。

CR:复位输入端,高电平有效。

CO:进位输出端。

$Y_0 \sim Y_9$:10 线译码输出端。当计数值为 0 时,$Y_0=1$,其余输出端均为低电平;当计数值为 1 时,$Y_1=1$,其余输出端均为低电平……依此类推,当计数值为 9 时,$Y_9=1$,其余输出端均为低电平;当输入 10 个计数脉冲后,又回到 $Y_0=1$ 状态。由此可见,每输入一个 CP 脉冲,$Y_0 \sim Y_9$ 输出线上的高电平循环移位一次。

在控制流水灯时,每一个输出线上可以接一组灯。图 5.46 所示电路中只使用了 Y_0、Y_1、Y_2 三条输出线。每一组都是通过晶体管 VT 控制双向可控硅 SCR 的导通和截止,从而控制相应输出线上彩灯的亮灭。

如果接到 CR 复位端的不是 Y_3 而是 CO,则高电平是在 $Y_0 \sim Y_9$ 之间轮流出现,从而可

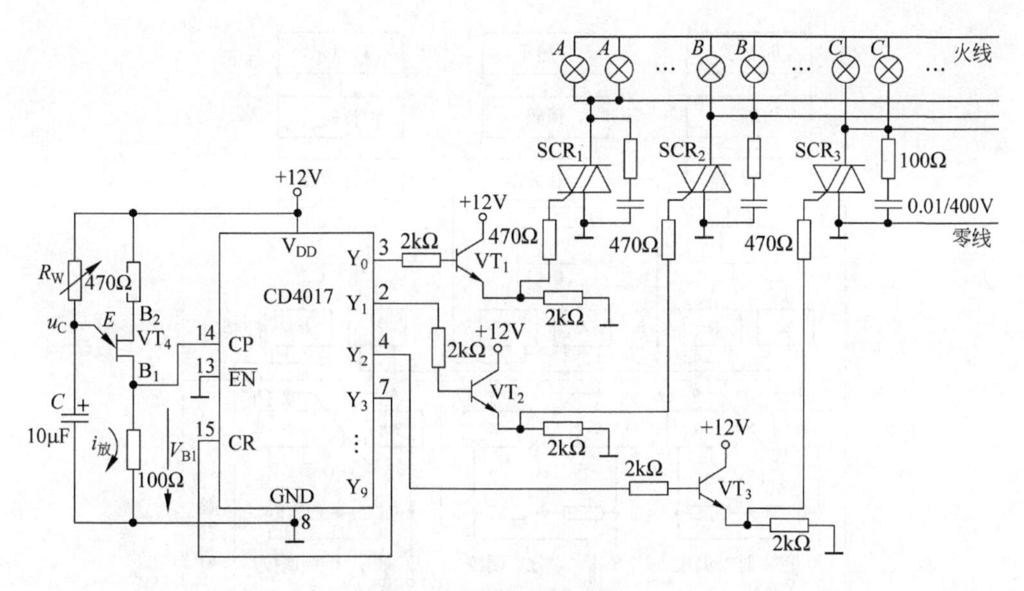

图 5.46　流水灯控制电路

以控制十组彩灯闪烁。若$\overline{EN}$端加上控制信号,使其间断地接通高电平,那么计数器就会间断地计数,从而使彩灯在$\overline{EN}$为高电平期间停止流动,给人以“流动-停止-流动”的感觉。该电路读者可自行设计。

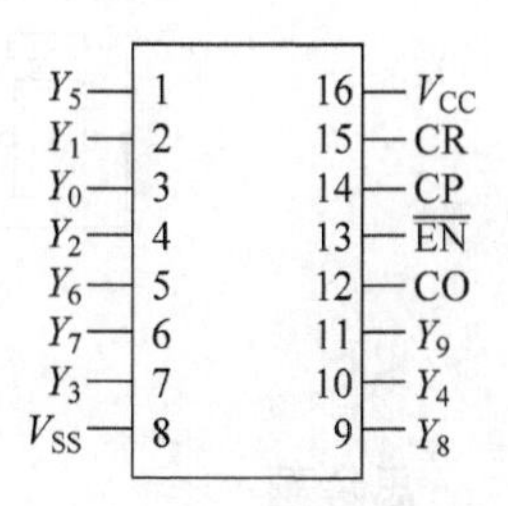

图 5.47　CD4017 引脚图

2. 数字钟电路

数字钟是计数电路的一种典型应用,图 5.48 所示电路是数字钟的结构框图,主要由三部分组成。

1) 秒脉冲发生电路

秒脉冲发生电路由 32.768kHz 的石英晶体振荡器和若干分频电路构成,振荡器产生的方波经 2^{15} 分频后,得到标准的秒脉冲信号,该秒脉冲经过控制门再进入秒计数器进行计数。由于使用了石英晶体振荡器,振荡频率准确而且稳定。

2) 时、分、秒计数译码显示电路

标准秒脉冲经过控制门进入秒计数器进行六十进制计数,并经过译码后显示。当计数满 60 时,向“分”进位,分计数器得到一个分脉冲,同时秒脉冲计数自动清 0。同理进行分脉冲和时脉冲计数和显示。

3) 时间校准电路

时间调整由 3 个按钮和 3 个 RS 触发器构成,分别进行秒、分、时调整。从图 5.48 中可见,当按钮 AN_1 松开时,计数器进行正常计数;当按钮 AN_1 按下时,秒脉冲不能通过,而周期为 0.5s 的脉冲可以进入秒计数器以实现“秒”调整。“分”调整和“时”调整的原理与此相同。

值得注意的是,该数字钟如果由通用中、小规模集成电路实现,则使用芯片多,电路复杂,因而没有实用价值。在实际应用中,一般使用专用集成电路来实现。

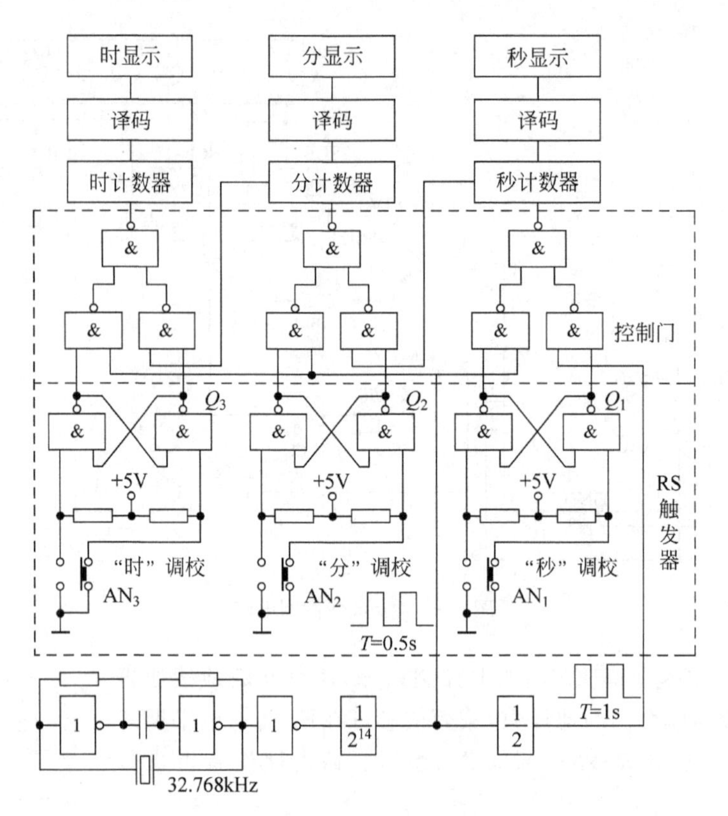

图 5.48 数字钟结构框图

思考题

1. 如何用触发器组成异步二进制减法计数器?

2. 具有同步清0功能的集成计数器如何用反馈清0法构成 N 进制计数器?

3. 试用触发器实现例5.10的序列发生器。

4. 图5.48所示数字钟电路中,时、分、秒计时可以选用哪些中规模集成计数器来实现?如何实现?

5.5 寄存器

在数字系统中,经常需要一种逻辑部件把参与运算的数码或运算结果暂时存放起来,然后根据需要取出来进行必要的处理和运算,这种用来暂存数码的逻辑部件称为寄存器。凡是具有记忆功能的触发器都能寄存数码。一个触发器只能存放一位二进制数码,因此,n 个触发器可以组成 n 位二进制寄存器。

寄存器按其逻辑功能的不同,可分为数码寄存器和移位寄存器。

5.5.1 数码寄存器

数码寄存器是并行输入并行输出的寄存器。图5.49是由D触发器组成的4位数码寄存器,其工作原理如下:接收数码前,首先在清零端 R_D 加一正脉冲,使各触发器置0态,清除寄存器中原有数码。如果要寄存的数码是 1101,应先将待存数码置入各个相应的输入端,即使 $D_3=1,D_2=1,D_1=0,D_0=1$,然后在 CP 端加一个负脉冲,数码便并行存入寄存器,而使 $Q_3=1$、$Q_2=1$、$Q_1=0$、$Q_0=1$。因为 D 触发器的状态由输入端 D 端的状态来决定,所以事先不清 0 也可以。只要不存入新的数码,原来的数码可以一直保持下去。

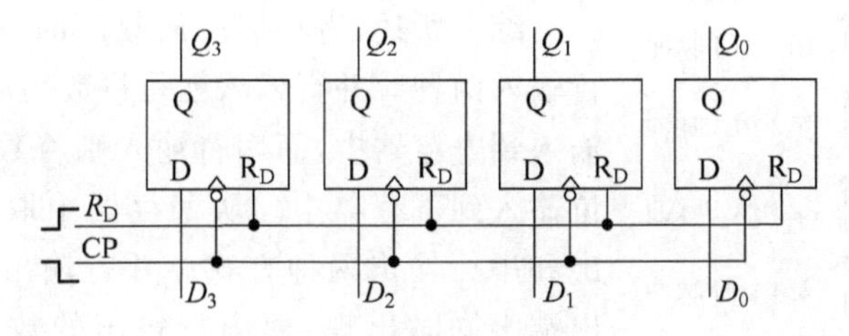

图 5.49　4 位数码寄存器

5.5.2　移位寄存器

移位寄存器除了具有存放数码的功能外,还具有使数码在寄存器中移位的功能。所谓移位,就是每来一个移位脉冲,触发器的状态就向左边或右边的相邻触发器转移,从而使寄存的数码在移位脉冲的控制下依次进行移位。移位是一种重要的逻辑功能,在进行二进制加法运算、乘法运算以及在一些输入/输出电路中都需要这种移位功能。移位寄存器可分为单向移位寄存器和双向移位寄存器,其中单向移位寄存器又包括左移移位寄存器和右移移位寄存器。下面以右移移位寄存器为例来说明移位寄存器的工作原理。

图 5.50 是由 D 触发器组成的 4 位右移移位寄存器,其中右边触发器的输入端 D 依次接到左边相邻触发器的输出端 Q,待存数码由触发器 Q_3 的输入端 D_3 输入。若要寄存的数码为 1101,则可按移位脉冲(即时钟脉冲)的工作节拍,依照先低位后高位的顺序送到 D_3 端。设寄存器的初态为 0000。第 1 个待存数码为 1,所以 $D_3=1$,当第一个移位脉冲的上升沿到来时,触发器 Q_3 翻转为 1,其他触发器状态不变,各触发器 Q_3、Q_2、Q_1、Q_0 的状态变为 1000。第 2 个待存数码为 0,所以 $D_3=0,D_2=Q_3=1$,当第二个移位脉冲的上升沿到来时,寄存器的状态变为 0100。第 3 个待存数码为 1,所以 $D_3=1,D_2=Q_3=0,D_1=Q_2=1$,在第三个移位脉冲作用下,寄存器的状态变为 1010。第 4 个待存数码是 1,所以 $D_3=1$,而 $D_2=Q_3=1,D_1=Q_2=0,D_0=Q_1=1$,在第 4 个移位脉冲作用下,寄存器的状态变为 1101。由此可见,经过 4 次移位就把一串数码 1101 从左向右依次移入寄存器中。

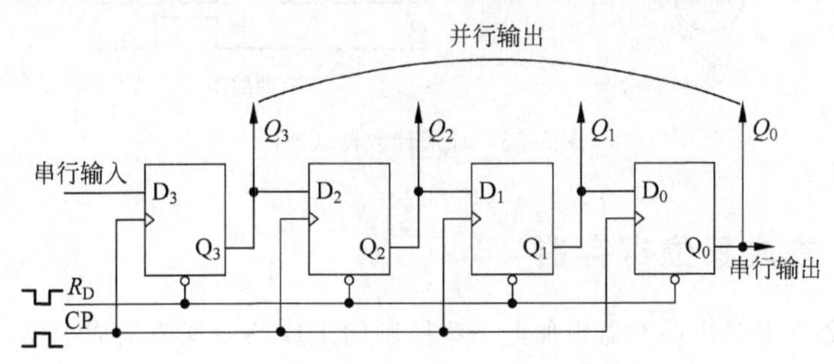

图 5.50　用 D 触发器组成的 4 位右移移位寄存器

上述移位过程的示意图如图 5.51 所示。

如果同时从寄存器的 $Q_3 \sim Q_0$ 端取出数码,称为并行输出;若从 Q_0 端取出数码,则为串行输出。如果采用串行输出,还需要再输入 4 个移位脉冲,所存的数码 1101 才能从 Q_0 端逐位取出。

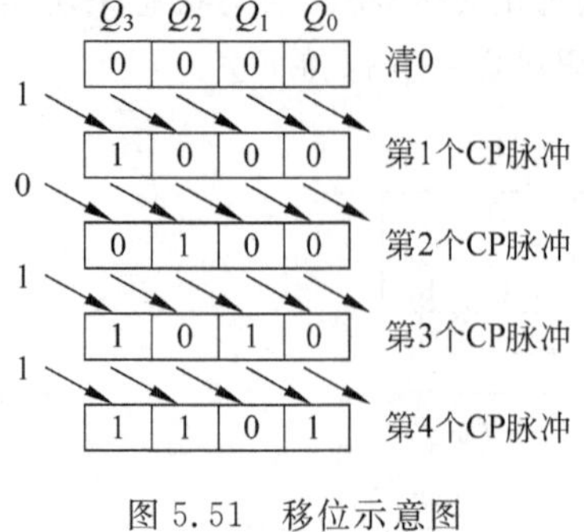

图 5.51　移位示意图

综上所述,寄存器存放数码的方式有并行输入和串行输入两种。并行输入就是将数码从对应的输入端同时输入到寄存器中,而串行输入则将数码从一个输入端逐位输入到寄存器中。从寄存器中取出数码也有并行输出和串行输出两种方式。并行输出的数码在对应的输出端上同时出现,而串行输出的数码在末位输出端逐位出现。

寄存器的应用很广,尤其是移位寄存器,不仅可以将串行数码转换成并行数码,或者将并行数码转换成串行数码,而且可以很方便地构成移位寄存器型的计数器。图 5.52 是由移位寄存器组成的环形计数器,它将 Q_0 的输出端接到 Q_3 的输入端。由于这样连接以后,触发器构成了环形,故名环形计数器。通过分析可以很容易地画出环形计数器的状态图,见图 5.53(a),图 5.53(b)是其波形图。由状态图可知,这种电路在输入计数脉冲 CP 作用下,可以循环移位一个 1,也可以循环移位一个 0。如果选用循环移位一个 1,则有效状态为 1000、0100、0010、0001。工作时,应先用启动脉冲将计数器置入有效状态,例如置入 1000,然后才能加 CP 脉冲。

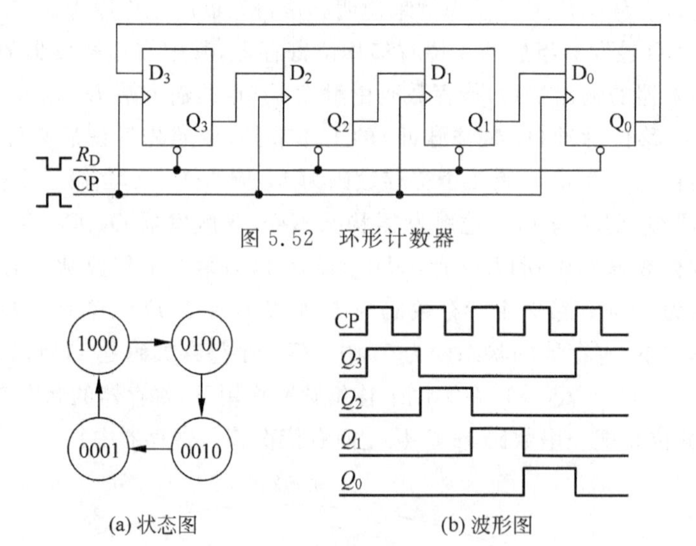

图 5.52　环形计数器

图 5.53　环形计数器状态图

5.5.3 集成移位寄存器

集成移位寄存器是由触发器再加上一些控制门组成的中规模集成电路,常用的有 4 位和 8 位移位寄存器。中规模集成电路 74194 就是一种具有左移、右移、清 0、数据并行输入、并行输出、串行输入、串行输出等多种功能的 4 位双向移位寄存器,其逻辑图和引脚图如

图 5.54 所示。图中 R_D 是异步清零端，高电平有效，$D_0 \sim D_3$ 是并行输入端，$Q_0 \sim Q_3$ 是并行输出端，D_{SR} 是右移移位输入端，D_{SL} 是左移移位输入端，S_1 和 S_0 是控制信号输入端，控制信号有 4 种组合，控制 74194 完成左移、右移、并行输入和保持 4 种功能，见表 5.18。74194 的逻辑功能见表 5.19。

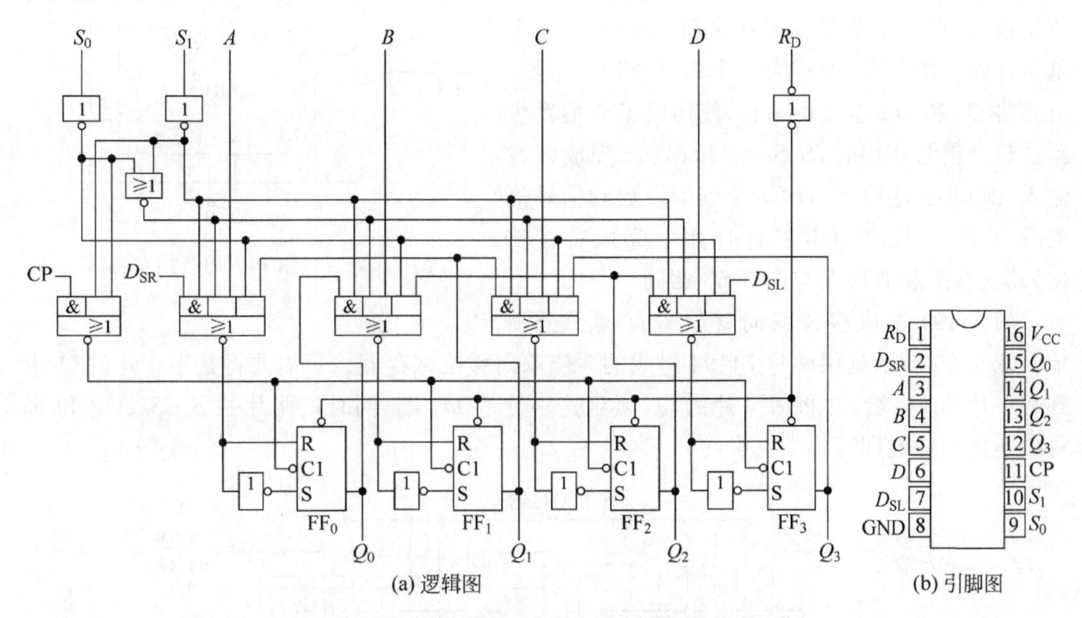

(a) 逻辑图　　(b) 引脚图

图 5.54　集成移位寄存器 74194 的逻辑图和引脚图

表 5.18　74194 控制信号功能

S_1	S_0	完成的功能
0	0	保持
0	1	右移
1	0	左移
1	1	并行输入

表 5.19　74194 的逻辑功能表

输入										输出				工作模式
清零	控制		串行输入		时钟	并行输入								
R_D	S_1	S_0	D_{SL}	D_{SR}	CP	D_0	D_1	D_2	D_3	Q_0	Q_1	Q_2	Q_3	
0	×	×	×	×	×	×	×	×	×	0	0	0	0	异步清零
1	0	0	×	×	×	×	×	×	×	Q_0^n	Q_1^n	Q_2^n	Q_3^n	保持
1	0	1	×	1	↑	×	×	×	×	1	Q_0^n	Q_1^n	Q_2^n	右移，D_{SR} 为串行输入，Q_3 为串行输出
1	0	1	×	0	↑	×	×	×	×	0	Q_0^n	Q_1^n	Q_2^n	
1	1	0	1	×	↑	×	×	×	×	Q_1^n	Q_2^n	Q_3^n	1	左移，D_{SL} 为串行输入，Q_0 为串行输出
1	1	0	0	×	↑	×	×	×	×	Q_1^n	Q_2^n	Q_3^n	0	
1	1	1	×	×	↑	D_0	D_1	D_2	D_3	D_0	D_1	D_2	D_3	并行置数

移位寄存器 74194 在数字系统中应用极其广泛,下面以节拍发生器为例介绍 74194 的应用。

计算机在执行每一条指令时,总是把一条指令分成若干基本操作,然后由控制器发出一系列节拍信号,每一个节拍信号控制计算机完成一个基本操作。图 5.55 所示为一个简单节拍发生器。只要将 Q_3 和 D_{SR} 连接在一起,就构成了节拍发生器。启动信号作用时,$S_1S_0=11$,74194 完成并行输入,即 $Q_0Q_1Q_2Q_3=ABCD=0001$。启动信号消失后,$S_1S_0=01$,在 CP 脉冲作用下完成右移移位,其状态图和波形图与图 5.53 相同。

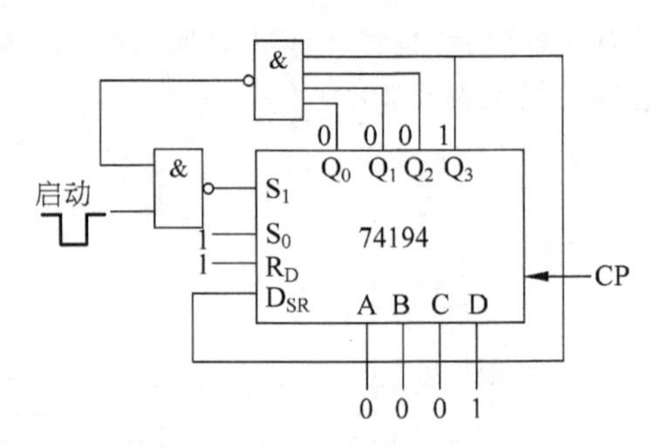

图 5.55　74194 构成的节拍发生器

用 74194 组成多位双向移位寄存器十分简单。图 5.56 所示是用两片 74194 组成的 8 位双向移位寄存器。只需要将其中一片的 Q_3 接到另一片的 D_{SR} 端,并将另一片的 Q_0 接到这一片的 D_{SL} 端,同时把两片的 S_1、S_0、CP 和 R_D 对应连接到一起即可。

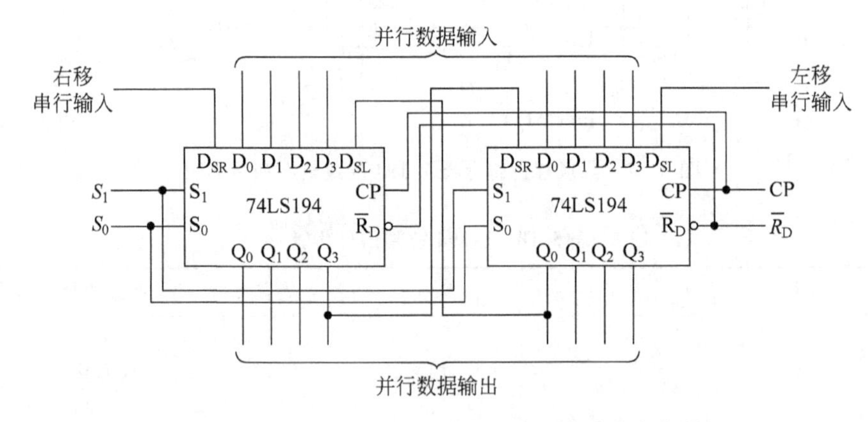

图 5.56　用两片 74194 组成的 8 位双向移位寄存器

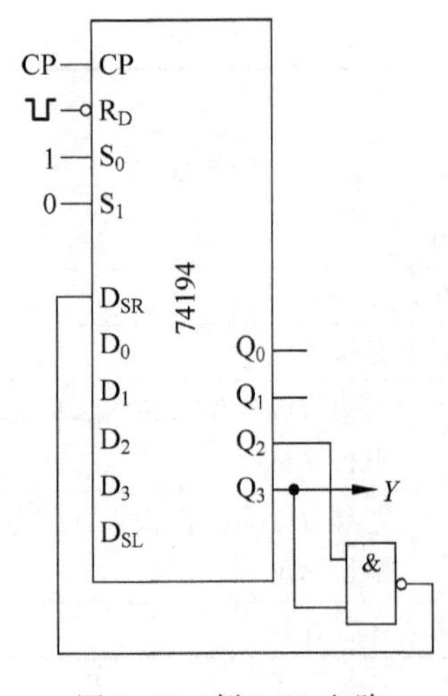

图 5.57　例 5.11 电路

例 5.11　图 5.57 所示电路是一个用 74194 构成的分频电路,试分析电路是几分频。

解:图 5.57 中控制信号 $S_1S_0=01$,74194 工作在右移移位方式。电路工作时首先在异步清零端 R_D 输入一个低电平信号将 74194 清零,即 $Q_0Q_1Q_2Q_3=0000$。右移移位输入 $D_{SR}=\overline{Q_2Q_3}$,随着时钟脉冲 CP 作用,执行右移移位操作。当第 1 个时钟脉冲上升沿到来时,输出 $Q_0Q_1Q_2Q_3=1000$;当第 2 个时钟脉冲上升沿到来时,$Q_0Q_1Q_2Q_3=1100$,以此类推。其状态表如表 5.20 所示,从状态表可以看出,该电路构成一个七进制计数器。由于电路异步清零后的状态 $Q_0Q_1Q_2Q_3=0000$ 不包含在有效状态中,仅仅是一个启动信号,该电路不能自启动。其波形图如图 5.58 所示,从图中可以看出,74194

的输出信号是时钟信号 CP 的七分频信号，所以该电路是一个七分频电路。

若将与非门输入信号取自 74194 的不同输出端，就可以得到不同的分频信号。

表 5.20　例 5.16 状态表

CP	$D_{SR}=\overline{Q_2Q_3}$	$Q_0Q_1Q_2Q_3$
0	1	0000
1	1	1000
2	1	1100
3	1	1110
4	0	1111
5	0	0111
6	0	0011
7	1	0001

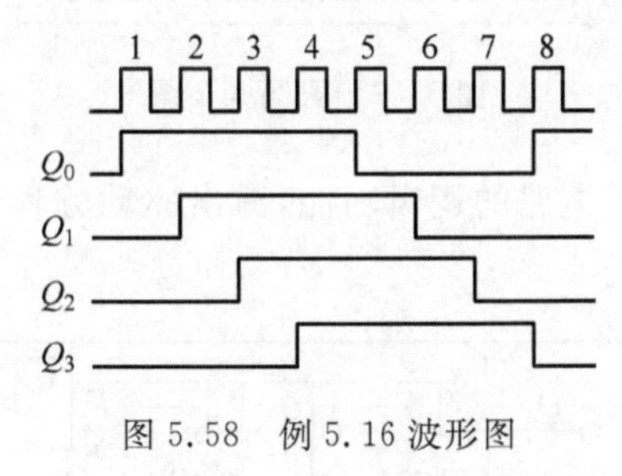

图 5.58　例 5.16 波形图

思考题

1. 如果由图 5.52 所示环形计数器循环移位一个 0，试画出其状态图。
2. 如何用 74194 实现图 5.46 所示流水灯控制电路？
3. 如何用 74194 构成 8 分频电路？

5.6　本章小结

时序逻辑电路是数字系统的重要分支，因此分析和设计时序电路是分析和设计数字系统不可或缺的环节。时序电路的分析和设计是互逆的过程。

计数器是一种常见的时序逻辑电路，其基本组成单元是触发器。它是一种具有加 1 或减 1 计数功能的基本逻辑部件。按进制分为二进制计数器、十进制计数器、任意进制计数器等。在数字系统中，二进制计数器是组成各种进制计数器的基础。一个 n 位二进制计数器有 2^n 个状态，可以累计 2^n 个计数脉冲。十进制计数器也称为二-十进制计数器，是在 4 位二进制计数器的基础上组成的，通常采用的编码方式是 8421BCD 码。计数器除计数外，还可作分频器。

寄存器也是一种常见时序逻辑电路，其基本组成单元是触发器。它是用来暂存二进制数码的。这些二进制数码可以是二进制数或二-十进制代码，也可以是某种特定的信息。寄存器有数码寄存器和移位寄存器两大类，其输入输出方式有串行和并行两种。

中规模集成电路是实际应用中经常用到的时序逻辑器件,最主要的有计数器和寄存器。计数器可以用作计数、分频等,寄存器通常用来暂存数据或进行数据格式转换。

习题 5

5.1 什么是时序逻辑电路和组合逻辑电路?二者有什么区别?

5.2 试分析图 5.59 所示电路的逻辑功能,写出驱动方程、状态方程和输出方程,画出状态图,检查电路能否自启动。

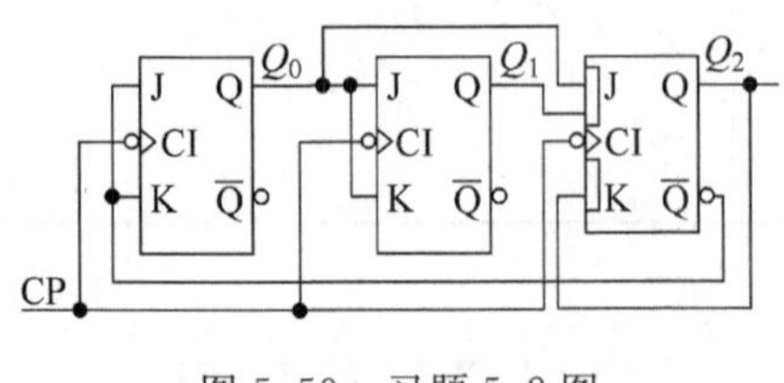

图 5.59 习题 5.2 图

5.3 试分析图 5.60 所示电路的逻辑功能,写出驱动方程、状态方程和输出方程,画出状态图,检查电路能否自启动。

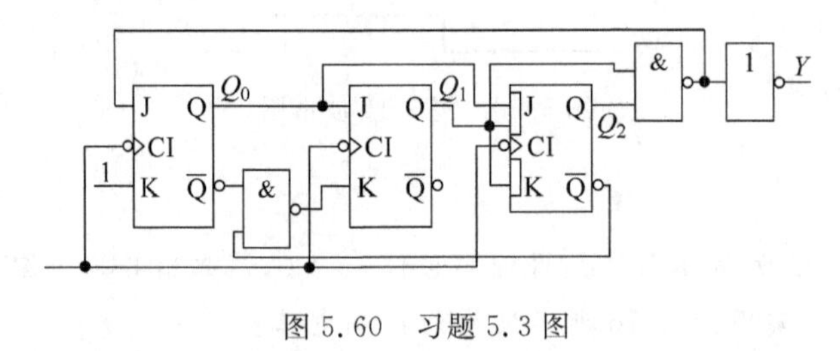

图 5.60 习题 5.3 图

5.4 试分析图 5.61 所示电路的逻辑功能,写出驱动方程、状态方程和输出方程,画出状态图,检查电路能否自启动。

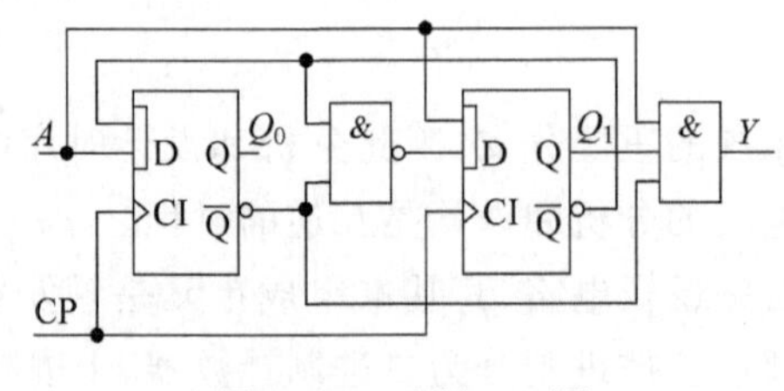

图 5.61 习题 5.4 图

5.5 试用同步 4 位二进制计数器 74LS161 和 4 线-16 线译码器 74LS154 设计节拍发生器,要求从 12 个输出端顺序、循环输出等宽的负脉冲。

5.6 设计一个灯光控制逻辑电路,要求红、绿、黄三种颜色的灯在时钟脉冲控制下按表 5.21 进行状态转换。表中 1 表示灯亮,0 表示灯灭。要求电路可以自启动,并尽可能用中规模集成电路设计。

表 5.21 习题 5.6 表

CP 序列	红 绿 黄
0	0 0 0
1	1 0 0
2	0 1 0
3	0 0 1
4	1 1 1
5	0 0 1
6	0 1 0
7	1 0 0
8	0 0 0

5.7 有人说“4 位二进制加法计数器也可以作为 16 进制加法计数器的一位”，这种说法对吗？为什么？

5.8 若利用图 5.33 所示电路作为 8 分频器，分频信号从哪个端子输出？

5.9 某数控机床用了一个 10 位二进制计数器，它最多能计多少个计数脉冲？

5.10 试用 JK 触发器组成一个 5 位二进制加法计数器。设初态为 01000，当最低位接收 20 个计数脉冲时，触发器 $Q_4 \sim Q_0$ 各处于什么状态？

5.11 试分析图 5.62 所示电路，画出状态图，说明是几进制计数器。

5.12 试分析图 5.63 所示电路，画出状态图，说明是几进制计数器。

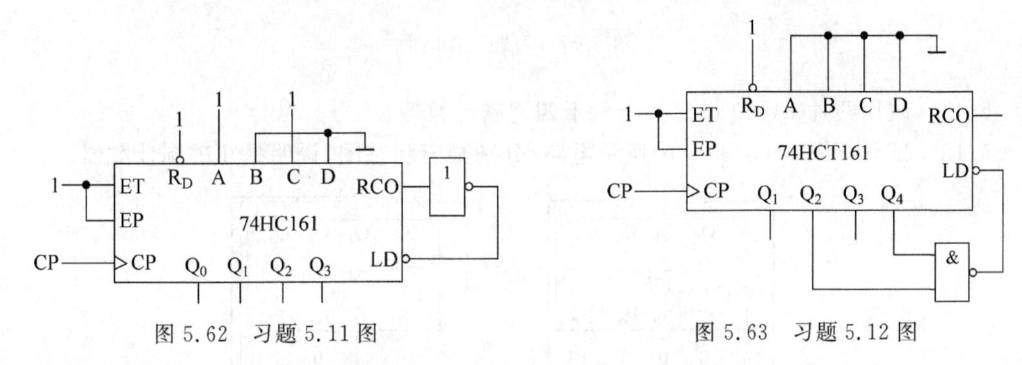

图 5.62 习题 5.11 图

图 5.63 习题 5.12 图

5.13 试分析图 5.64 所示电路，画出状态图，说明是几进制计数器。

5.14 试分析图 5.65 所示计数器在 $M=0$ 和 $M=1$ 时各是几进制计数器。74160 的逻辑功能与 74161 相似，不同之处在于 74160 是十进制计数器。

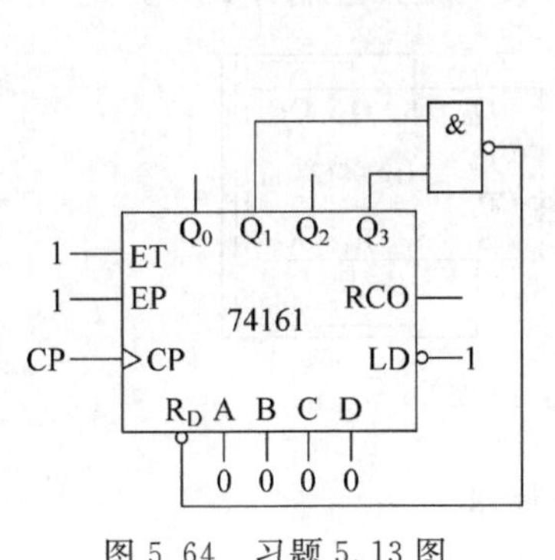

图 5.64 习题 5.13 图

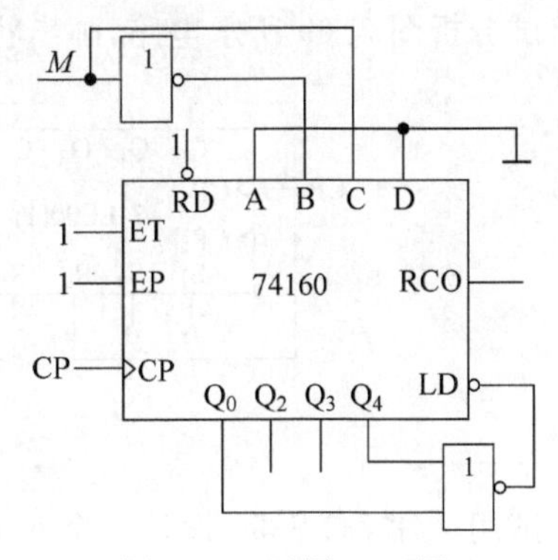

图 5.65 习题 5.14 图

5.15　试分析图 5.66 所示电路,说明是几进制计数器,采用的哪种进位方式。

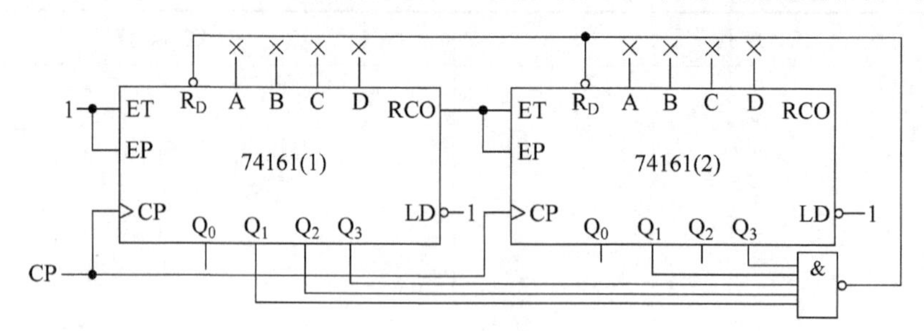

图 5.66　习题 5.15 图

5.16　试分析图 5.67 所示电路的分频比(即进位输出 Y 与时钟脉冲 CP 的频率之比)。

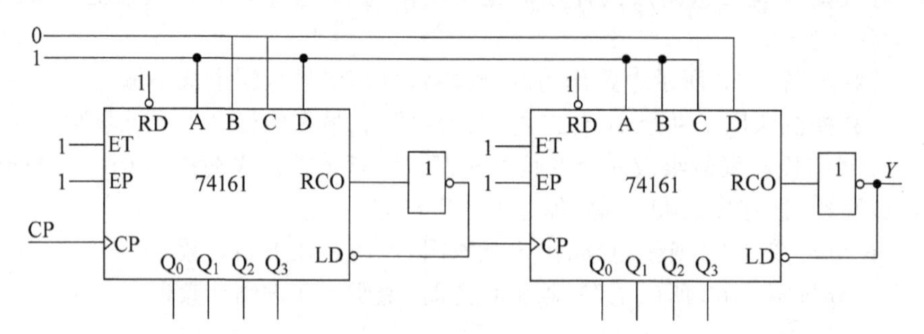

图 5.67　习题 5.16 图

5.17　试用两片 74160 设计一个六十四进制计数器。

5.18　试分析图 5.68(a)、(b)所示电路,分别画出状态图,说明是几进制计数器。

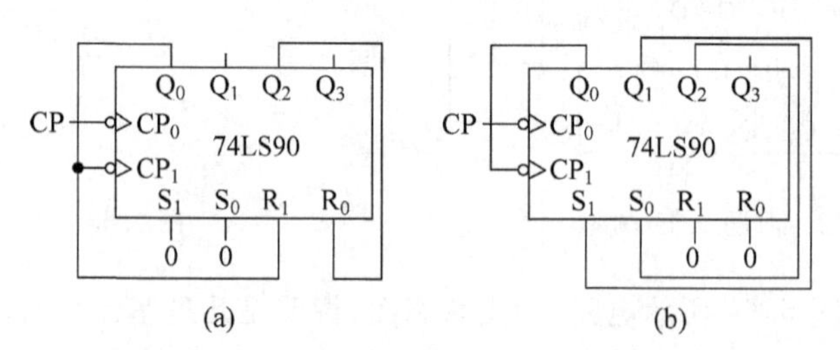

图 5.68　习题 5.18 图

5.19　试分析图 5.69 所示电路,画出状态图,说明是几进制计数器。

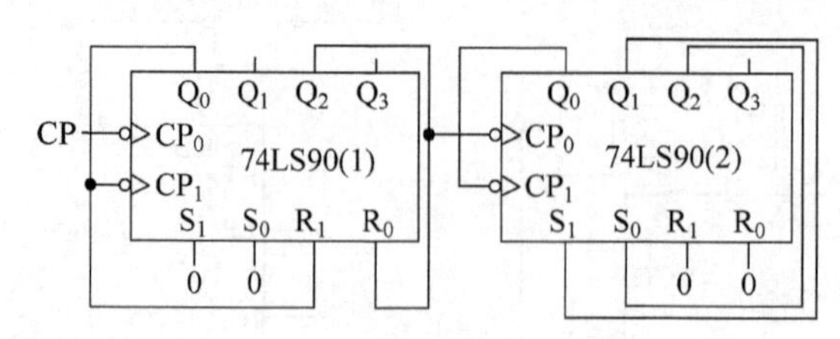

图 5.69　习题 5.19 图

5.20　试用一片 74LS290 设计一个八进制计数器。

5.21 试用两片 74LS290 设计一个四十八进制计数器，并分析它最大能计数多少个脉冲。

5.22 试分析图 5.70 所示计数器电路，画出状态图，说明是几进制计数器。

5.23 试用 74LS193 设计一个八进制可逆计数器。

5.24 试分析图 5.71 所示电路的逻辑功能，并画出输出 $Q_0 \sim Q_3$ 的波形图。

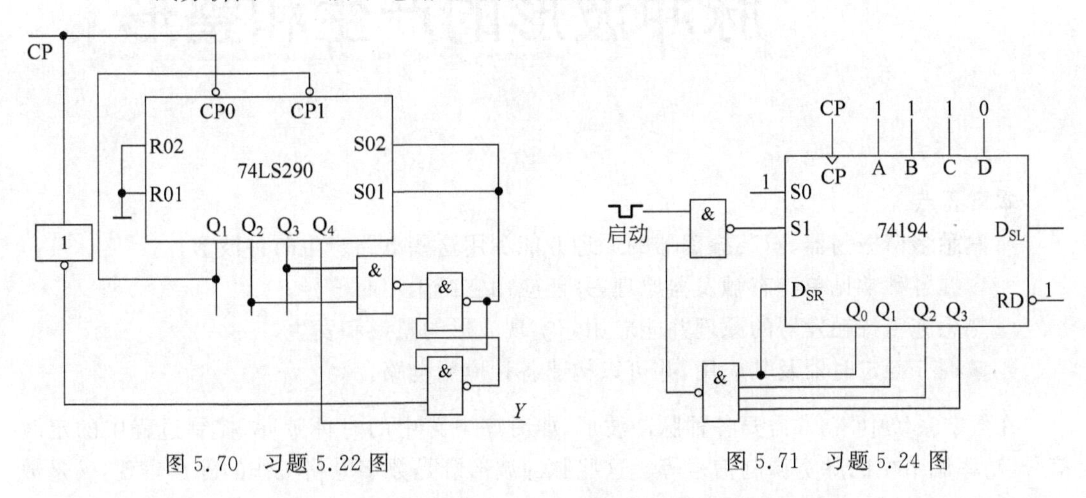

图 5.70 习题 5.22 图　　图 5.71 习题 5.24 图

5.25 设计一个逻辑电路，控制 A、B、C 三台电动机，其状态图如图 5.72 所示，图中 1 表示电机运行，0 表示电机不运行。M 为输入控制信号，M 为 1 表示电动机正转，M 为 0 表示电动机反转。

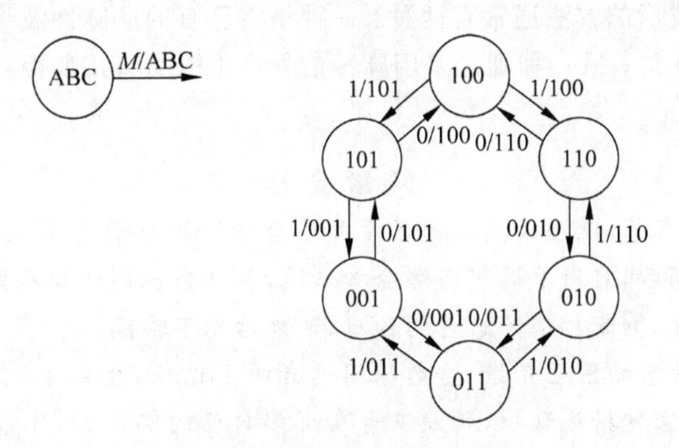

图 5.72 习题 5.25 图

第6章 脉冲波形的产生和整形

本章要点

◇ 熟悉多谐振荡器、石英振荡器的原理并能利用这些电路产生时钟波形；
◇ 掌握各种常见单稳态触发器原理，并能应用它产生定时信号；
◇ 熟悉施密特触发器的原理并能应用它实现波形的整形和发生；
◇ 掌握555定时器及其应用，并可以构建各种应用电路。

在数字系统中，经常需要各种脉冲波形，如时序电路中的时钟脉冲、控制过程中的定时信号、功率调节中的脉宽调制信号等。这些脉冲波形既是数字电路工作的外在表现，又是数字电路工作的基本动力。如果数字电路失去了这些脉冲信号的驱动和控制，就像大海里的航船失去了方向，不能实现任何功能。因此，正确地产生所需的脉冲信号在数字系统中显得极其重要。

获取这些脉冲波形的方法通常有两种：一种是将已有的非脉冲波形通过波形变换电路整形为脉冲波形而获得；另一种则是采用脉冲信号产生电路直接获得。

趣味知识

网络会诊

人在他乡，身体有恙，能否请熟悉的医生异地会诊？据华西都市报报道，一位德国籍患者在成都的医院看病后，启用了远程网络会诊系统，和远在德国的私人医生沟通交流。经中德两国医生共同会诊，彻底打消了患者的顾虑，最终治愈了疾病。

据负责为患者诊治的医生介绍，这名德国患者叫Louise，今年40岁。由于德国的医疗卫生条件较好，预防保健措施到位，所以患者在得知自己的病情后，要求与自己的私人医生商量确认。为让病人放心，同时尊重患者知情权，医院立即启动远程网络会诊系统，通过互联网很快与患者远在德国的私人医生取得联系，并将患者的病历资料、检查结果、相关图片等一一传输过去，让患者通过网络视频与私人医生交流，中德两国医生对患者的病情及治疗方案交换了意见，德国方面的医生对中国大夫提出的治疗方案表示认可。

根据患者病情，中方医生采取相应的治疗方法，只3天时间，患者的症状就明显减轻，10天后恢复良好。医院方面将治疗结果及复查图片再次通过远程网络会诊系统传到德国，患者的私人医生看后表示非常满意。

上面的事例证明了互联网在现实生活中的巨大作用。互联网是按照特定的协议连接在一起的计算机网络，互联网最本质的功能就是远程设备之间交换数据。那么远隔千里的设备之间是靠什么解析出正确数据的呢？答案是协议所规定的特定频率的时钟。事实上时钟是绝大多数数字系统正常工作的基本驱动力量，如果没有时钟信号，那么几乎所有的数字系统都会瘫痪，而时钟恰恰是特定频率的脉冲波型。因此脉冲波形的产生和整形电路在数字系统中就非常普遍地存在。

6.1 多谐振荡器

多谐振荡器是一种在接通电源后，无须外部触发信号，便能产生特定频率和特定幅值的矩形脉冲的自激振荡器。因为矩形波中包含丰富的高次谐波分量，所以习惯上将矩形波振荡器叫做多谐振荡器。又因为多谐振荡器在工作过程中没有稳定状态，只有两个暂态，所以又称之为无稳态电路。

多谐振荡器具有多种电路形式，所有的电路形式都由开关器件和反馈延时电路组成。开关器件可以是开关管、逻辑门、电压比较器等，其作用是产生脉冲信号的高、低电平。反馈延时电路通常是 RC 电路，RC 电路将输出信号延迟后恰当地反馈给开关器件的控制端，以改变输出的状态。

6.1.1 门电路组成的多谐振荡器

1. 环形振荡器

在闭合回路中，利用正反馈可以产生自激振荡，同样利用延迟负反馈也可以产生自激振荡，前提是负反馈信号足够强。环形振荡器就是利用延迟负反馈来产生振荡的。它是利用门电路的传输延迟时间将奇数个非门首尾相接连成环形结构的自激振荡电路。

图 6.1 所示的电路就是一个最简单的环形振荡器，它是由三个相同的非门连接而成的。从电路结构可以看出，在静态时，任何一个非门的输出都不可能处在高电平或低电平，而只能处在高低电平中间，因此非门都处在放大状态。

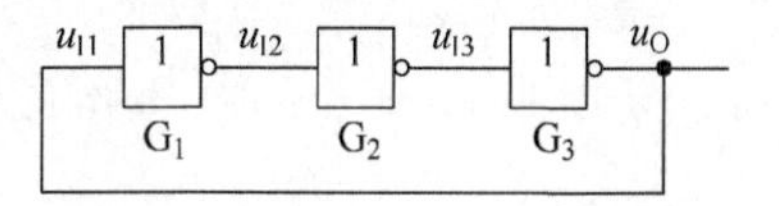

图 6.1 最简单的环形振荡器

假定由于某种原因（如电源波动、电磁干扰等，事实上这些扰动随时随地都存在）u_{I1} 产生了一个微小的正跳变，则经过 G_1 门的传输延迟时间 t_{pd} 后在 u_{I2} 产生了一个幅度更大的负跳变；再经过 G_2 门的传输延迟时间 t_{pd} 后在 u_{I3} 产生了一个幅度更大的正跳变；然后经过 G_3 门的传输延迟时间 t_{pd} 后在 u_O 产生了一个幅度更大的负跳变，并且反馈到 G_1 门输入端 u_{I1}。因此经过 3 倍的非门传输延迟时间 $3t_{pd}$ 后，u_{I1} 发生一次反相。可以推想，再经 $3t_{pd}$ 以后 u_{I1} 又发生一次反相。如此循环往复，则产生自激振荡。

依据以上分析，可以得到图 6.1 电路的工作波形，如图 6.2 所示，由此可知电路的振荡周期为 $T=6t_{pd}$。

依据上述原理可知，任何包含 $2n+1$（n 为任意自然数）个非门的环形电路都可以产生自激振荡，而且振荡周期为 $T=2(2n+1)t_{pd}$。

用这种方法构成的多谐振荡器结构最为简单，但却不实用。由于电路的振荡周期依赖于门电路的固有传输延迟时间，所以必然很小，因此无法获得较低频率的脉冲信号，而且频

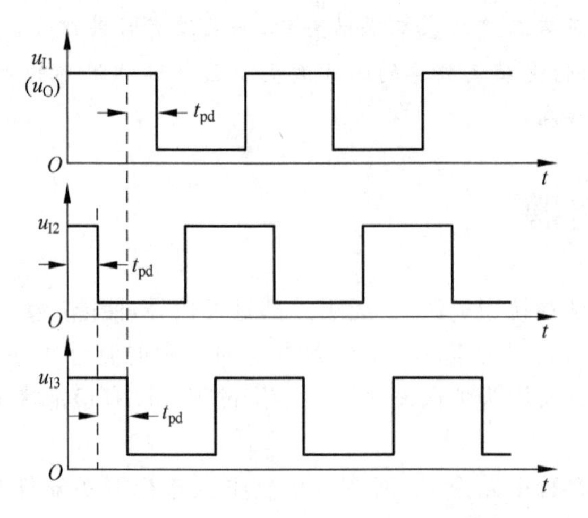

图 6.2 图 6.1 所示电路的工作波形

率不易调节。为了克服这些缺点，可以在图 6.1 电路的基础上附加 RC 延迟电路，组成如图 6.3 所示的带 RC 延迟电路的环形振荡器。其中 R、C 电路增加了门 G_2 的传输延迟时间，有助于获得较低频率的振荡波形，并且通过改变 R、C 的参数可以很容易地实现对输出频率的调节；电阻 R_s 是限流电阻，用以保护 G_3 的输入端，通常取 100Ω 左右即可。此电路的分析方法与图 6.1 中电路分析方法类似，图 6.4 所示是图 6.3 中电容充放电等效电路。

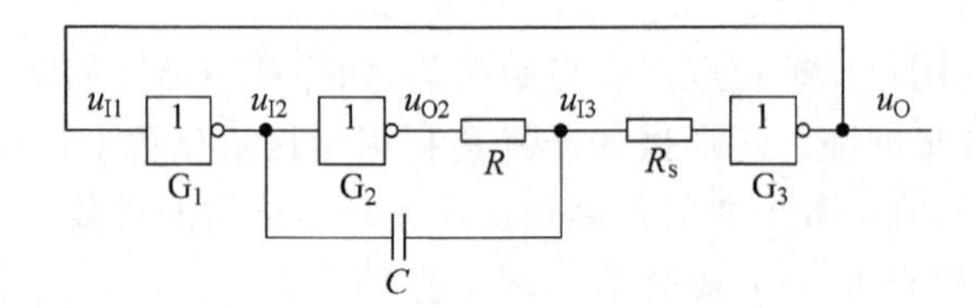

图 6.3 带 RC 延迟电路的环形振荡器

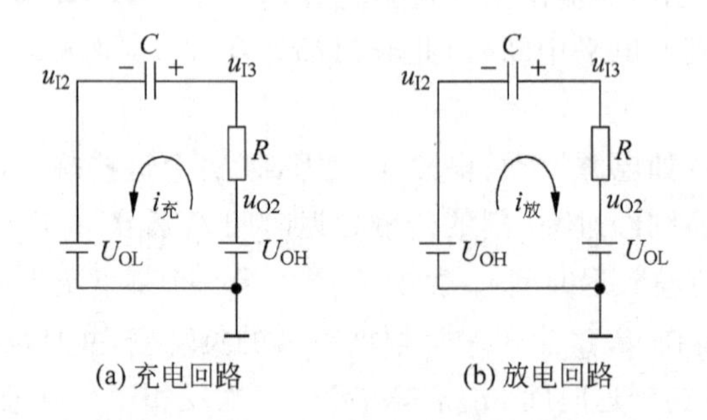

图 6.4 图 6.3 中电容充放电等效电路

首先假设在 $t=0$ 时刻接通电源，电路的初始状态为 $u_{I1}=u_O=U_{OH}$，则 $u_{I2}=U_{OL}$，G_2 的输出 $u_{O2}=U_{OH}$，此时由于电容还没有充电，而电容两端电压不能发生突变，仍然保持为 0，所以 $u_{I3}=U_{OL}$，并由此维持 G_3 门的输出 u_O 在 U_{OH}。这就是电路的初始态。

因为 G_2 的输出 $u_{O2}=U_{OH}$，所以这个状态是不稳定的状态，u_{O2} 会通过电阻 R 对电容 C 进行充电，其等效电路如图 6.4(a)所示。随着充电过程的推进，u_{I3} 将按照指数规律上升，当 u_{I3} 上升至 G_3 门的阈值电压 U_{TH} 时，电路的状态发生翻转，使电路输出 $u_O=U_{OL}$。

此时 $u_{I1}=u_O=U_{OL}$，则 $u_{I2}=U_{OH}$，G_2 的输出 $u_{O2}=U_{OL}$，由于电容两端电压不能发生突变，u_{I3} 将随 u_{I2} 发生突变，即 $u_{I3}=u_{I2}=U_{OH}$，从而使 G_3 门的输出 u_O 维持在 U_{OL}。

同样这个状态也不是稳定状态，电容 C 将通过 R 放电，其等效电路如图 6.4(b)所示。随着放电过程的推进，u_{I3} 将按照指数规律下降，当 u_{I3} 下降至 G_3 门的阈值电压 U_{TH} 时，电路的状态发生翻转，重新回到 $u_{I1}=u_O=U_{OH}$ 的初始状态。

依此类推，电路将不停地在两个暂稳态之间转换，形成连续振荡，从而在输出端 u_O 产生脉冲信号，其工作波形如图 6.5 所示。

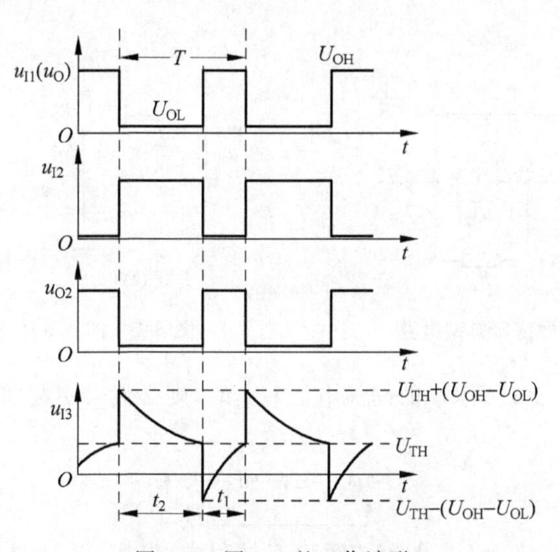

图 6.5　图 6.3 的工作波形

通常 RC 电路产生的延迟时间远远大于门电路本身的固有传输延迟时间 t_{pd}，因此估算振荡周期时只需要考虑 RC 的延迟时间即可。

由 RC 电路的过渡过程可知，在电容充、放电过程中，电容上的电压 u 从充、放电开始到变化至阈值电压 U_{TH} 所经过的时间可以用公式 $t=RC\ln\dfrac{U(\infty)-U(0^+)}{U(\infty)-U_{TH}}$ 计算。利用上述公式可以得到充电 t_1 和放电时间 t_2 的值。

当电路充电时，$U(\infty)=U_{OH}$，$U(0^+)=U_{TH}-(U_{OH}-U_{OL})$，所以

$$t_1=RC\ln\frac{2U_{OH}-U_{TH}-U_{OL}}{U_{OH}-U_{TH}} \tag{6.1}$$

当电路放电时，$U(\infty)=U_{OL}$，$U(0^+)=U_{TH}+(U_{OH}-U_{OL})$，所以

$$t_2=RC\ln\frac{2U_{OL}-U_{TH}-U_{OH}}{U_{OL}-U_{TH}} \tag{6.2}$$

因此，图 6.3 所示带 RC 延迟电路的环形振荡器振荡周期估算公式为

$$T=t_1+t_2=RC\left(\ln\frac{2U_{OH}-U_{TH}-U_{OL}}{U_{OH}-U_{TH}}+\ln\frac{2U_{OL}-U_{TH}-U_{OH}}{U_{OL}-U_{TH}}\right) \tag{6.3}$$

2. 对称式多谐振荡器

图 6.6 所示的电路是对称式多谐振荡器的典型电路，它是由两个非门经耦合电容连接起来的正反馈振荡电路，其中 $C_1=C_2$，$R_1=R_2$。静态时电路的两个非门 G_1、G_2 都工作在放

大状态,电路不稳定,此时只要非门 G_1、G_2 输出电压出现微小扰动,就会引起振荡。

同前面对环形多谐振荡器的分析一样,首先假定 u_{I1} 上产生微小的正跳变,则必然会引起如下正反馈,电路进入第一暂稳态:

$$u_{I1}\uparrow \quad u_{O1}\downarrow \quad u_{I2}\downarrow \quad u_{O2}\uparrow$$

在进入 $u_{O1}=U_{OL}$,$u_{O2}=U_{OH}$ 的第一暂稳态过程中,电容 C_1 通过 R_2 充电且 C_2 通过 R_1 放电。其等效电路如图 6.7 所示。

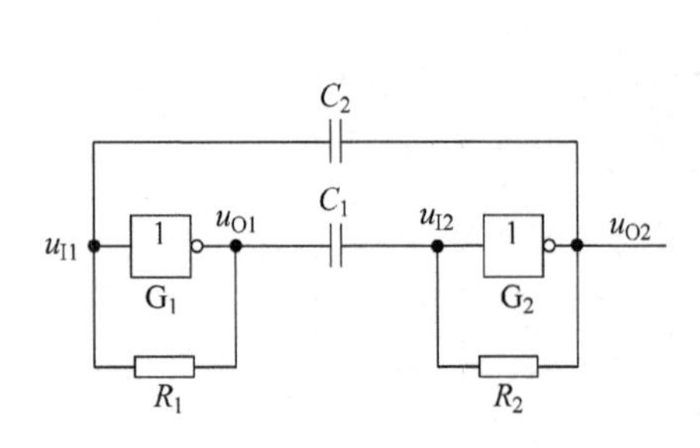

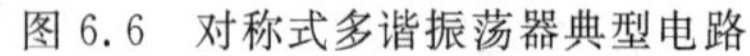

图 6.6 对称式多谐振荡器典型电路

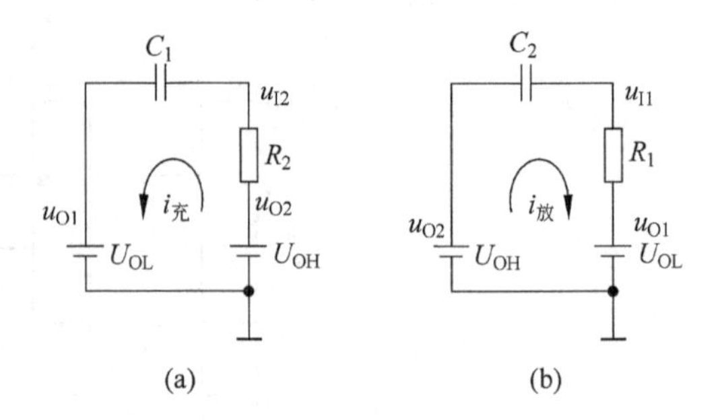

图 6.7 图 6.6 中电容充放电等效电路

当充电过程使 u_{I2} 上升到 G_2 的阈值电压 U_{TH} 时,则必然会引起如下正反馈,电路进入第二暂稳态:

$$u_{I2}\uparrow \rightarrow u_{O2}\downarrow \rightarrow u_{I1}\downarrow \rightarrow u_{O1}\uparrow$$

在进入 $u_{O1}=U_{OH}$,$u_{O2}=U_{OL}$ 的第二暂稳态过程中,电容 C_1 通过 R_2 放电且 C_2 通过 R_1 充电。当 u_{I1} 上升到 G_1 的阈值电压 U_{TH} 时,电路又迅速返回第一暂稳态。如此周而复始,在输出端形成脉冲输出。

对称式多谐振荡器的周期估算过程也类似前面所讨论的环形多谐振荡器。根据图 6.7 的等效电路可以估算充电时间

$$t_1 = RC\ln\frac{2U_{OH}-U_{TH}-U_{OL}}{U_{OH}-U_{TH}} \tag{6.4}$$

放电时间:

$$t_2 = RC\ln\frac{2U_{OL}-U_{TH}-U_{OH}}{U_{OL}-U_{TH}} \tag{6.5}$$

对于 CMOS 门可以近似地认为 $U_{OH}=V_{DD}$,$U_{OL}=0\text{V}$,$U_{TH}=\frac{1}{2}V_{DD}$,所以充、放电时间 $t_1=t_2=RC\ln 3$,因此振荡周期为

$$T = t_1 + t_2 = 2RC\ln 3 \approx 2.2RC \tag{6.6}$$

3. 非对称式多谐振荡器

图 6.6 中的电路还可以进一步简化,去掉一组 RC 电路,只保留一个反馈回路。通常还会在输入端串接大电阻 R_S 作为保护电阻,这样就得到如图 6.8 所示的非对称式多谐振荡器。

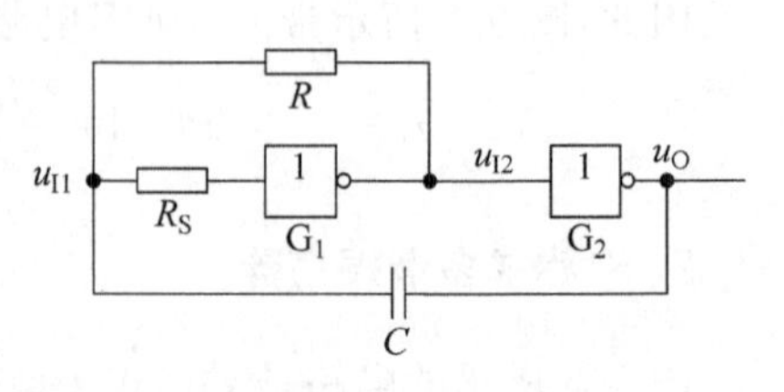

图 6.8 非对称式多谐振荡器

首先近似地认为非门的输入阻抗无限大，则输入端电流为 0，R_S 上压降为 0，从而可以简化充、放电分析过程。

首先假设电路处于静态，以 CMOS 门构成电路为例，$U_{OH}=V_{DD}$，$U_{OL}=0$，$U_{TH}=\frac{1}{2}V_{DD}$，电容 C 两端电压为 0V。

当 u_{I1} 发生微小的正跳变时，静态立即被打破。此时电容 C 开始充电，其等效电路如图 6.9(a)所示。当充电过程使 u_{I1} 逐渐升高至 $u_{I1}=U_{TH}$ 时，电路发生以下正反馈过程，从而进入第一暂稳态，即 $u_O=U_{OH}$。同时电容开始放电，等效电路如图 6.9(b)所示。

$$u_{I1}\uparrow \rightarrow u_{I2}\downarrow \rightarrow u_O\uparrow$$

随着电容 C 的放电，u_{I1} 电压逐渐下降，当降到 $u_{I1}=U_{TH}$ 时，发生如下正反馈，电路进入第二个暂稳态，即 $u_O=U_{OL}$。同时电容 C 开始充电。

$$u_{I1}\downarrow \rightarrow u_{I2}\uparrow \rightarrow u_O\downarrow$$

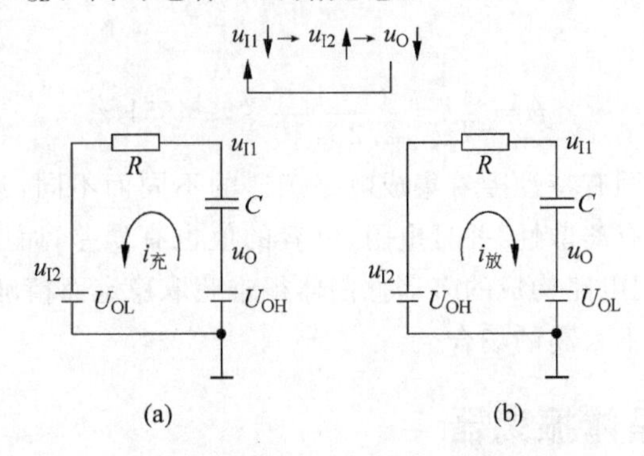

图 6.9 图 6.8 中电容充电放电等效电路

随着电容 C 的充电，当 u_{I1} 电压逐渐升高至 $u_{I1}=U_{TH}$ 时电路又重新返回第一个暂稳态。因此电路在两个暂稳态之间反复转换，形成振荡。电路中各点的电压波形如图 6.10 所示。

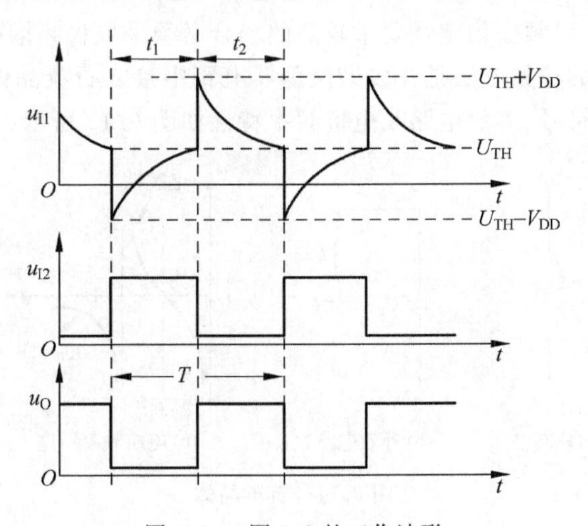

图 6.10 图 6.8 的工作波形

根据波形图，充电时 $U(\infty)=V_{DD}$，$U(0^+)=V_{DD}-(U_{TH}-V_{DD})$，估算充电时间为

$$t_1 = RC\ln\frac{V_{DD}-(U_{TH}-V_{DD})}{V_{DD}-U_{TH}} = RC\ln3 \tag{6.7}$$

放电时 $U(\infty)=0$,$U(0^+)=U_{TH}+V_{DD}$,估算放电时间为

$$t_2 = RC\ln\frac{2U_{OL}-U_{TH}-U_{OH}}{U_{OL}-U_{TH}} \tag{6.8}$$

所以振荡周期为

$$T = t_1 + t_2 = 2RC\ln3 \approx 2.2RC \tag{6.9}$$

例 6.1 假设在图 6.8 的非对称式多谐振荡器中,已知 G_1、G_2 是 CMOS 非门 74HC04,输出电阻小于 200Ω,$R_S=50\text{k}\Omega$,$R=10\text{k}\Omega$,$C=0.1\mu\text{F}$,$V_{DD}=5\text{V}$,试估算电路的振荡频率。

解:因为非门的输出电阻远小于 R,并且 R_S 也很大,根据式(6.9)可得电路的振荡周期为

$$\begin{aligned}T &\approx 2.2RC = 2.2\times10\times10^3\times0.1\times10^{-6}\text{s}\\ &=2.2\times10^{-3}\text{s}\end{aligned}$$

所以电路的振荡频率为

$$f=\frac{1}{T}=\frac{1}{2.2\times10^{-3}}\approx455\text{Hz}$$

由于基本门电路的固有特性随着集成电路工艺的不同而不同,甚至相同的工艺线上生产出来的电路特性也会有离散性,并且电阻、电容的值也有误差,而所有元器件的参数又都会有温漂等,使用基本门电路构成的多谐振荡器很难获取稳定而精确的脉冲波形,因此只能应用于对时间参数要求不太高的场合。

6.1.2 石英晶体振荡器

在许多应用电路中,对多谐振荡器的振荡频率和稳定性都有严格的要求,如以多谐振荡器作为脉冲源的时钟,它的频率稳定性直接关系到计时的准确性,很难想象人们能够接受一个随着外界环境变化而时快时慢的时钟。而用基本门电路构成的多谐振荡器很难获得稳定而精确的脉冲输出,在对频率稳定性要求较高的场合必须采取稳频措施。

目前采用最普遍的稳频方法是在多谐振荡器电路中接入石英晶体,组成石英晶体多谐振荡器。石英晶体的符号、等效电路及电抗频率特性如图 6.11 所示。

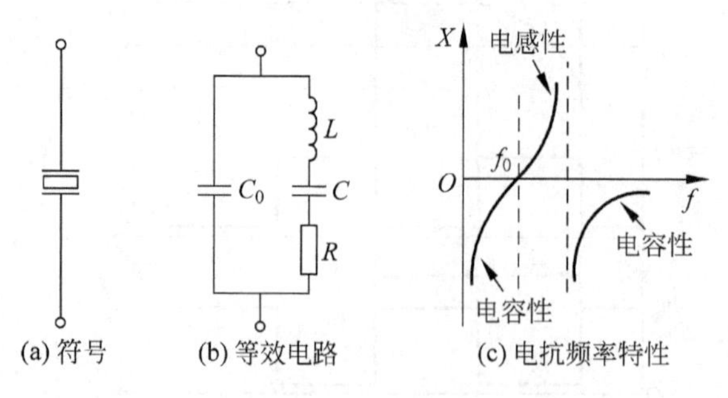

图 6.11 石英晶体

由石英晶体的电抗特性可知,当外加电压频率为 f_0 时它的阻抗最小,所以如果把它接入多谐振荡器的正反馈环路中,频率为 f_0 的电压信号最容易通过石英晶体并在电路中形成正反馈,而其他频率的信号经过石英晶体时则被衰减,因此接入了石英晶体的多谐振荡器的

工作频率必然是 f_0。石英晶体多谐振荡器的振荡频率只取决于石英晶体的固有谐振频率 f_0,而与外接的电阻、电容无关。其谐振频率只与晶体的外形尺寸和晶体界面的方向有关,具有极高的频率稳定性。它的频率稳定度($\Delta f_0/f_0$)可达 $10^{-10}\sim10^{-11}$,足以满足大多数数字系统对频率稳定度的要求。

具有各种谐振频率的石英晶体和石英晶体振荡器已经被制成标准化、系列化的产品。石英晶体封装通常为两只引脚,需要接入多谐振荡电路中使用;而石英晶体振荡器通常封装为 4 只引脚,无须外部电路,加上电源后就可以输出固定的脉冲波形。

图 6.12 所示就是接入了石英晶体的对称式多谐振荡器。由于石英晶体的接入,电路的输出频率只取决于石英晶体的谐振频率,对其他器件的要求相对较低。

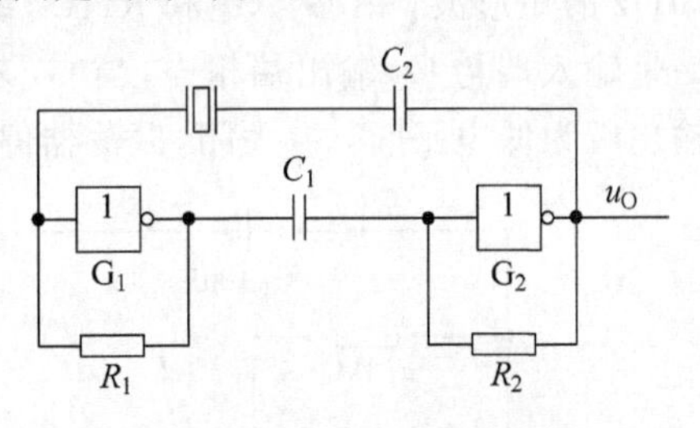

图 6.12　对称式多谐振荡器

为了改善波形,增强带负载的能力,通常在振荡器的输出端再加一级非门。图 6.13(a)所示是一个两相不交叠时钟发生器,其工作波形如图 6.13(b)所示。

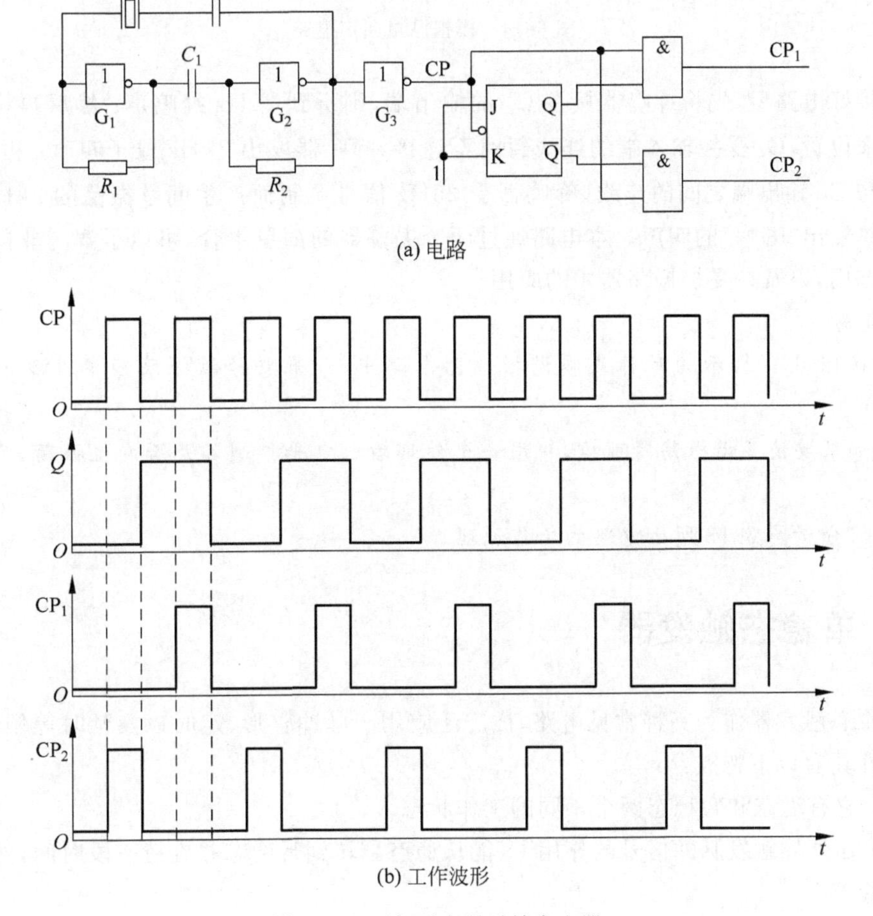

图 6.13　两相不交叠时钟产生器

6.1.3 多谐振荡器的应用

多谐振荡器的应用极其广泛,下面以模拟昆虫叫声电路为例介绍多谐振荡器的简单应用实例。

图 6.14 为模拟昆虫叫声的电路,由集成 4 个 2 输入与非门 74LS00、电阻、电容和蜂鸣器构成。G_1、G_2 及定时电阻 R_1 和定时电容器 C_1 组成自激多谐振荡器,产生振荡频率约为 25Hz 的矩形波;由 G_3、G_4 和 R_2、C_2 组成振荡频率为 2kHz 的受控自激多谐振荡器。G_4 的一个输入端与 G_2 输出端相连,当 G_2 输出端为高电平时,G_4 开通,产生 2kHz 振荡;当 G_2 输出端为低电平时,G_4 关闭,振荡器停止振荡,使得受控自激多谐振荡器产生间歇振荡。

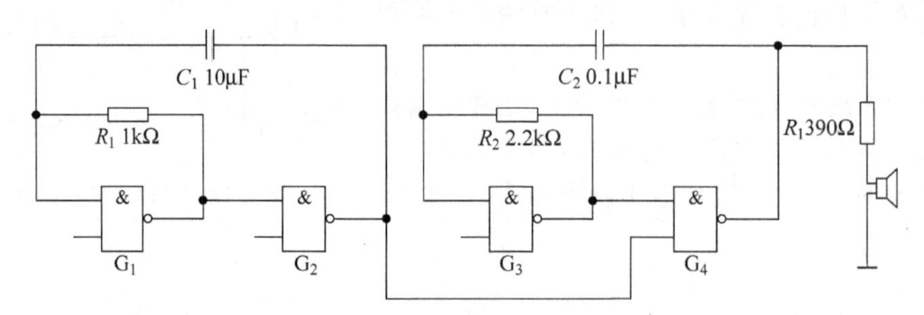

图 6.14 模拟昆虫叫声电路

连接好电路后,先将蜂鸣器接在 G_2 的输出端,则听到 25Hz 蛙鸣声;然后再将蜂鸣器接回原来位置,G_4 受控输入端的连线暂时不连接,蜂鸣器发出 2kHz 蚊子叫声;再接通 G_4 输入端与 G_2 输出端之间的连线,蜂鸣器受 25Hz 信号调制而产生间歇振荡的 2kHz 脉冲,模拟蟋蟀发出"嘟噜"的叫声。本电路通过两个振荡器的简单组合,可以了解与非门选通与禁止的作用,以及在受控振荡器中的应用。

思考题

1. 在图 6.6 所示的对称式多谐振荡器电路中,如果要降低振荡频率可以采用哪些措施?

2. 如果要使多谐振荡器可控,即用一个外部输入电平控制其是否发生振荡,可以采用哪些方法?

3. 试分析图 6.13 所示电路的工作原理。

6.2 单稳态触发器

单稳态触发器作为一种常见电路,被广泛应用于脉冲整形、定时以及延时等领域,它的工作特性具有以下特点:

(1) 它有稳态和暂稳态两个不同的工作状态。

(2) 在外界触发脉冲信号的作用下,能从稳态翻转到暂稳态并维持一段时间,然后再自动返回稳态。

(3) 暂稳态维持时间长短取决于电路本身的参数,与外界触发脉冲的宽度和幅度无关。

6.2.1 门电路组成的微分型单稳态触发器

单稳态触发器的暂稳态同多谐振荡器的暂稳态一样，通常都是靠电容充放电过程来维持的，根据RC电路的不同连接方法又可以分为微分型和积分型两种。下面仅介绍微分型单稳态触发器。

1. 工作原理

图6.15所示是用CMOS门电路和RC微分电路构成的微分型单稳态触发器。图中RC微分电路连接在G_1门的输出端和G_2门的输入端之间，由于所使用的逻辑门不同，电路的触发信号和输出脉冲也有所不同。

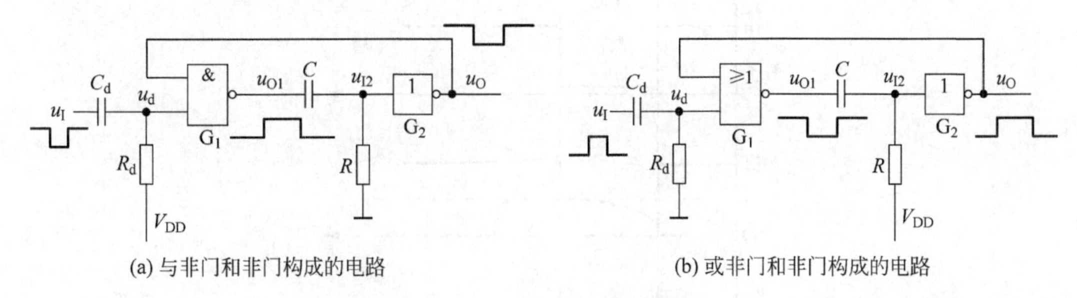

(a) 与非门和非门构成的电路 (b) 或非门和非门构成的电路

图6.15 微分型单稳态触发器

下面以图6.15(b)所示电路为例分析微分型单稳态触发器的工作原理。

1) 没有触发信号时，电路处于稳态

没有外界触发信号时，u_I为低电平，u_{O1}为高电平，由于电阻R接V_{DD}，仍然近似地认为输出高电平等于V_{DD}，所以电容C两端电压为0，G_2门的输入端经电阻R接V_{DD}，所以u_O为低电平。只要输入端没有正脉冲触发信号，电路将一直保持这一稳定状态，即$u_{O1}=U_{OH}$，$u_O=U_{OL}$。

2) 当输入端u_I加正脉冲触发信号时，电路由稳态翻转为暂稳态

当u_I的跳变为高电平时，由于电容两端电压不能发生突变，导致G_1门输出u_{O1}迅速跳变为低电平，G_2门的输出u_O迅速跳变为高电平，此高电平反馈回G_1门的另一输入端，从而在此瞬间导致如下正反馈过程：

$$u_I\uparrow \to u_{O1}\downarrow \to u_{I2}\downarrow \to u_O\uparrow$$

此时即使触发信号u_I撤消(u_I变为低电平)，电路的状态仍能保持，并依靠自身的正反馈来维持暂稳态。然而，电路的这种状态不能长久保持，故称之为暂稳态。此时$u_{O1}=U_{OL}$，$u_O=U_{OH}$。

3) 电容充电，电路由暂稳态自动返回稳态

电路进入暂稳态后，因为u_{O1}为低电平且R接V_{DD}，所以电容C进入充电过程，随着充电的进行，u_{I2}的电压逐渐升高，当u_{I2}的电压升高至U_{TH}时，电路发生如下正反馈过程(设此时触发脉冲已消失)：

$$C\text{充电} \to u_{I2}\uparrow \to u_O\downarrow \to u_{O1}\uparrow$$

于是 G_1 门迅速截止，G_2 门很快导通，使电路由暂稳态返回稳态。此时 $u_{O1}=U_{OH}$，$u_O=U_{OL}$。

上述工作过程中单稳态触发器各点的工作波形如图 6.16 所示。

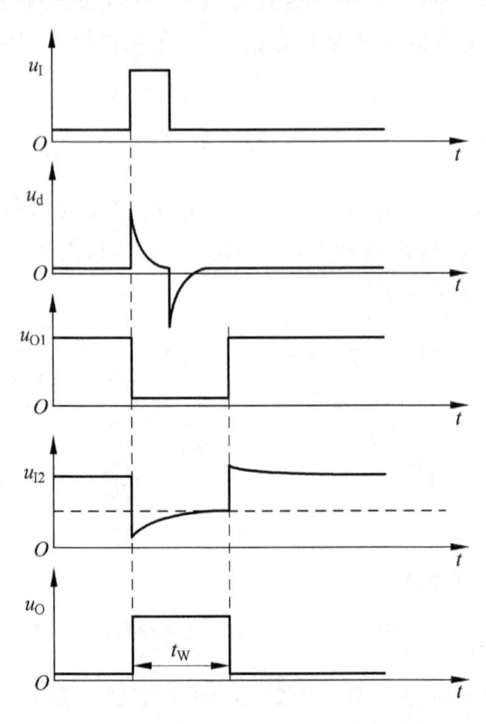

图 6.16　图 6.15 电路的工作波形

2. 主要参数

为了定量描述单稳态触发器的特性，经常使用输出脉冲宽度 t_W、脉冲幅度 U_m、恢复时间 t_{re}、分辨时间 t_d 等几个参数来描述。

1）脉冲宽度

由图 6.16 可以看出，输出脉冲宽度 t_W 就是从电容 C 开始充电到 u_{I2} 上升至 U_{TH} 的这段时间。如果忽略门电路输出电阻的影响，仍可以根据公式 $t=RC\ln\dfrac{U(\infty)-U(0^+)}{U(\infty)-u(t)}$ 进行计算，近似地认为 $U(\infty)=V_{DD}$，$U(0^+)=0$，$U_{TH}=\dfrac{1}{2}V_{DD}$，所以

$$t_W = RC\ln\frac{V_{DD}-0}{V_{DD}-\frac{1}{2}V_{DD}} = RC\ln 2 \approx 0.69RC \tag{6.10}$$

2）脉冲幅度

脉冲幅度就是输出高低电平之差

$$U_m = U_{OH} - U_{OL} \approx V_{DD} \tag{6.11}$$

3）恢复时间 t_{re}

在输出端 U_O 返回到低电平之后，电路并不会立即进入稳态，还要等到电容 C 放电完毕

(电容 C 两端电压恢复为 0V)后才能恢复到稳态。恢复时间一般近似地认为是电路时间常数的 3～5 倍

$$t_{re} \approx (3 \sim 5)RC \tag{6.12}$$

4) 分辨时间

分辨时间是指在保证电路能正常工作的前提下,允许的两个相邻触发脉冲之间的最小时间间隔,根据定义可知

$$t_d = t_W + t_{re} \tag{6.13}$$

为使电路正常工作,应满足

$$t_d > t_W + t_{re} \tag{6.14}$$

例 6.2 CMOS 微分型单稳态触发器电路如图 6.15(b)所示,$R=4.3\text{k}\Omega$,$C=10\mu\text{F}$,试求电路的输出脉冲宽度。

解：根据式(6.10)可得

$$\begin{aligned} t_W &\approx 0.69RC = 0.69 \times 4.3 \times 10^3 \times 10^{-5} \\ &= 29.7 \times 10^{-3}\text{s} = 29.7\text{ms} \end{aligned}$$

6.2.2 集成单稳态触发器

用逻辑门组成的单稳态触发器虽然看似电路结构简单,但是存在输出脉冲宽度稳定度差、调节范围小、浪费印制板面积、可靠性较差等缺点。实际应用中常用集成单稳态触发器。目前 TTL 和 CMOS 产品中都有集成单稳态触发器,如 74121、74221、74123、MC14528 等,读者可以很方便地获得和使用。这些集成单稳态触发器只有少数用于定时的电阻、电容需要外接,其他电路都集成在一个芯片上,有的还带有清 0 功能,温度稳定性好,使用方便。

1. 不可重复触发的集成单稳态触发器 74121

74121 是一种典型的 TTL 型集成单稳态触发器,其内部逻辑图、引脚图如图 6.17 所示。

74121 是以微分型单稳态触发电路为核心,附加了输入控制电路和输出缓冲电路构成的。输入控制电路用于实现上升沿触发和下降沿触发的控制,输出缓冲电路则用于提高单稳态电路的负载能力,芯片内部还提供了一个 2kΩ 的内部定时电阻。在稳定状态下,单稳态触发器的输出 $Q=0$,$\bar{Q}=1$；当有触发脉冲作用时电路进入暂稳态 $Q=1$,$\bar{Q}=0$。表 6.1 是 74121 的功能表。

由功能表可见 74121 功能如下。

1) 触发方式

74121 有三个触发输入端：A_1、A_2、B,在下述情况下,电路可由稳态翻转为暂稳态：

(1) 当 A_1、A_2 两个输入端中有一个或两个同时为低电平,B 上有 0 到 1 的正跳变时。

(2) 当 B 为高电平,A_1、A_2 两个输入端中有一个或两个产生 1 到 0 的负跳变时。

2) 定时

单稳态电路的定时取决于定时电阻和定时电容的数值。定时电容 C 接于 10、11 脚之间,电容取值为 10pF～10μF；若定时时间较长时,则须采用电解电容,电容的正极接 10 脚。

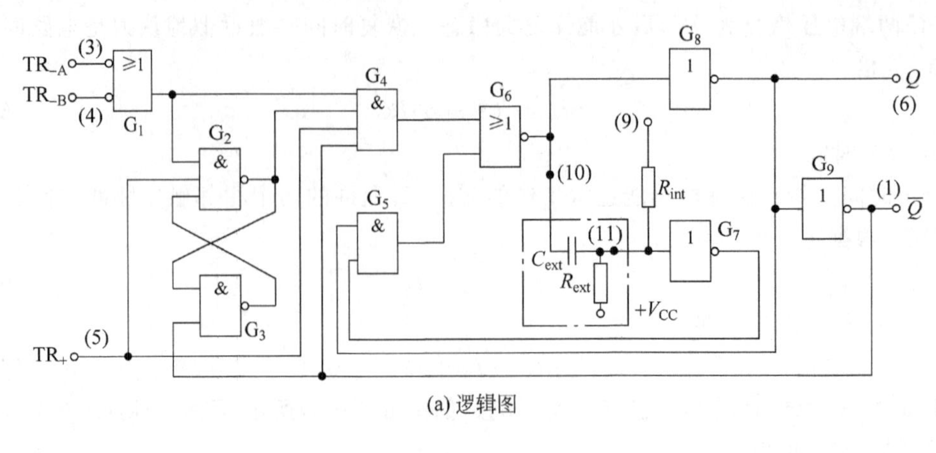

(a) 逻辑图

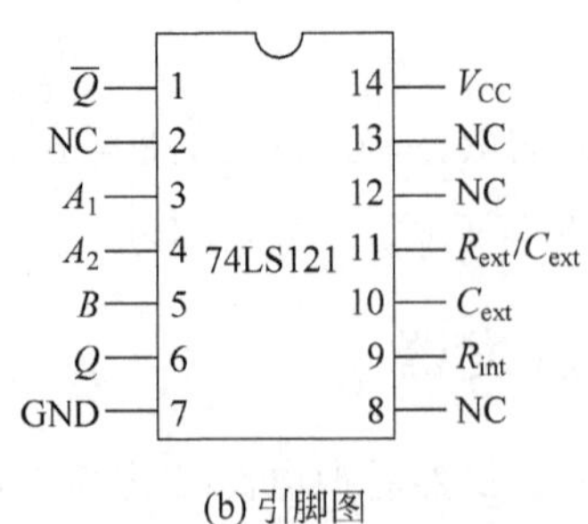

(b) 引脚图

图 6.17 集成单稳态触发器 74121

定时电阻的使用有两种选择：若采用外部电阻(阻值一般在 1.4～40kΩ 之间)，则 9 脚悬空，电阻接在 11、14 脚之间，如图 6.18(a)所示；如果采用内部电阻，则 9 脚接至电源 V_{CC}(14 脚)，如图 6.18(b)所示。

表 6.1 74121 的功能表

输 入			输出	
A_1	A_2	B	Q	$\overline{Q}$
0	×	1	0	1
×	0	1	0	1
×	×	0	0	1
1	1	×	0	1
1	↓	1	⊓	⊔
↓	1	1	⊓	⊔
↓	↓	1	⊓	⊔
0	×	↑	⊓	⊔
×	0	↑	⊓	⊔
0	0	↑	⊓	⊔

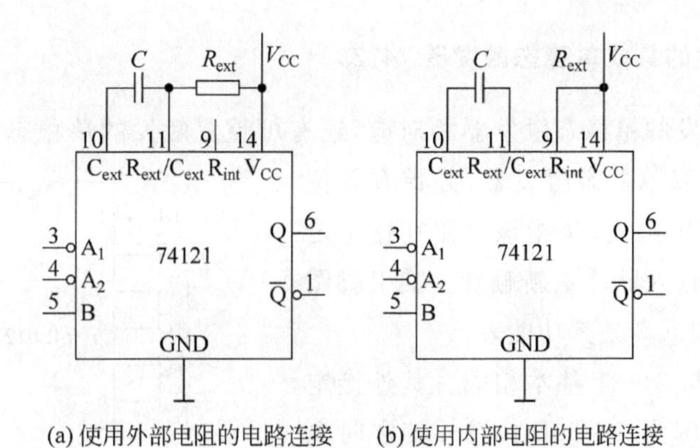

(a) 使用外部电阻的电路连接　(b) 使用内部电阻的电路连接

图 6.18　74121 的定时电路连接

74121 的输出脉冲宽度可以用下式进行估算

$$t_{W} \approx 0.69RC \tag{6.15}$$

74121 的工作波形如图 6.19(a)所示。74121 是不可重复触发的单稳态触发器,在暂稳态期间电路将不再受新的触发脉冲的作用,只有当其返回稳态后才可以再次被触发,如图 6.19(b)所示。在定时时间 t_W 结束之后,定时电容 C 有一段充电恢复时间,如果在此恢复时间内又输入触发脉冲,则输出脉冲宽度就会小于规定的定时时间 t_W。此时电容 C 的恢复时间称为死区时间,记作 t_D。若要得到精确的定时,则两个触发脉冲之间的最小间隔应大于 t_W+t_D,如图 6.19(c)所示。死区时间 t_D 的存在,限制了 74121 的应用。

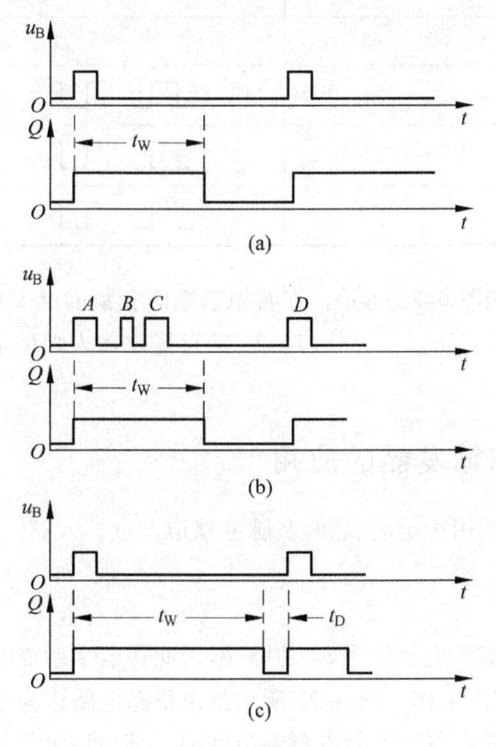

图 6.19　74121 的工作波形

2. 可重复触发的集成单稳态触发器 74123

与不可重复触发的单稳态触发器相对应，还有可重复触发的单稳态触发器。74123 就属于可重复触发的双单稳态触发器，并带有复位输入端$\overline{R_D}$。所谓可重触发，是指该电路在输出定时时间 t_W 内，可被输入脉冲重新触发。其引脚图如图 6.20 所示。表 6.2 是其功能表。

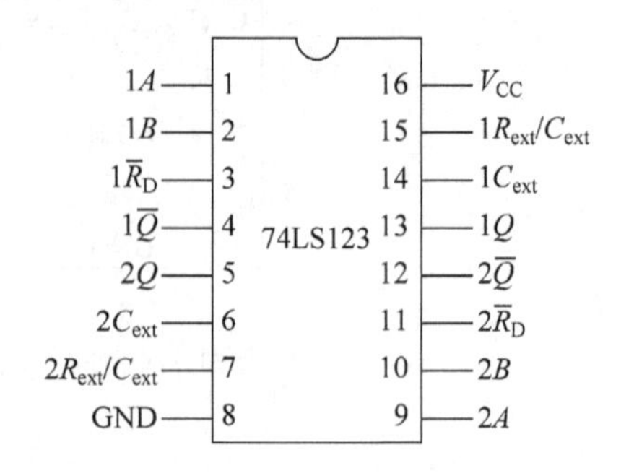

图 6.20 集成单稳态触发器 74123 引脚图

74123 的功能与 74121 基本相同。其外接定时电阻 R_{ext} 取值范围为 5～50kΩ，对外接定时电容 C_{ext} 通常没有限制。输出脉冲宽度可以用下式估算

$$t_W = 0.28R_{ext}C_{ext}\left(1+\frac{0.7}{R_{ext}}\right) \tag{6.16}$$

表 6.2 74123 的功能表

输入			输出		功能说明
$\overline{R_D}$	A	B	Q	$\overline{Q}$	
0	×	×	0	1	复位
×	1	×	0	1	保持稳态
×	×	0	0	1	
1	0	↑	⊓	⊔	上升沿触发
↑	0	1	⊓	⊔	
1	↓	1	⊓	⊔	下降沿触发

74123 的工作波形如图 6.21 所示。在暂稳态期间有新的触发脉冲到来时，暂稳态将延长一倍的 t_W，并且电路没有死区。另外，74123 带有复位输入端$\overline{R_D}$，可以在任意时刻结束暂稳态。

6.2.3 单稳态触发器的应用

单稳态触发器通常被用于定时、延时和脉冲整形。

1. 定时

由于稳态触发器能够产生宽度为 t_W 的脉冲，因此在数字系统中常用它来控制其他电路在 t_W 这段时间内工作或不工作。图 6.22 所示是单稳态电路作为定时控制的应用。

如图 6.22 所示，只有在单稳态触发器输出脉冲 t_W 期间 u_A 信号才能通过与门。单稳态触发器的定时电阻 R 和定时电容 C 取值不同，通过与门的脉冲数也会随之改变。

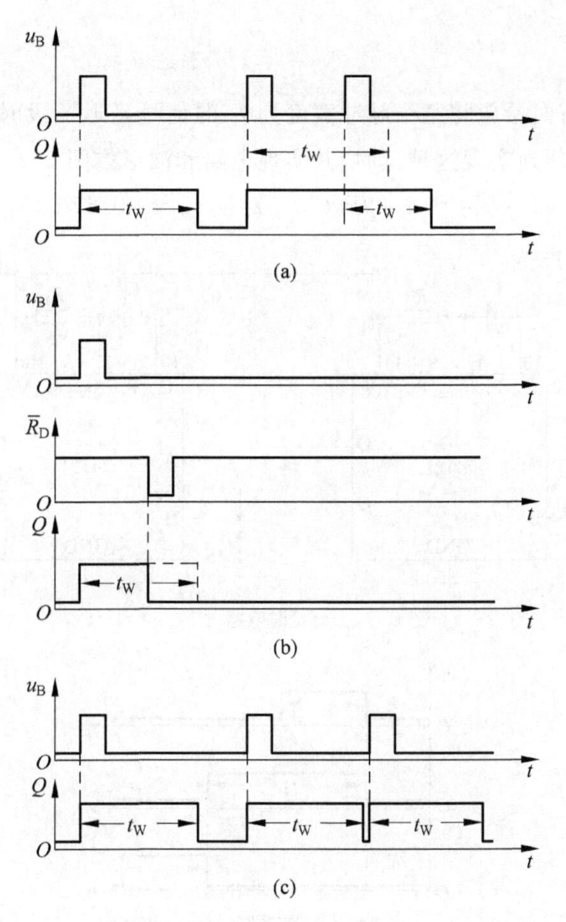

图 6.21　74123 的工作波形

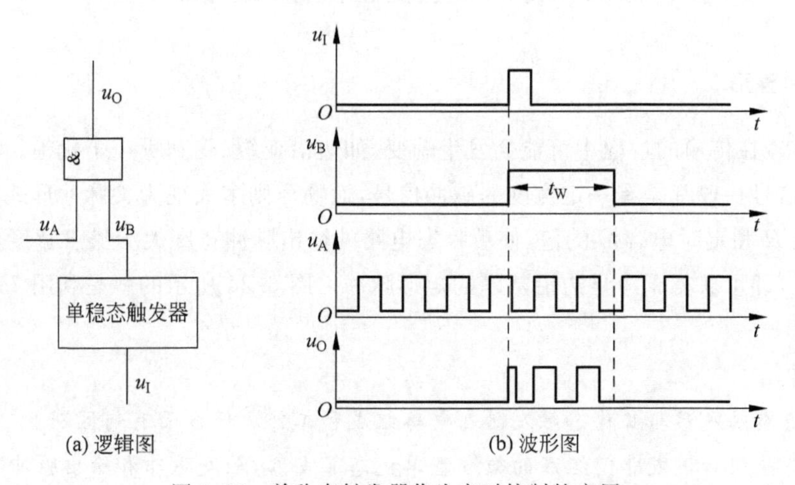

图 6.22　单稳态触发器作为定时控制的应用

对电路稍加改变就可以很方便地实现在 t_W 期间 u_A 信号不能通过与门的功能，读者可自行考虑。

2. 延时

在数字系统中,有时希望将某个脉冲宽度为 t_0 的信号延迟一段时间 t_1 后再输出,利用单稳态电路可以很方便地实现这种延时,其实现电路和波形如图 6.23 所示。图中

$$t_0 = t_{W2} \approx 0.69R_2C_2, \quad t_1 = t_{W1} \approx 0.69R_1C_1$$

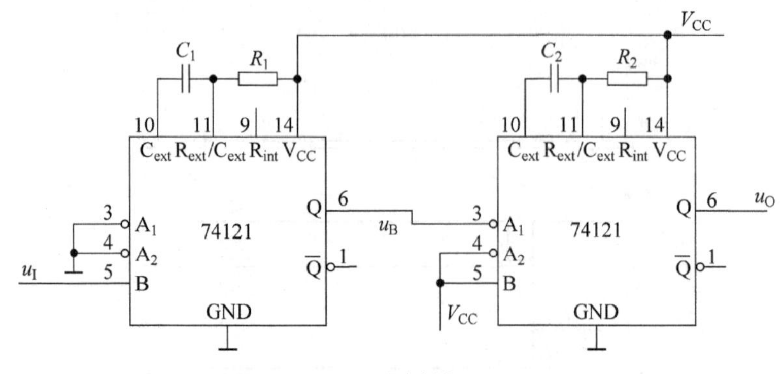

(a) 延时电路

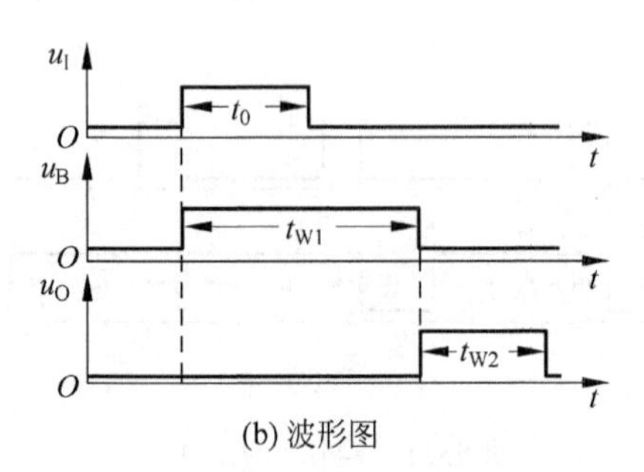

(b) 波形图

图 6.23 用 74121 构成的延时电路及其工作波形

3. 脉冲整形

脉冲信号在传输的过程中可能会发生畸变,如边沿变缓、受到噪声干扰等。在实际应用中,有用的信号一般都是有一定宽度的脉冲信号,而噪声则多表现为尖脉冲形式。合理地选择定时电阻 R 和定时电容 C 的值,使单稳态电路的输出脉冲宽度大于噪声宽度而小于有用信号的宽度,即可获得干净且边沿陡峭的矩形脉冲。图 6.24 所示的就是利用 74121 实现的消噪电路。

思考题

1. 单稳态触发器与双稳态触发器在电路组成和工作原理方面有何区别?
2. 用与非门和用或非门组成的微分型单稳态触发器,触发脉冲和输出脉冲有何区别?
3. 试分析图 6.22 所示电路,如何修改电路使得在 t_W 期间 u_A 不能通过?
4. 用 74121 产生脉宽为 5ms 的脉冲信号,如果选择内部电阻 $R=2\text{k}\Omega$,外接电容 C_{ext} 应取何值?

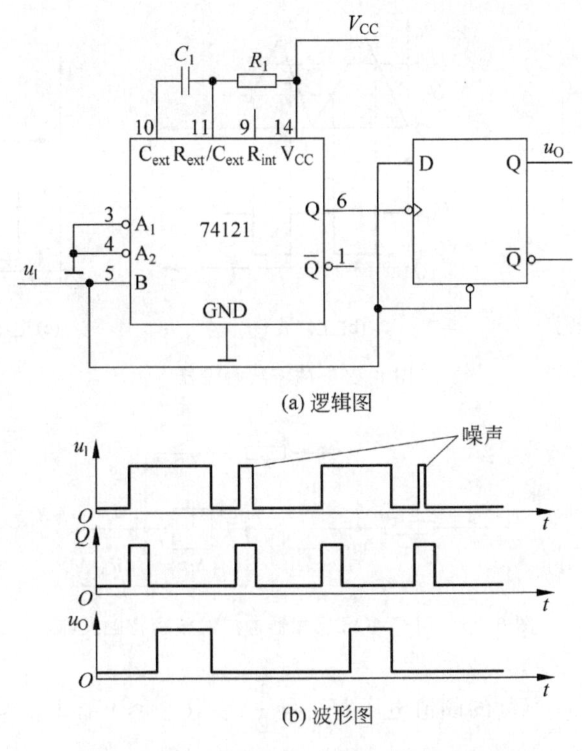

(a) 逻辑图

(b) 波形图

图 6.24 用 74121 实现的消噪电路

6.3 施密特触发器及其应用

施密特触发器(Schmitt Trigger)是一种常用的脉冲波形变换电路,利用它可以把非矩形脉冲变换成边沿陡峭的矩形脉冲,还可以用作脉冲鉴幅器和比较器,将叠加在脉冲信号上的噪声有效去除。施密特触发器的特点是在输入信号上升和下降过程中,输出信号转换阈值电压不同,并且内部有正反馈,输出波形边沿陡峭。

施密特触发器是一种受输入电平直接控制的双稳态触发器,它具有两个稳态。图 6.25 所示是施密特触发器的逻辑符号、工作波形及电压传输特性,在输入信号从低电平上升的过程中,当电平增大到 U_{T+} 时,输出信号由高电平跳变到低电平,这一转换时刻的输入信号电平 U_{T+} 称为正向阈值电压;在输入信号减小的过程中,当其输入电平减小到 U_{T-} 时,电路又会自动翻转回原来的高电平状态,这一时刻的输入信号电压 U_{T-} 称为负向阈值电压。施密特触发器的正向阈值电压和负向阈值电压是不相等的,二者之差称为回差电压 ΔU,即

$$\Delta U_T = U_{T+} - U_{T-} \tag{6.17}$$

6.3.1 门电路组成的施密特触发器

图 6.26 所示就是用 CMOS 反相器构成的施密特触发器。

将两级反相器串接起来,同时通过分压电阻把输出端的电压反馈到输入端就可以构成

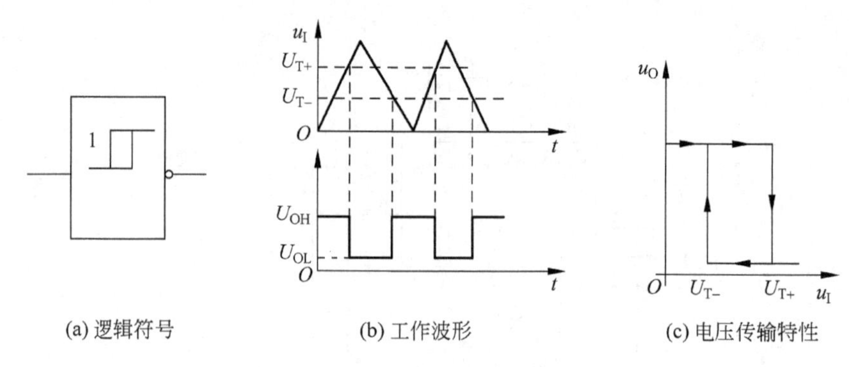

图 6.25 施密特触发器

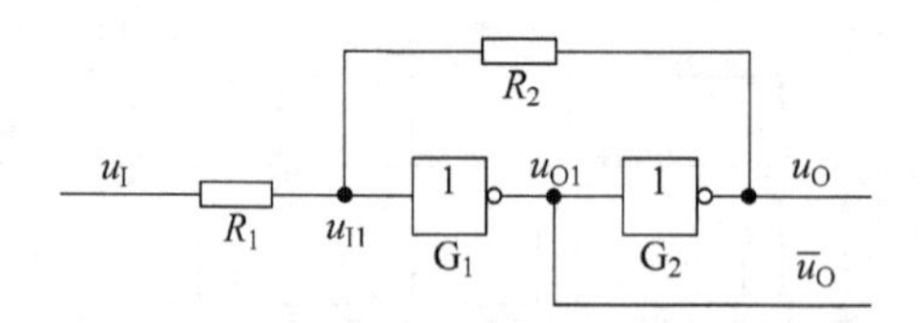

图 6.26 用CMOS反相器构成的施密特触发器

施密特触发器。假定 G_1、G_2 的阈值电压 $U_{TH}\approx\frac{1}{2}V_{DD}$，$U_{OH}\approx V_{DD}$，$U_{OL}\approx 0$ 且 $R_1<R_2$。

由图 6.26 不难看出，G_1 门的输入决定着电路的状态，根据叠加原理：

$$u_{I1}=\frac{R_2}{R_1+R_2}u_I+\frac{R_1}{R_1+R_2}u_O \tag{6.18}$$

当 $u_I=0$ 时，反相器 G_1、G_2 构成正反馈电路，所以 $u_{O1}=U_{OH}\approx V_{DD}$，$u_O=U_{OL}\approx 0V$，这时 G_1 的输入 $u_{I1}\approx 0V$。

当输入信号从 0V 逐渐增加，只要 $u_{I1}<U_{TH}$，电路就保持 $u_O=0V$ 不变。u_I 逐渐升高并使 $u_{I1}=U_{TH}$ 时，电路产生如下下反馈过程：

$$u_{I1}\uparrow\rightarrow u_{O1}\downarrow\rightarrow u_{O2}\uparrow$$

于是电路输出迅速地转换为 $u_O=U_{OH}\approx V_{DD}$。由此可以很容易求出输入 u_I 上升过程中的正向阈值电压 U_{T+}。

$$u_{I1}=U_{TH}\approx\frac{R_1}{R_1+R_2}U_{T+}$$

$$U_{T+}=\frac{R_1+R_2}{R_1}U_{TH}=\left(1+\frac{R_1}{R_2}\right)U_{TH} \tag{6.19}$$

当 $u_{I1}>U_{TH}$，电路状态就维持 $u_O=V_{DD}$ 不变。当 u_I 从高电平逐渐下降并使 $u_{I1}=U_{TH}$ 时，电路产生如下正反馈过程：

$$u_{I1}\downarrow\rightarrow u_{O1}\uparrow\rightarrow u_{O2}\downarrow$$

这样电路输出迅速转换为 $u_O=U_{OL}\approx 0$。由此可以求出输入 u_I 下降过程中的负向阈值电压 U_{T-}。

$$u_{I1}=U_{TH}=\frac{R_2}{R_1+R_2}U_{T-}+\frac{R_1}{R_1+R_2}V_{DD}$$

将 $V_{DD}=2U_{TH}$代入上式，则得到

$$U_{T-}=\left(1-\frac{R_1}{R_2}\right)U_{TH} \tag{6.20}$$

所以回差电压为

$$\Delta U_T=U_{T+}-U_{T-}=2\frac{R_1}{R_2}U_{TH} \tag{6.21}$$

由图 6.26 中电路可知$\overline{U_O}$为与 U_O 反向的输出，所以把以$\overline{U_O}$为输出的电路叫做反向输出施密特触发器。通过改变 R_1 和 R_2 的比值可以调节 ΔU_T、U_{T+}、U_{T-}的大小。但是要注意，R_1 必须小于 R_2，否则电路将进入自锁状态，无法正常工作。

例 6.3 在图 6.26 的电路中，假设 $V_{DD}=5V$，$R_1=10k\Omega$，$R_2=20k\Omega$，试求 ΔU_T、U_{T+}、U_{T-}的值。

解：对于 CMOS 门，$U_{TH}=\frac{1}{2}V_{DD}$，所以 $U_{TH}=2.5V$，根据式(6.19)～式(6.21)可得

$$\begin{cases} U_{T+}=\left(1+\frac{R_1}{R_2}\right)U_{TH}=3.75V \\ U_{T-}=\left(1-\frac{R_1}{R_2}\right)U_{TH}=1.25V \\ \Delta U_T=2\frac{R_1}{R_2}U_{TH}=2.5V \end{cases}$$

例 6.4 在图 6.26 的电路中，如果要求 $\Delta U_T=5V$，$U_{T-}=2.5V$，且 $R_1=11k\Omega$，试求 R_2 和 V_{DD}的值。

解：根据式(6.20)、式(6.21)，可得

$$\begin{cases} U_{T-}=\left(1-\frac{R_1}{R_2}\right)U_{TH}=2.5V \\ \Delta U_T=2\frac{R_1}{R_2}U_{TH}=5V \end{cases}$$

可以解出 $U_{TH}=5V$，$\frac{R_1}{R_2}=\frac{1}{2}$。因此 $V_{DD}=10V$，$R_2=22k\Omega$。

6.3.2 集成施密特触发器

由于施密特触发器性能稳定，应用非常广泛，所以无论 CMOS 电路还是 TTL 电路，都有集成施密特触发器产品。如 7414、74LS14、SG74HC14 等是六反相器；74132、74LS132 等是四 2 输入与非门。图 6.27 所示 SG74HC14 的内部电路和逻辑符号，其电压传输特性如图 6.25(c)所示。由图可以看出，电路由施密特电路、整形级和输出级组成，施密特电路是核心部分。图 6.27(a)中 TP_4、TN_4 和 TP_5、TN_5 是两个首尾相接的反相器，构成整形级，利用两级反相器的正反馈作用可使输出波形的边沿陡峭。输出级是由 TP_6、TN_6 组成的反相器，它既可以起到隔离作用，又可以提高电路的负载能力。

6.3.3 施密特触发器的应用

施密特触发器应用比较广泛，下面介绍几种典型应用。

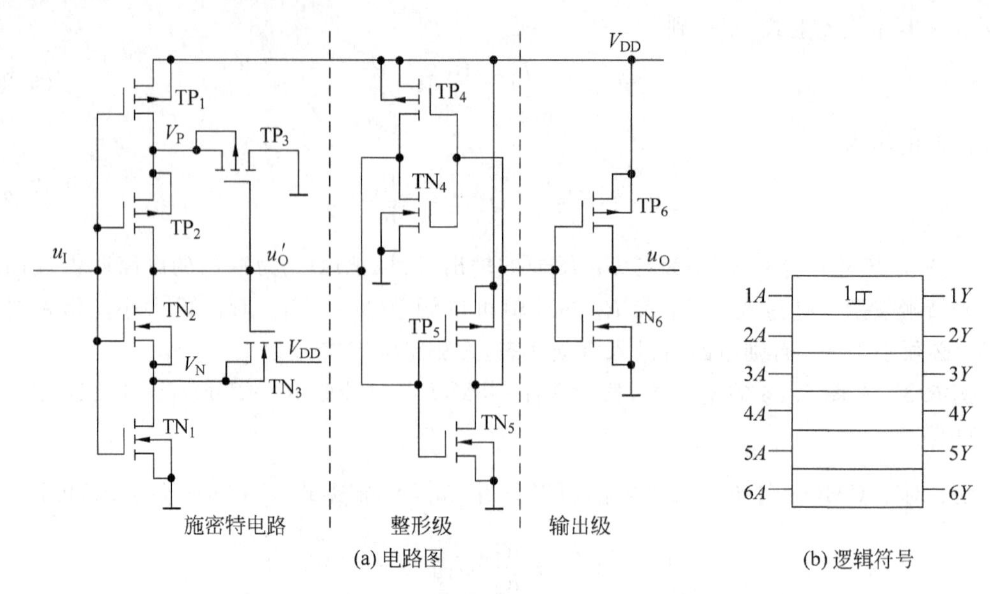

图 6.27　CMOS 反相集成施密特触发器 SG74HC14

1. 波形变换

利用施密特触发器在状态转换过程中的正反馈作用,可以将变化缓慢的周期性信号变换成边沿陡峭的脉冲信号。如图 6.28 所示,施密特触发器将正弦波变换为同频率的脉冲波形。通过改变施密特触发器的阈值电压 U_{T+} 和 U_{T-},就可以调节输出 u_O 的脉冲宽度。

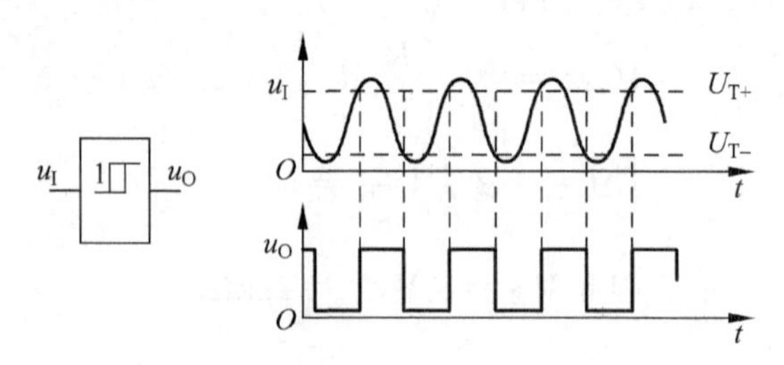

图 6.28　用施密特触发器实现波形变换

2. 脉冲整形

矩形波经过传输后波形往往会发生畸变,当传输线上的电容较大时,信号的上升沿和下降沿会明显地被延缓;当传输线较长,且接收端的阻抗与传输线阻抗不匹配时,信号的上升沿和下降沿还会产生阻尼振荡;此外,还有各种干扰信号叠加在信号之上。图 6.29 所示就是用施密特触发器对畸变的脉冲进行整形。不论是哪种情况,只要设置了合适的 U_{T+} 和 U_{T-},都可以获得满意的整形效果。

3. 幅度鉴别

除了上述两种应用,施密特触发器还可以用于幅度鉴别。由于施密特触发器是电平触

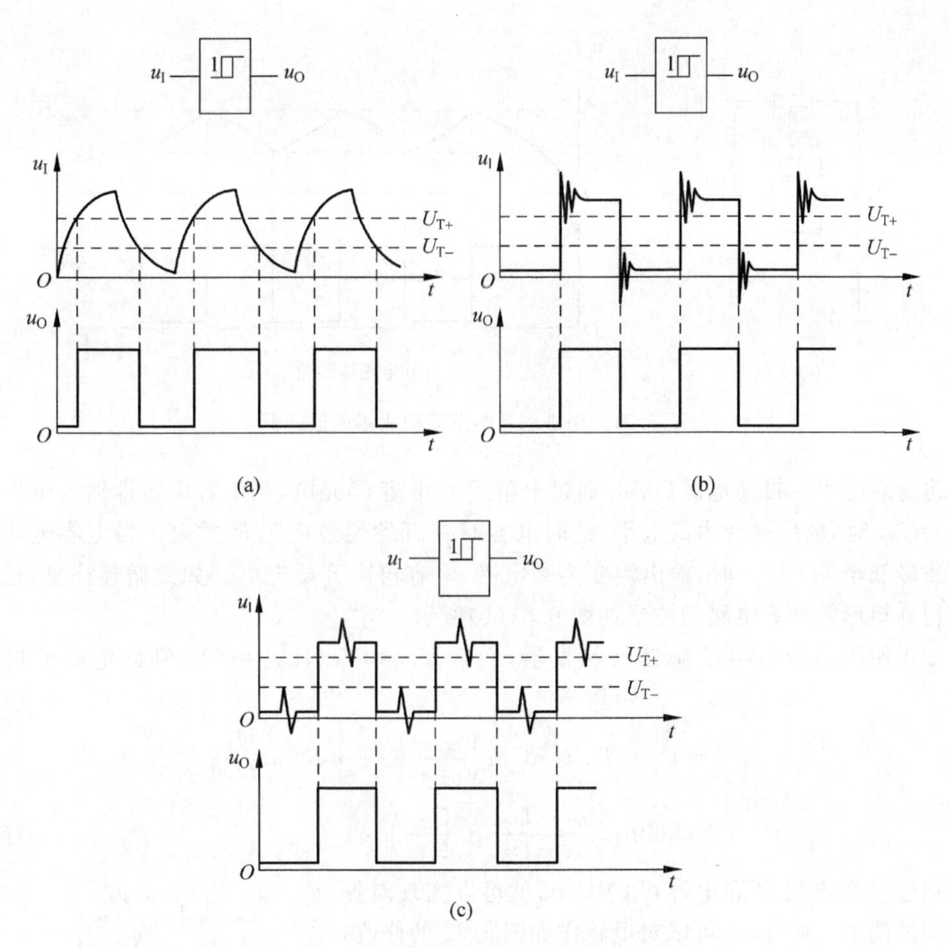

图 6.29　用施密特触发器实现脉冲整形

发，其输出状态由输入信号电平的幅值决定和维持，利用施密特触发器的这一性质可以实现幅度鉴别。如图 6.30 所示，输入信号是幅度不断变化的信号，要将幅度大于某个特定值的输入信号鉴别出来，只要将施密特触发器的正向阈值电压 U_{T+} 调整到规定值即可。这样只有大于 U_{T+} 的那些信号才能使施密特触发器翻转，u_O 端有相应的脉冲输出；而小于 U_{T+} 的那些信号不能使施密特触发器翻转，u_O 端则没有相应的脉冲输出。

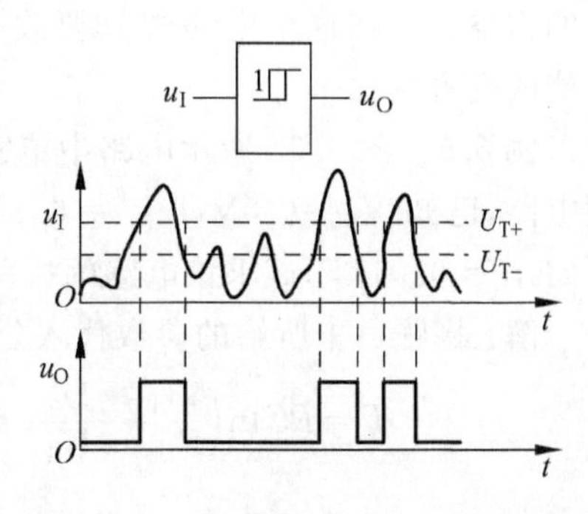

图 6.30　用施密特触发器实现幅度鉴别

4. 用施密特触发器构成多谐振荡器

施密特触发器的电压传输特性有一个滞回区，倘若能使它的输入电压在 U_{T+} 和 U_{T-} 之间不停地往复变化，那么在输出端就可以得到矩形脉冲波。若实现这样的功能，只要将施密特触发器的反相输出端经 RC 电路反馈回输入端即可，如图 6.31(a)所示。

接通电源前，电容上的没有存储电荷，因此接通电源时电容上的初始电压为 0V，所以初

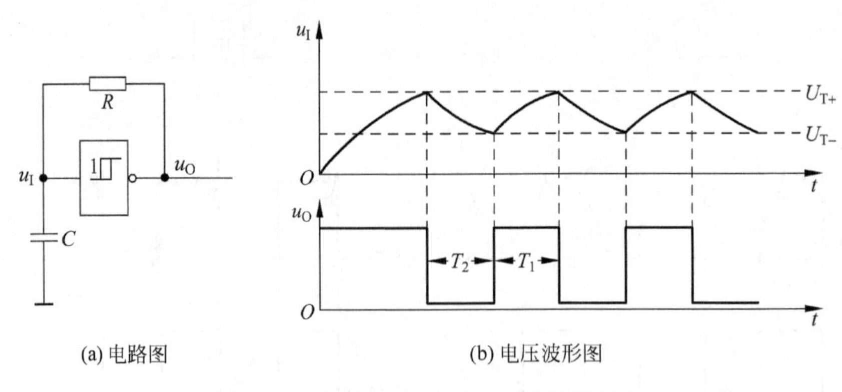

(a) 电路图 (b) 电压波形图

图 6.31 用施密特触发器构成多谐振荡器

始输出为高电平。接通电源后，u_O 通过电阻 R 对电容 C 充电，当电容电压即输入电压上升至 $u_I=U_{T+}$ 时，输出跳变为低电平，此时电容 C 又开始通过电阻 R 放电。当电容电压即输入电压降低至 $u_I=U_{T-}$ 时，输出跳变为高电平，电容再次开始充电。如此循环往复，输出端就可得到矩形脉冲。电路的波形如图 6.31(b)所示。

如果使用的是 CMOS 施密特触发器，而且 $U_{OH}\approx V_{DD}$，$U_{OL}\approx 0V$，则此电路的振荡周期为

$$T=T_1+T_2=RC\ln\frac{V_{DD}-U_{T-}}{V_{DD}-U_{T+}}+RC\ln\frac{U_{T+}}{U_{T-}}$$
$$=RC\ln\left(\frac{V_{DD}-U_{T-}}{V_{DD}-U_{T+}}\cdot\frac{U_{T+}}{U_{T-}}\right) \tag{6.22}$$

通过改变电阻 R 和电容 C 的大小，就可以实现对振荡周期的调节。此外，还可以对电路作如图 6.32 的修改，使电路的充放电回路中所接的电阻不同从而改变输出脉冲的占空比。在这个电路中只要改变 R_1 和 R_2 的比值，就能改变占空比。

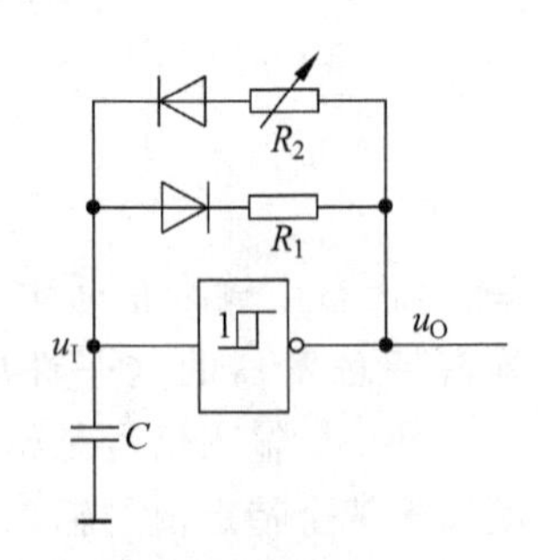

图 6.32 用施密特触发器构成占空比可调的多谐振荡器

例 6.5 图 6.31 所示电路中施密特触发器是 CMOS 型电路，已知 $V_{DD}=10V$，$U_{T+}=6.3V$，$U_{T-}=2.7V$，$R=20k\Omega$，$C=0.01\mu F$，试求该电路的振荡周期。

解：将题目中所给的参数代入公式(6.22)，则

$$T=RC\ln\left(\frac{V_{DD}-U_{T-}}{V_{DD}-U_{T+}}\cdot\frac{U_{T+}}{U_{T-}}\right)$$
$$=\left[2\times10^4\times10^{-8}\times\ln\left(\frac{10-2.7}{10-6.3}\times\frac{6.3}{2.7}\right)\right]\text{s}$$
$$=0.3\text{ms}$$

思考题

1. 施密特触发器的工作特点是什么？它可以有哪些应用？
2. 施密特触发器是如何实现抗干扰的？
3. 图 6.26 中的电路，如果增大 R_2 的值，施密特触发器的特性会发生怎样的变化？

6.4　555 定时器及应用

555 定时器是一种多用途的、集模拟数字于一体的中规模集成电路，其应用极为广泛。它可以应用于信号产生和变换，也可以用于控制、检测等领域。

自从 Signetice 公司于 1972 年推出这种产品以来，国际上各主要电子器件公司都相继生产了各自的 555 定时器产品。尽管产品型号繁多，但无论是双极型产品还是 CMOS 产品，其结构和外引线排列都完全相同。一般来说，双极型 555 定时器具有较高的驱动能力，最大负载电流可以达到 200mA，而 CMOS 型 555 定时器具有较宽的电源电压范围、较低的功耗和较高的输入阻抗，电源电压范围可达 3～18V。

6.4.1　555 定时器

图 6.33 所示就是典型的 555 定时器的电路结构图和引脚图，电路由 4 个部分组成：电阻分压器、电压比较器 C_1 和 C_2、基本 RS 触发器和集电极开路的放电三极管 VT。

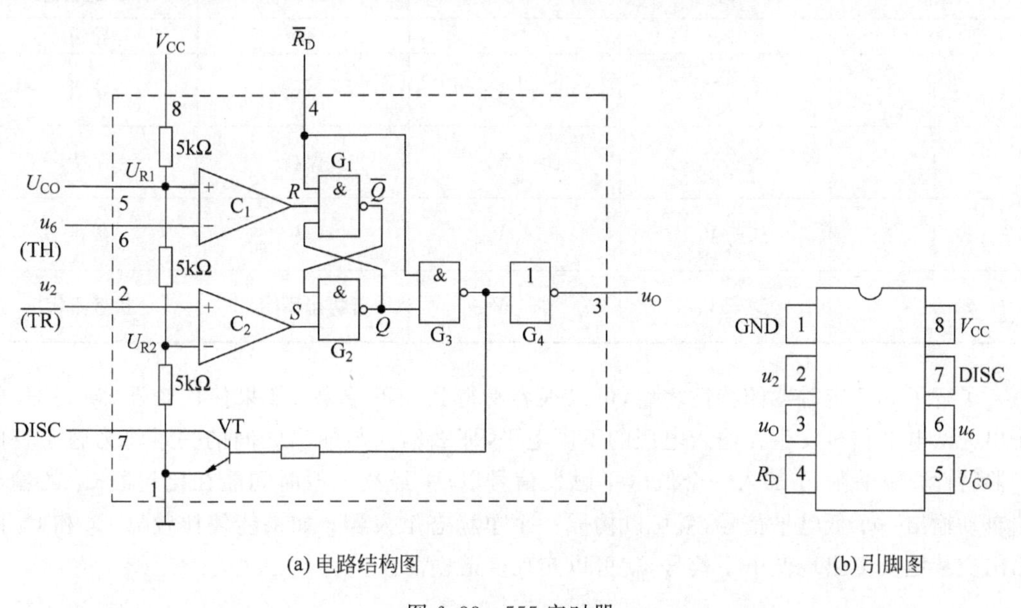

(a) 电路结构图　　(b) 引脚图

图 6.33　555 定时器

电阻分压器由 3 个 5kΩ 的电阻串联组成，为电压比较器 C_1 和 C_2 提供基准电压。

比较器 C_1 的反向输入端接引脚 6 称为阈值输入端，用 TH 表示；比较器 C_2 的正向输入端接引脚 2 称为触发输入端，用 $\overline{TR}$ 表示；C_1 和 C_2 的参考电压（电压比较的基准）U_{R1} 和 U_{R2} 由电源 V_{CC} 经 3 个 5kΩ 的电阻分压给出，并且 C_1 的参考电压 U_{R1} 接引脚 5，可接外部输入，称为控制电压 U_{CO}。当控制电压 U_{CO} 悬空时，$U_{R1}=\frac{2}{3}V_{CC}$，$U_{R2}=\frac{1}{3}V_{CC}$；如果 U_{CO} 外接固定电压，则 $U_{R1}=U_{CO}$，$U_{R2}=\frac{1}{2}U_{CO}$。

引脚 4 为异步置 0 端 $\overline{R_D}$，只要在 $\overline{R_D}$ 端加入低电平，则基本 RS 触发器置 0，正常工作时

$\overline{R_D}$必须处于高电平。

由电路结构图可知,当 $u_6>U_{R1}$,$u_2>U_{R2}$时,比较器 C_1 的输出 $R=0$、比较器 C_2 的输出 $S=1$,基本 RS 触发器置 0,输出 u_O 为低电平,同时放电三极管 VT 导通。

当 $u_6<U_{R1}$,$u_2>U_{R2}$时,比较器 C_1 的输出 $R=1$,比较器 C_2 的输出 $S=1$,基本 RS 触发器的状态保持不变,因而输出 u_O 和放电三极管 VT 的状态也维持不变。

当 $u_6<U_{R1}$,$u_2>U_{R2}$时,比较器 C_1 的输出 $R=1$,比较器 C_2 的输出 $S=0$,基本 RS 触发器置 1,输出 u_O 为高电平,同时放电三极管 VT 截止。

当 $u_6>U_{R1}$,$u_2<U_{R2}$时,比较器 C_1 的输出 $R=0$,比较器 C_2 的输出 $S=0$,基本 RS 触发器处于 $Q=\bar{Q}=1$ 的状态,输出 u_O 为高电平,同时放电三极管 VT 截止。但此时基本 RS 触发器状态不定,应避免出现。

表 6.3 所示就是 555 定时器的功能表。

表 6.3　555 定时器的功能表

输　入			输　出	
$\overline{R_D}$	u_6	u_2	u_O	VT 的状态
0	×	×	低	导通
1	$>\frac{2}{3}V_{CC}$	$>\frac{1}{3}V_{CC}$	低	导通
1	$<\frac{2}{3}V_{CC}$	$>\frac{1}{3}V_{CC}$	保持	保持
1	$<\frac{2}{3}V_{CC}$	$<\frac{1}{3}V_{CC}$	高	截止
1	$>\frac{2}{3}V_{CC}$	$<\frac{1}{3}V_{CC}$	状态不定	状态不定

了解了 555 定时器的特性之后,可以很容易得到如下结果:如果使比较器 C_1 和 C_2 的输出为低电平信号发生在输入电压的不同电平,那么输入与输出之间的关系将为施密特触发器特性;如果在 u_2 加入一个低电平触发信号以后,经过一段时间能在比较器 C_1 的输出端自动输出一个低电平信号,就可以构成一个单稳态触发器;如果能使比较器 C_1 和 C_2 的输出交替地反复出现低电平信号,就可以实现多谐振荡。

6.4.2　555 定时器的应用

1. 用 555 定时器构成施密特触发器

按照上面的分析,只要将 555 定时器的输入 u_6 和 u_2 连在一起作为信号输入端 u_I,如图 6.34 所示,即可得到施密特触发器。

由于比较器 C_1 和 C_2 的参考电压 U_{R1}、U_{R2} 不同,基本 RS 触发器的置 0 和置 1 信号必然发生在输入信号 u_I 的不同电平。因此输出电压 u_O 由低电平变高电平和由高电平变低电平所对应的输入电压 u_I 也不同,这就形成了施密特触发特性。为了提高 U_{R1}、U_{R2} 的稳定性,通常引脚 5 通过 0.01μF 左右的滤波电容接地。

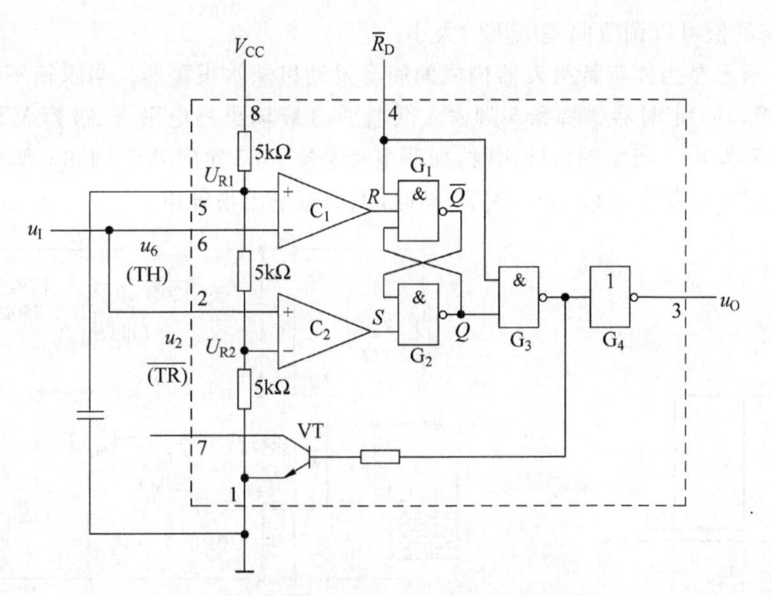

图 6.34 555 定时器构成的施密特触发器

首先，分析 u_I 从 0 逐渐升高的过程。

当 $u_I<\frac{1}{3}V_{CC}$ 时，比较器 C_1 的输出 R 为 1，比较器 C_2 的输出 S 为 0，基本 RS 触发器的输出 $Q=1$，所以 $u_O=U_{OH}$；

当 $\frac{1}{3}V_{CC}<u_I<\frac{2}{3}V_{CC}$ 时，比较器 C_1 的输出 $R=1$，比较器 C_2 的输出 $S=1$，基本 RS 触发器的输出 $Q=1$ 保持不变，所以 $u_O=U_{OH}$ 保持不变；

当 $u_I>\frac{2}{3}V_{CC}$ 时，比较器 C_1 的输出 $R=0$，比较器 C_2 的输出 $S=1$，基本 RS 触发器的输出 $Q=0$，所以 $u_O=U_{OL}$，因此 $U_{T+}=\frac{2}{3}V_{CC}$。

其次，分析 u_I 从高于 $\frac{2}{3}V_{CC}$ 开始下降的过程。

当 $\frac{1}{3}V_{CC}<u_I<\frac{2}{3}V_{CC}$ 时，比较器 C_1 的输出 $R=1$，比较器 C_2 的输出 $S=1$，基本 RS 触发器的输出 $Q=0$ 保持不变，所以 $u_O=U_{OL}$ 保持不变；

当 $u_I<\frac{1}{3}V_{CC}$ 时，比较器 C_1 的输出 $R=1$、比较器 C_2 的输出 $S=0$，基本 RS 触发器的输出 $Q=1$，所以 $u_O=U_{OH}$，因此 $U_{T-}=\frac{1}{3}V_{CC}$。

由此得到施密特触发器的回差电压为

$$\Delta U_T=U_{T+}-U_{T-}=\frac{1}{3}V_{CC}$$

如图 6.35 所示是图 6.34 电路的电压传输特性，这是一个典型的反相输出施密特触发特性。如果参考电压由外接电压 U_{CO} 供给，则此时的 $U_{T+}=U_{CO}$，$U_{T-}=\frac{1}{2}U_{CO}$，$\Delta U_T=\frac{1}{2}U_{CO}$。

通过改变U_{CO}的值可以调节回差电压的大小。

图 6.36 所示是由施密特触发器构成的简易发动机缺水报警器。当水箱不缺水时，水位高于探测电极，555 定时器 2 脚和 6 脚输入低电平，3 脚输出高电平，三极管 VT_1 导通，VT_2 截止，讯响器不发声。当发动机缺水时，探测电极悬空，555 定时器 2 脚和 6 脚输入高电平，3 脚输出低电平，三极管 VT_1 截止，VT_2 导通，讯响器发出报警声。

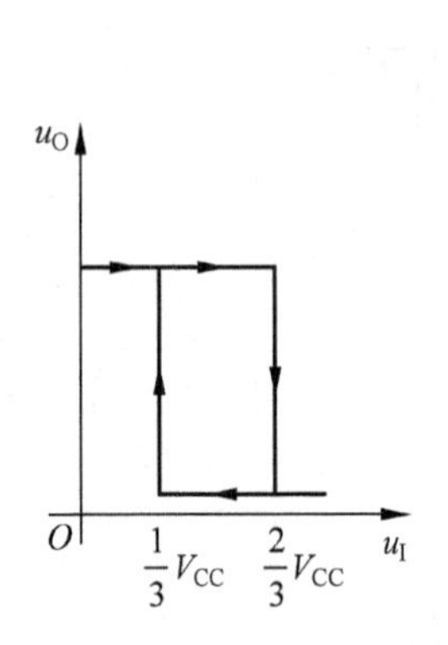

图 6.35 图 6.34 电路的传输特性

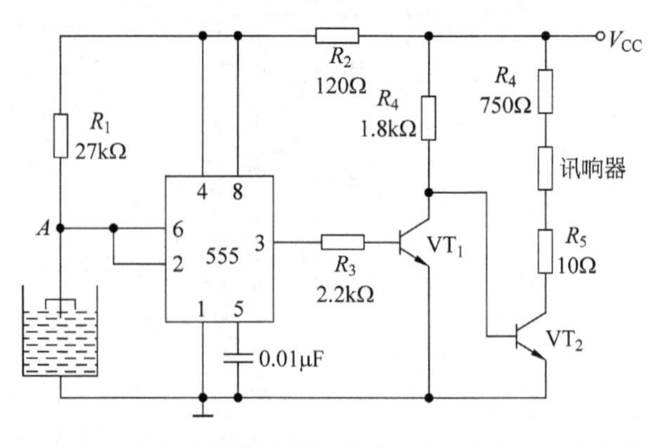

图 6.36 由施密特触发器构成的简易发动机缺水报警器

2. 用 555 定时器构成的单稳态触发器

如图 6.37 所示是 555 定时器构成的单稳态触发器。从图中可以看出引脚 2 是触发信号输入端，引脚 7 与引脚 6 相连，通过电阻 R 接电源，并通过电容 C 接地。

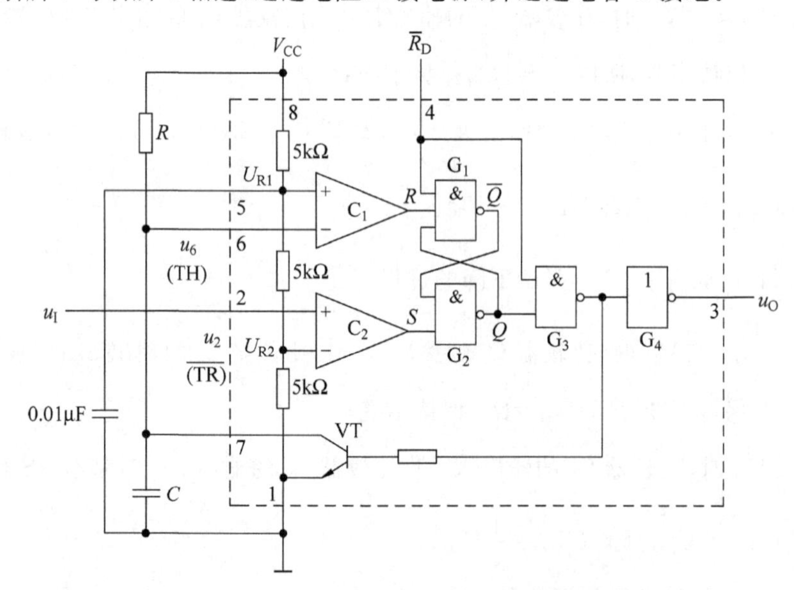

图 6.37 555 定时器构成的单稳态触发器

接通电源的瞬间，电路有一个稳定的过程，即电源通过电阻 R 向电容 C 充电。当充电到 $u_C=\frac{2}{3}V_{CC}$时，比较器 C_1 的输出 $R=0$，触发器被置 0，输出 u_O 为低电平；此时 VT 导通，电容通过 VT 迅速放电，使 $u_C\approx0$。比较器的输出 $R=S=1$，触发器保持 0 状态不变，输出

也相应地保持在 $u_O \approx 0$ 的状态，也就是说电路进入输出低电平状态，即稳态。

当触发输入端施加触发信号时 $\left(u_I < \frac{1}{3}V_{CC}\right)$，使比较器 C_2 的输出 $S=0$，触发器被置 1，电路的输出 u_O 跳变为高电平，电路进入暂稳态；同时 VT 截止，V_{CC} 通过电阻 R 向电容 C 充电。

当充到 $u_C = \frac{2}{3}V_{CC}$ 时，使比较器 C_1 的输出 $R=0$，如果此时输入端的触发脉冲已经消失，即 u_I 回到高电平，使比较器 C_2 的输出 $S=1$，触发器被置 0，同时 VT 导通，电容经 VT 迅速放电，使 $u_C \approx 0$，电路恢复到稳态。

如图 6.38 所示是单稳态触发器的工作波形。从图中可以看出输出脉冲的宽度 t_W 等于暂稳态的持续时间，即电容、电压在充电过程中从 0 上升到 $\frac{2}{3}V_{CC}$ 所需的时间，因此可以得到

$$t_W = RC\ln\frac{V_{CC}-0}{V_{CC}-\frac{2}{3}V_{CC}} = RC\ln 3 \approx 1.1RC \tag{6.23}$$

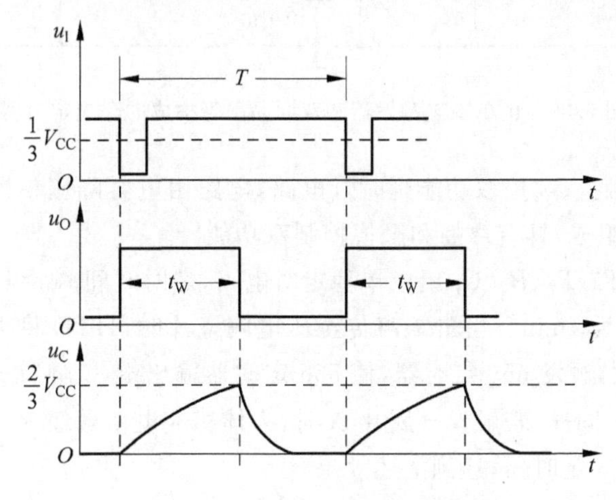

图 6.38　图 6.37 的电压波形图

这种电路的脉冲宽度可以从几微秒到数分钟不等，其大小取决于外接电阻 R 和电容 C 的大小。通常电阻 R 的取值在几百欧姆至几兆欧姆之间，电容的取值为几百皮法到几百微法。从图 6.38 可知，如果在电路的暂态持续时间内加入新的触发脉冲，该脉冲不起作用，即电路不可重复触发。

例 6.6　如图 6.37 所示的单稳态触发电路。若使 $t_W = 1\text{s}$，如何选择 R、C？

解：根据式(6.22)可知，要满足题目要求

$$t_W \approx 1.1RC = 1\text{s}$$

即 $RC \approx 0.91$。

若电阻值选 91kΩ(注意要选择系列值，这样才可以方便获取)，则电容值为 10μF。

单稳态触发器应用很广。图 6.39 所示为单稳态触发器和双向晶闸管构成的曝光定时器。电路中 555 定时器与 R_3 和 C_3 组成单稳态触发器。未按下启动按钮时，R_2 将 2 脚钳制在高电平，单稳态电路处于稳态，555 定时器 3 脚输出低电平。按下启动按钮后，通过电容

C_1，2 脚跳变为低电平，555 定时器 3 脚输出高电平，使三极管 VT 导通，集电极输出低电平，使晶闸管闭合，打开曝光灯进入曝光过程。当稳态结束后，3 脚恢复低电平，曝光结束。

该电路的稳态持续时间 $t_W=1.1R_3C_3$，即曝光时间。电路中 R_3 是可调电阻，可根据需要调整曝光时间。

电路中的开关 SA 为非定时手动控制开关，按下 SA 后三极管 VT 导通，双向晶闸管闭合，开始曝光，断开 SA 后晶闸管断开，停止曝光。

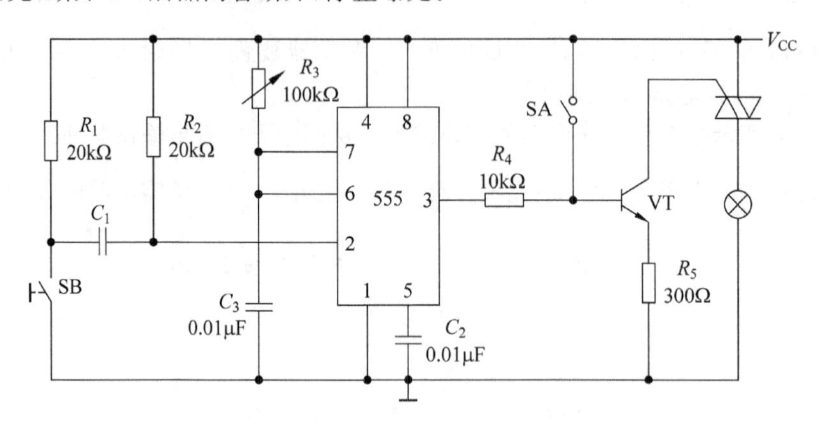

图 6.39　由单稳态触发器和双向晶闸管构成的曝光定时器

图 6.40 是一个触摸、声控双功能延时灯电路，电路由电容降压整流电路、声控放大器、555 定时器和控制器组成，具有声控和触摸控制双功能。

555 定时器和 VT1、R_3、R_2、C_4 组成单稳定时电路，定时时间 $t_W=1.1R_2C_4$，图示参数的定时(即灯亮)时间约为 1min。当击掌声传至压电陶瓷片时，HTD 将声音信号转换成电信号，经 VT_2、VT_1 放大，触发 555 定时器，使 555 定时器输出端(3 脚)输出高电平，触发导通晶闸管 SCR，电灯亮；同样，若触摸金属片 A 时，人体感应电信号经 R_4、R_5 加至 VT1 基极，使 VT1 导通，触发 555 定时器，达到上述效果。

3. 用 555 定时器构成多谐振荡器

在构造多谐振荡器时，只要先把 555 定时器的 2 脚、6 脚并联作为输入，再把 u_O 经 R、C 积分电路反馈回输入端就可以实现。但在实际应用中，通常是接成如图 6.41 所示的形式。

当电路接通电源后，电源 V_{CC} 通过 R_1、R_2 向电容 C 充电，当电容电压上升到 $u_C=\frac{2}{3}V_{CC}$ 时，使输出 u_O 为低电平，同时三极管 VT 导通，电容通过 R_2 和 VT 放电，当电容电压下降到 $u_C=\frac{1}{3}V_{CC}$ 时，输出 u_O 翻转为高电平，如此周而复始。其波形如图 6.42 所示。

由波形图可以得出电路的充电时间 t_1 和放电时间 t_2 分别为

$$t_1=(R_1+R_2)C\ln\frac{V_{CC}-\frac{1}{3}V_{CC}}{V_{CC}-\frac{2}{3}V_{CC}}$$

$$=(R_1+R_2)C\ln 2 \tag{6.24}$$

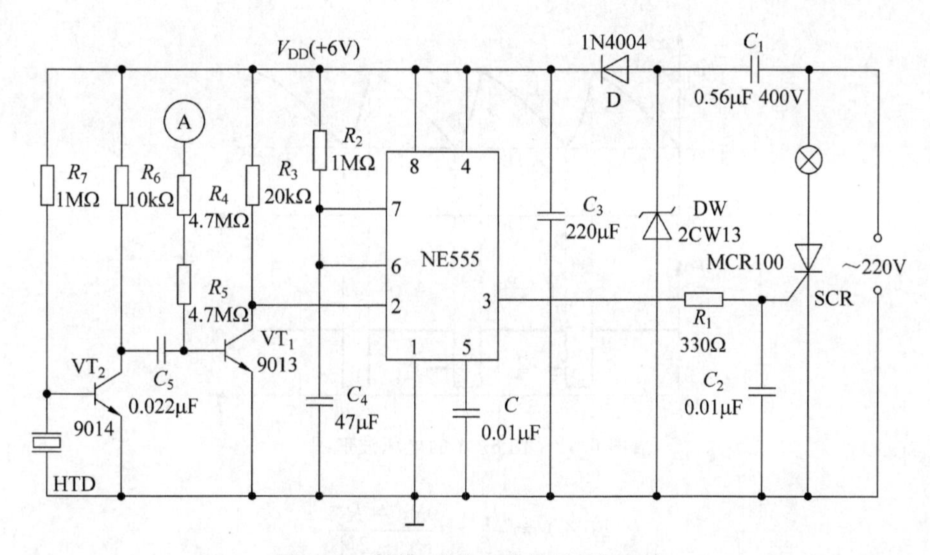

图 6.40 触摸、声控双功能延时灯电路

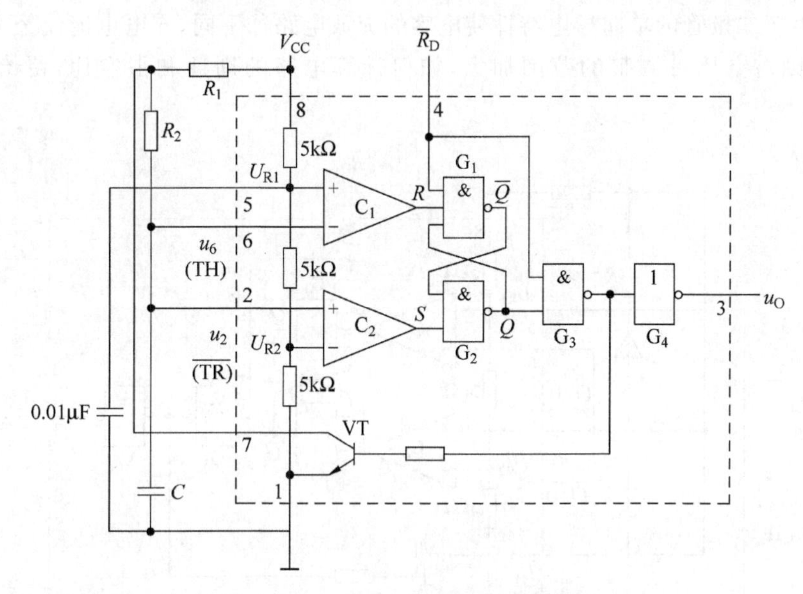

图 6.41 555 定时器构成的多谐振荡器

$$t_2 = R_2 C \ln \frac{0 - \frac{2}{3}V_{CC}}{0 - \frac{1}{3}V_{CC}} = R_2 C \ln 2 \tag{6.25}$$

所以电路的周期为

$$T = t_1 + t_2 = (R_1 + 2R_2) C \ln 2 \approx 0.69 (R_1 + 2R_2) C \tag{6.26}$$

振荡频率为

$$f = \frac{1}{T} = \frac{1}{(R_1 + 2R_2) C \ln 2} \tag{6.27}$$

输出脉冲的占空比为

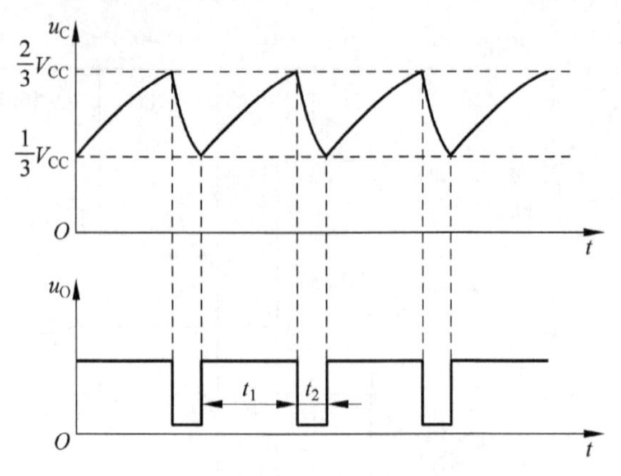

图 6.42　图 6.41 的电压波形图

$$q(\%) = \frac{t_1}{T} = \frac{R_1 + R_2}{R_1 + 2R_2} \tag{6.28}$$

由式(6.28)可知,图 6.41 电路的输出脉冲占空比不可能小于 50%。图 6.43 所示的改进电路中,由于二极管的单向导电特性使电容的充放电路径不同,充电电流流经 R_1,放电电流流经 R_2,则占空比可调整的范围加大,如何计算电路的周期和占空比,留给读者自己推导。

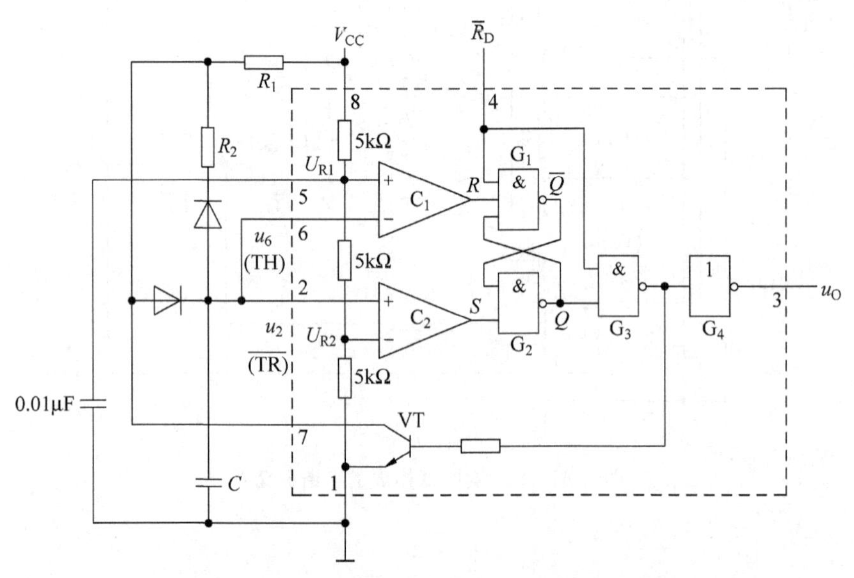

图 6.43　555 定时器构成的占空比可调的多谐振荡器

555 定时器构成的多谐振荡器通常可作脉冲信号发生器,时序电路中时钟脉冲信号一般就是由多谐振荡器产生的。通过适当连接,多谐振荡器还可以构成多种控制电路,这里仅举例介绍两个实用的简单电路。

1) 光控开关电路

555 构成的光控开关电路如图 6.44 所示。当无光照时,光敏电阻 R_G 的阻值远大于 R_3、R_4,由于 R_3、R_4 阻值相等,此时 555 定时器的 2、6 脚的电平为 $\frac{1}{2}V_{CC}$,输出端为低电平,继电器 K 不工作，其常开触点 K_{1-1} 使受控电路处于断开状态。此时放电管导通，电容 C_1 两端电压为 0V。当有光线照射到光敏电阻 R_G 上时，R_G 的值迅速变得小于 R_3、R_4，因此定时器的 2 脚电位迅速下降到 $\frac{1}{3}V_{CC}$ 以下，使 555 的输出翻转为高电平，继电器得电使触点 K_{1-1} 吸合，使受控电路处于连通状态；当光照消失后，R_G 的阻值迅速变大，使定时器的 2 脚电平又变为 $\frac{1}{2}V_{CC}$，输出仍保持在高电平状态，此时放电管处于截止状态，电容 C_1 经 R_1、R_2 充电到电源电压 V_{CC}。若再有光线照射光敏电阻 R_G 时，C_1 上的电压使 2 脚和 6 脚的电位大于 $\frac{2}{3}V_{CC}$，导致 555 输出端由高电平变为低电平，继电器 K 被释放，受控电路又回到了断开状态。由此可见，光敏电阻 R_G 每受光照射一次，电路的开关状态就转换一次，起到光控开关的作用。

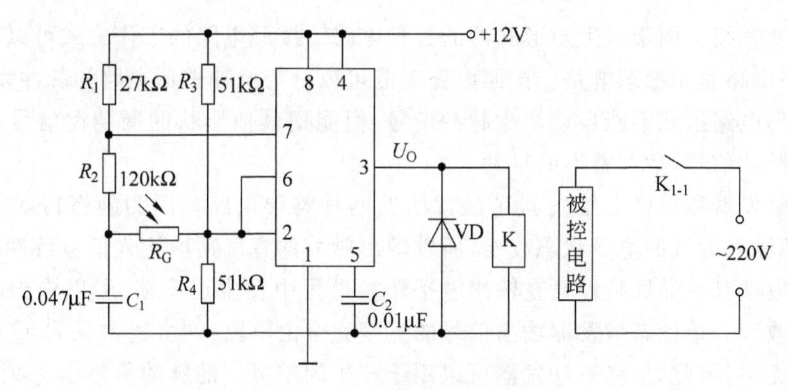

图 6.44 光控开关电路

2)“叮咚”双音门铃

555 定时器构成多谐振荡器时，适当调节振荡频率，可构成各种声响电路。图 6.45 所示是 555 定时器构成的“叮咚”双音门铃电路。

未按开关 S 时，555 的 4 脚电位为 0，输出低电平，门铃不响；当按下开关 S 时，电源 V_{CC} 经 VD_2 给 C_2 充电，使 4 脚电位为 1，电路起振，发出“叮”的音响。此时因 VD_1 导通，其振荡频率由 R_2、R_3、C 决定；断开开关 S 时，因 VD_1、VD_2 均截止，其频率由 R_1、R_2、R_3 和 C_2 决

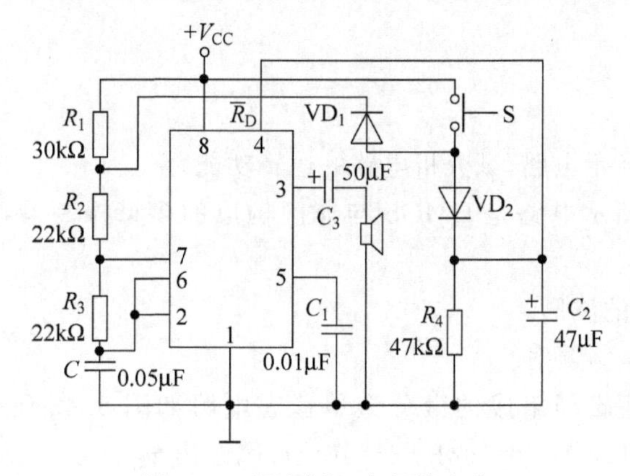

图 6.45 “叮咚”双音门铃电路

定,电路发出“咚”的音响。同时 C_2 经 R_4 放电,到 4 脚电位为 0 时电路停振。

思考题

1. 555 定时器具有哪些特点?其典型应用电路有哪几种?

2. 对于图 6.41 所示电路,只要将引脚 5(U_{CO})的滤波电容去掉,接入电压输入就可以构成压控振荡器。试分析电路并计算电路的周期和占空比。

3. 试分析图 6.43 所示电路的工作原理,并计算其振荡周期和占空比。

4. 对于 555 定时器构成的多谐振荡器,如果要实现振荡和停振的可控,应该采取何种方法?

6.5 本章小结

本章主要介绍了用于产生矩形脉冲的各种电路。按照电路的工作方式可以分为单稳态电路、双稳态电路和无稳态电路。按照电路功能可以分为脉冲整形电路和脉冲发生电路。

脉冲整形电路虽然不能自动产生脉冲信号,但能把其他形状的周期性信号变换为符合要求的矩形脉冲信号,达到整形的目的。

施密特触发器和单稳态触发器是最常用的两种整形电路。因为施密特触发器输出的高、低电平随输入信号的电平状态改变,所以输出脉冲的宽度是由输入信号特性决定的。由于施密特触发器具有滞回特性且在输出电平转换过程中发生正反馈,所以输出电压波形会得到明显的改善。单稳态触发器输出信号的宽度完全由电路参数(通常是 R、C 的值)决定,与触发信号无关,因此,单稳态触发器可以用于产生固定宽度的脉冲信号。

多谐振荡器是无稳态电路,不需要外加输入信号,只要接通供电电源,就可以自动产生连续的脉冲信号。本章介绍的多谐振荡器电路从工作原理上可以分为两种类型:一种是利用正反馈产生振荡,如对称式多谐振荡器、石英晶体振荡器都属于这一种;第二种是利用延迟负反馈作用产生振荡,环形振荡器和用施密特触发器组成的振荡器都属于这一种。

555 定时器是一种用途很广的集成电路,可以组成施密特触发器、单稳态触发器和多谐振荡器,还可以接成各种应用电路。读者可以通过查阅有关书籍并且根据需要调整电路参数自行设计出所需要的电路。

习题 6

6.1 如图 6.46 所示电路,试分析电路的逻辑功能。

6.2 如图 6.47 所示电路是 CMOS 与非门构成的多谐振荡器,图中 $R_S=20\text{k}\Omega$,$R=2\text{k}\Omega$,$C=10\mu\text{F}$。要求:

(1) 画出 a,b,u_O 的波形。

(2) 计算电路的振荡频率。

6.3 由 CMOS 逻辑门组成的微分型单稳态电路如图 6.48 所示。输入脉冲宽度为 $2\mu\text{s}$,$C_d=500\text{pF}$,$R_d=10\text{k}\Omega$,$C=10\text{nF}$,$R=10\text{k}\Omega$,试画出 u_I、u_d、u_{O1}、u_{I2}、u_O 的波形,并求出输出脉冲的宽度。

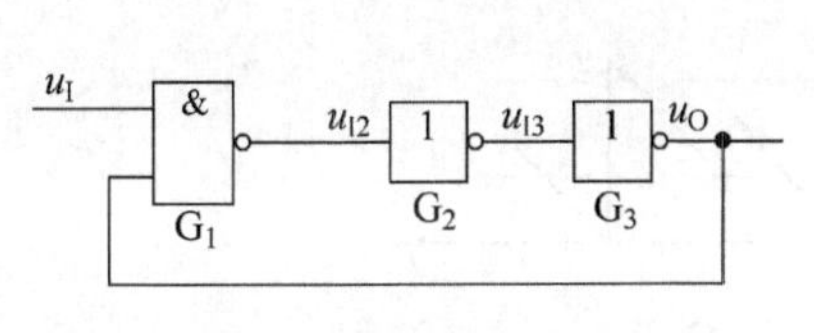

图 6.46 习题 6.1 图

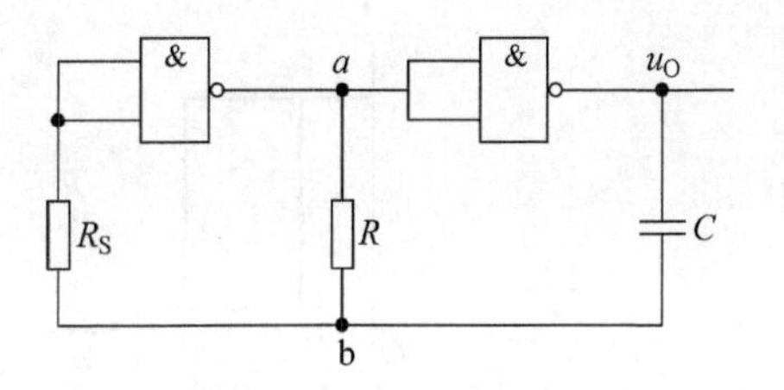

图 6.47 习题 6.2 图

6.4 如图 6.49 所示电路是 CMOS 逻辑门构成的另一种形式的单稳态触发器。要求：

(1) 分析电路的工作原理。

(2) 画出触发脉冲作用后的 u_I、u_{O1}、u_R、u_O 各点工作波形。

(3) 写出输出脉冲宽度的表达式。

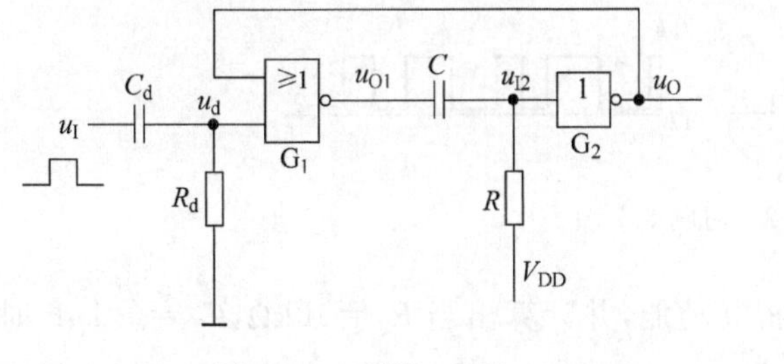

图 6.48 习题 6.3 图

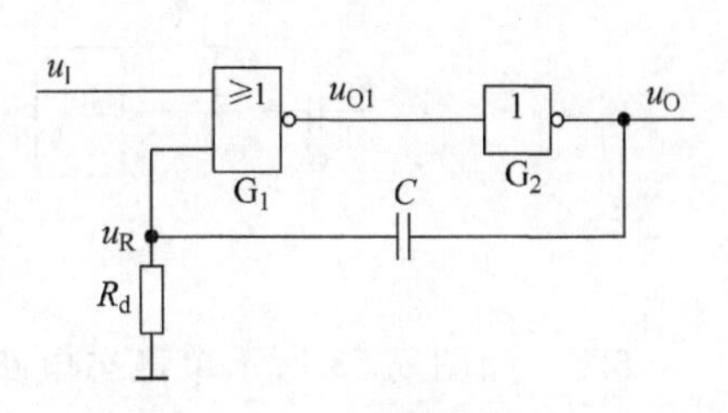

图 6.49 习题 6.4 图

6.5 如图 6.50 所示是两个集成单稳态触发器 74121 所组成的脉冲变换电路，外接电阻、电容参数和输入信号 u_I 波形如图中所示。试计算输出脉冲宽度，并画出 u_I、u_O 的波形。

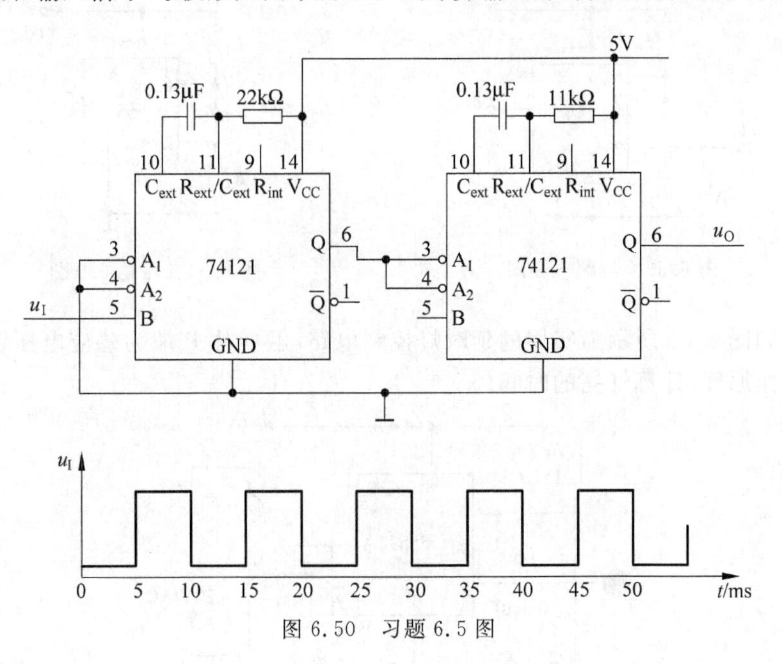

图 6.50 习题 6.5 图

6.6 施密特触发器的传输特性如图 6.51(a)所示，输入波形如图 6.51(b)所示，画出其输出波形。

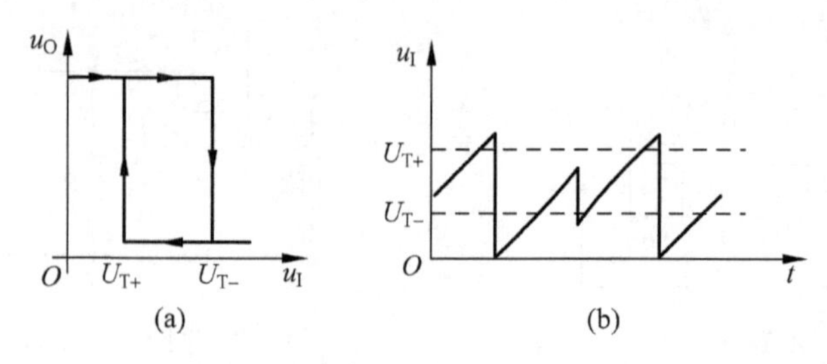

图 6.51 习题 6.6 图

6.7 如图 6.52(a)所示整形电路,试画出在如图 6.52(b)所示输入信号作用下输出信号的电压波形。假定低电平持续时间远大于 RC 电路的时间常数。

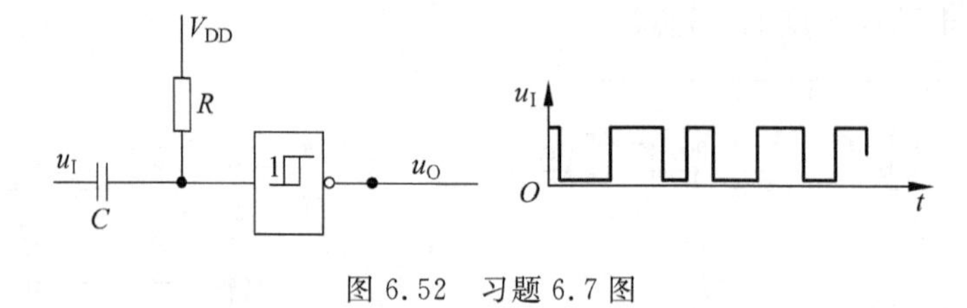

图 6.52 习题 6.7 图

6.8 如图 6.53 所示单稳态电路,分析其功能,并计算出当 $R_T=10\text{k}\Omega, C_T=0.1\mu\text{F}$ 时电路的输出脉冲宽度 t_W。

6.9 如图 6.54 所示施密特触发电路,分析其功能,并计算出当 $R_1=10\text{k}\Omega, R_2=20\text{k}\Omega$ 时电路的阈值电压。

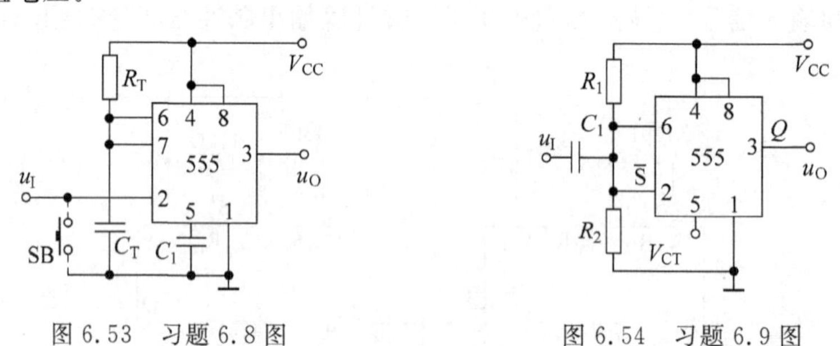

图 6.53 习题 6.8 图　　图 6.54 习题 6.9 图

6.10 如图 6.55 所示为实用的延时灯控制电路,触摸片 P 端为感应电压输入端,试分析电路的工作原理,计算灯亮的时间。

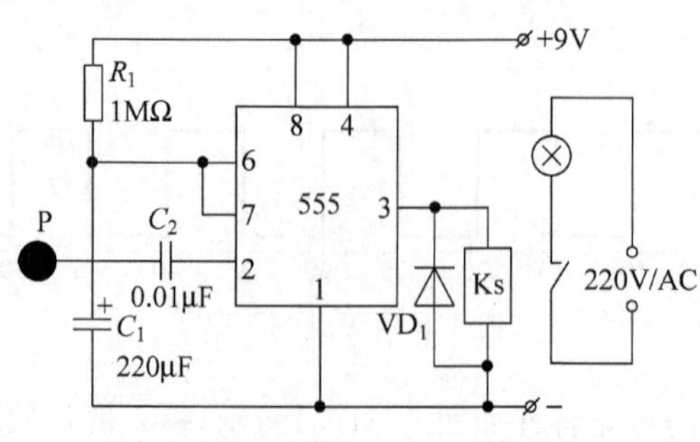

图 6.55 习题 6.10 图

6.11 如图 6.56 所示为使用两个 555 定时器构成的延时报警电路。当开关 S 断开后，经过一段时间的延迟后扬声器开始发声。如果在延迟时间内 S 重新闭合，扬声器则不会发声。用图中所给参数求出扬声器发出声音的具体频率和可以允许的断开时间。图中所用反相器为 CMOS 电路，输出的高低电平分别为 $U_{OL}\approx0V$，$U_{OH}\approx12V$。

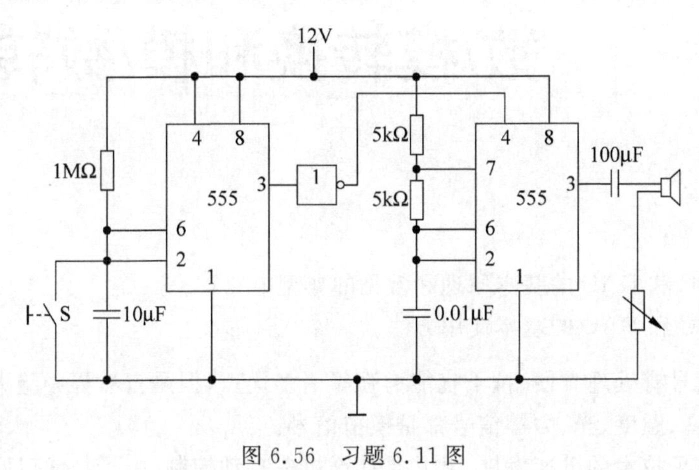

图 6.56 习题 6.11 图

6.12 图 6.57(a)所示是由 4 位二进制加法器 74161 和集成单稳态触发器 74121 构成的电路。

(1) 分析 74161 的电路，画出状态图。

(2) 估算 74121 构成电路的输出脉冲宽度。

(3) 设时钟脉冲如图 6.57(b)所示，画出 u_I 和 u_O 的工作波形。

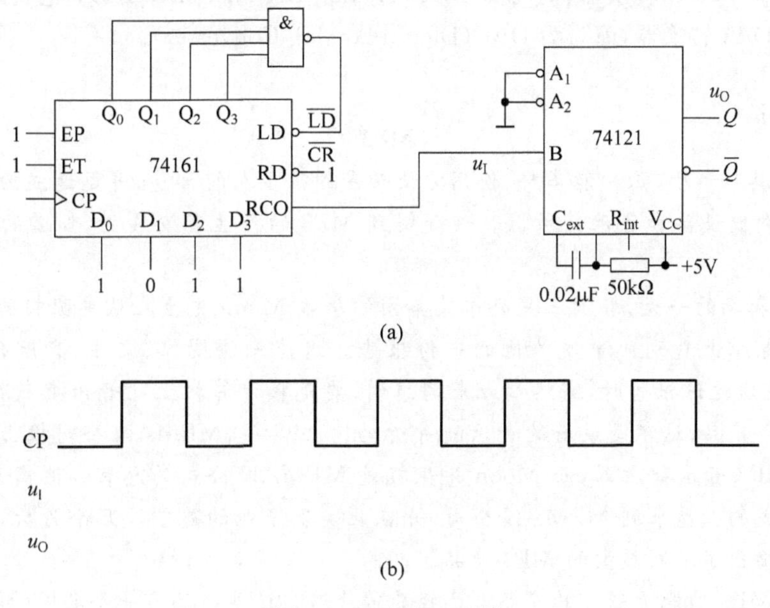

图 6.57 习题 6.12 图

第7章 数/模转换和模/数转换

本章要点

◇ 熟悉 ADC 和 DAC 的基本原理和常见的典型电路；

◇ 掌握 ADC 和 DAC 的基本使用方法。

虽然数字信号有处理方便、抗干扰能力强等诸多优点，但是自然界中绝大多数信号都是模拟信号，如声音、温度、光、力等信号都是模拟信号。

随着数字电子技术的迅速发展，尤其是计算机在自动控制、电子技术以及许多其他领域中的广泛应用，用数字电路处理模拟信号的情况也越来越普遍。由于数字计算机只能处理数字信号，因此需要将模拟信号转换成数字信号后再进行处理。同时，往往还需要把处理后得到的数字信号再转换成相应的模拟信号，作为最后的输出。通常人们把从模拟信号到数字信号的转换称为模/数转换，或简称为 A/D(Analog to Digital)转换，把从数字信号到模拟信号的转换称为数/模转换，或简称为 D/A(Digital to Analog)转换。同时，把实现 A/D 转换的电路称为 A/D 转换器，简写为 ADC(Analog-Digital Converter)；把实现 D/A 转换的电路称为 D/A 转换器，简写为 DAC(Digital-Analog Converter)。

趣味知识

MP3

MP3 因其外形小巧、功能多样、使用方便而受到很多人的喜爱，并迅速成为一种广为使用的数字化存储设备和音乐播放器。但是提到 MP3 的产生和发展史，知道的人恐怕就不多了。

1997 年春季的一天，韩国三星公司某集团的总裁 Moon 先生在从美国回国的飞机上从他的笔记本电脑上看到同事发给他的一份报告。这是一份图像、文字、音乐合成的简报。Moon 先生在看这份报告时，突然心血来潮想到，要是将计算机上的音乐播放系统取下，独立发展成一个产品，这不是最好的音乐随身听吗！1998 年，MPMAN 公司推出了世界上第一台 F-10 MP3 音乐播放器，而 Moon 先生就是 MPMAN 公司的总裁。他离开三星后，带着他没有完成的心愿来到 MPMAN 公司，并在此实现了他的愿望。几个月后，韩国的其他公司也相继推出了不同类型的 MP3 产品。

如今比 MP3 功能更强大的产品也已经非常普遍。这些产品有一个共同的特点，它们能够将以数字方式存储的文件转化为人们可以接受的模拟信号，这全都仰仗于 D/A 转换器的支持。那么又是如何将模拟信号存储为数字文件的呢？自然是 A/D 转换器起到了关键作用。

7.1 D/A 转换器

D/A 转换器(DAC)将输入的二进制数字信号转换成模拟信号,并以电压或电流的形式输出。D/A 转换器的一般结构如图 7.1 所示,图中数据锁存器用来暂时存放输入的数字信号。锁存器的并行输出对应控制模拟开关的工作状态。通过模拟开关,将参考电压按各数位权值送入解码网络,再送入求和电路。求和电路将各位的权值相加就得到与数字量相对应的模拟量。D/A 转换器输出模拟量 Y 和输入数字量 D 之间成正比关系,一般关系式为

$$Y = K\sum_{i=0}^{n-1} D_i 2^i \tag{7.1}$$

式中 K 是比例常数。

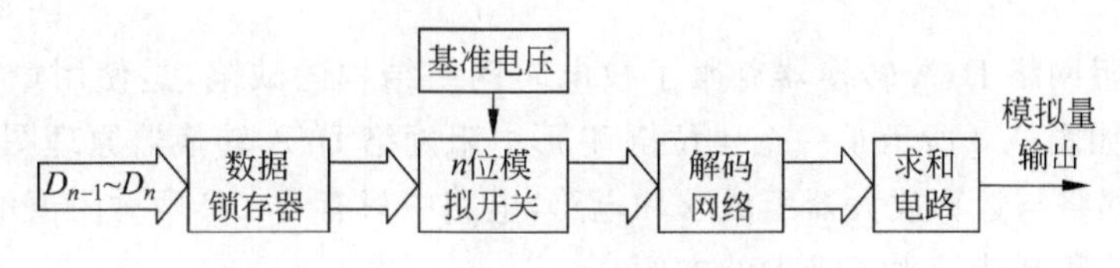

图 7.1　D/A 转换器的结构框图

D/A 转换器种类很多,按解码网络结构的不同,可分为权电阻网络 D/A 转换器、倒 T 形电阻网络 D/A 转换器、权电容网络 D/A 转换器和权电流型 D/A 转换器。按模拟电子开关电路的不同,分为双极型开关型 D/A 转换器和 CMOS 开关型 D/A 转换器。

7.1.1 权电阻网络 D/A 转换器

图 7.2 所示为 4 位权电阻网络 D/A 转换器的原理图。它由权电阻 R、$2R$、$4R$、$8R$,电子模拟开关 S_0、S_1、S_2、S_3,基准电压 U_{REF} 和求和运算放大电路组成。模拟开关 S_0、S_1、S_2、S_3 受输入数字信号 D_0、D_1、D_2、D_3 控制,输入信号为 1 时开关接到基准电压 U_{REF} 上,输入信号为 0 时开关接地。故 $D_i=1$ 时,对应支路有电流 I_i 流向求和电路; $D_i=0$ 时,对应支路上电流为 0A。所以流过反馈电阻 R_F 的电流

$$I_\Sigma = I_0 + I_1 + I_2 + I_3 = \frac{U_{REF}}{2^3 R}D_0 + \frac{U_{REF}}{2^2 R}D_1 + \frac{U_{REF}}{2^1 R}D_2 + \frac{U_{REF}}{2^0 R}D_3$$

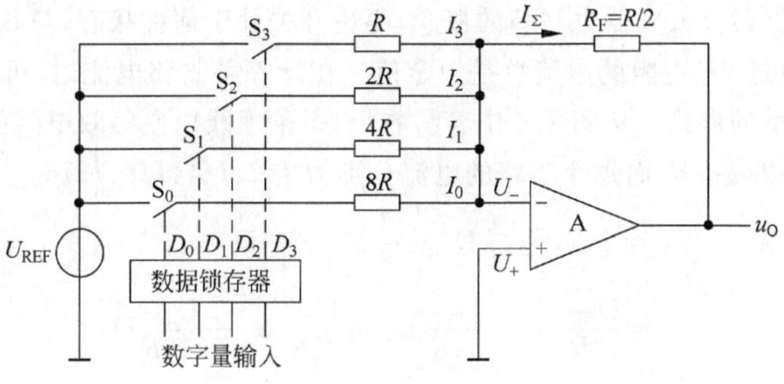

图 7.2　权电阻网络 D/A 转换器原理图

求和放大器构成负反馈求和电路。由于运算放大器的放大倍数很高,为了方便计算,可以近似认为它是理想运算放大器。根据运算放大器线性应用时“虚断”和“虚短”的概念,可知输出电压为

$$u_O=-R_F I_\Sigma=-R_F\left(\frac{U_{REF}}{2^3 R}D_0+\frac{U_{REF}}{2^2 R}D_1+\frac{U_{REF}}{2^1 R}D_2+\frac{U_{REF}}{2^0 R}D_3\right)$$

取 $R_F=R/2$,则

$$u_O=-\frac{U_{REF}}{2^4}(2^0 D_0+2^1 D_1+2^2 D_2+2^3 D_3) \tag{7.2}$$

图 7.2 的电路结构简单,所用的电阻元件少。但是各个电阻的阻值相差较大,输入数字量位数越多时问题越严重,而且难以集成,所以这种电路的使用受到很大限制。

7.1.2 倒 T 形电阻网络 D/A 转换器

倒 T 形电阻网络 D/A 转换器克服了权电阻网络结构的缺陷,是使用最多的一种集成 D/A 转换器。如图 7.3 所示是一个 4 位倒 T 形电阻网络 D/A 转换器原理图。图中呈倒 T 形的电阻解码网络与运算放大器组成求和电路,电路中只有 R、$2R$ 两种阻值的电阻,这就给集成电路的设计和制造带来了极大的方便。

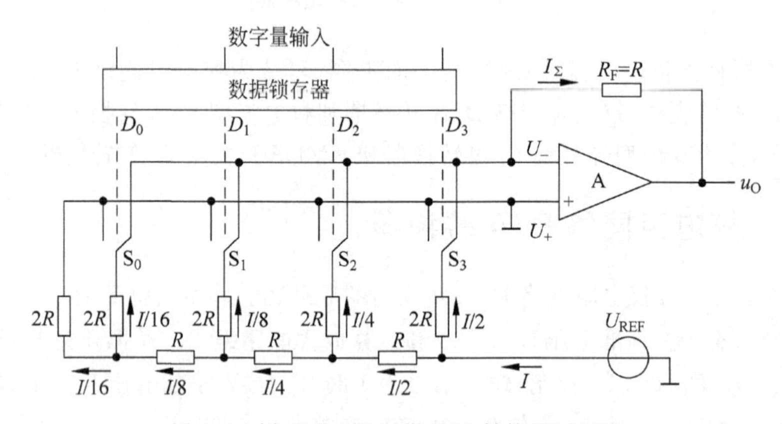

图 7.3 倒 T 形电阻网络 D/A 转换器原理图

从图 7.3 中可以看出,模拟开关 S_i 由输入数码 D_i 控制,当 $D_i=0$ 时开关 S_i 接同相输入端 U_+,即将 $2R$ 电阻接地;而当 $D_i=1$ 时则开关 S_i 接反相输入端 U_-,其支路电流 I_i 流入求和电路。根据运算放大器“虚短”的概念,不论开关处于何种状态,与 S_i 相连的 $2R$ 电阻均将接地,所以流过 $2R$ 电阻的电流总是恒定值。在计算各支路电流时,可以将电阻网路等效为如图 7.4 所示的形式。从图 7.4 中容易看出,每条虚线以左等效电阻都是 R,所以电阻网络的总电流 $I=U_{REF}/R$,而每个支路的电流分别为 $I/2$、$I/4$、$I/8$、$I/16$。

$$\begin{aligned}I_\Sigma&=\frac{I}{2}D_3+\frac{I}{4}D_2+\frac{I}{8}D_1+\frac{I}{16}D_0\\&=\frac{U_{REF}}{2R}D_3+\frac{U_{REF}}{4R}D_2+\frac{U_{REF}}{8R}D_1+\frac{U_{REF}}{16R}D_0\\&=\frac{U_{REF}}{2^4 R}(2^3 D_3+2^2 D_2+2^1 D_1+2^0 D_0)\end{aligned}$$

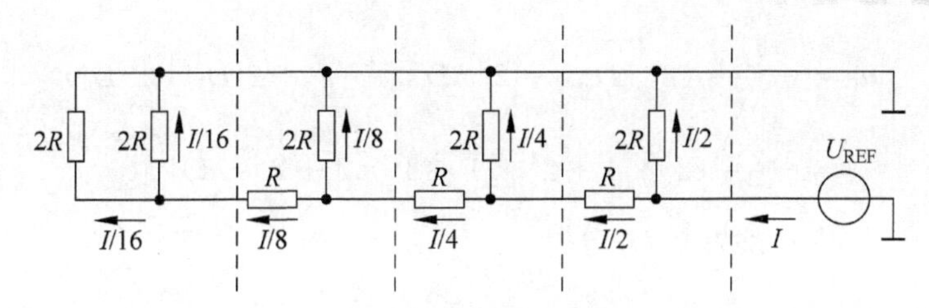

图 7.4 倒 T 形电阻网络的等效电路

所以输出电压为

$$u_O = -RI_\Sigma = -\frac{U_{REF}}{2^4}(2^3 D_3 + 2^2 D_2 + 2^1 D_1 + 2^0 D_0) \tag{7.3}$$

如果把输入数字量扩展到 n 位，就可以得到 n 位数字量输入倒 T 形电阻网络的 D/A 转换器。其输出模拟量与输入数字量的一般关系为

$$\begin{aligned} u_O &= -RI_\Sigma \\ &= -\frac{U_{REF}}{2^n}(2^{n-1} D_{n-1} + 2^{n-2} D_{n-2} + \cdots + 2^1 D_1 + 2^0 D_0) \\ &= -\frac{U_{REF}}{2^n}\sum_{i=0}^{n-1} 2^i D_i \end{aligned} \tag{7.4}$$

设式(7.4)中，$N_B = \sum_{i=0}^{n-1} 2^i D_i$，则 $u_O = -\frac{U_{REF}}{2^n}N_B$，显然图 7.3 所示电路中输出的模拟电压与输入的二进制数成正比。倒 T 形电阻网络 D/A 转换器电阻值只有 R 和 $2R$ 两种，因此可以实现较高的精度，而且转换速度较快，易于集成。

例 7.1 在图 7.3 所示的倒 T 形电阻网络 D/A 转换器中，设 $U_{REF} = -5V$，试求：

(1) 当输入数字量 $D_3 D_2 D_1 D_0 = 0010$ 时，输出的电压值。

(2) 当输入数字量 $D_3 D_2 D_1 D_0 = 0101$ 时，输出的电压值。

(3) 当输入最大数字量时，输出的电压值。

解：

(1) 根据式(7.4)，可以求得当输入数字量 $D_3 D_2 D_1 D_0 = 0010$ 时，输出电压值为

$$\begin{aligned} u_O &= -\frac{U_{REF}}{2^n}(2^{n-1} D_{n-1} + 2^{n-2} D_{n-2} + \cdots + 2^1 D_1 + 2^0 D_0) \\ &= -\frac{-5}{2^4}(2^3 \times 0 + 2^2 \times 0 + 2^1 \times 1 + 2^0 \times 0) \\ &= 0.625V \end{aligned}$$

(2) 当输入数字量 $D_3 D_2 D_1 D_0 = 0101$ 时，输出的电压值为

$$\begin{aligned} u_O &= -\frac{U_{REF}}{2^n}(2^{n-1} D_{n-1} + 2^{n-2} D_{n-2} + \cdots + 2^1 D_1 + 2^0 D_0) \\ &= -\frac{-5}{2^4}(2^3 \times 0 + 2^2 \times 1 + 2^1 \times 0 + 2^0 \times 1) \\ &= 1.5625V \end{aligned}$$

(3) 对于 4 位倒 T 形电阻网络 D/A 转换器，其输入最大数字量为 $D_3 D_2 D_1 D_0 = 1111$，则输出的电压值为

$$
\begin{aligned}
u_O &= -\frac{U_{REF}}{2^n}(2^{n-1}D_{n-1}+2^{n-2}D_{n-2}+\cdots+2^1D_1+2^0D_0) \\
&= -\frac{-5}{2^4}(2^3\times1+2^2\times1+2^1\times1+2^0\times1) \\
&= 4.6875\text{V}
\end{aligned}
$$

7.1.3 权电流型 D/A 转换器

在电阻网络的 D/A 转换器分析过程中,所有开关都被当成理想开关来处理,而实际上这些开关都有导通电阻和导通压降,而且每个开关的参数并不完全对称,这就会引起转换误差。为了解决这一问题,常采用权电流型 D/A 转换器。如图 7.5 所示为权电流型 D/A 转换器的电路原理图。图中用一组恒流源代替了倒 T 形权电阻网络,恒流源从高位到低位的电流依次为 $I/2$、$I/4$、$I/8$、$I/16$。模拟开关 S_0、S_1、S_2、S_3 受输入数字信号 D_0、D_1、D_2、D_3 控制,信号为 1 时开关接到放大器的反相输入端,信号为 0 时开关接地,故输出电压为

$$u_O = I_\Sigma R_F = \frac{R_F I}{2^4}(2^3D_3+2^2D_2+2^1D_1+2^0D_0)$$

当输入数字量扩展到 n 位时,输出电压为

$$u_O = \frac{R_F I}{2^n}(2^{n-1}D_{n-1}+2^{n-2}D_{n-2}+\cdots+2^1D_1+2^0D_0)$$

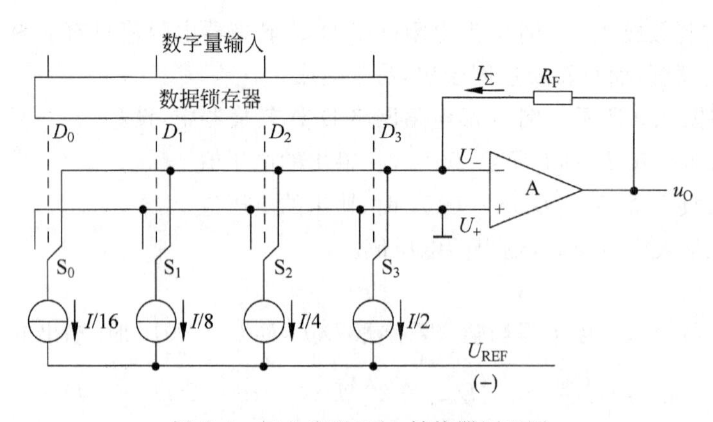

图 7.5 权电流型 D/A 转换器原理图

由于采用了恒流源,每个支路的电流不再受开关导通电阻和导通压降影响,从而降低了对开关的要求。

恒流源电路通常采用图 7.6 所示的电路结构形式。只要保证 U_B 和 U_{EE} 稳定,三极管的电流即可保持不变。电流的大小近似为

$$I_i = \frac{U_B - U_{EE} - U_{BE}}{R_E}$$

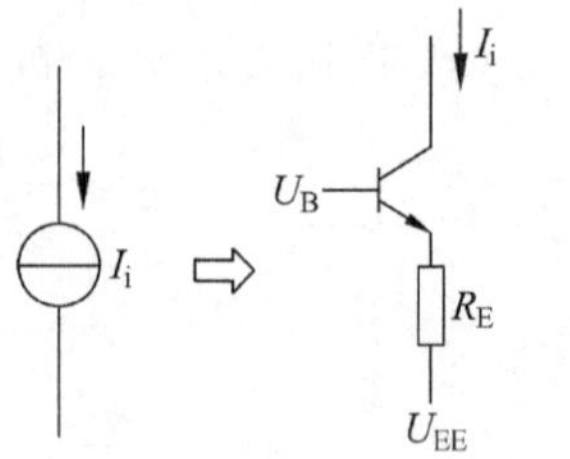

图 7.6 权电流型 D/A 转换器中的恒流源

在 U_B 和 U_{EE} 取值相同的条件下,为了得到依次为 2 倍递增的电流源,就需要一组不同阻值的电阻。这就增加了电阻

的种类,加大了制造难度。因而权电流型 D/A 转换器中常利用倒 T 形电阻网络的分流原理。同时为避免三极管电流变化引发 U_{BE}变化带来的影响,常采用多发射极三极管产生所需的一组恒流源,如图 7.7 所示。

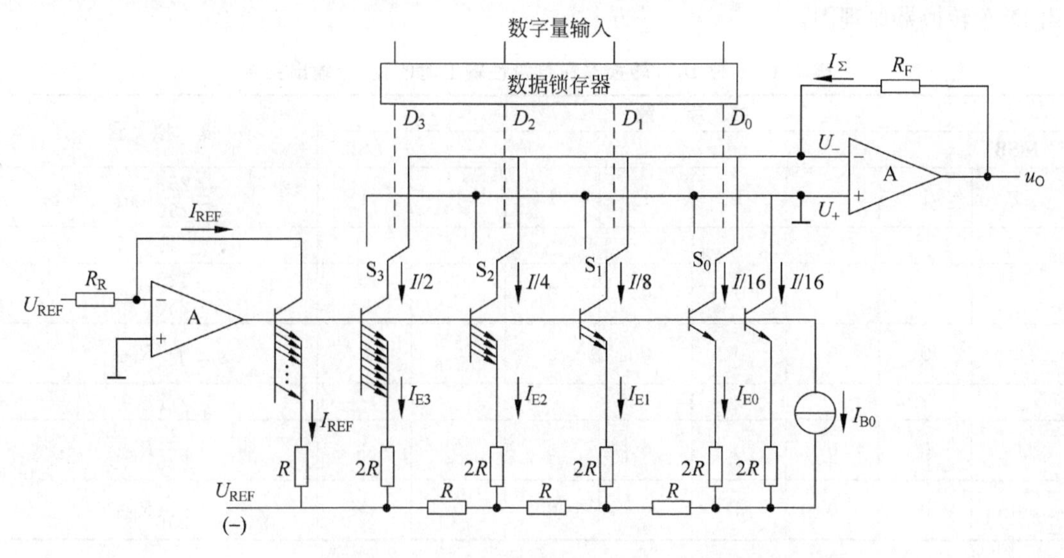

图 7.7 利用倒 T 形电阻网络的权电流型 D/A 转换器原理图

由图 7.7 可以看出,所有三极管的基极都接在一起,只要这些三极管的发射结压降 U_{BE}相等,它们的发射极就将处于等电位。在计算各支路电流时,就可以认为所有 2R 的电阻接在了同一电位上,因而电路中的电阻网络等效电路与图 7.4 相似,差别仅在于 2R 电阻的公共端不是接地。这时流过每个电阻的电流自左至右依次递减 1/2。图中恒流源 I_{B0}用来为三极管提供基极偏置电流。

基准电流 I_{REF}为

$$I_{REF} = \frac{U_{REF}}{R_R} = 2I_{E3}$$

因而可以得到输出电压为

$$u_O = \frac{R_F U_{REF}}{2^4 R_R}(D_3 2^3 + D_2 2^2 + D_1 2^1 + D_0 2^0)$$

如果使 $R_R = R_F$,则输出电压为

$$u_O = \frac{U_{REF}}{2^4}(D_3 2^3 + D_2 2^2 + D_1 2^1 + D_0 2^0) \tag{7.5}$$

若进一步扩展到输入数字量为 n 位时,则有

$$u_O = \frac{U_{REF}}{2^n}(2^{n-1} D_{n-1} + 2^{n-2} D_{n-2} + \cdots + 2^1 D_1 + 2^0 D_0) \tag{7.6}$$

7.1.4 D/A 转换器的输出方式

在前面介绍的各种 D/A 转换器中,输入数字均视为正数,即二进制数的所有位都为数值位。根据电路形式或参考电压的极性不同,输出电压为 0V 到正满度值,或 0V 到负满度

值,这种工作方式称为单极性输出方式。采用单极性输出方式时,数字输入量采用自然二进制码,8位D/A转换器单极性输出时,输入数字量与输出模拟量之间的关系如表7.1所示。表中MSB表示输入数字量的最高位有效位,LSB表示最低位有效位。图7.8是单极性输出D/A转换器原理图。

表7.1 8位D/A转换器在单极性输出时的输入/输出关系

数字量								模拟量
MSB							LSB	
1	1	1	1	1	1	1	1	$\pm\frac{255}{256}R_{REF}$
⋮								⋮
1	0	0	0	0	0	0	1	$\pm\frac{129}{256}R_{REF}$
1	0	0	0	0	0	0	0	$\pm\frac{128}{256}R_{REF}$
⋮								⋮
0	0	0	0	0	0	0	1	$\pm\frac{1}{256}R_{REF}$
0	0	0	0	0	0	0	0	$\pm\frac{0}{256}R_{REF}$

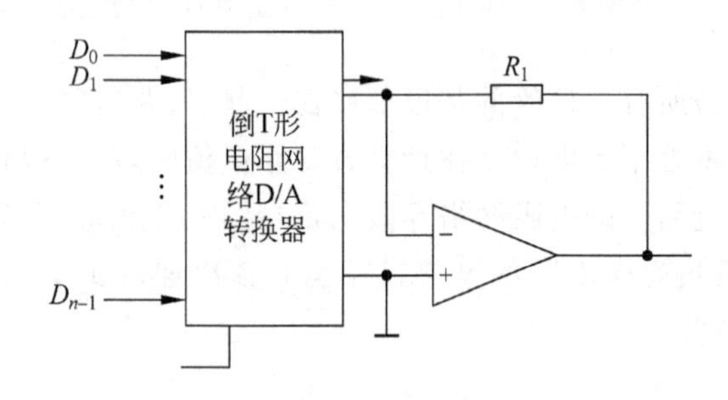

(a) 运放反相输入

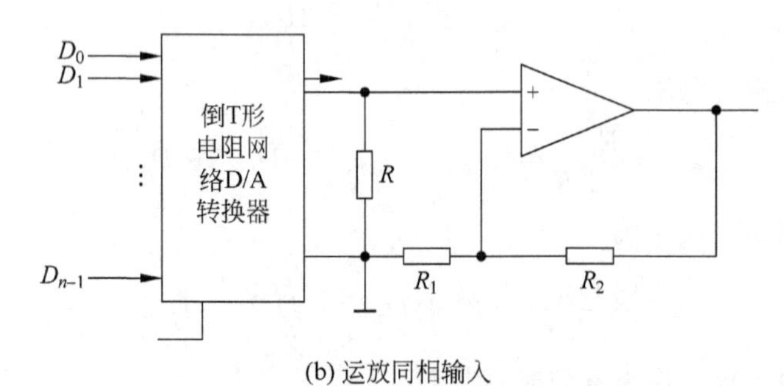

(b) 运放同相输入

图7.8 单极性输出D/A转换器原理图

在实际应用中,D/A转换器输入的数字量有正也有负。这就要求D/A转换器能将不同极性的数字量对应转换为正、负极性的模拟电压,这种工作方式称为双极性输出方式。双极性D/A转换常用的编码有二进制补码、偏移二进制码和符号-数值码(符号位加数码值)等。表7.2列出了8位二进制补码、偏移二进制码与模拟量之间的对应关系。表中$U_{LSB}=U_{REF}/256$。

比较表 7.1 和表 7.2 可见，偏移二进制码与无符号二进制码形式相同，实际上是将二进制码对应的模拟量的零值偏移至 80H，使偏移后的数中，大于 128 的为正数，而小于 128 的则为负数。所以，如果将单极性 8 位 D/A 转换器的输出电压减去 $U_{REF}/2$(80H 所对应的模拟量)，就可得到极性正确的偏移二进制码输出电压。

表 7.2 常用双极型输出模拟量

十进制数	二进制补码								偏移二进制码								模拟量
	D_7	D_6	D_5	D_4	D_3	D_2	D_1	D_0	D_7	D_6	D_5	D_4	D_3	D_2	D_1	D_0	u_O/U_{LSB}
127	0	1	1	1	1	1	1	1	1	1	1	1	1	1	1	1	127
126	0	1	1	1	1	1	1	0	1	1	1	1	1	1	1	0	126
⋮	⋮								⋮								
1	0	0	0	0	0	0	0	1	1	0	0	0	0	0	0	1	1
0	0	0	0	0	0	0	0	0	1	0	0	0	0	0	0	0	0
−1	1	1	1	1	1	1	1	1	0	1	1	1	1	1	1	1	−1
⋮	⋮								⋮								
−127	1	0	0	0	0	0	0	1	0	0	0	0	0	0	0	1	−127
−128	1	0	0	0	0	0	0	0	0	0	0	0	0	0	0	0	−128

D/A 转换器输入的带符号数字量一般是二进制补码，要实现双极性输出，则需要先将它转换为偏移二进制码，然后再输入到上述 D/A 转换电路中。比较表 7.2 中二进制补码和偏移二进制码可以发现，若将 8 位二进制补码加 80H，并舍弃进位就可得到偏移二进制码。实现二进制补码加 80H 很简单，只需将高位求反即可。如图 7.9 所示就是二进制补码输入的 8 位双极性输出 D/A 转换电路。

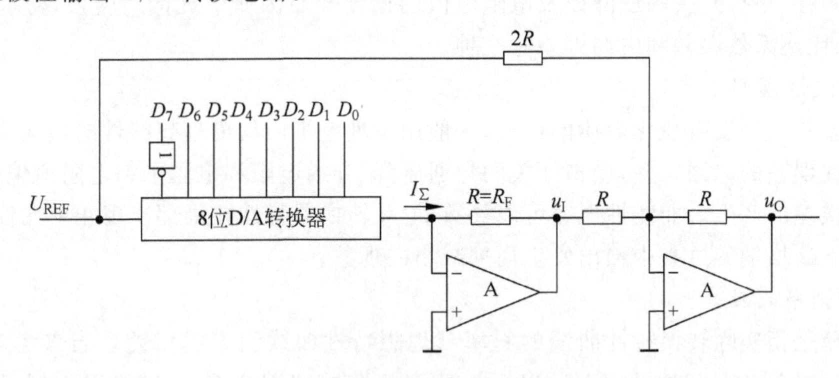

图 7.9 双极性输出 D/A 转换电路

图 7.9 中，输入数字量是原码的二进制补码，最高位取反(加 80H)变为偏移二进制码后送入 D/A 转换器，由 D/A 转换器输出的模拟量 u_I 经第二个求和放大器减去 $U_{REF}/2$ 后，得到极性正确的输出电压 u_O，即

$$\begin{aligned} u_O &= -u_I - \frac{1}{2}U_{REF} \\ &= \left(\frac{N_B U_{REF}}{2^8} + \frac{U_{REF}}{2}\right) - \frac{U_{REF}}{2} = \frac{N_B U_{REF}}{256} \end{aligned} \tag{7.7}$$

电路输入的二进制补码与输出模拟量 u_O 满足表 7.2 所示的对应关系。

7.1.5 D/A 转换器的主要技术指标

D/A 转换器的技术指标有分辨率、转换精度、转换误差、线性度、转换速度、电源抑制比、功率损耗、温度系数等。这里仅介绍分辨率、转换精度、转换速度、温度系数。

1. 分辨率

分辨率用以说明 D/A 转换器在理论上可达到的精度,用于表征 D/A 转换器对输入微小变化量的敏感程度。显然输入数字量位数越多,分辨率越高,所以实际应用中,往往用输入数字量的位数表示 D/A 转换器的分辨率。此外,D/A 转换器的分辨率也定义为电路所能分辨的最小输出电压 U_{LSB}(即输入的数字量最低有效位 LSB 为 1,其余各位都为 0 时的输出电压)与最大输出电压 U_m(即数字量输入的所有位全为 1 时的输出电压)之比来表示,即

$$\text{分辨率}=\frac{U_{LSB}}{U_m}=\frac{-\frac{U_{REF}}{2^n}}{-\frac{U_{REF}}{2^n}(2^n-1)}=\frac{1}{2^n-1} \tag{7.8}$$

式(7.8)说明,输入数字量的位数 n 越多,分辨率的值越小,分辨能力越高,转换输出量就越平滑、连续,模拟信号还原度越好。

2. 转换精度

D/A 转换器的转换精度是指输出模拟电压的实际值与理想值之差。这种差值由转换过程的各种误差引起,其中最主要的是转换误差。这种误差是由于参考电压波动、运算放大器的零点漂移、模拟开关的压降以及电阻阻值的偏差等原因所引起的。转换误差主要有非线性误差、比例系数误差和失调误差等三种。

1) 非线性误差

该误差是一种没有变化规律的误差,一般用量度范围内偏离理想特性的最大值来表示。引起非线性误差的原因很多,模拟开关的导通压降、导通电阻和电阻网络电阻值偏差都会导致非线性误差的产生。非线性误差可能导致 D/A 转换器特性在局部出现非单调性,即在输入数字量不断增加的过程中输出发生局部减小的现象。

2) 比例系数误差

该误差是指实际转换特性曲线的斜率与理想特性曲线斜率的偏差。当参考电压 U_{REF} 偏离理想值时就会引起这种误差。以 n 位的倒 T 形电阻网络 D/A 转换器为例,如果 U_{REF} 偏离标准值 ΔU_{REF},则输出将产生误差电压

$$\Delta u_O=\frac{\Delta U_{REF}}{2^n}\cdot\frac{R_F}{R}\sum_{i=0}^{n-1}D_i2^i \tag{7.9}$$

由 U_{REF} 的变化所引起的误差和输入数字量的大小是成正比的,因此把由 ΔU_{REF} 引起的转换误差叫做比例系数误差。

如图 7.10 所示是 3 位 D/A 转换器的比例系数误差示意图。

3) 失调误差

它是由运算放大器零点漂移产生的误差。当输入数字量为 0 时,由于运算放大器的零

点漂移，输出的模拟电压并不为0。这使实际输出电压值与理想电压值产生一个相对位移，如图7.11所示。

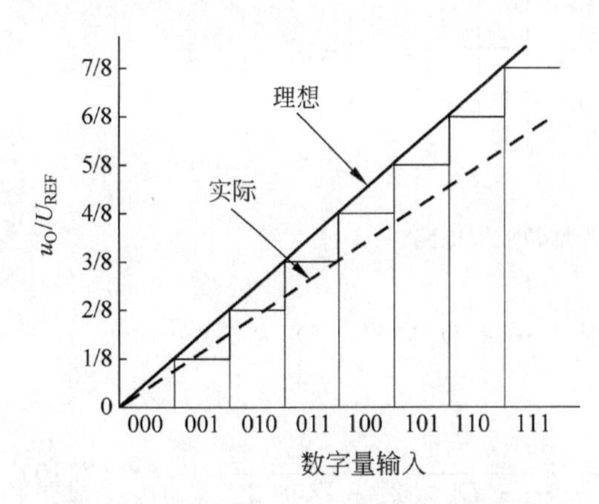

图7.10 3位D/A转换器的比例系数误差

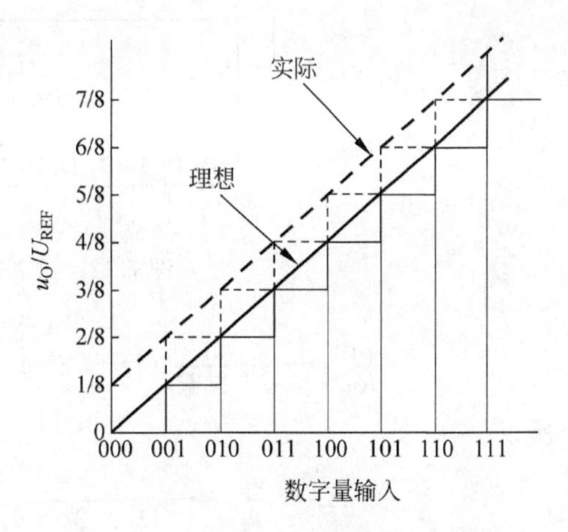

图7.11 3位D/A转换器的失调误差

3. 转换速度

当D/A转换器输入的数字量发生变化时，输出模拟量不可能立即达到所对应的值，它要延迟一段时间，通常用建立时间来描述。

建立时间是指从输入数字信号发生突变起，到输出电压或电流进入与稳态值相差 $\pm\frac{1}{2}$LSB范围内所需要的时间。因为数字量的变化越大，建立时间越长，所以一般产品说明中给出的是输入数字量各位由全0变为全1，或由全1变为全0的建立时间。

4. 温度系数

温度系数是指在其他条件不变的情况下，输出模拟电压随温度变化产生的变化量。一般用满量度输出条件下温度每升高1℃，输出电压变化的百分数作为温度系数。

7.1.6 集成D/A转换器及其应用

在实践中，D/A转换器的应用很广，它不仅可以将数字量转换为模拟量，还可以用于数字量对模拟信号的处理。下面以数字式可编程增益放大电路和脉冲波形产生电路为例来说明D/A转换器的应用。

1. 数字式可编程增益放大电路

数字式可编程增益放大电路如图7.12所示，AD7533与运算放大器接成普通的反相比例放大电路形式。电路中AD7533的内部反馈电阻 R_F 为放大电路的输入电阻，而由数字量控制的倒T形电阻网络是其反馈电阻。当输入数字量变化时，倒T形电阻网络的等效电阻随之改变。这样，在输入电阻 R_F 一定的情况下，随着电阻网络的等效电阻变化，反相比例放大器的增益也就随之改变。

根据运算放大器的"虚地"概念，可以得到

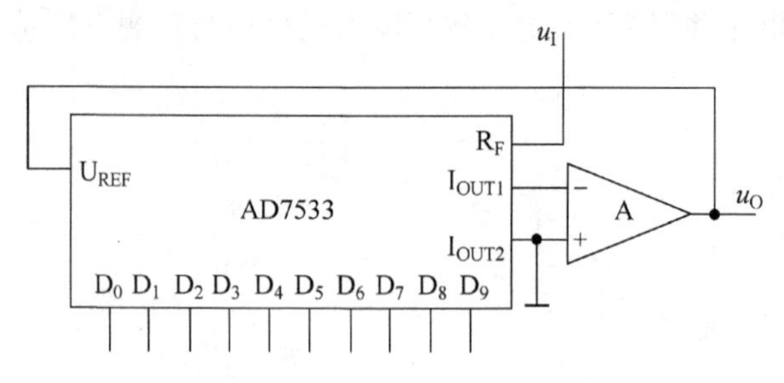

图 7.12 数字式可编程增益放大电路

$$\frac{u_I}{R_F}=-\frac{u_O}{2^{10}\times R_F}(D_0\times 2^0+D_1\times 2^1+\cdots+D_8\times 2^8+D_9\times 2^9)$$

所以

$$A_u=\frac{u_O}{u_I}=-\frac{2^{10}}{D_0\times 2^0+D_1\times 2^1+\cdots+D_8\times 2^8+D_9\times 2^9} \tag{7.10}$$

如果将电路中 AD7533 的内部反馈电阻 R_F 作为放大电路的反馈电阻,而由数字量控制的倒 T 形电阻网络作为它的输入电阻,读者不难推断出电路为数字式可编程衰减器。放大倍数为

$$A_u=\frac{u_O}{u_I}=-\frac{D_0\times 2^0+D_1\times 2^1+\cdots+D_8\times 2^8+D_9\times 2^9}{2^{10}} \tag{7.11}$$

2. 脉冲波形产生电路

由 AD7533、运算放大器及 4 位同步二进制计数器 74163(同步清零)组成的波形产生电路如图 7.13(a)所示。图中 74163 采用反馈清零法,组成 6 进制计数器,D/A 转换器的高位 $D_3\sim D_9$ 均为 0,低 3 位输入是计数器 74163 的输出。在 CP 脉冲作用下,$Q_3Q_2Q_1Q_0$ 输出分别为 0000~0101。根据倒 T 形电阻网络 A/D 转换器的原理,可以计算输出电压 u_O 的值

$$u_O=-\frac{U_{REF}}{2^3}\sum_{i=0}^{2}D_i2^i \tag{7.12}$$

图 7.13(b)所示是其波形图,输出波形是有 6 个阶梯的阶梯波。如果改变计数器的模,则波形的阶梯数将随之变化;如果采用可逆计数器,且输入量位数够多(如 10 位),则在输出端可以得到三角波。

思考题

1. D/A 转换器是一种具有什么逻辑功能的电子器件?

2. 权电阻解码网络是如何实现 D/A 转换的?

3. 倒 T 形电阻解码网络是如何实现 D/A 转换的?

4. D/A 转换器的技术指标主要都有哪些?

5. 为使倒 T 形电阻网络 D/A 转换器有足够的精度,在电路器件及参数选择上应注意些什么问题?

6. 如果 D/A 转换器输出电压的误差与输入数字量无关,在温度一定时为恒定值,这种误差属于什么误差?引起此误差的原因是什么?

7. 举例说明你身边哪些电子设备属于模拟系统,哪些属于数字系统?

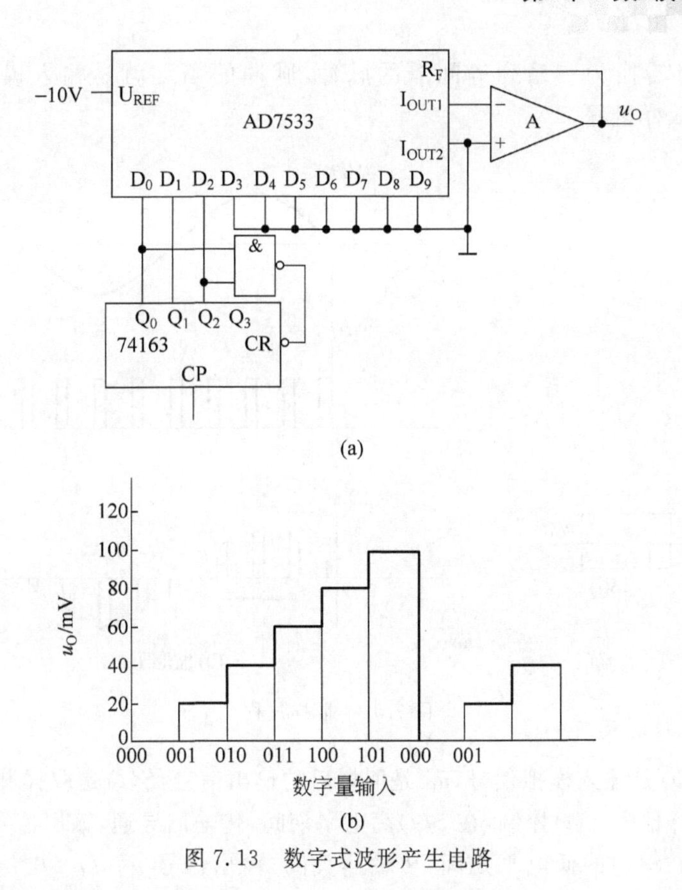

图 7.13 数字式波形产生电路

8. 请在相关技术手册中查出集成 D/A 转换器 AD7533 和 AD7524 各个引脚的名称，说明其都具有什么作用？

9. 试分析图 7.13 所示电路如何修改后可以输出三角波。

7.2 A/D 转换器

A/D 转换器(ADC)是将模拟信号转换为数字信号的电路。A/D 转换器将时间和幅值都连续的模拟量转换为时间、幅值都离散的数字量，一般要经过取样、保持、量化、编码几个过程，下面分别予以讨论。

7.2.1 A/D 转换器的工作过程

在 A/D 转换器中，因为输入的模拟信号时间和幅值都连续，而输出信号时间、幅值都离散，因此只能在一系列的瞬间对输入的模拟信号进行取样，然后再把这些取样值转换为输出的数字量。因此，A/D 转换器在工作过程中首先对输入模拟量进行取样，取样后进入保持阶段，在这段时间内将取样的电压信号转换为数字量，并按一定的编码形式输出转换结果，然后开始下一个工作周期。

1. 取样与保持

取样是将随时间连续变化的输入模拟信号转换为时间离散的模拟信号，即将时间上连续变化的模拟量转换为一系列等间隔的脉冲,脉冲的幅度就是输入模拟信号的幅度。图 7.14 所示是取样过程。

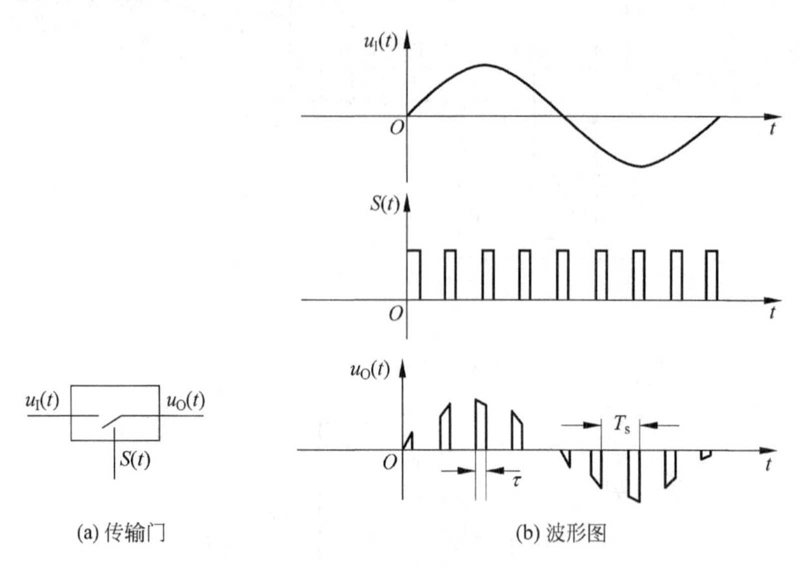

(a) 传输门　　(b) 波形图

图 7.14　取样过程

图 7.14 中 u_I 是输入模拟信号,u_O 是取样后的输出信号,$S(t)$是取样脉冲。图 7.14(a)中,传输门由取样信号 $S(t)$控制,在 $S(t)$高电平期间,传输门导通,输出信号 $u_O(t)$等于输入信号 $u_I(t)$;而在 $S(t)$的低电平期间,传输门关闭,输出信号 $u_O(t)=0$。电路工作波形如图 7.14(b)所示。由图 7.14(b)可见,取样信号 $S(t)$的频率越高,取得的信号经低通滤波器后越能真实地复原输入信号。取样频率根据取样定理确定。

取样定理　设取样信号 $S(t)$的频率为 f_s,输入模拟信号 $u_I(t)$的最高频率分量的频率为 $f_{i(max)}$,则 f_s 与 $f_{i(max)}$之间必须满足下面的关系

$$f_s \geqslant 2f_{i(max)} \tag{7.13}$$

一般取 $f_s>2f_{i(max)}$。

将取样所得模拟信号转换为数字信号需要一定时间,为了给后续的量化编码电路提供一个稳定电压值,每次取得的模拟信号必须通过保持电路保持一段时间。

取样与保持过程一般是通过取样-保持电路同时完成的。取样-保持电路的原理图及输出波形如图 7.15 所示。取样-保持电路由输入放大器 A_1、输出放大器 A_2、保持电容 C 和开关驱动电路组成。电路中放大器 A_1 和 A_2 接成电压跟随器,A_1 使电路具有较高的输入阻抗,以减小对输入信号源的影响。为使保持电容 C 上所存电荷不易泄漏,A_2 不仅应具有较高输入阻抗,还应具有低输出阻抗,从而具有较强的带负载能力。

若 A_2 的输入阻抗为无穷大,$S(t)$为理想开关,则可以认为电容 C 没有放电回路。采样结束,开关管 $S(t)$迅速截止,电容 C 两端电压就保持不变。图 7.15(b)中 $t_1 \sim t_2$ 时刻的平坦段就是保持阶段。

2. 量化与编码

数字量在数值上是离散的,任何数字量只能是某个最小数量单位的整数倍。要实现

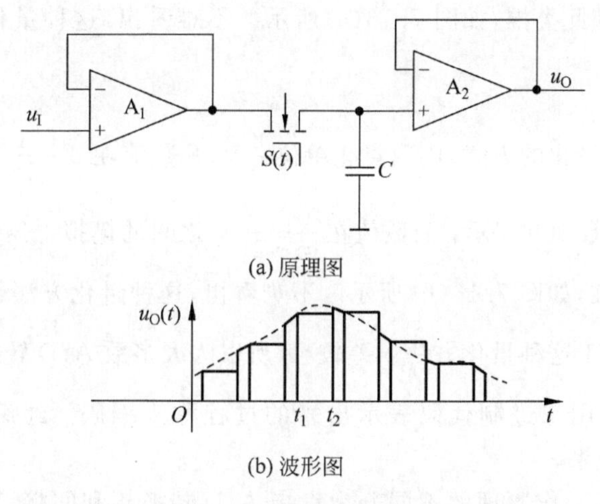

图 7.15　取样-保持电路

A/D 转换，还必须将取样-保持电路的输出表示为最小数量单位的整数倍形式。将数值连续的模拟量转换为数字量的过程称为量化。最小数量单位称为量化单位，用 Δ 表示。量化单位 Δ 是数字信号最低位为 1 时所对应的模拟量。由于被取样电压是连续的，它的值不一定都能被 Δ 整除，所以在量化过程中，会不可避免地引入误差，这种误差称为量化误差，用 ε 表示。量化误差属于原理误差，它是无法消除的。A/D 转换器的位数越多，最低位为 1 时所对应的模拟量 Δ 越小，量化误差也越小。

量化的方法一般有舍尾取整法和四舍五入法两种，如图 7.16 所示。舍尾取整的处理方法是：如果输入电压 u_I 在两个相邻的量化值之间时，即 $(n-1)\Delta < u_I < n\Delta$ 时，取 u_I 的量化值为 $(n-1)\Delta$。四舍五入的处理方法是：当 u_I 的尾数不足 $\Delta/2$ 时，舍去尾数取整数，即量化值为 $(n-1)\Delta$；当 u_I 的尾数大于或等于 $\Delta/2$ 时，则取 u_I 的量化值为 $n\Delta$。

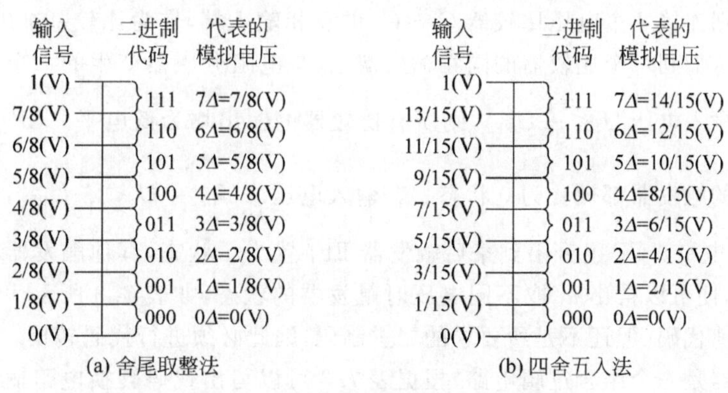

图 7.16　划分量化电平的两种方法

如图 7.16 所示是将 0～1V 的模拟电压转换为 3 位二进制码的示意图。要将 1V 的模拟电压转换为 3 位二进制码，取 $\Delta=\frac{1}{8}$V，采用舍尾取整法，凡数值在 $0\sim\frac{1}{8}$V 之间的模拟量，都当作 0Δ，并用二进制码 000 表示；凡数值在 $\frac{1}{8}\sim\frac{2}{8}$V 之间的模拟量，都当作 1Δ，并用二进制码 001 表示,依此类推,如图 7.16(a)所示。不难看出,这种量化方法带来的可能最大误差为$\frac{1}{8}$V。

而采用四舍五入量化的方式,则取量化单位$\frac{2}{15}$V,凡数值在 0~$\frac{1}{15}$V 之间的模拟电压都当作 0Δ,并用二进制数 000 表示;而数值在$\frac{1}{15}$~$\frac{3}{15}$V 之间的模拟电压都当作 1Δ,用二进制码 001 表示,依此类推,如图 7.16(b)所示。不难看出,这种量化方法带来的可能最大误差为$\frac{1}{15}$V,只有$\frac{1}{2}$Δ。由于这种量化方法误差较小,所以为大多数 A/D 转换器所采用。

将量化后的结果用二进制代码表示出来的过程称为编码。经编码输出的代码就是 A/D 转换器的转换结果。

A/D 转换器按其工作原理的不同分为直接 A/D 转换器和间接 A/D 转换器两种。直接 A/D 转换器将模拟信号直接转换为数字信号,这类 A/D 转换器具有较快的转换速度,典型电路有并行比较型 A/D 转换器、逐次比较型 A/D 转换器。而间接 A/D 转换器则是先将模拟信号转换成某个中间量(如时间或频率),然后再将中间量转换为数字量输出。此类 A/D 转换器的速度较慢,典型电路有双积分型 A/D 转换器、电压频率转换型 A/D 转换器。

7.2.2 并行比较型 A/D 转换器

3 位并行比较型 A/D 转换器原理图如图 7.17 所示。它由电阻分压器、电压比较器、寄存器及代码转换器组成,这里略去了取样-保持电路。其输入是 0~U_{REF}间的模拟电压,输出为 3 位二进制码 $D_2D_1D_0$。

电阻分压器把参考电压U_{REF}分成 8 个等级,量化单位为 $\Delta=\frac{2}{15}U_{REF}$,其中$\frac{1}{15}U_{REF}$~$\frac{13}{15}U_{REF}$的 7 个电平分别连接 7 个电压比较器 C_1~C_7 的反相输入端,作为比较基准电压。同时,将输入的模拟电压加到每个比较器的同相输入端上,与电阻分压器产生的 7 个比较基准电压进行比较。若输入电压 $U_I<\frac{1}{15}U_{REF}$,则所有比较器的输出均为低电平。CP 上升沿到来后寄存器中所有的触发器都被置为 0 状态。若输入电压$\frac{1}{15}U_{REF}<U_I<\frac{3}{15}U_{REF}$,则只有比较器 C_1 的输出为高电平。CP 上升沿到来后触发器 FF_1 置为 1 状态,其他触发器都被置为 0 状态。依此类推,便可以得出 u_I 取不同电压时触发器的状态,如表 7.3 所示。触发器的输出是一组 7 位二值代码,但还不是所要求的二进制码,因此必须进行代码转换。

代码转换器是一个组合逻辑电路,根据表 7.3 可以写出代码转换电路输出与输入之间的逻辑函数式:

$$\begin{cases} D_2 = Q_4 \\ D_1 = Q_6 + \overline{Q_4}Q_2 \\ D_0 = Q_7 + \overline{Q_6}Q_5 + \overline{Q_4}Q_3 + \overline{Q_2}Q_1 \end{cases}$$

按照上式即可得到图 7.17 中的代码转换电路。

在并行 A/D 转换器中,输入电压 u_I 同时加到所有比较器的输入端,因此转换速度快。

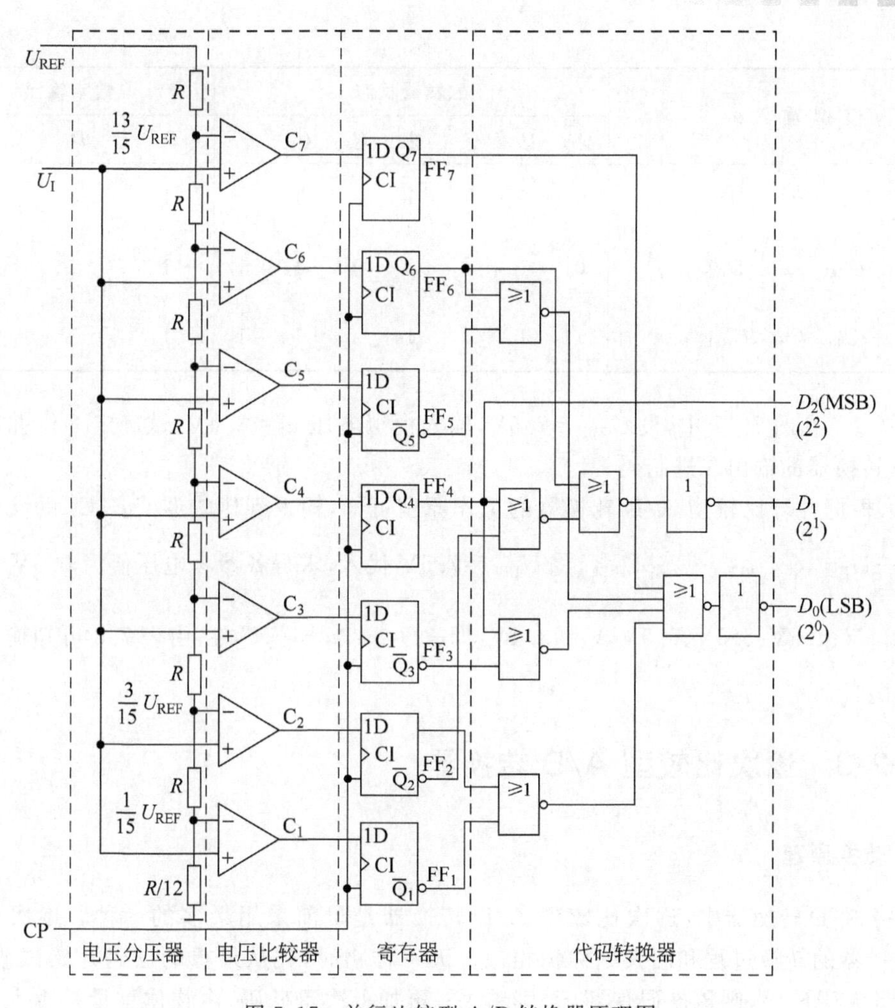

图 7.17　并行比较型 A/D 转换器原理图

但也可以看出，随着分辨率的提高，元器件数目按几何级数增加，一个 n 位的转换器，需要用 2^n-1 个比较器和触发器。随着位数的增加，电路复杂程度也急剧增加。

表 7.3　并行 A/D 转换器状态表

模拟输入 u_I	触发器状态							数字输出		
	Q_7	Q_6	Q_5	Q_4	Q_3	Q_2	Q_1	D_2	D_1	D_0
$0<u_I<\frac{1}{15}U_{REF}$	0	0	0	0	0	0	0	0	0	0
$\frac{1}{15}U_{REF}<u_I<\frac{3}{15}U_{REF}$	0	0	0	0	0	0	1	0	0	1
$\frac{3}{15}U_{REF}<u_I<\frac{5}{15}U_{REF}$	0	0	0	0	0	1	1	0	1	0
$\frac{5}{15}U_{REF}<u_I<\frac{7}{15}U_{REF}$	0	0	0	0	1	1	1	0	1	1
$\frac{7}{15}U_{REF}<u_I<\frac{9}{15}U_{REF}$	0	0	0	1	1	1	1	1	0	0

续表

模拟输入 u_I	触发器状态							数字输出		
	Q_7	Q_6	Q_5	Q_4	Q_3	Q_2	Q_1	D_2	D_1	D_0
$\frac{9}{15}U_{REF}<u_I<\frac{11}{15}U_{REF}$	0	0	1	1	1	1	1	1	0	1
$\frac{11}{15}U_{REF}<u_I\ \frac{13}{15}U_{REF}$	0	1	1	1	1	1	1	1	1	0
$\frac{13}{15}U_{REF}<u_I<U_{REF}$	1	1	1	1	1	1	1	1	1	1

例 7.2 在图 7.17 中,设 $U_{REF}=7.5V$,输入模拟电压 $u_I=3.4V$,试确定 3 位并行比较型 A/D 转换器的输出二进制码。

解:根据并行比较型 A/D 转换器的工作原理可知,输入到比较器 $C_1 \sim C_7$ 的参考电压分别为$\frac{1}{15}U_{REF}$,$\frac{3}{15}U_{REF}$,…,$\frac{13}{15}U_{REF}$,将 $U_{REF}=7.5V$ 代入,求得各参考电压值为 0.5V、1.5V、2.5V、3.5V、4.5V、5.5V、6.5V,$V_I=3.4V$,即$\frac{5}{15}U_{REF}<u_I<\frac{7}{15}U_{REF}$,由表 7.3 可知输出二进制码为 011。

7.2.3 逐次比较型 A/D 转换器

1. 转换原理

直接 A/D 转换器中,逐次比较型 A/D 转换器是目前采用最多的一种。逐次比较型 A/D 转换器的转换过程和用天平称物相似。天平称物时,先从最重的砝码开始试放,如果物体重量大于砝码,则该砝码保留,否则移去;再加上次重砝码,由物体重量是否大于砝码重量决定第二个砝码的去留。依此类推,一直加到最小一个砝码为止。最后将所有留下的砝码重量相加,就是物体重量。仿照这一思路,逐次比较型 A/D 转换器就是将输入模拟信号与不同的参考电压做多次比较,使转换所得的数字量在数值上逐次逼近输入模拟量。

数字量的确定方式是:首先,将最高位置 1,如果 D/A 转换器输出的模拟电压低于输入电压 u_I,则保持为 1,否则将其置 0,然后次高位置 1,再进行比较;如此依次进行,直到最低位为止。此时得到的二进制码就是所求的转换结果。

8 位逐次比较型 A/D 转换器框图如图 7.18 所示。它由控制逻辑电路、数据寄存器、移位寄存器、D/A 转换器及电压比较器组成。

电路启动后,第 1 个 CP 将移位寄存器置为 10000000,该数字经数据寄存器送入 D/A 转换器。输入模拟电压首先与 10000000 所对应的电压 $u_O'=\frac{U_{REF}}{2}$相比较,如果 $u_I \geqslant \frac{U_{REF}}{2}$,则电压比较器输出为 1;如果 $u_I<\frac{U_{REF}}{2}$,则电压比较器输出为 0,此结果存于数据寄存器的最高位 D_7 中。第 2 个 CP 使移位寄存器置为 01000000。如果最高位 D_7 中已存 1,则此时 D/A 转换器的输出电压 $u_O'=\frac{3U_{REF}}{4}$,再与 u_I 相比较,如果 $u_I \geqslant \frac{3U_{REF}}{4}$,则电压比较器输出为

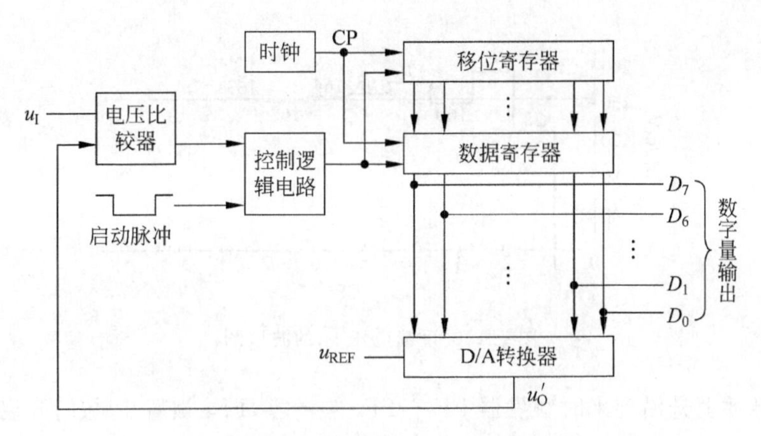

图 7.18 逐次比较型 A/D 转换器框图

1,如果 $u_I<\frac{3U_{REF}}{2}$,则电压比较器输出为 0;如果最高位 D_7 中已存 0,则此时 D/A 转换器的输出电压 $u'_O=\frac{U_{REF}}{4}$,再与 u_I 相比较,如果 $u_I\geqslant\frac{U_{REF}}{4}$,则比较器输出为 1,如果 $u_I<\frac{U_{REF}}{4}$,则比较器输出为 0,此结果存于数据寄存器的次高位 D_6 中。依此类推,逐次比较到最低位,得到输出数字量。

例如,一个待转换的模拟电压 $u_I=163.5\text{mV}$,参考电压 $U_{REF}=1\text{V}$,逐次比较寄存器的数字量为 8 位,则整个比较过程如表 7.4 所示。

表 7.4 逐次比较 A/D 工作过程表

CP 脉冲顺序	数据寄存器状态	十进制读数	比较判别	该位数码值
1	10000000	128	$u_I>u'_O$	1
2	11000000	192	$u_I<u'_O$	0
3	10100000	160	$u_I>u'_O$	1
4	10110000	176	$u_I<u'_O$	0
5	10101000	168	$u_I<u'_O$	0
6	10100100	164	$u_I<u'_O$	0
7	10100010	162	$u_I>u'_O$	1
8	10100011	163	$u_I>u'_O$	1

由表 7.4 可以看出,在转换的过程中,数据寄存器的数字量对应的模拟电压 u'_O逐渐逼近输入电压 u_I 值,最后转换结果 $D_7\sim D_0=10100011$。该数字量对应的模拟电压为 163mV,与实际输入的模拟电压 163.5mV 的相对误差为 0.05%。D/A 转换器输出的反馈电压 u'_O变化波形如图 7.19 所示。

2. 转换电路

4 位逐次比较型 A/D 转换器的逻辑电路如图 7.20 所示。图中的移位寄存器可进行并入/并出或串入/串出操作,F 是其并行置数端,高电平有效;5 个 D 触发器组成数据寄存器;输出数字量为 $D_3\sim D_0$。

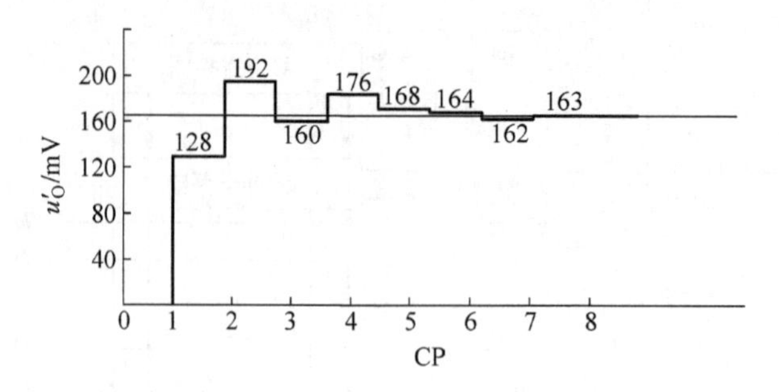

图 7.19 反馈电压 u'_O的波形图

在启动脉冲上升沿到来时触发器 FF_0～FF_4 被清零，FF_5 被置 1，与门开启，时钟 CP 脉冲作用到移位寄存器。

在第 1 个 CP 脉冲到来后，移位寄存器被置数 $Q_AQ_BQ_CQ_DQ_E$ = 01111。Q_A 的低电平使数据寄存器的最高位 Q_4 置 1，即 $Q_4Q_3Q_2Q_1$ = 1000。D/A 转换器将数字量 1000 转换为模拟电压 u'_O送入比较器 C 与输入模拟电压 u_I 比较，若 $u_I > u'_O$，则比较器 C 输出为 1，否则为 0。比较结果送 FF_4～ FF_1 的数据输入端。

第 2 个 CP 脉冲到来后，移位寄存器的 Q_A 变为 1，同时最高位向低位移动 1 位。Q_3 由 0 变为 1，这个正跳变作为有效触发信号加到 FF_4 的时钟端，使第一次比较的结果保存在 FF_4 中。此时，由于其他触发器时钟端无有效脉冲而保持原状态不变。Q_3 变为 1 后，新的数据输入 D/A 转换器，产生新的模拟电压，输入电压 u_I 再与此时的 u'_O相比较，比较结果在第 3 个时钟脉冲作用下保存于 Q_3，依此类推，直到 Q_E 由 1 变为 0，使 Q_5 由 1 变为 0 后将与门封锁，转换完成。于是电路的输出 $D_3D_2D_1D_0$ 是与输入电压 u_I 成正比的二进制数字量。

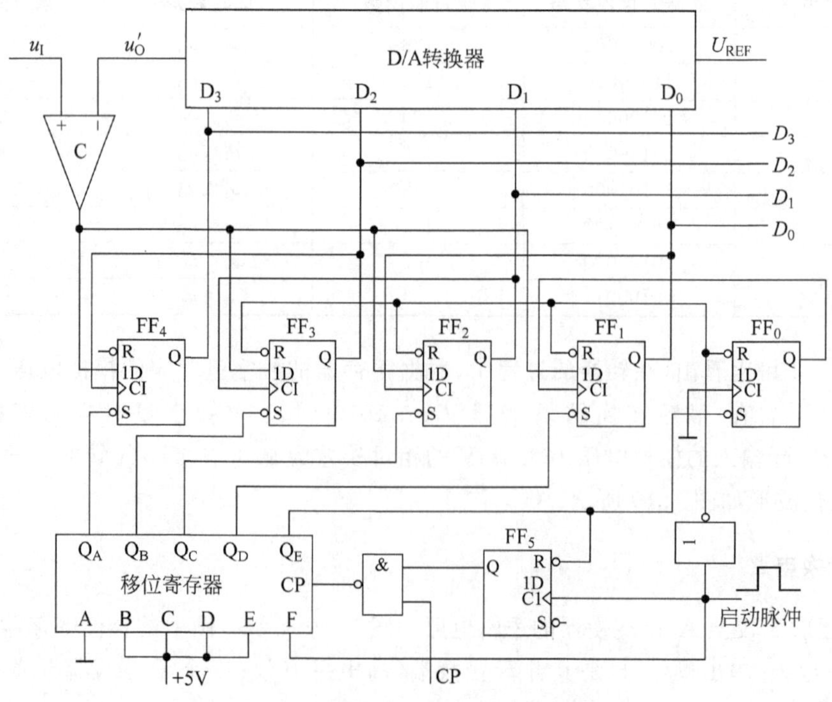

图 7.20 4 位逐次比较型 A/D 转换器原理图

由此可见，逐次比较型 A/D 转换器完成一次转换所需时间与其位数 n 和时钟脉冲频率有关，位数愈少，时钟频率愈高，转换所需时间越短。这种 A/D 转换器具有转换速度较快、精度较高的特点。

7.2.4　双积分型 A/D 转换器

双积分型 A/D 转换器是一种常用的间接 A/D 转换器，其基本原理是在某一固定时间内对输入模拟电压求积分，首先将输入电压 u_I 变换成与之成正比的时间间隔 T，然后再利用时钟脉冲基准和计数器测出此时间间隔 T 的长度，得到与输入模拟量对应的数字量输出。图 7.21 所示是双积分型 A/D 转换器的原理框图，它由积分器、过零比较器、逻辑控制门、计数器和时钟脉冲控制门 G 等几部分组成。

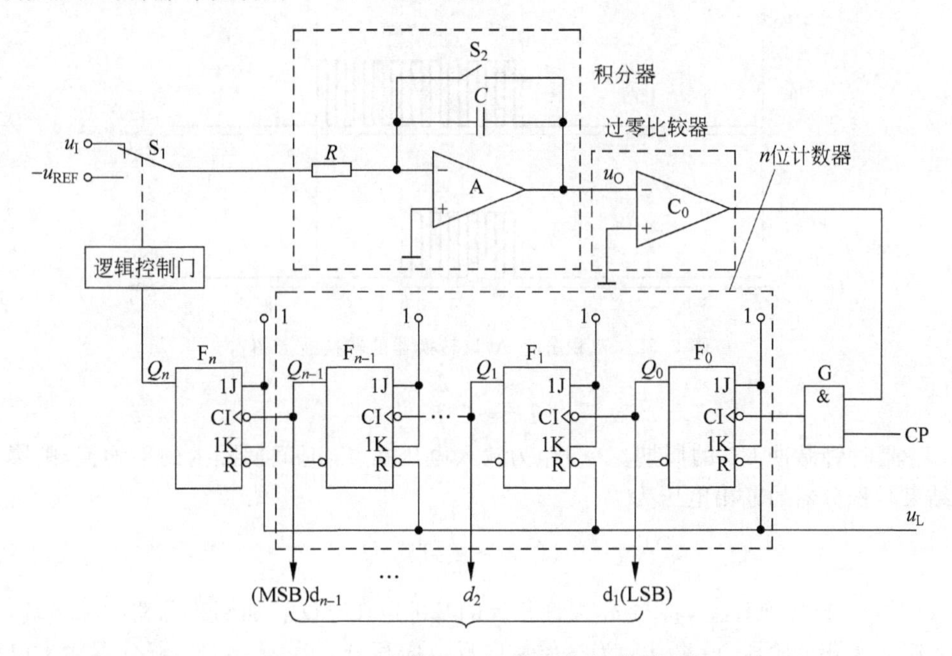

图 7.21　双积分型 A/D 转换器的原理框图

下面以输入正极性的直流电压 u_I 为例，说明电路的基本工作原理，电路的工作波形如图 7.22 所示。

转换开始前，转换控制信号 $u_L=0$，将计数器清零，开关 S_2 闭合，使积分电容 C 完全放电。当转换控制信号 $u_L=1$ 时转换开始，S_2 断开，同时 S_1 与输入电压 u_I 接通。u_I 加到积分器的输入端，电路进入第一次积分阶段，积分器对 u_I 进行固定时间 T_1 的积分。积分器的输出电压 u_O 为

$$u_O=-\int_0^{t_1}\frac{u_I}{RC}\mathrm{d}t \tag{7.14}$$

由上式可知，当输入模拟电压 u_I 为正时，积分器输出电压 $u_O<0$，比较器输出为高电平，所以时钟控制门 G 被打开，计数器在 CP 作用下从 0 开始计数。经 2^n 个时钟脉冲后，计数器输出的进位脉冲使 $Q_n=1$，开关 S_1 与参考电压 U_{REF} 接通，第一次积分结束。

第一次积分时间为

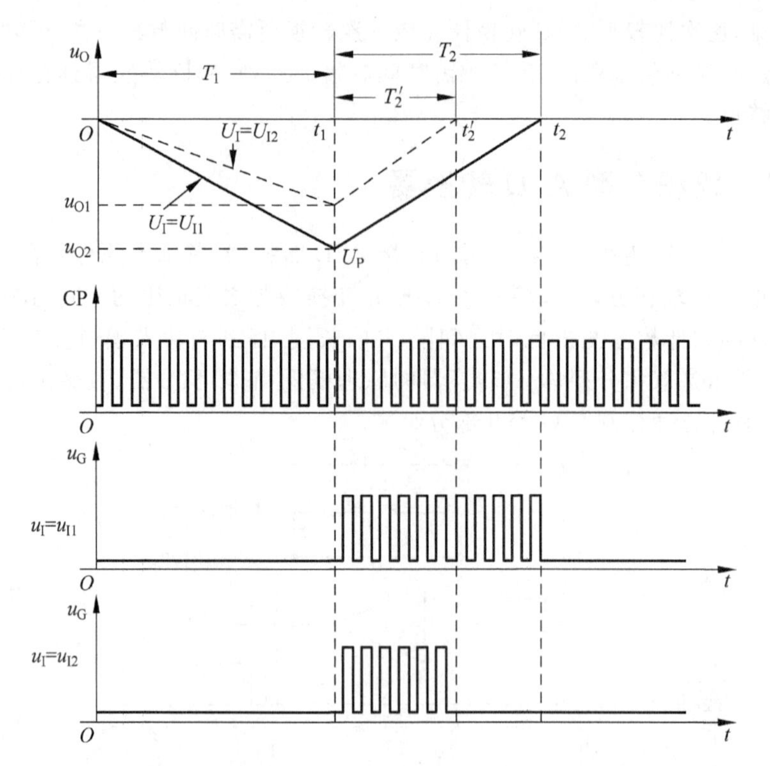

图 7.22　双积分型 A/D 转换器的转换波形图

$$T_1 = 2^n T_C \tag{7.15}$$

式中,T_C 是时钟脉冲 CP 的周期。令 U_I 为输入电压在 T_1 时间间隔内的平均值,则第一次积分结束时积分器的输出电压为

$$U_P = -\frac{T_1}{RC}U_I \tag{7.16}$$

当 $t=t_1$ 时,S_1 转接到 U_{REF},将与 u_I 极性相反的基准电压 $-U_{REF}$ 加到积分器的输入端,积分器进入第 2 次积分阶段,u_O 以 U_P 为初始值向反方向积分。当 $t=t_2$ 时,积分器输出电压为 $u_O=0$,比较器的输出电压为 0,时钟控制门 G 关闭,计数停止。在第 2 次积分结束后,控制电路又使开关 S_2 闭合,电容 C 放电,为下一次转换做准备。第 2 次积分结束时 u_O 的表达式可写为

$$u_O = U_P - \frac{1}{RC}\int_{t_1}^{t_2}(-U_{REF})\mathrm{d}t = 0 \tag{7.17}$$

由图 7.22 可见,$T_2=t_2-t_1$,根据式(7.16)有

$$\frac{U_{REF}T_2}{RC} = \frac{T_1}{RC}U_I \tag{7.18}$$

因 $T_1=2^n T_C$,所以

$$T_2 = \frac{T_1}{U_{REF}}U_I = \frac{2^n T_C}{U_{REF}}U_I \tag{7.19}$$

可见,反向积分时间 T_2 与输入电压 u_I 成正比。如果在此期间计数器所累计的时钟脉冲的频率固定为 $f_C\left(f_C=\dfrac{1}{T_C}\right)$,则计数结果也一定与输入电压 u_I 成正比,即

$$D = \frac{T_2}{T_C} = \frac{2^n}{U_{REF}} U_I \tag{7.20}$$

上式中的 D 就是表示计数结果的数字量。

从图 7.22 可以直观地看出这个结论是正确的。当 u_I 取不同电压值时反相积分的时间 T_2 也不相同，而且时间的长短与输入电压 u_I 成正比。由于脉冲 CP 的频率固定，所以在 T_2 期间给计数器的脉冲个数自然也与输入电压 u_I 成正比。

双积分型 A/D 转换器的最大优点就是工作性能稳定，抗干扰能力较强。由于双积分 A/D 转换器在 T_1 时间内取的是输入电压的平均值，因此具有很强的抗工频干扰的能力。另外，由于在转换过程中，前后两次积分所采用的是同一积分器，所以 R、C 和脉冲源等元器件参数的变化对转换精度的影响可以忽略，因此完全可以用精度比较低的元器件构成精度很高的双积分型 A/D 转换器。

双积分型 A/D 转换器的主要缺点就是工作速度低，一般都在每秒几十次以内。尽管如此，由于其优点十分突出，所以在对转换速度要求不高的情况下仍得到非常广泛的应用。

7.2.5 A/D 转换器的主要技术指标

A/D 转换器的主要技术指标有转换精度、转换速度等。

1. 转换精度

集成 A/D 转换器的转换精度是用分辨率和转换误差来描述的。

分辨率以输出二进制(或十进制)数的位数来表示，它说明 A/D 转换器对输入信号的分辨能力。从理论上讲，n 位输出的 A/D 转换器能区分 2^n 个不同等级的输入模拟电压，能区分输入电压的最小值为满量程输入的 $\frac{1}{2^n}$。在最大输入电压一定时，输出的位数越多，分辨率越高。例如 A/D 转换器输出为 10 位二进制数，输入信号最大值为 5V，那么这个转换器能区分的输入信号最小电压为 $\frac{5\text{V}}{2^{10}} = 4.88\text{mV}$。

转换误差通常是以输出误差的最大值形式给出。它表示 A/D 转换器实际输出的数字量和理论上的输出数字量之间的差别。常用最低有效位的倍数表示。例如给出相对误差 $< \pm \text{LSB}/2$，这就表明实际输出的数字量和理论上应得到的输出数字量之间的误差小于最低位的半个字。

2. 转换速度

转换速度是指 A/D 转换器从转换控制信号到来开始，到输出端得到稳定的数字信号所经过的时间。A/D 转换器的转换速度与转换电路的类型有关。不同类型的转换器转换速度相差甚远。其中并行比较型 A/D 转换器的转换速度最高，8 位二进制输出的集成并行比较型 A/D 转换器转换时间可以达到 50ns 以内，逐次比较型 A/D 转换器次之，转换时间一般为 10～50ms，间接 A/D 转换器的速度最慢，如双积分 A/D 转换器的转换时间大都在几十毫秒至几百毫秒之间。

7.2.6 集成 A/D 转换器及应用

目前集成 A/D 转换器的种类很多，性能各不相同。在选用时应主要考虑以下几点：

(1) 转换精度。选用的 A/D 转换器的位数不高于应用系统数据的位数，否则会造成浪费。

(2) 转换速度。要满足采样定理，避免还原出的模拟量产生严重失真。

(3) 输入模拟信号的特征。包括输入模拟信号的电压范围、输入方式(单端或差分输入)和模拟信号的最高有效频率。

(4) 输出数字量的特征。包括数字量的编码方式(自然二进制码、补码、偏移二进制码、BCD 码等)、数字量的输出方式(串行输出或并行输出、三态输出、缓冲输出或锁存输出)和逻辑电平(TTL 电平、CMOS 电平等)的类型。

(5) 工作环境要求。主要指 A/D 转换器的工作电压、参考电压、工作温度、功耗、封装及可靠性等要与应用系统相适应。

在集成 A/D 转换器中，逐次比较型使用较多，下面以 ADC0809 为例介绍集成 A/D 转换器及其应用。ADC0809 是采用 CMOS 工艺生产的一种 8 位逐次比较型 A/D 转换器，其内部结构框图如图 7.23 所示。ADC0809 的转换速度为 100μs，输入电压范围为 0～5V，片内有 8 通道模拟开关，可接入 8 个模拟输入量。由于芯片内有输出数据锁存器，输出的数字量可直接与数据总线相接，而无须附加接口电路。

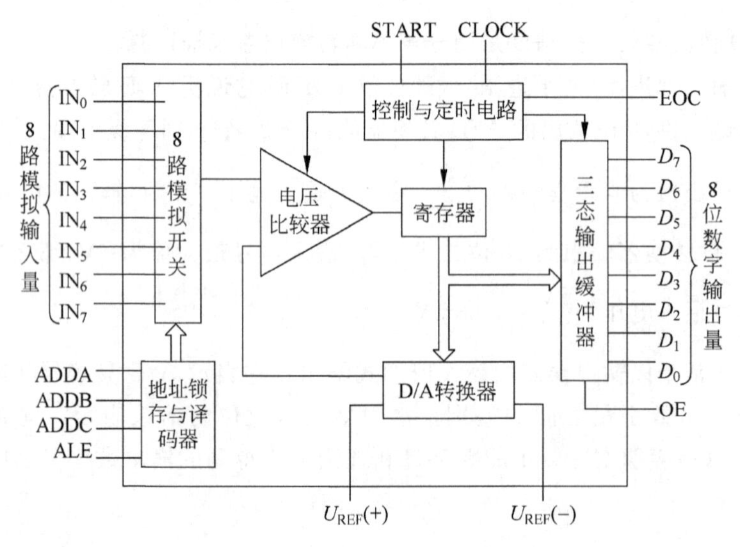

图 7.23 ADC0809 内部结构框图

图 7.23 中各引脚作用如下：

IN_0～IN_7：8 路模拟信号输入端。

D_7～D_0：8 位数字信号输出端。

CLOCK：时钟信号输入端。

ADDA、ADDB、ADDC：地址码输入端，不同的地址码选择不同通道的模拟量输入。

ALE：地址码锁存输入端，其上升沿将地址信号锁存于地址锁存器内。

$U_{REF}(+)$、$U_{REF}(-)$：分别为参考正、负电压输入端。一般情况下 $U_{REF}(+)$ 接 V_{CC}，$U_{REF}(-)$ 接 GND。

START：启动信号输入端。其上升沿使片内寄存器复位，其下降沿开始 A/D 转换。

EOC：转换结束信号输出端。当 A/D 转换结束时 EOC 变为高电平，并将转换结果送入三态输出缓冲器，EOC 可以作为向 CPU 发出的中断请求信号。

OE：输出允许控制输入端。当 OE=1 时，三态输出缓冲器的数据送到数据总线。

ADC0809 控制信号在使用时应注意以下几点。

1. 转换时序

ALE 信号在地址信号有效后加入，其上升沿将地址信号锁存于地址锁存器和译码器以选择输入通道。在 START 的下降沿电路开始 A/D 转换。转换结束后，EOC 的高电平将结果存于三态输出缓冲器，OE 的高电平到来后数字信号被输出。

2. 参考电压的调节

在使用 A/D 转换器时，为保证其转换精度，要求输入电压满量程使用。如果输入电压动态范围较小，则可调节参考电压 U_{REF}，以保证小信号输入时的转换精度。

3. 接地

在 A/D、D/A 转换电路中要特别注意地线的正确连接，否则就会产生严重的干扰，影响转换结果的准确性。在线路设计中，必须将所有器件的模拟地和数字地分别相连，然后将模拟地与数字地仅在一点上相连接。地线的正确连接方法如图 7.24 所示。

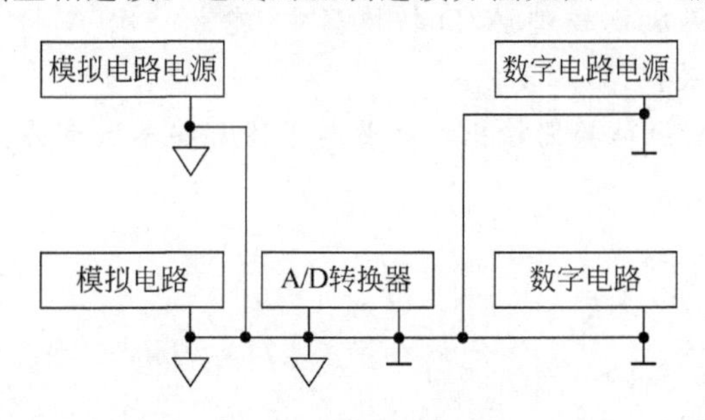

图 7.24　地线的正确接法

下面以数据采集系统为例介绍 ADC0809 的典型应用。

在各种智能仪器、仪表和现代过程控制中，为采集被测控对象的数据，实现由计算机进行实时检测、控制的目的，常用微控制器和 A/D 转换器组成数据采集系统，如图 7.25 所示。

该系统由微控制器和 A/D 转换器组成，系统信号采用总线方式传送，它们之间的信号通过数据总线和控制总线连接。

现以程序中断方式为例说明 ADC0809 在数据采集系统中的应用。采集数据时，首先微控制器执行传送指令，在执行过程中微控制器在控制总线中产生地址、ALE 和 START 信号，启动 A/D 转换器工作，ADC0809 将输入模拟信号转换为数字信号存于输出锁存器，并产生 EOC 信号，经控制总线传给微控制器，产生中断请求通知微控制器取数。当微控制

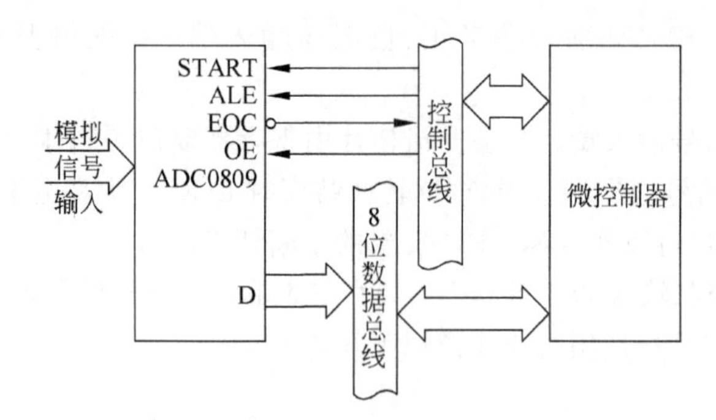

图 7.25 数据采集系统示意图

器响应中断请求转入数据采集子程序后，产生输出使能信号，经控制总线传给 ADC0809，将数据取出并存入存储器中。整个数据采集过程中，由微控制器有序地执行若干指令完成。

由于 A/D 转换器和 D/A 转换器的类型很多，每种 A/D 转换器和 D/A 转换器的工作时序要求不尽相同，因此在使用时一定要仔细阅读使用手册，使控制时序满足工作要求。

思考题

1. 实现 A/D 转换一般要经过哪 4 个过程？按工作原理不同分类，A/D 转换器可分为哪两种？

2. 在图 7.17 所示并行比较型 A/D 转换电路中，若输入电压 u_I 为负电压，试问电路能否正常进行 A/D 转换？为什么？如果不能正常工作，需要如何改进电路？

3. 已知在图 7.17 所示并行比较型 A/D 转换器中，$U_{REF}=10V$，$u_I=9V$，试求其输出数字量 $D_2D_1D_0$。

4. 在图 7.20 所示逐次比较型 A/D 转换器中，完成一次 A/D 转换所需时间为多少？转换时间与哪些因素有关？

5. 试问双积分型 A/D 转换器输出数字量与下述哪些参数有关？

(1) 积分时间常数。

(2) 时钟脉冲频率。

(3) 输入信号电压。

(4) 计数器位数。

(5) 运放的零点漂移。

(6) $|U_{REF}|$。

6. 比较并行比较型 A/D 转换器、逐次比较型 A/D 转换器、双积分型 A/D 转换器的优、缺点，试问应如何根据实际系统要求合理选用？

7.3 本章小结

A/D 转换器和 D/A 转换器是组成现代数字系统的重要部件，且应用日益广泛。本章主要介绍了倒 T 形电阻网络 D/A 转换器、权电流型 D/A 转换器中、并行比较型 A/D 转换器、逐次比较型 A/D 转换器、双积分型 A/D 转换器。

倒 T 形电阻网络 D/A 转换器具有如下特点：电阻网络仅有 R 和 $2R$ 两种阻值；各 $2R$

支路电流 I_i 与相应数码 D_i 状态无关，是一个定值；由于支路电流流向运放反相输入端时不存在传输时间，因而具有较高的转换速度。

在权电流型 D/A 转换器中，由于恒流源电路和高速模拟开关的运用使其具有精度高、转换速度快的优点，双极型集成 D/A 转换器多采用此种类型电路。

D/A 转换器有两种输出方式，其中双极性输出电路与输入编码有关。无论哪种输出方式，在使用时应注意进行零点和满量程调节。

并行比较型 A/D 转换器转换速度快，但由于使用了电阻网络，精度不可能太高。

双积分型 A/D 转换器转换精度高，但是速度相对较慢。

逐次比较型 A/D 转换器在一定程度上兼顾了以上两种 A/D 转换器的优点，因此得到普遍应用。

A/D 转换器和 D/A 转换器的主要技术参数是转换精度和转换速度。目前，A/D 与 D/A转换器的发展趋势是高速度、高分辨率以及易于与微型计算机接口。

习题 7

7.1　对于 10 位 D/A 转换器，如果参考电压 $U_{REF}=5V$，试求其输出电压的取值范围。

7.2　对于 10 位 D/A 转换器，如果电路的输入数字量为 200H 时输出电压 $u_O=5V$，试确定其参考电压 U_{REF} 的取值。

7.3　已知某 D/A 转换电路，最小分辨电压 5mV，最大满刻度输出电压 10V，试求该电路输入数字量的位数 n 应是多少？

7.4　一个 8 位 D/A 转换器的最小输出电压增量为 0.02V，试求输入数字量分别为 10101010 和 10000000 时输出电压 u_O 各为多少伏？

7.5　试用 D/A 转换器和计数器 74161 设计一个电路，要求其输出波形如图 7.26 所示。

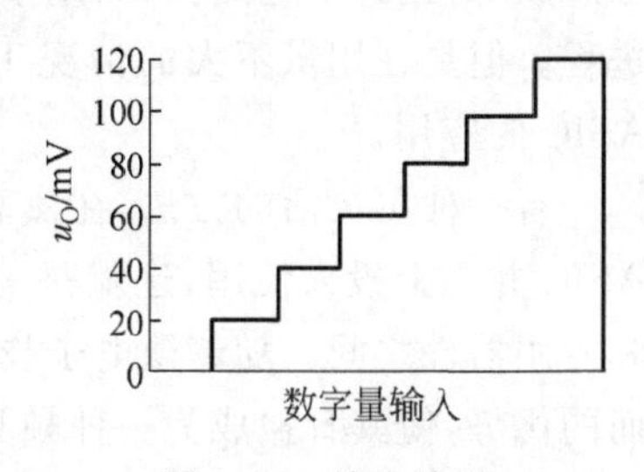

图 7.26　输出波形

7.6　某双积分 A/D 转换器中，计数器由 4 片十进制集成计数器组成，它的最大计数容量为$(5000)_{10}$，计数脉冲的频率 $f_{CP}=30kHz$，积分器 $R=100k\Omega$，$C=1\mu F$，输入电压范围 $u_I=0\sim5V$，试求：

(1) 第一次积分时间 T_1。

(2) 积分器的最大输出电压。

(3) 当 $U_{REF}=10V$ 时，第 2 次积分计数器的值为$(2500)_{10}$，求输入电压的平均值。

7.7　在图 7.21 所示的双积分型 A/D 转换器中，如果时钟脉冲为频率 f_{CP}，其分辨率为 n 位，则最低采样频率是多少？

第8章 可编程逻辑器件

本章要点

◇ 了解 PROM 的基本知识；
◇ 掌握用 PROM 设计简单组合逻辑电路的方法；
◇ 了解 PAL、GAL、CPLD 和 FPGA 的基本结构和特点；
◇ 了解 Verilog 语言的基本语法；
◇ 了解使用 PLD 实现数字系统的一般方法。

从逻辑功能的特点来看，可以将数字集成电路分为通用型和专用型两类。本书前面章节所介绍的中、小规模集成电路等都属于通用型数字电路。通用型集成电路制造成本低，但由于其集成度低，功能简单且固定不变，应用受到一定限制。随着微电子技术与工艺的发展，出现了大规模、高集成度、高性能的专用集成电路(ASIC)。ASIC 的出现降低了产品的生产成本，提升了电路体积、重量、功耗、速度和可靠性等方面的性能，推动了社会的数字化进程。但是在用量不大的情况下，设计制造周期长、改版投资大、灵活性差等缺陷制约了 ASIC 的应用。

有一种更灵活的方法，在实验室就能根据需要设计、更改大规模数字逻辑，研制自己的 ASIC 并马上投入使用，这就是可编程逻辑器件(PLD)。它的集成度和性能介于通用器件和专用器件之间。随着微电子技术的进步，可编程逻辑器件的集成度、复杂度和灵活性等方面的优势，使其日益成为一种颇具吸引力的高性价比 ASIC 替代方案。

趣味知识

冷 持 管

20 世纪 30 年代，实验已经证明半导体可以用作整流器，并且可以替代当时占主导地位的电子管，但是没有人知道半导体是否可以像电子管一样用作放大器和开关。直到第二次世界大战开始后，研究人员才开始认真地研究半导体。贝尔实验室为此制订了全面的研究计划，希望能够用半导体器件替代当时广泛应用于电子领域的电子管放大器和机械开关。发起者是组长威廉・肖克利、16 岁的实验员沃尔特・布拉顿和年轻的理论家约翰・巴丁。

肖克利个性强、热情、严肃、敢于竞争，擅长把一个问题简化为基本元素进行研究。有一次，在对一个半导体放大器经过几个月的广泛研究之后，肖克利的一个想法在理论上得到了证明，但在测试时失败了。肖克利转向另一种想法，但布拉顿和巴丁却热衷于查找失败的原因。在 1947 年 12 月 23 日，经过 3 年的研究后，布拉顿和巴丁用他们最新构造的半导体器件原形做了一个实验：把音频信号加在器件的输入端，输出信号在示波器上重新出现，并且放大了50倍，结果他们成功了。这个器件当时被称为贯穿电阻(Transresistor)，后来称为晶体管。6个月后这个器件上市，但相对于75美分的电子管产品来说，无法预测的性能和8美元的价格，使其被许多人嘲笑为"昙花一现"。

也许是为了弥补没有参与最后设计的遗憾，肖克利马上开始精心设计制作并升级他所谓的器件所拥有的"神奇魔法"，但是完善这个设计是一个漫长而艰巨的任务。由于对工作的坚持，和肖克利一起工作的一个同事开玩笑地把这个器件叫做"冷持管"。然而肖克利的坚持最终取得了胜利，1951年，第一个可靠的商业晶体管上市了。晶体管具有电子管产品的一切功能，而且体积小，功耗低，没有易碎的玻璃包装，不需要加热，使用方便。

1956年，肖克利、布拉顿和巴丁获得诺贝尔物理奖，他们得到了世界的公认。今天，这一发明被认为是电子发展史上最有意义的里程碑，现在制造的每一个电子系统中都有大量的晶体管。他们对半导体的研究，也为以后IC、PLD等器件的发明和生产奠定了理论基础。

8.1 PLD概述

可编程逻辑器件PLD(Programmable Logic Device)作为一种通用集成电路，它的逻辑功能可以通过用户对器件编程来确定。PLD如同一堆积木，设计者可以按一定规则根据自己的需要自由设计。用PLD设计的数字系统，还可以随时在线修改设计而不必改动硬件电路。使用PLD来开发数字系统，可以大大缩短设计时间，减少印制电路板(PCB)面积，提高系统的可靠性。

从IC生产厂商角度来看，PLD是通用器件，可以批量生产以降低成本；从电子设计者的角度来看，可将设计好的电路"写入"芯片，使之成为专用集成电路。现在大多数PLD还可以多次"编程"，特别适合于新产品试制或小批量生产。

8.1.1 PLD发展

PLD最初主要用于解决数字系统中的各类存储问题，后来逐渐转为各种数字逻辑应用，其发展经历了以下三个主要阶段。

1. 早期的可编程逻辑器件

早期的可编程逻辑器件主要用于数字信息存储，其产品有可编程只读存储器(PROM)、紫外线可擦除只读存储器(UVEPROM)和电可擦除只读存储器(EEPROM或E^2PROM)三种，一般只能完成简单的数字逻辑功能。

2. 结构上较复杂的可编程芯片

结构上较复杂的可编程芯片即PLD。其基本结构如图8.1所示，其主体由一个"与"门阵列和一个"或"门阵列组成，而任意一个组合逻辑都可以用"与-或"表达式来描述，所以，PLD能以"积之和"的形式完成大量的逻辑功能。

图8.1中输入电路是PLD与其外部信号源之间的接口,如锁存器等。最简单的输入电路是如图8.2所示的缓冲求反电路。输出结构部分通常包括极性转换电路和触发器电路,用于改变电路的输出极性和构成时序逻辑电路。

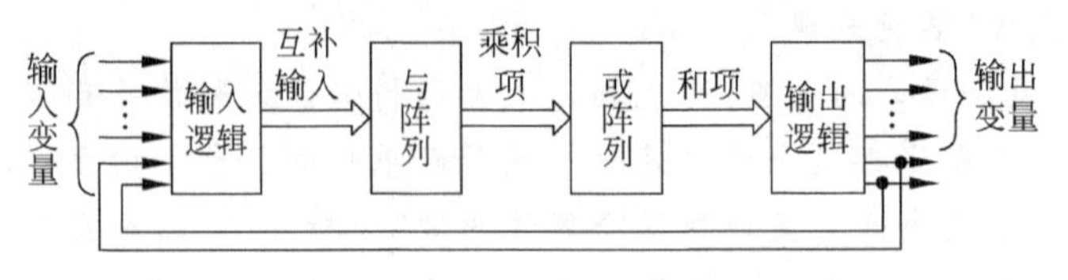

图8.1 PLD的基本结构框图

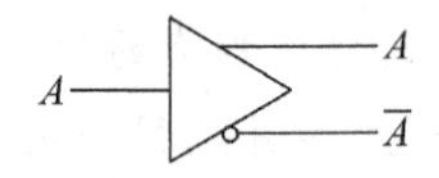

图8.2 缓冲求反电路

这一阶段的产品主要有可编程逻辑阵列PLA(Programmable Logic Array)、可编程阵列逻辑PAL(Programmable Array Logic)和通用阵列逻辑GAL(Generic Array Logic)。

1974年,Signetics公司推出了双极性PLA。PLA由一个"与"阵列和一个"或"阵列构成,这两个阵列都是可编程的。受制于成本高和封装大等因素,PLA使用范围不广。

1977年,MMI公司开发出PAL。PAL由一个可编程的"与"阵列和一个固定的"或"阵列构成,是现场可编程器件。PAL克服了PLA的一些不足,因此得到了比较广泛的使用。

GAL是在PAL的基础上生产的新一代器件,由Lattice公司于1986年推出的。GAL采用了EEPROM工艺,实现了电可擦除、电可改写,其输出结构是可编程的逻辑宏单元,因而它的设计具有更强的灵活性,Lattice公司也因此获得巨大成功,成为业界巨头。GAL器件至今仍有许多设计者使用,如GAL16V8、GAL22V10等。这些早期PLD的设计虽然具有很强的灵活性,但其过于简单的结构也使得它们只能实现规模较小的电路。

3. 复杂可编程逻辑器件

20世纪80年代中期,出现了复杂可编程逻辑器件(Complex Programmable Logic Device,CPLD)和现场可编程门阵列(Field Programmable Gate Array,FPGA),它们都具有体系结构灵活、集成度高以及适用范围广等特点。这两种器件可以替代几十甚至上百块通用IC芯片,实现较大规模的电路;内嵌CPU的FPGA甚至可以替代复杂的嵌入式系统,具有可编程和实现方案容易改动的特点。由于芯片内部硬件连接关系的描述可以存放在ROM、PROM或EPROM中,因而在可编程芯片及其外围电路保持不变的情况下,更换一块ROM芯片就能实现新的功能。因此CPLD/FPGA芯片及其开发系统一问世,就在数字系统设计领域占据了重要地位并得到广泛应用。

8.1.2 PLD的编程技术

PLD的编程技术有下列几种工艺。

1. 熔丝和反熔丝编程技术

熔丝(Fuse)编程技术是用熔丝作为开关元件,这些开关元件未编程时处于连通状态,加电编程时,在不需要连接处将熔丝熔断,保留在器件内的熔丝模式决定相应器件的逻辑功能,如PROM和PAL器件。反熔丝(Anti-fuse)编程技术也称"熔通"编程技术,这类器件是用逆熔丝作为开关器件。这些开关器件在未编程时处于开路状态,编程时,在需要连接处的逆熔丝开关器件两端加上编程电压，逆熔丝将由高阻抗变为低阻抗，实现两点间的连接，编程后器件内的反熔丝模式决定了相应器件的逻辑功能。熔丝和反熔丝编程器件是一次性可编程器件，比较适合定型产品和大批量应用，也常用于需要高性能及保密性要求高的场合。

2. 浮栅型电可写紫外线擦除编程技术

目前浮栅管主要采用雪崩注入 MOS 管(FAMOS 管)和叠栅注入 MOS 管(SIMOS 管)。以浮栅管为例，当浮栅中没有注入电子时，浮栅管导通；注入电子后，浮栅管截止，因此浮栅管相当于一个电子开关。浮栅管的浮栅在原始状态没有存储电子，如果把源极和衬底接地，且在源极和漏极之间加编程脉冲，使电子加速注入浮栅中，从而使浮栅带上负电荷。当编程脉冲消失后，浮栅上的电子可以长期保留。当浮栅管受到紫外光照射时，浮栅上的电子将流向衬底，擦除所"记忆"的信息，从而为重新编程做好准备。EPROM 以及大多数的可编程逻辑器件都采用这种工艺编程。这类器件可多次编程，但须用编程器。

3. 浮栅型电可写电擦除编程技术

这类器件在采用浮栅编程技术的同时，采用了 EECMOS 工艺。在 CMOS 管的浮栅与漏极间有一薄氧化层区，其厚度为 10～15μm，可产生"隧道效应"。编程和擦除都是通过在漏极和控制栅极上加入一定幅度和极性的电脉冲来实现的，可由用户在现场用编程器来完成。编程(写入)时，漏极接地，栅极加编程脉冲，衬底中的电子将通过隧道效应注入浮栅；由于浮栅管正常工作时处于截止状态，编程脉冲消失后，浮栅上的电子可以长期保留。若将其栅极接地，漏极加擦除脉冲，浮栅上的电子又将通过隧道效应返回衬底，使该管正常工作时处于导通状态，达到对该管擦除的目的。实际上，编程和擦除是同时进行的，每编程一次，就以新的信息代换原有的信息。GAL、ispLSI、闪速存储器(闪速 EPROM)都属于电可写电擦除的浮栅编程器件。它具有非易失性和可重复编程的双重优点，但须用编程器或在线系统编程电路。

4. SRAM 编程技术

SRAM 编程技术是 FPGA 器件中采用的主要编程工艺之一。通常用一个静态的 RAM 单元存储通断信号(0,1)，再由通断信号的状态(0,1)去控制晶体管或传输门的导通与截止，以实现对电连接关系的编程。采用这种技术的有 Xilinx 公司的 XC2000、XC3000、XC4000、XC5000，Altera 公司的 FLEX8000、FLEX10K 等系列产品。SRAM 型的 FPGA 是易失性的，断电后其内部编程数据将会丢失，因此须在外部配接 ROM 以存放 FPGA 的编程数据。系统上电或在外部信号控制下，FPGA 将外部 ROM 中的编程数据读入片内的静态 RAM 中(即对 FFGA 进行配置)，构成特定功能的 ASIC 芯片。此外，SRAM 型的 FPGA 具有在线动态重构特性，即可以在系统不断电的情况下向 FPGA 中装入不同的编程数据，实现不同的电路功能，从而使电子系统具有极强的灵活性。这类器件可多次编程，无须编程器。

8.1.3 可编程逻辑器件的表示方法

由于 PLD 的阵列连接规模十分庞大，为了便于画图，PLD 器件的逻辑图中常使用一种简化表示方法，如图 8.3 所示。交叉点处有实点表示固定连接；交叉点处有"×"表示编程连接；交叉点无任何符号表示无连接。

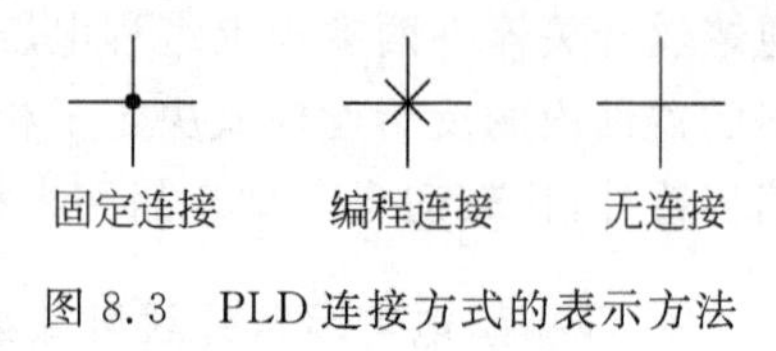

图 8.3 PLD 连接方式的表示方法

图 8.4 是可编程逻辑器件中门的表示方法。其中图 8.4(a)表示多输入端与门，图 8.4(b)表示多输入端或门，图 8.4(c)表示互补输出缓冲器，图 8.4(d)表示三态输出缓冲器。

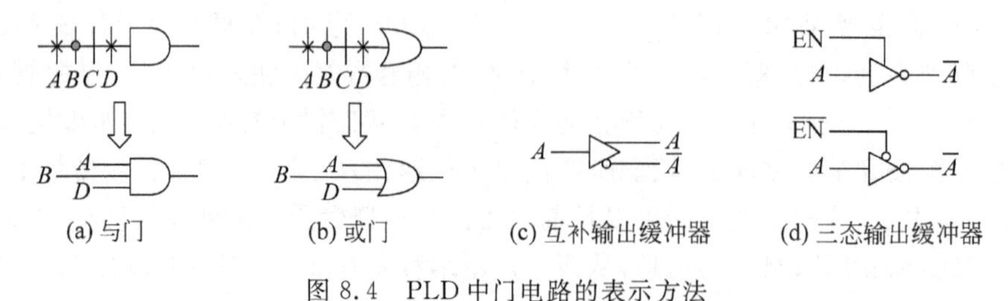

图 8.4 PLD 中门电路的表示方法

思考题

1. 什么是可编程逻辑电路？
2. 可编程器件的编程元件有哪些？
3. 可编程逻辑电路有哪些编程技术？

8.2 早期可编程只读存储器

可编程只读存储器包括 PROM(一次性可编程只读存储器)和 EPROM(可擦除的可编程只读存储器)。本节以 PROM 为例来说明只读存储器的结构和工作原理。

8.2.1 PROM 结构及工作原理

PROM(Programmable Read Only Memory)出现在 20 世纪 70 年代初，是最早的 PLD。如图 8.5(a)所示是 PROM 的结构原理图，它包含一个固定的与阵列和一个可编程的或阵列，其与阵列是一个全译码电路，构成 PROM 的地址译码器，对某一组特定的输入只能产生唯一的乘积项。字线对应的最小项表达式如下

$$\begin{cases} W_0 = \overline{A_3}\,\overline{A_2}\,\overline{A_1}\,\overline{A_0} \\ W_1 = \overline{A_3}\,\overline{A_2}\,\overline{A_1}A_0 \\ \quad\vdots \\ W_{14} = A_3A_2A_1\,\overline{A_0} \\ W_{15} = A_3A_2A_1A_0 \end{cases} \tag{8.1}$$

可编程或阵列由存储矩阵构成，用于存储编程数据。如图 8.5(b)所示是熔丝型存储单元，它由多发射极三极管和串接在发射极的快速熔断丝组成。三极管的发射结相当于接在字线与位线之间的二极管。熔丝用很细的低熔点合金丝或多晶硅导线制作。在写数据时只要用大电流将需要存入 0 的单元上连接的熔丝熔断即可。编程时首先从与阵列构成的地址译码器输入地址代码，使要写入 0 的存储单元地址字线为高电平。然后在 U_{CC} 端加上编程所需的高电平，同时在编程单元的位线上加入编程脉冲(幅度约为 20V，持续时间约十几微

秒),将其烧断即可。

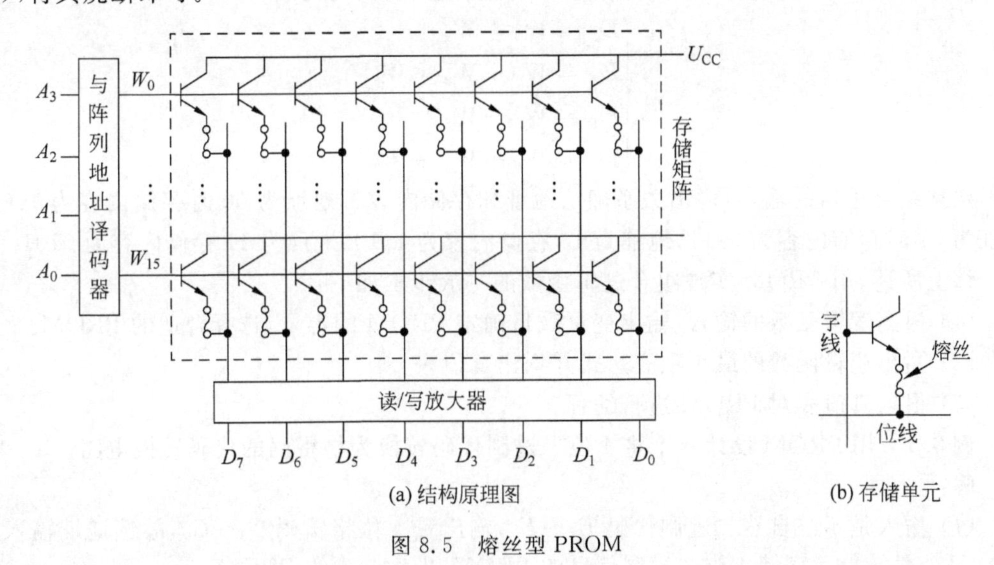

(a) 结构原理图　　(b) 存储单元

图 8.5 熔丝型 PROM

PROM 的内容一经写入就不能再修改,所以不能满足研发过程中经常修改的需求。

8.2.2 用 PROM 实现组合逻辑电路

PROM 通常用作存储器,输入不同的地址码时可以读出相应地址中存储的数据,即每输入一组逻辑值(地址值),都有唯一的一组逻辑值(存储数据值)与之相对应,这与组合逻辑电路的特性相同。可以用 PROM 实现组合逻辑电路,只要将逻辑函数的真值表事先存入 PROM,便可用 PROM 实现该函数。例如,在表 8.1 的组合逻辑函数真值表中,如果将两个输入逻辑变量看成地址 A_1、A_0,将输出逻辑变量看成存储内容 D_3、D_2、D_1、D_0,则表 8.1 就是这个 PROM 的数据表,按照该表编程的 PROM 就可以实现该组合逻辑函数。

表 8.1 组合逻辑的真值表

输入		输出			
A_1	A_0	D_3	D_2	D_1	D_0
0	0	1	0	0	1
0	1	0	1	1	1
1	0	1	1	1	0
1	1	0	1	0	1

由表 8.1 可得此组合逻辑的逻辑函数为

$$\begin{cases} D_3 = \overline{A_{01}}\,\overline{A_0} + A_1\,\overline{A_0} \\ D_2 = \overline{A_1}A_0 + A_1\,\overline{A_0} + A_1A_0 \\ D_1 = \overline{A_1}A_0 + A_1\,\overline{A_0} \\ D_0 = \overline{A_1}\,\overline{A_0} + \overline{A_1}A_0 + A_1A_0 \end{cases}$$

从组合逻辑结构来看,PROM 中的地址译码器形成了输入变量的所有最小项,即每一

条字线对应输入地址变量的一个最小项。因此上式又可以写为

$$\begin{cases} D_3 = W_0 + W_2 \\ D_2 = W_1 + W_2 + W_3 \\ D_1 = W_1 + W_2 \\ D_0 = W_0 + W_1 + W_3 \end{cases}$$

可以根据组合逻辑的输入/输出关系确定地址和存储内容。地址为00时存储内容为1001，地址为01时存储内容为0111，地址为10存储内容为1110，地址为11存储内容为0101。

综上所述，用PROM实现组合逻辑函数的一般步骤如下：

(1) 根据逻辑函数的输入/输出变量数目确定PROM的容量，选择合适的PROM。

(2) 写出逻辑函数的最小项表达式并列出真值表。

(3) 根据真值表对PROM进行编程。

例 8.1 用PROM设计一个将4位二进制代码转换为格雷码的代码转换电路。

解：

(1) 输入是4位自然二进制代码 $B_3 \sim B_0$，输出是4位格雷码 $G_3 \sim G_0$，故选地址输入为4位、每个存储单元存储4位二进制信息的PROM，即 $2^4 \times 4$ 的PROM。

(2) 4位自然二进制代码转换为格雷码的真值表如表8.2所示。

表 8.2 例 8.1 的真值表

自然二进制码				格雷码			
D_3	D_2	D_1	D_0	G_3	G_2	G_1	G_0
0	0	0	0	0	0	0	0
0	0	0	1	0	0	0	1
0	0	1	0	0	0	1	1
0	0	1	1	0	0	1	0
0	1	0	0	0	1	1	0
0	1	0	1	0	1	1	1
0	1	1	0	0	1	0	1
0	1	1	1	0	1	0	0
1	0	0	0	1	1	0	0
1	0	0	1	1	1	0	1
1	0	1	0	1	1	1	1
1	0	1	1	1	1	1	0
1	1	0	0	1	0	1	0
1	1	0	1	1	0	1	1
1	1	1	0	1	0	0	1
1	1	1	1	1	0	0	0

由真值表可写出输出函数的最小项表达式

$$\begin{cases} G_3 = \sum m(8,9,10,11,12,13,14,15) \\ G_2 = \sum m(4,5,6,7,8,9,10,11) \\ G_1 = \sum m(2,3,4,5,10,11,12,13) \\ G_0 = \sum m(1,2,5,6,9,10,13,14) \end{cases}$$

(3) 根据真值表,以输入变量为地址把相应的输出内容存入相应的单元,这样按地址读出的数据,便是真值表 8.2 对应的逻辑函数。图 8.6 所示是其存储点阵。

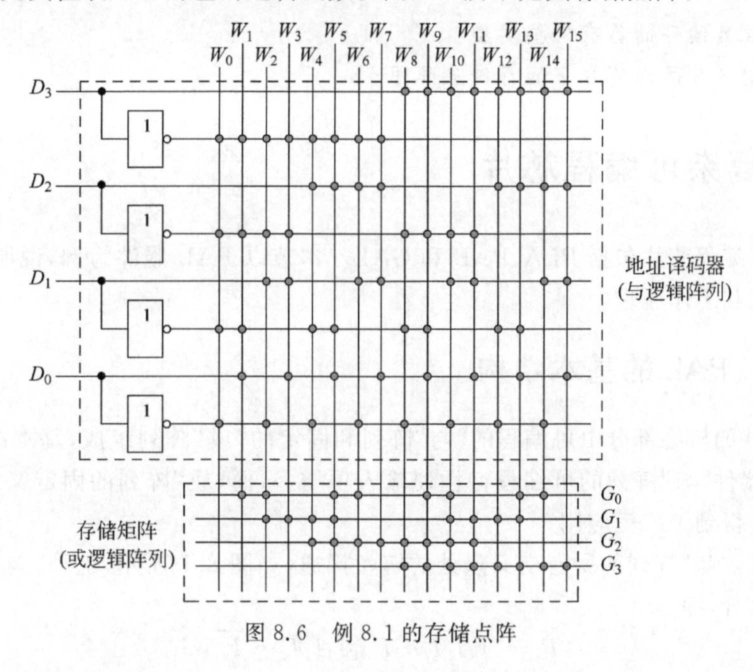

图 8.6　例 8.1 的存储点阵

例 8.2　用 PROM 实现两个 2 位二进制数乘法器。

解:

(1) 根据题意可知,输入共有 4 位,即两个 2 位二进制数,相乘结果也是 4 位,所以选用 $2^4 \times 4$ 的 PROM 就可以满足要求。

(2) 列出两个 2 位二进制数相乘的乘数和积的对照表,即 PROM 的输入地址和存储内容的对照表,如表 8.3 所示。

表 8.3　例 8.2 的输入地址和存储内容的对照表

两个乘数(输入地址)				乘积、PROM 存储的内容			
A_1	A_0	B_1	B_0	D_3	D_2	D_1	D_0
0	0	0	0	0	0	0	0
0	0	0	1	0	0	0	0
0	0	1	0	0	0	0	0
0	0	1	1	0	0	0	0
0	1	0	0	0	0	0	0
0	1	0	1	0	0	0	1
0	1	1	0	0	0	1	0
0	1	1	1	0	0	1	1
1	0	0	0	0	0	0	0
1	0	0	1	0	0	1	0
1	0	1	0	0	1	0	0
1	0	1	1	0	1	1	0
1	1	0	0	0	0	0	0
1	1	0	1	0	0	1	1
1	1	1	0	0	1	1	0
1	1	1	1	1	0	0	1

(3) 根据表中内容对 PROM 编程。编程后存储矩阵的节点连接图请读者自行考虑。

思考题

1. 可编程只读存储器有哪些类型?
2. 参考图 8.6 画出例 8.2 的存储点阵图。

8.3 较复杂可编程芯片

较复杂可编程芯片包括 PLA、PAL 和 GAL。本节以 PAL 器件为例,说明这一阶段产品的结构组成和工作原理。

8.3.1 PAL 的基本结构

PAL 器件的核心部分由可编程的“与”阵列和固定的“或”阵列组成,基本结构如图 8.7 所示。PAL 器件“与”阵列的可编程特性使输入项增多,而“或”阵列的固定又使器件简化,所以这种器件得到了广泛应用。

未编程时,“与”阵列的所有交叉点处的熔丝接通,如图 8.7 所示,这种“与”阵列是输入变量的“与”组合,即

$$P_i = I_0 I_1 I_2 \cdots I_{n-1} \overline{I}_0 \overline{I}_1 \overline{I}_2 \cdots \overline{I_{n-1}} \tag{8.2}$$

因此所谓编程就是将有用的熔丝保留,而将无用的熔丝熔断,即得到所需的电路。

因为“或”阵列是固定的,因此这种“或”阵列是积项的“或”组合,即

$$Y_i = P_0 + P_1 + P_2 + \cdots + P_m \tag{8.3}$$

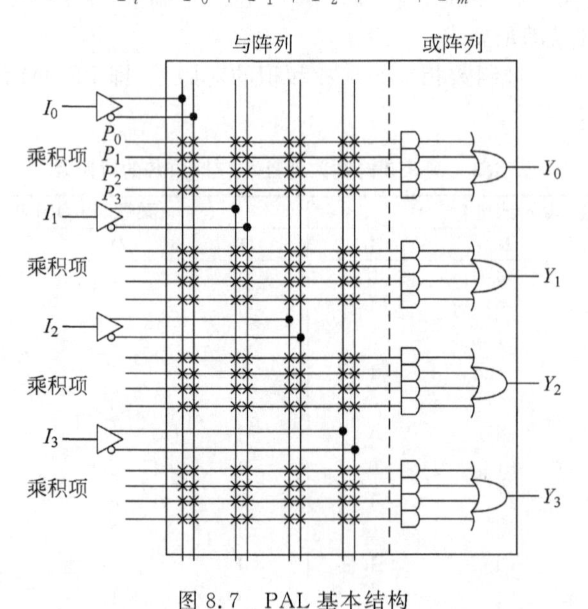

图 8.7 PAL 基本结构

8.3.2 PAL 器件的输出结构

在众多 PAL 器件中,“与”阵列的结构是类似的,不同的是门阵列规模的大小和输出电

路的结构。常见的输出结构有组合型输出和寄存器型输出两类。

1. 组合型输出结构

组合型输出结构适用于组合电路。常见的有或门输出、或非门输出、与或门输出、与或非门输出以及带互补输出端的或门输出等。或门的输入端数目不尽相同,一般为 2～8 个,有的输出还兼做输入端。组合型输出结构中包含专用输出结构和可编程输入/输出结构两种。

1) 专用输出结构

图 8.7 给出的 PAL 电路属于专用输出结构,它的输出端是一个与或门。输出端不能兼做输入。

2) 可编程的输入/输出结构

这种输出结构在或门之后增加了一个三态门,如图 8.8 所示。三态门的控制端由与阵列中第一行与门的输出控制。当三态门的控制端为零时,输出为高阻态,或门的输出不能通过三态门输出到 I/O 端,对应的 I/O 端引线作输入端使用。来自 I/O 端引线的输入信号通过反馈输入缓冲器送到可编程与阵列中。当三态门的控制端为高电平时,三态门选通,或门的输出通过三态门输出到 I/O 端,同时该输出通过反馈输入缓冲器馈送到可编程与阵列中,故此时对应的 I/O 端引线同时具有输入/输出功能。由此可见,通过控制三态门,或门的输出不但可以输出到 I/O 端,还可以反馈至与阵列,以实现更复杂的逻辑关系。这种结构可以为串行数据的移位操作提供双向输出功能。

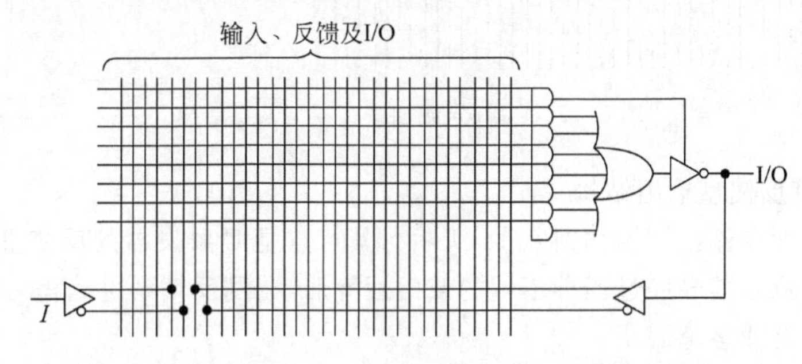

图 8.8 PAL 的可编程输入/输出结构

2. 寄存器型输出结构

寄存器型输出结构适用于组成时序逻辑电路。这种输出结构是在或门之后增加了一个由时钟上升沿触发的 D 触发器和一个三态门,并且将 D 触发器的输出反馈到可编程与阵列中进行时序控制。寄存器型输出结构中包含有寄存器输出、异或加寄存器输出和算术运算反馈三种结构。

1) 寄存器型输出结构

寄存器型输出结构如图 8.9 所示。其或门的输出接到 D 触发器输入端,D 触发器的 Q 端接三态缓冲器,D 触发器的反相输出端反馈到可编程与阵列。系统时钟的上升沿把或门的输出存入 D 触发器,三态缓冲器控制或门的输出是否被送到 I/O 端引线。因此,这种输出结构的 PAL 能记忆系统原来的状态,因此可以更方便地实现时序逻辑。

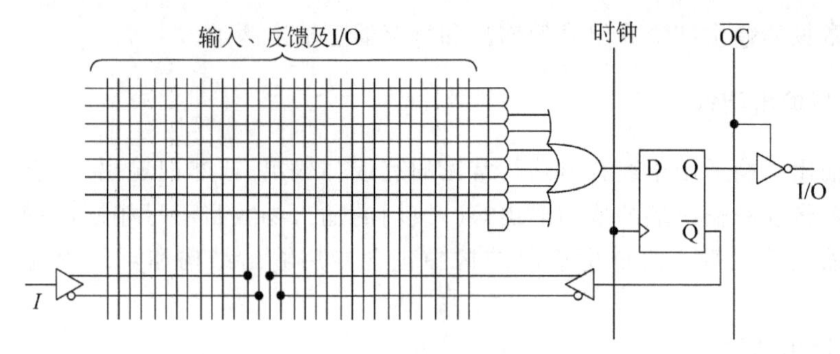

图 8.9　PAL 的寄存器型输出结构

2）异或加寄存器型输出结构

异或加寄存器型输出结构如图 8.10 所示。其输出部分有两个或门，它们的输出经一个异或门后，再接到 D 触发器的输入端，经三态缓冲器输出。用这种结构的 PAL 实现二进制计数很方便，因为二进制计数器的次态方程可以写成相邻触发器状态的异或。

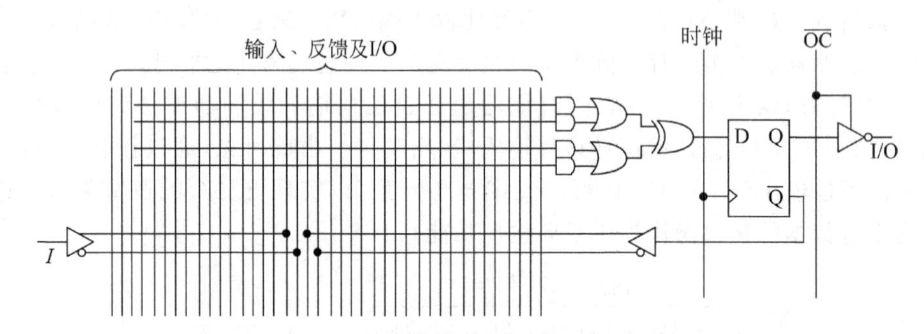

图 8.10　PAL 异或加寄存器型输出结构

3）算术运算反馈型输出结构

算术运算反馈型输出结构如图 8.11 所示。其特点是 D 触发器的反变量输出 $\bar{Q}$ 和可编程与阵列的某一输入信号经过四种不同的或门运算后，分别反馈到可编程与阵列中，使与阵列的与门输入含有或运算因子。

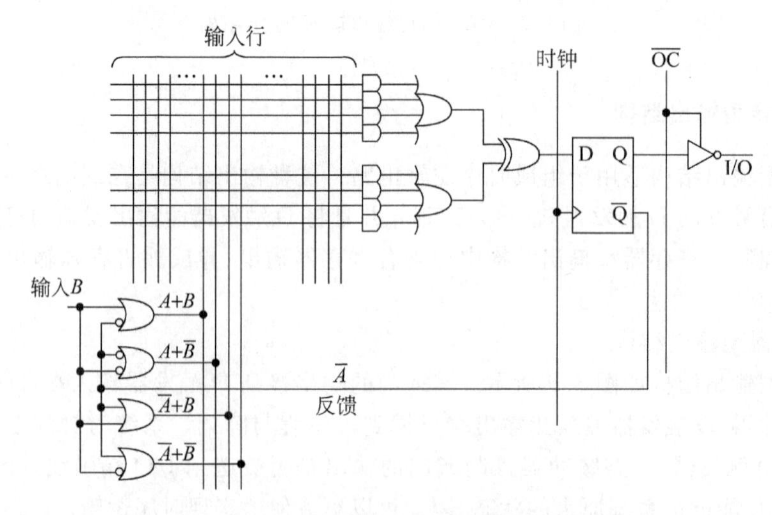

图 8.11　PAL 的算术运算反馈型输出结构

思考题

1. 可编程阵列逻辑的基本结构有哪几部分？各有何特点？
2. 可编程阵列逻辑的输出结构有哪几种？各有何特点？

8.4 复杂可编程逻辑器件

随着半导体工艺不断完善，用户对器件集成度的要求不断提高，原来的PLD已经不能满足要求。AMD公司最先生产了带有逻辑宏单元的PAL器件PAL22V10，目前PAL22V10已成为划分PLD的界限。可编程逻辑器件所包含的门数大于PAL22V10的，就被认为是复杂PLD(这里所谓的"门"是等效门，每个门相当于4只晶体管)。复杂可编程逻辑器件主要有两类：一类是基于乘积项技术、Flash工艺的CPLD；另一类是基于查表技术、SRAM工艺的FPGA。

8.4.1 CPLD器件

1985年，美国Altera公司在EPROM和GAL器件的基础上，首先推出了可擦除可编程逻辑器件(Erasable Programmable Logic Device，EPLD)，其基本结构与PAL/GAL器件相仿，但其集成度比GAL器件高得多。而后Altera、Atmel、Xilinx等公司不断推出新的EPLD产品，它们的工艺不尽相同，结构不断改进，形成了一系列产品。近年来，由于器件的密度越来越大，许多公司把原来称为EPLD的产品都称为CPLD。

当前规模在百万门的CPLD系列芯片已广泛应用，并已发展到上千万门。随着工艺水平的提高，在增加器件容量的同时，为提高芯片的利用率和工作频率，CPLD从内部结构上做了许多改进，功能更加齐全，应用不断扩展。

CPLD由一系列可编程逻辑功能块，围绕一个位于中心、时延固定的可编程互连矩阵构成。其基本结构由可编程逻辑宏单元(Logic Macro Cell，LMC)、可编程I/O控制模块(IOC，Input/Output Cell)和可编程内部连线三部分组成，如图8.12所示。

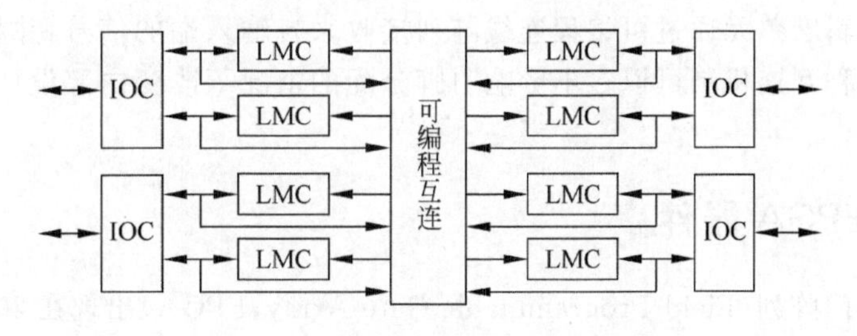

图8.12 CPLD的一般结构

1. 可编程逻辑宏单元

可编程逻辑宏单元内部主要包括与阵列、或阵列、可编程触发器和多路选择器等电路，能独立地配置为时序工作方式或组合工作方式。CPLD逻辑宏单元结构具有如下特点。

1）乘积项共享结构

早期可编程器件的与或阵列中,每个或门的输入乘积项最多为7个或8个,当逻辑函数乘积项较多时,必须进行逻辑变换。在CPLD的宏单元中,如果输出表达式的乘积项较多,可以借助可编程开关与同一单元(或其他单元)中的其他或门实现并联扩展,每个共享扩展项可以被任何宏单元使用。因此,乘积项共享结构提高了资源利用率,可以快速实现复杂的逻辑函数。

2）多触发器结构

早期可编程器件的每个输出宏单元只有一个触发器,CPLD的宏单元内通常含两个或两个以上的触发器,其中只有一个触发器与输出端相连,其余触发器的输出不与输出端相连,但可以通过相应的缓冲电路反馈到与阵列,从而与其他触发器一起构成复杂的时序电路。这种结构可以在不增加引脚数目的情况下增加内部资源。

3）异步时钟

早期可编程器件只能实现同步时序电路,CPLD器件中各触发器的时钟可以异步工作,有些器件中触发器的时钟还可以通过数据选择器或时钟网络进行选择。此外,LMC内触发器的异步清零和异步置位也可以用乘积项进行控制,因而使用更加灵活。

2. 可编程I/O单元

CPLD的I/O单元是内部信号与I/O引脚之间的接口。由于可编程逻辑器件通常只有少数几个专用功能输入端,大部分端口均为I/O端,而且系统的输入信号通常需要锁存,因此I/O常作为一个独立单元来处理。不同器件的I/O单元不一样。与PAL兼容的CPLD器件的I/O单元,其内部由三态输出缓冲器、输出极性选择、输出选择等几组数据选择器组成。与GAL器件兼容的I/O单元,其内部由触发器、输出选择器和反馈选择器等组成。

3. 可编程内部连线

可编程内部连线的作用是在各逻辑宏单元之间以及逻辑宏单元和I/O单元之间提供互连网络。各逻辑宏单元通过可编程连线阵列接收来自输入端的信号,并将宏单元的信号送往目的地。这种互连机制可以在不影响引脚分配的情况下改变内部设计,因此有很大的灵活性。

8.4.2 FPGA器件

现场可编程门阵列(Field Programmable Gate Array,FPGA)出现在20世纪80年代中期,由Xilinx公司首创。它由许多独立的可编程逻辑模块组成,用户可以通过编程将这些模块连接起来实现不同的设计。它是超大规模集成电路(VLSI)技术发展的产物,弥补了早期可编程逻辑器件利用率随器件规模的扩大而下降的不足。

FPGA器件具有高密度、高速率、多功能、低功耗、低成本、设计灵活方便、可无限次反复编程,并可现场模拟调试等特点。使用FPGA器件可在较短的时间内完成一个电子系统的设计和制作,缩短了研制周期,达到快速上市和进一步降低成本的要求。

FPGA的基本结构由可配置逻辑块(Configurable Logic Block,CLB)、输入/输出模块

(I/O Block,IOB)及可编程互连资源(Programmable Interconnect Resource,PIR)三种可编程电路和一个SRAM结构的配置存储单元组成,如图8.13所示。可配置逻辑块(CLB)是实现逻辑功能的基本单元,通常规则地排列成一个阵列,散布于整个芯片中;可编程输入/输出模块(IOB)主要完成芯片内的逻辑单元与外部引脚的接口,通常排列在芯片的四周;可编程互连资源(PIR)包括各种长度的连线和一些可编程连接开关,是将CLB、CLB与IOB以及IOB之间连接起来,完成特定功能的电路。

基于SRAM的FPGA器件,在工作前需要从芯片外部加载配置数据,配置数据可以存储在片外的EPROM或其他存储器上。用户可以控制加载过程,在现场修改器件的逻辑功能,即所谓现场编程。

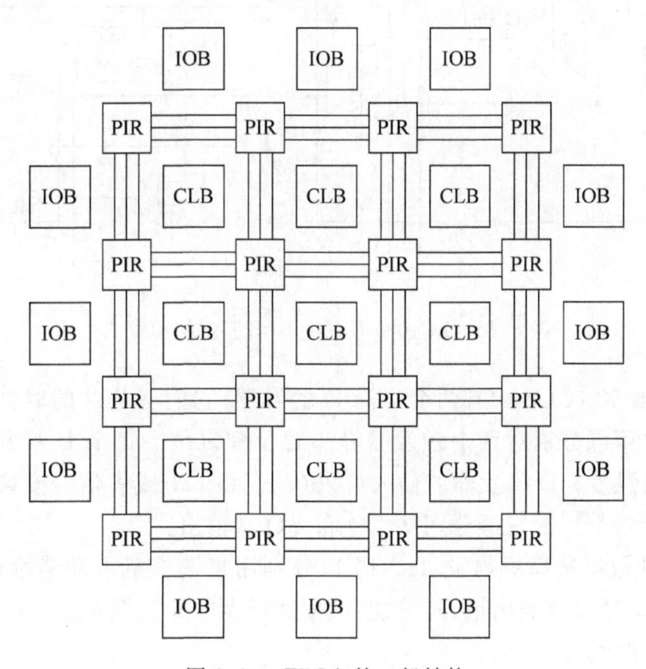

图8.13　FPGA的一般结构

1. 可配置逻辑块

CLB是FPGA的主要组成部分。它主要由逻辑函数发生器、触发器、数据选择器等电路组成。图8.14是XC4000系列FPGA的CLB基本结构框图。

CLB中包括三个逻辑函数发生器G、F和H,其输出分别为G′、F′和H′。G和F各有4个输入变量,分别为$G_1 \sim G_4$和$F_1 \sim F_4$。这两个逻辑函数发生器完全独立,均可实现4输入变量的任意组合逻辑函数。逻辑函数发生器H有三个输入信号,分别为前两个函数发生器的输出G′、F′和信号变换电路的输出H_1。这个函数发生器能实现三输入变量的各种组合函数。这三个函数发生器结合起来,可实现多达9变量的组合逻辑函数。逻辑函数发生器F和G均为查表结构,其工作原理类似于PROM。F和G的输入等效于PROM的地址码,通过查找PROM中的地址表可以得到相应的组合逻辑函数输出。另一方面,逻辑函数发生器F和G还可以作为器件内高速RAM,它由信号变换电路控制。通过对CLB内部的数据选择器编程,逻辑函数发生器G、F和H的输出可以连接到CLB内部触发器,或者直接连到

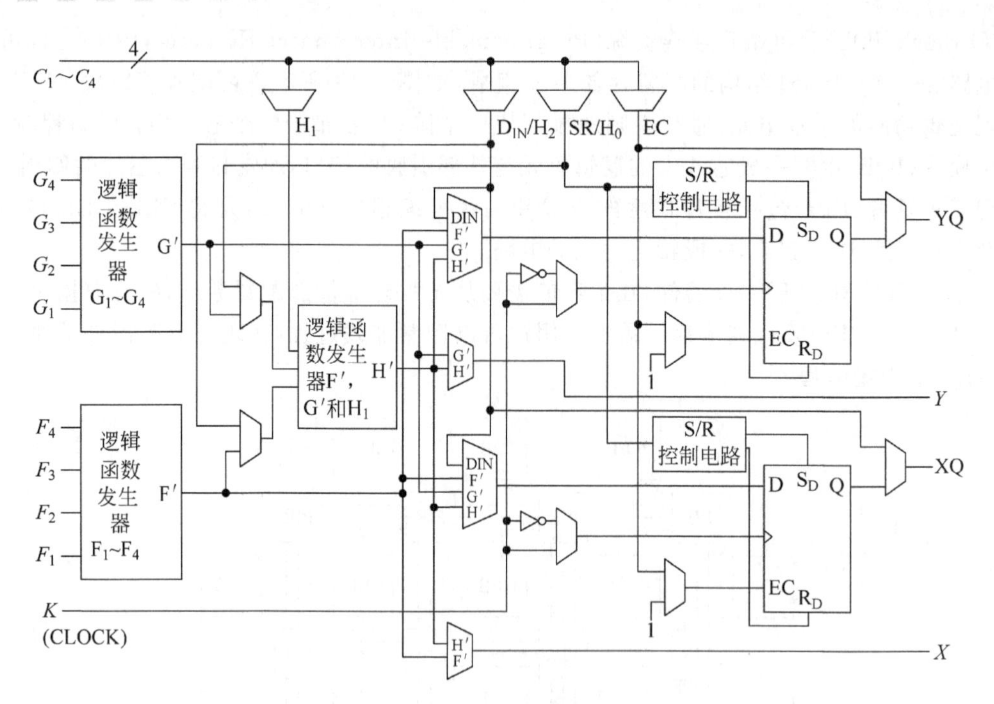

图 8.14　XC4000 系列的 CLB 基本结构框图

CLB 的输出端 X 或 Y。CLB 中有两个边沿 D 触发器，它们有公共的时钟和时钟使能输入端。S/R 控制电路可以分别对两个触发器异步置位和复位。每个 D 触发器可以配置成上升沿触发或下降沿触发。D 触发器的输入可以从 F′、G′、H′或者信号变换电路送来的 DIN 这 4 个信号中选择一个。触发器分别从 XQ 和 YQ 端输出。

CLB 中有两种数据选择器，4 选 1、2 选 1，分别用来选择触发器激励输入信号、时钟触发信号、时钟使能信号以及输出信号。这些数据选择器的地址控制信号均由编程信息提供，从而实现所需的电路结构。

2. 输入/输出模块

IOB 主要由输入触发器、输入缓冲器和输出触发/锁存器、输出缓冲器组成，其结构如图 8.15 所示。每个 IOB 控制一个引脚，它们可被配置为输入/输出或双向 I/O。

当 IOB 控制的引脚被定义为输入时，通过该引脚的输入信号先送入输入缓冲器。缓冲器的输出分成两路：一路可以直接送到 MUX(数据选择器)；另一路先存入输入通路 D 触发器，再送到数据选择器。通过编程给数据选择器配置不同的控制信息来确定送至 CLB 阵列的 I_1 和 I_2 是来自输入缓冲器，还是来自 D 触发器。D 触发器可通过编程来确定是边沿触发还是电平触发，还可选择上升沿有效或者下降沿有效，且配有独立的时钟。

当 IOB 控制的引脚被定义为输出时，CLB 阵列的输出信号 OUT 也可以有两条传输途径：一路是直接经 MUX 送至输出缓冲器；另一路是先存入输出通路 D 触发器，再送至输出缓冲器。输出通路 D 触发器也有独立的时钟，而且可任选触发边沿。输出缓冲器既受 CLB 阵列送来的 OE 信号控制，使输出引脚有高阻状态，又受转换速率控制电路的控制，使它能够以高速或低速(低噪声)两种方式运行。IOB 端口配有两只 MOS 管，它们的栅极均可编程，使MOS管导通或截止，分别使输出端可以选择配备上拉电阻(或下拉电阻)，从而改善输出波形和负载能力。

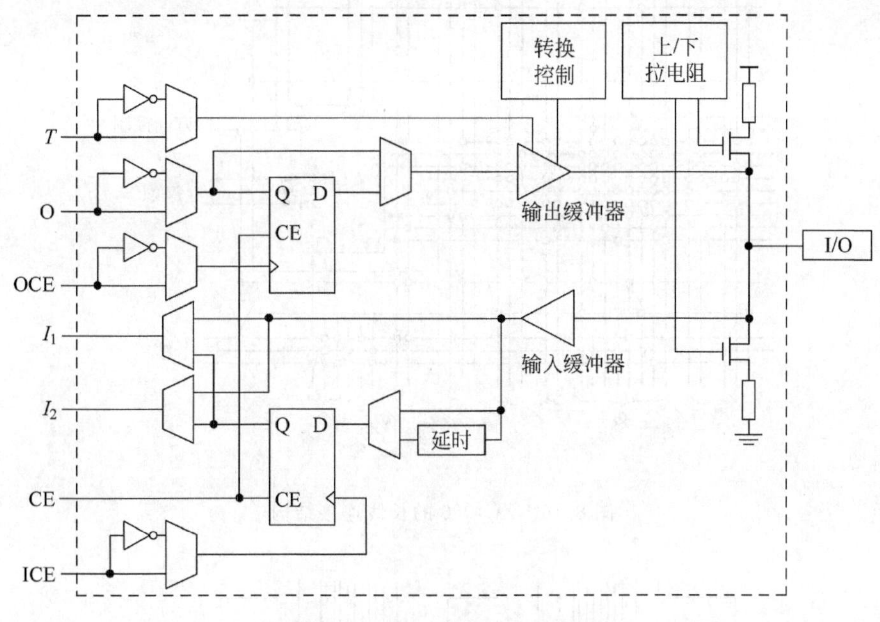

图8.15 输入/输出模块结构图

3. 可编程互连资源

PIR由许多金属线段构成，这些金属线段带有可编程开关，通过自动布线实现FPGA内部的CLB和CLB之间、CLB和IOB之间的各种电路连接。以XC4000系列为例，它采用分段互连资源结构，按相对长度可分为单长线、双长线和长线等三种。

如图8.16所示是长线连接结构。长线连接不经过可编程开关矩阵而直接贯穿整个芯片，由于长线连接信号延时时间小，主要用于高扇出、关键信号的传播。每条长线中间有可编程分离开关，把长线分成两条独立的连线，每条连线只有阵列的宽度或高度的一半。CLB的输入可以由邻近的任一长线驱动，输出可以通过三态缓冲器驱动。

带有可编程阵列开关的单长线和双长线连接结构如图8.17所示。PSM(Programmable Switch Matrices)是可编程开关矩阵。这些连线是贯穿于CLB之间的8条垂直和水平金属线段，在这些金属线段的交叉点处是可编程开关矩阵。CLB的输入和输出分别接至相邻的单长线，进而可与开关矩阵相连。通过编程，可控制开关矩阵将某个CLB与其他CLB或IOB连在一起。

双长线连接结构包括夹在CLB之间的4条垂直和水平金属线段。双长线金属线段的长度是单长度线金属线段的两倍，要穿过两个CLB之后，才与可编程的开关矩阵相连。因此，通用双长线可使两个相隔(非相邻)的CLB连接起来。单长线和双长线结构使CLB之间的快速、复杂互连更加灵活，但传输信号每通过一个可编程开关矩阵，就增加一次延时。因此，FPGA内部延时与器件结构、逻辑布线等有关，它的信号传输延时不可确定。

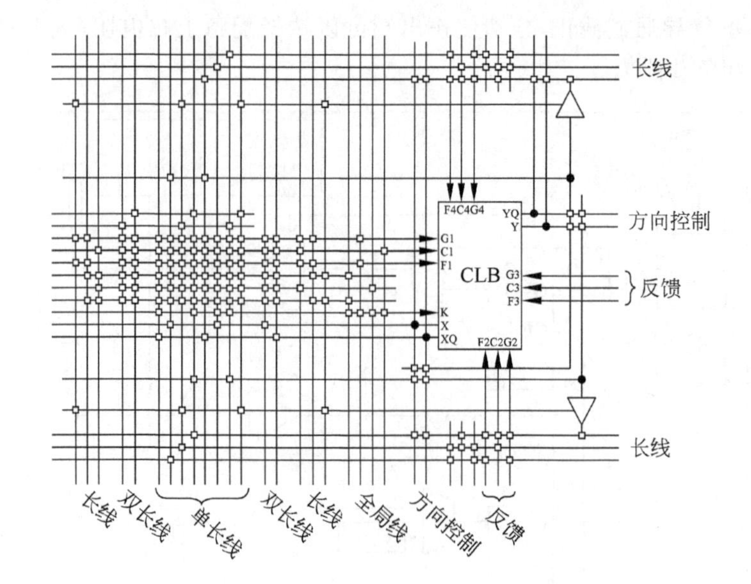

图 8.16 XC4000 的长线连接结构

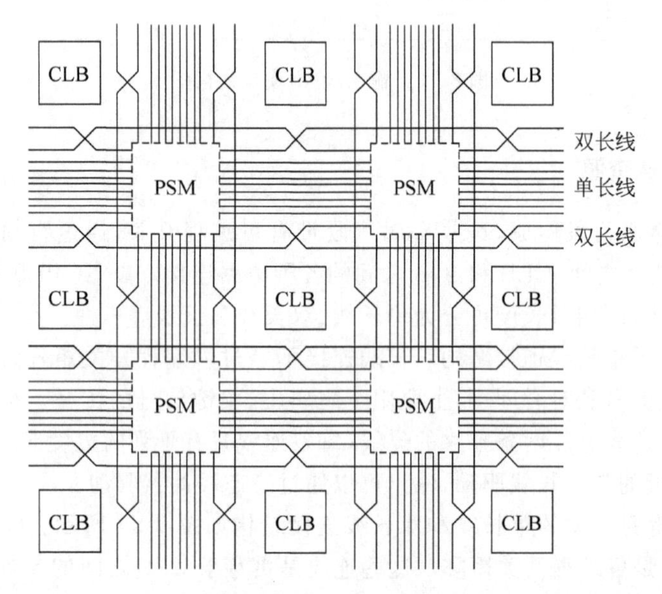

图 8.17 XC4000 带有可编程阵列开关的单长线和双长线连接结构

8.4.3 CPLD 和 FPGA 的选用

综合比较 CPLD 和 FPGA,两者的结构不同,编程工艺也不相同,因而决定了它们应用范围的差别。使用时,可以从以下几个方面进行选择。

1. 逻辑单元

CPLD 中的逻辑单元是大单元,通常其变量数目约为 20～28 个。因为变量多,所以只能采用 PAL 结构。由于这样的单元功能强大，一般的逻辑功能在单元内均可实现，因而其互连关系简单，一般通过集总总线即可实现。电路的延时通常就是单元本身和集总总线的延时(通常在几纳秒至十几纳秒)。CPLD 较适合逻辑型系统，如控制器等，这种系统逻辑复杂，输入变量多。

FPGA 逻辑单元是小单元，其输入变量数通常只有几个，因而采用查表结构(即 PROM 形式)。这样的工艺结构占用芯片面积小、速度高，每块芯片上能集成的单元数多，但逻辑单元的功能较弱。如果要实现一个较复杂的逻辑功能，需要几个这样的单元组合才能完成。电路的延时时间不定，互连关系也较复杂。FPGA 较适合逻辑功能相对简单的数据型系统。

2. 内部互连资源与连线结构

CPLD 的内部连线是连续式互连结构，利用具有同样长度的一些金属线实现功能单元之间的互连，即使用的是集总总线，所以其总线上任意一对输入端与输出端之间的延时相等，且是可预测的。此外，CPLD 还具有很宽的输入结构，适合于实现高级的有限状态机，其主要缺点是功耗大。

FPGA 的内部连接是分段式互连结构，利用不同长度的几种金属线通过可编程开关阵列，把各个功能单元连接起来；这些总线分布在各单元之间，可以通过配置将不同位置的单元连接起来。显然一对单元之间的互连路径可以有多种，因而其传输延迟也是不相同的。所以 FPGA 在使用时，除了逻辑设计外，还要进行延时设计。通常需要经过数次设计，方能找出最佳方案。对于 ASIC 设计，采用 FPGA 在实现小型化、集成化和高可靠性的同时，还减少了风险，降低了成本，缩短了周期，而且 FPGA 比 CPLD 更适合于实现多级的逻辑功能。

3. 编程工艺

CPLD 采用 EPROM、E^2PROM 和 Flash 工艺，可以反复编程，但一经编程片内逻辑就被固定，如果改变数据就要进行重新擦写。这类编程工艺不仅可靠性较高，而且可以加密，但其占用面积较大，功耗较高。

Xilinx 公司的 FPGA 芯片采用 RAM 型编程，相同集成规模的芯片中的触发器数目多，功耗低，但掉电后信息不能保存，必须与存储器联用。每次上电时须先对芯片进行配置，然后方可使用，但从另一方面来看，RAM 型 FPGA 可以在工作时更换其内容，实现不同的逻辑功能。

4. 规模

对于中小规模逻辑电路设计，选用 CPLD 价格较便宜，且能直接用于系统。CPLD 器件有很宽的可选范围，上市速度快，市场风险小。

对于大规模的逻辑电路设计，则多采用 FPGA。因为从逻辑规模上讲，FPGA 覆盖了大中规模范围。

表 8.4 是 CPLD 与 FPGA 的结构性能对照表。实际上 CPLD 与 FPGA 之间的界限并不明显。有些芯片中采用查表结构的小单元和 SRAM 编程工艺，并且可达到很大的集成规模，与典型的 FPGA 相一致；但在这种器件中却又使用了集总总线的互连方式，速度较高，

且延时确定、可预知,因而既具有CPLD的特点,又可以将其归于CPLD一类。其实芯片归于哪一类并不重要,只要分清每一种器件的单元、互连及编程工艺这三大基本特征,了解其性能和使用方法即可。

表8.4 CPLD与FPGA的结构性能对照表

性能指标	CPLD	FPGA
集成规模	小(万门)	大(百万门)
逻辑单元	大(PAL结构)	小(PROM结构)
互连方式	集总总线	分段总线、专用互连

5. 封装形式

FPGA和CPLD器件的封装形式很多,其中主要有PLCC、PQFP、TQFP、RQFP以及VQFP等。同一型号的器件可以有多种不同的封装。双列直插式封装的引脚数有28、44、52、68~84等几种规格。由于可以买到现成的插座,插拔方便,一般在产品研制开发阶段或实验中使用。缺点是须添加插座的额外成本,I/O口线有限,并且易被人非法解密。PQFP、TQFP、RQFP和VQFP属贴片封装形式,无须插座,引脚间距只有零点几毫米(如0.3mm、0.5mm、0.65mm),直接或在放大镜下就能焊接,适合于一般规模的产品开发或生产,但当引脚间距小于0.5mm时,徒手难以焊接,批量生产须贴装机,采用表面贴装工艺(SMT)和回流焊工艺。多数大规模、多I/O的器件都采用这种封装。

对于不同的设计项目,应根据实际情况选用不同的封装。

思考题

1. 复杂可编程逻辑器件的一般结构包括哪几部分?
2. 逻辑宏单元有何特点?
3. 现场可编程门阵列一般结构包括哪些?
4. 可编程互连资源一般有几种结构?
5. 选用可编程逻辑器件的原则有哪些?

8.5 PLD编程

PLD的编程方式因器件种类的不同也有所不同,但是目前主流的器件多使用在系统编程,并且SRAM型器件还可以在将编程文件存入存储器中上电时自动完成。

8.5.1 在系统可编程技术

在系统可编程技术(In System Programmability,ISP)是指不需要使用编程器,只需通过计算机接口和编程电缆,直接在用户自己设计的目标系统或线路板上,为重新构造设计逻辑,而对器件进行编程或反复编程的技术。目前主流PLD都具备这种功能,因而使用非常方便。

在系统编程器件的基本特征是器件安装到系统板上后,不需要将器件从线路板上卸下,就可对器件进行直接配置,从而改变器件内的设计逻辑。采用ISP技术之后,硬件设计可以变得像软件设计那样灵活而易于修改,硬件的功能也可以实时地加以更新或按预定的程序改变配置。这不仅扩展了器件的用途,缩短了系统的设计和调试周期,还省去了对器件单独编程的环节,因而也省去了器件编程设备,简化了目标系统的现场升级和维护工作,因此ISP技术有利于提高系统的可靠性,便于系统板的调试和维修。

8.5.2 PLD开发软件

由于PLD软件已经发展得相当完善,用户甚至可以不用详细了解PLD的内部结构,就可以用自己熟悉的方法(如原理图输入或HDL语言)来完成相当优秀的PLD设计。对于初学者,首先应了解PLD开发软件和开发流程。

大多数PLD公司都提供免费开发软件下载服务,例如Altera公司的Quartus Ⅱ(Web版)、Xilinx公司的ISE WebPack、Lattice公司的isplever Base等,都可以从这些公司的网站上下载。如果打算使用VHDL或Verilog HDL硬件描述语言来开发PLD/FPGA,通常还需要使用一些专业的HDL开发软件。一些PLD公司也提供了这些软件的免费下载,如Xilinx公司提供了Modelsim XE版本。通常这些免费软件已经能够满足一般设计的需要。

每个公司的PLD都需要用其提供的开发软件来开发,在下面的章节中将会以Xilinx的ISE为例,HDL开发软件以Mentor的Modelsim为例来介绍开发过程。

思考题

何为在系统可编程技术?说说它的优点。

8.6 Verilog HDL编程基础

随着电子设计技术的飞速发展,数字通信、工业自动化等领域所用数字系统的复杂程度也越来越高。设计这样复杂的系统已不再是简单的个人劳动,而需要综合许多专家的经验和知识才能够完成。硬件描述语言(Hardware Description Language,HDL)是一种用形式化方法来描述数字系统的语言。数字系统的设计人员利用这种语言可以从上层到下层(从抽象到具体)逐层描述自己的设计思想,用一系列分层次的模块来表示复杂的数字系统;然后利用电子设计自动化(以下简称为EDA)工具逐层进行仿真验证;再把其中需要变为具体物理电路的模块组合经由自动综合工具转换为门级电路网表;最后再用专用集成电路(ASIC)或现场可编程门阵列(FPGA)自动布局布线工具把网表转换为具体电路布线结构的实现。

8.6.1 Verilog HDL的概述

Verilog HDL是硬件描述语言的一种,用于数字电子系统设计,可以用于从算法级、门级到开关级的多种抽象设计层次的数字系统建模。设计者可用它进行各种级别的逻辑设计,或进行数字逻辑系统的仿真验证、时序分析、逻辑综合。Verilog HDL是目前应用最广泛的硬件描述语言之一。

Verilog HDL语言具有以下描述能力:设计的行为特性、设计的数据流特性、设计的结构组成,以及包含响应监控和设计验证方面的时延和波形产生机制,所有这些都使用同一种建模语言。此外,Verilog HDL 语言提供了编程语言接口,通过该接口可以在模拟、验证期间设计外部访问,包括模拟的具体控制和运行。

Verilog HDL 语言不仅定义了语法,而且对每个语法结构都定义了清晰的模拟、仿真语义,因此,用这种语言编写的模型能够使用 Verilog 仿真器进行验证。该语言风格类似 C 语言,从 C 编程语言中继承了多种操作符和结构,如 if 语句、case 语句等,和 C 语言中的对应语句十分相似。如果读者已经掌握 C 语言编程的基础,那么只要对 Verilog HDL 某些语句的特殊方面着重加以理解,并加强上机练习就能很好地掌握它。完整的硬件描述语言足以对最复杂的芯片或完整的电子系统进行描述。本节仅对 Verilog HDL 语言做概括介绍。

8.6.2 Verilog HDL 的设计流程

1. 自顶向下设计的基本概念

现代集成电路制造工艺技术的改进,使得在一个芯片上集成数十万乃至数千万个器件成为可能,但很难设想仅由一个设计师独立设计如此大规模的电路而不出现错误。利用层次化、结构化的设计方法,允许多个设计人员同时设计一个硬件系统中的不同模块;再由上一层设计人员对其下层设计人员完成的设计进行验证。为了提高设计质量,如果其中某些模块可由商业渠道得到,则可以购买其知识产权的使用权(IP 核的重用),以节省开发时间和经费。

图 8.18 为自顶向下设计(Top-Down)的示意图,以设计树的形式绘出。自顶向下的设计是从系统级开始,把系统划分为若干个基本单元,然后再把每个基本单元划分为下一层次的基本单元,依此类推,直到可以直接用 EDA 元件库中的基本元件来实现为止。

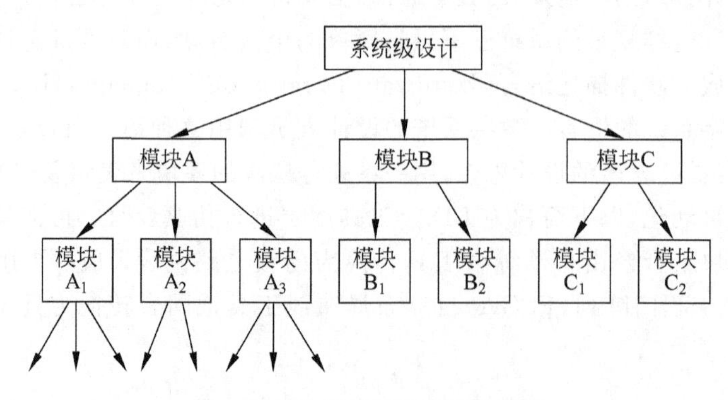

图 8.18　自顶向下设计的示意图

2. 层次管理的基本概念

复杂数字逻辑系统的层次化、结构化设计隐含着对系统硬件设计方案的逐次分解。在设计过程中的任意层次,至少要有一种形式来描述硬件。硬件的描述特别是行为描述通常称为行为建模。在集成电路设计的每一层次,硬件都可以划分为一些功能模块,该层次的硬件结构由这些模块的互连描述，硬件行为由这些模块的行为描述。这些模块称为该层次的基本单元，而该层次的基本单元又由下一层次的基本单元互连而成。完整的硬件设计可以由图 8.18 所示的设计树描述。在这个设计树上，任何层次都可以通过仿真对设计思想进行验证。EDA 工具提供了管理这些层次的有效手段，通过它可以很方便地查看任一层次中某个模块的源代码或电路图，以改正仿真时发现的错误。

3. 具体模块的设计编译和仿真过程

在不同的层次，具体模块的设计所用的方法也有所不同。在高层次上往往编写一些行为级的模块，并通过仿真加以验证，其主要目的是系统性能的总体考虑和各模块指标的分配，并非具体电路的实现，因而综合及以后的步骤往往不需要进行。而当设计层次接近底层时，行为描述往往需要用电路逻辑来实现，这时模块不仅需要通过仿真加以验证，还须进行综合、优化、布线和后仿真。总之，具体电路是从底向上逐步实现的。

图 8.19 为 HDL 设计流程图，它简要地说明了模块的编译和测试过程。从图中可以看出，模块设计流程主要由两大主要功能部分组成。

(1) 设计开发：即编写设计文件→综合布局布线→投片生产等一系列步骤。

(2) 设计验证：也就是进行各种仿真的一系列步骤，如果在仿真过程中发现问题，就需要返回进行设计修改。

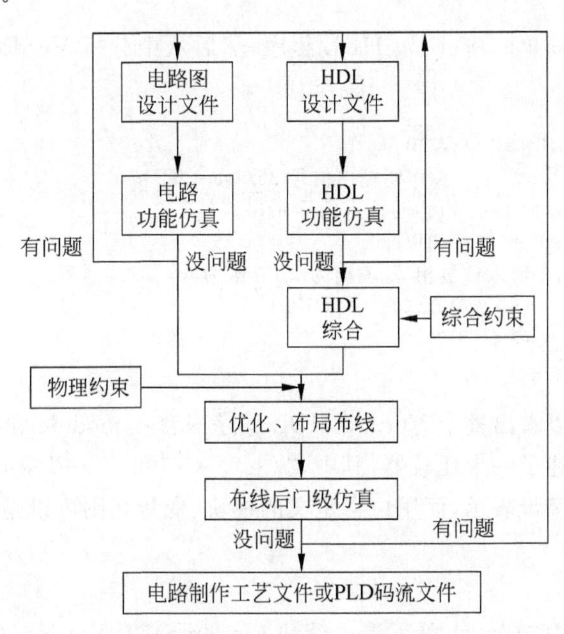

图 8.19　HDL 的设计流程图

4. 对应具体工艺器件的优化、映像和布局布线

由于各种 ASIC 和 FPGA 器件的工艺各不相同，因而当选用不同厂家的不同器件来实现已验证的逻辑网表(EDIF 文件)时，需要不同的基本单元库与布线延迟模型与之对应才能进行准确的优化、映像和布局布线。基本单元库与布线延迟模型由厂家提供，再由 EDA

厂商编入相应的处理程序,而逻辑电路设计师只需用一个文件来说明所用的工艺器件和约束条件,EDA 工具就会自动地根据这一文件选择相应的库和模型进行准确的处理,从而大大提高了设计效率。

8.6.3 Verilog HDL 模块简介

1. 简单的 Verilog HDL 程序介绍

(1) Verilog HDL 程序是由模块构成的。每个模块的内容都嵌在 module 和 endmodule 两个关键字之间。每个模块实现特定的功能,模块可以进行层次嵌套,最后通过顶层模块调用子模块来实现整体功能。

(2) 每个模块要进行端口定义,并说明端口的输入/输出特性,然后对模块的功能进行逻辑描述。

(3) Verilog HDL 程序的书写格式自由,一行可以写几个语句,也可以一个语句分多行写。

(4) 除了 endmodule 外,每个语句和变量定义的最后必须有分号。

(5) 可以用"/ * … * /"和"//…"对 Verilog HDL 程序的任何部分作注释,以增强程序的可读性和可维护性。

下面先介绍一个简单的 Verilog HDL 程序,然后从中分析 Verilog HDL 程序的特点。首先看下面的程序:

```
module  Compare(Bt,Equal,Lt,A,B);
    output Bt,Equal,Lt;      //声明输出信号 Bt,Equal,Lt
    input[1:0] A,B;          //声明输入信号 A,B
        assign Equal = (A == B)?1,0;
        /* 如果两个输入信号相等,输出为 1; 否则为 0 */
        assign Bt = (A>= B)?1,0;
        assign Lt = (A<= B)?1,0;
endmodule
```

从这个程序中可以看出整个 Verilog HDL 程序嵌套在 module 和 endmodule 两个声明语句中。这个程序描述了一个比较器,其中,"/ * … * /"和"//…"表示注释部分,不进行编译。关键字都用小写字母表示,而用户自定义的模块、变量名则可以是大写字母。

2. 模块的结构

Verilog HDL 的基本设计单元是"模块(module)"。Verilog HDL 结构完全嵌在 module 和 endmodule 声明语句之间,每个模块包括 4 个主要部分:端口定义和 I/O 说明,用于描述接口;内部信号声明,定义描述过程中需要的辅助变量;功能定义,描述逻辑功能,即定义输入信号是如何影响输出信号的。下面举例说明:

```
module  Block(A, B, C, D);
    input    A, B ;
    output   C, D;
    wire     E,F;
```

```
    assign    E = A&B;
    assign    F = A|F;
    assign    C = E^F;
    assign    D = A ^ B;
endmodule
```

在上面的 Verilog HDL 程序中，模块中的第 2、3 行说明接口的信号流向，第 5～8 行说明了模块的逻辑功能。该程序描述了电路图符号所实现的逻辑功能。图 8.20 就是模块程序的电路图符号。在许多方面，程序和电路图符号是一致的，这是因为电路图符号的引脚也就是模块程序的接口。

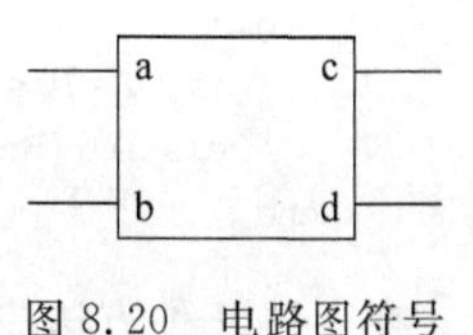

图 8.20　电路图符号

3. 模块的端口定义

模块的端口声明了模块的输入/输出端口。其格式如下：

```
module 模块名(口 1,口 2,口 3,口 4, …);
```

括号中是模块对外端口的列表。

注意：*模块可以没有对外的端口，一般测试程序的顶层模块都定义为没有端口。*

4. 模块内容

模块的内容包括 I/O 说明、内部信号声明和功能定义。

(1) I/O 说明的格式如下：

输入端口：input [msb: lsb]端口名 1，端口名 2，…，端口名 N；

输出端口：output[msb: lsb]端口名 1，端口名 2，…，端口名 N；

I/O 说明也可以写在端口声明语句里。其格式如下：

```
module module_name (input port 1, input port2, … , output port1, output port2, … );
```

一般情况下都采用前一种方法声明端口，这样程序可读性更好。

(2) 内部信号声明格式如下：

线网类型变量：wire [msb: lsb]线网名 1，线网名 2，…，线网名 N；

寄存器类型变量：reg [msb: lsb]寄存器 1，寄存器 2，…，寄存器 N；

以上给出的是线网类型和寄存器类型变量中最常用的类型，Verilog HDL 还提供了其他一些线网和寄存器类型。

(3) 模块中最重要的部分是逻辑功能定义。有 3 种方法可在模块中产生逻辑。

① 用 assign 声明语句，即常说的数据流建模方式，如：

```
assign A = B + C;
```

这种方式句法简单，只需写一个 assign，后面再加一个赋值表达式即可。例中的赋值表达式描述了一个有两个输入端的求和运算。

② 用实例元件，即常说的结构建模方式，如：

```
and   and_Inst(Q,A,B);
```

采用实例元件的方法同在电路图输入方式下调入库元件一样,键入元件的名字和相连的引脚即可。这就要求每个实例元件的实例名字必须是唯一的。

③ 用 always 块,即常说的行为建模方式,如:

```
always@(posedge Clk or posedge Clr)
    begin
        if (Clr)Q<=0;
        else if (En)Q<=D;
    end
```

在上述三种方法中,assign 语句是最常用的方法之一;always 块可用于产生各种逻辑,它常用于描述时序逻辑;always 块可以用很多种描述手段来表达逻辑,例如本例中就用了 if else 语句来表达逻辑关系。

值得注意的是,如果用 Verilog HDL 模块实现一定的功能,首先应该清楚哪些是同时发生的,哪些是顺序发生的。上面三个例子分别采用了 assign 语句、实例元件和 always 块。这三个例子描述的逻辑功能是同时执行的。也就是说,如果把这 3 项写到一个 Verilog 文件中去,它们的顺序不会影响实现的功能。

然而,在 always 块内,逻辑是按照指定的顺序执行的,因此 always 块中的语句称为"顺序语句",但两个或更多的 always 块是同时执行的。

8.6.4 Verilog HDL 实例

前面简要地介绍了 Verilog HDL 的基本语法,下面通过一个简单的实例给读者一个整体的概念。这个程序中包含了 Verilog HDL 的常见结构,读者通过注释可以很容易读懂程序。

```
`timescale  1ns/100ps
//模拟的建模单位为 1ns,精度为 100ps
module counter (count, clk, reset);
//定义一个模块,名称为 counter,括号里是模块的端口列表
output [7:0] count;                        //count 是 8 位宽的输出端口
input clk, reset;                          //clk、reset 是一位宽的输入端口
reg [7:0] count;                           //声明 count 为 8 位寄存器

parameter tpd_reset_to_count = 3;          //定义参数
parameter tpd_clk_to_count = 2;            //定义参数

function [7:0] increment;                  //定义函数,函数返回值为 8 位,函数名为 increment
input [7:0] val;                           //声明函数的输入参数为 8 位宽的 val
reg [3:0] i;                               //声明局部 4 位宽的寄存器 i
reg carry;                                 //声明 1 位宽的寄存器 carry
  begin                                    //多于一句时用 begin、end 界定
    increment = val;                       //函数的返回值在函数内取输入参数值 val
    carry = 1'b1;                          //为函数的局部寄存器赋值
    for (i = 4'b0; ((carry == 4'b1) && (i<= 7));   i = i+ 4'b1)
    //for 循环从 0~7,每次增量为 1
       begin
         increment[i] = val[i] ^ carry; //increment 的第 i 位与 carry 异或(相当于加)
         carry = val[i] & carry;           //carry 与 val 的第 i 位与(相当于求进位)
```

```
      end                                     //每一次循环相当于进行一位的全加
  end
endfunction                                   //函数定义结束

always @ (posedge clk or posedge reset)
//always 块,@表示边沿敏感,括号中是敏感表,clk 的上升沿或 reset 的上升沿触发循环
  if (reset)                                  //如果 reset 值为 1
     count = #tpd_reset_to_count 8'h00;
//count 在延时 tpd_reset_to_count 时间单位后赋值为 8 位十六进制数 0
  else                                        //否则(reset 不为 1)
     count <= #tpd_clk_to_count increment(count);
//count 在延时 tpd_clk_to_count 时间单位后取得调用函数的返回值,函数的输入参数为 count

/* 下面的 always 块的形式是可综合的,这是编写代码时必须注意的,不可综合的描述会使设计变得
毫无疑义 */
always @ (posedge clk or posedge reset)
  if (reset)
     count <= 8'h00;
  else
     count <= count + 8'h01;
***************************************************************************/
endmodule                                     //模块描述结束

module test_counter;                          //测试文件同样以模块方式表示,顶层模块可以没有任
                                              //何端口
reg clk, reset;                               //被实例化模块的输入要加激励,在过程块中赋值,因
                                              //此声明为寄存器
wire [7:0] count;                             //被实例化模块的输出必须声明为线网

counter dut (count, clk, reset);              //模块实例化,位置关联方式

initial                                       //产生时钟
  begin
    clk = 0;                                  //clk 初始值为 0
    forever #10 clk = !clk;                   //循环取反
  end

initial                                       //下面是测试激励
  begin
    reset = 0;                                //reset 初始化为 0
    #5 reset = 1;                             //5 个时间单位后 reset 置为 1
    #4 reset = 0;                             //4 个时间单位后 reset 变为 0
  end

initial
    $monitor("At %t, reset = %b, clk = %b, count = %b", $stime, reset, clk, count);
    //0 时刻开始监控任务,时间以缺省格式显示,reset、clk、count 都以二进制显示
endmodule
```

思考题

1. Verilog 程序是否都是可综合的? 为什么?
2. Verilog 有哪几种建模方式?

8.7 应用系统设计实例

本节将通过一个实例介绍可编程逻辑器件应用系统的硬件系统设计和实现。

例 8.3 分频器在很多数字电路中都有应用,它可以将较高频率的脉冲信号转换为所需的频率的信号。利用 Verilog HDL 语言,用 Xilinx 公司的可编程逻辑器件实现一个 8 位可编程分频器。

1. 硬件的制作

1) Xilinx 下载电缆

在可编程逻辑器件开发过程中,要将 Verilog HDL 语言所描述的硬件电路的目标代码下载到芯片中,在 JTAG 方式中必须用到一种"下载电缆"。

(1) 下载接口电路的组成

Xilinx 公司下载电缆的接口电路是公开的,其结构十分简单,完全可以自己动手制作。图 8.21 所示为下载电缆电路图,表 8.5 列出了元器件清单。

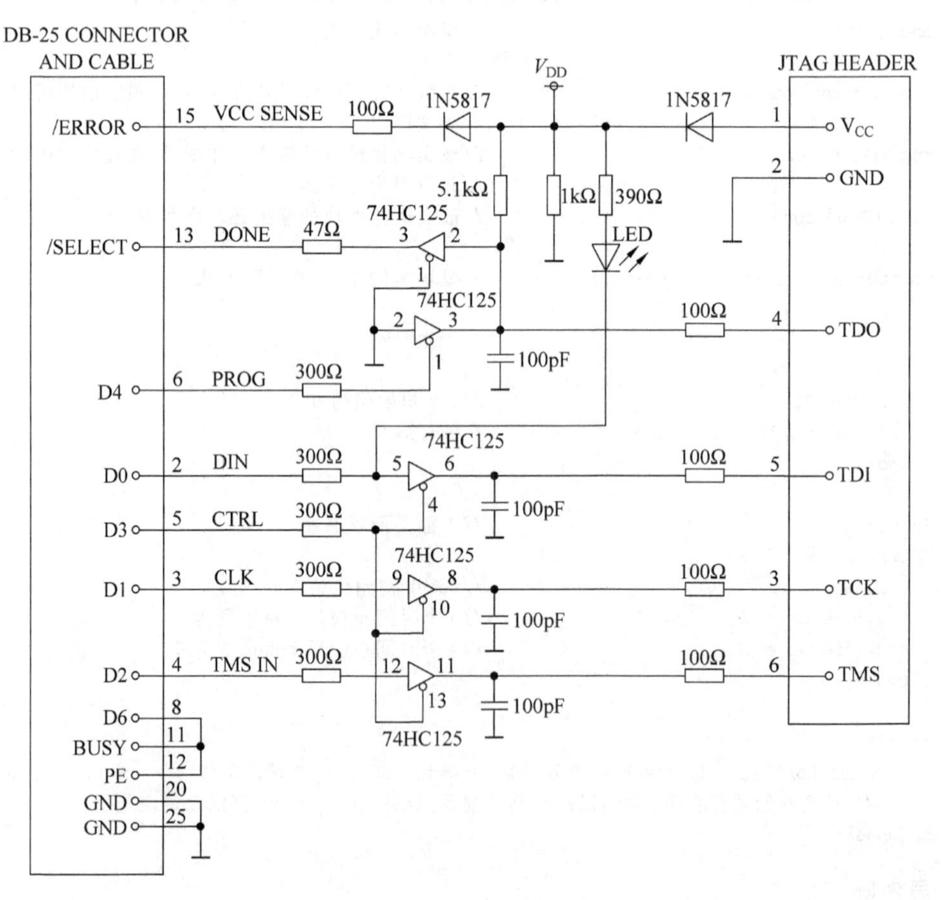

图 8.21 下载电缆电路图

表 8.5 下载电缆元器件清单

序号	元件名	型号	数量
1	R	47Ω	1
		100Ω	5
		300Ω	5
		390Ω	1
		1kΩ	1
		5.1kΩ	1
2	C	100pF	4
3	二极管	1N5817	2
4	LED		1
5	IC	74HC125	2
6	25 孔插座		1
7	6 针插件		1

(2) 制作中需要注意的事项

电路中两片 74HC125 芯片的供电电源来自如图 8.21 所示中的 V_{DD}。电路的整体电源由 JTAG HEADER 的 V_{CC}引入。连接计算机一侧的电缆可适当长些,连接目标板一侧的电缆不可太长,而且不要用排线,否则容易出现下载错误。另外,二极管一定要使用低压降的肖特基管,否则电路不易正常工作。图 8.21 中所有的电阻可用 1/8W 或 1/16W 的。

电路焊接完后,认真确认端口的编号及部位,做好电缆线。目标板一侧的连接器要与所用器件的相应引脚连接。可编程分频器电路规模较小,以 XC9572 (PLCC44 封装)比较合适。图 8.22 所示是下载电缆的 JTAG HEADER 一侧与 XC9572 引脚的对应关系。

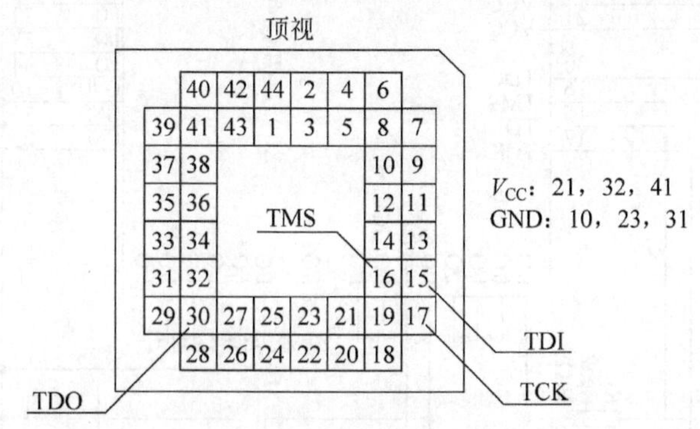

图 8.22 XC9572 管座的引脚分布与 JTAG 的对应关系

2) 目标板

目标板是设计的最终实现单元,和下载电缆不同,它不是通用的,但是由于可编程逻辑器件的可重构特性,使其可以在同一硬件结构下实现不同的功能,图 8.23 所示是本例的实现电路。

系统可以使用内部时钟和外部时钟。如果时钟切换跳线连接,就是选择内部时钟,此时电路可以用作一个小型时钟发生器;如果时钟切换跳线断开就可以对外部时钟进行分频。

2. 编写代码文件和行为仿真

代码文件可以用任何文本编辑器编写,ISE 也提供了编辑器,而且利用 ISE 提供的 New Source Wizard 可以自动生成代码的头尾。本例使用 ISE 编辑器,主要步骤如下。

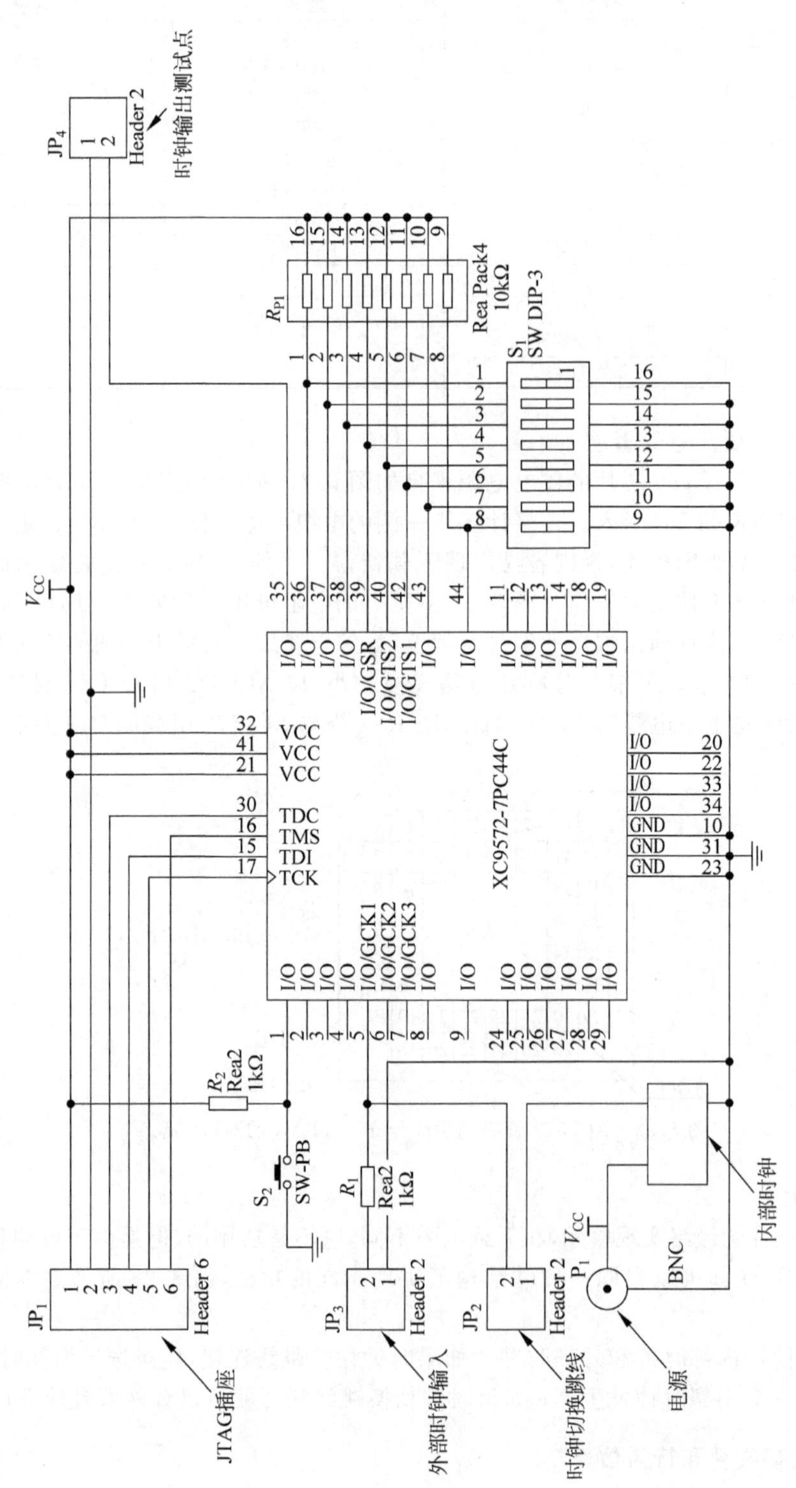

图 8.23 可编程分频器的电路原理图

1）建模

如图 8.24 所示，首先打开 ISE 建立新的 Project。在资源(Source)窗口右击选择 New Source 即可激活如图 8.24(a)所示的窗口，选择 Verilog Module，在 File name 项中填写新文件的名称，并在 Location 项中指定其保存位置；单击 Next 按钮，激活如图 8.24(b)所示窗口，填写 Module Name 和 Port Name，指定端口的方向和类型；单击 Next 按钮，激活如图 8.24(c)所示窗口，如果无误就可以单击 Finish 按钮生成新文件的框架。

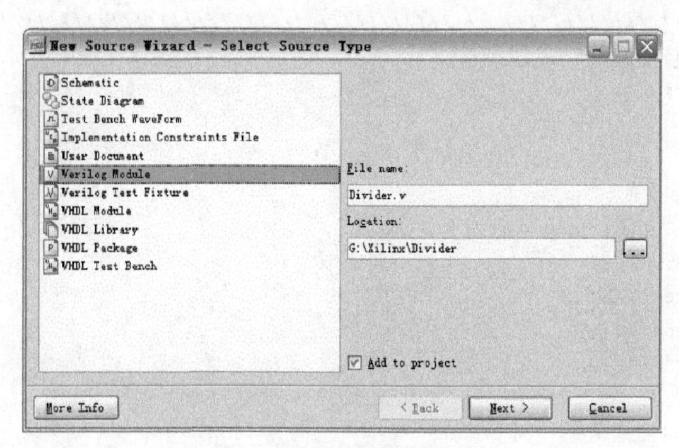

(a) 类型选择窗口

New Source Wizard - Define Module

Module Name Divider

Port Name	Direction	Bus	MSB	LSB
Rst	input	☐		
Clkin	input	☐		
Data	input	☑	7	0
Clkout	output	☐		
	input	☐		
	input	☐		
	input	☐		
	input	☐		
	input	☐		
	input	☐		
	input	☐		

More Info　< Back　Next >　Cancel

(b) 定义模块窗口

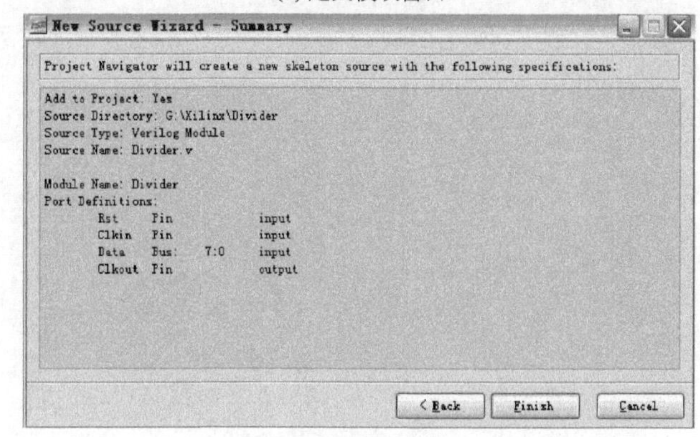

(c) 设置显示窗口

图 8.24　创建模块文件的 New Source Wizard 窗口

生成的新文件如图 8.25 所示。文件的第一行是时间编译命令,此时所给出的是默认的时间单位和精度,往往需要按照实际设计改变,否则在仿真时容易出现定时校验错误。第 2~20 行是注释说明文件头,可以根据实际情况编辑存档信息,也可以不作任何处理。第 21~28 行是代码的主体,已经按照前面的设定自动生成了 module 的名称和部分声明,下面要做的就是填写描述部分,最终得到如下文件。

```
`timescale 1us / 100ns
////////////////////////////////////////////////////////////////////////////////
// Company:    Nankai University
// Engineer:   Ren
//
// Create Date:   18:07:53 11/26/2006
// Design Name:
// Module Name:    Divider
// Project Name:
// Target Devices: XC9572
// Tool versions:
// Description:
//
// Dependencies:
//
// Revision:
// Revision 0.01 - File Created
// Additional Comments:
//
////////////////////////////////////////////////////////////////////////////////
module Divider(Rst, Clkin, Data, Clkout);
    input Rst;
    input Clkin;
    input [7:0] Data;
    output Clkout;
     reg Clkout;
     reg [7:0]Counter;
     always@(negedge Clkin or negedge Rst)
     begin
     if (!Rst)
     begin
     Counter <= 0;
     Clkout <= 0;
     end
     else
     if (Counter == Data)
     begin
     Clkout <= 1;
     Counter <= 0;
     end
     else
     begin
     Clkout <= 0;
     Counter <= Counter + 1;
```

```
    end
    end
endmodule
```

```
1  `timescale 1ns / 1ps
2  ////////////////////////////////////////////////////////////////////////////////
3  // Company:
4  // Engineer:
5  //
6  // Create Date:    10:19:53 11/28/2006
7  // Design Name:
8  // Module Name:    Divider
9  // Project Name:
10 // Target Devices:
11 // Tool versions:
12 // Description:
13 //
14 // Dependencies:
15 //
16 // Revision:
17 // Revision 0.01 - File Created
18 // Additional Comments:
19 //
20 ////////////////////////////////////////////////////////////////////////////////
21 module Divider(Rst, Clkin, Data, Clkout);
22     input Rst;
23     input Clkin;
24     input [7:0] Data;
25     output Clkout;
26
27
28 endmodule
29
```

图 8.25　New Source Wizard 生成的文件

2）编写测试文件

建模完成后还需要编写测试文件用以验证代码的正确性。和建模一样，首先激活 New Source Wizard，如图 8.26(a)所示，选择 Verilog Test Fixture 项，并为新文件指定文件名及其保存的位置；然后按图 8.26(b)所示选择要测试的 module 名称；之后即可看到图 8.26(c)所示的信息，如果无误就可以单击 Finish 按钮生成新文件的框架。此时文件会包含注释说明文件头、测试顶层模块、测试连线的声明、被测模块的实例化语句和被测模块输入初始化语句块。测试的顶层模块是没有端口的，而被测模块的输入被声明为 reg 类型，输出被声明为 wire 类型，被测模块按照位置关联方式实例化，初始化模块中将 reg 类型的变量赋初值 0。在这个基础上按照实际情况修改测试文件就可以了。下面就是测试文件的内容。

```
`timescale 100ns / 1ns

////////////////////////////////////////////////////////////////////////////////
// Company:
// Engineer:
//
// Create Date: 18:16:33 11/26/2006
// Design Name:   Divider
// Module Name:   G:/Xilinx/Divider/Tdivider.v
// Project Name: Divider
// Target Device:
// Tool versions:
// Description:
```

```
//
// Verilog Test Fixture created by ISE for module: Divider
//
// Dependencies:
//
// Revision:
// Revision 0.01 - File Created
// Additional Comments:
//
////////////////////////////////////////////////////////////////////////////////
`timescale100ns/1ns
module Tdivider_v;

    // 输入
    reg Rst;
    reg Clkin;
    reg [7:0] Data;
    // 输出
    wire Clkout;
    // 实例化模块测试
    Divider uut (
        .Rst(Rst),
        .Clkin(Clkin),
        .Data(Data),
        .Clkout(Clkout)
    );
    initial begin
        // 初始化输入
        Rst = 0;
        Clkin = 0;
        Data = 'h09;
        #6 Rst = 1;
        // 等待 100ns 完成全局重置
        #2000 $ stop;
        // 在这里加入激励
    end
    initial
    forever Clkin = #1 ~Clkin;

endmodule
```

3) 进行行为仿真

行为仿真,又称前仿真。它的主要目的是验证设计的逻辑功能是否正确,行为仿真不包含任何延迟信息,是独立于器件信息之外的仿真。在资源窗口选择 Behivoral Simulation,然后选中测试文件,最后在操作窗口展开 Modelsim Simulator,双击 Simulate Behivoral Model 就可以激活模拟工具 Modelsim,如果设计正确就可得到如图 8.26(d)所示的结果。

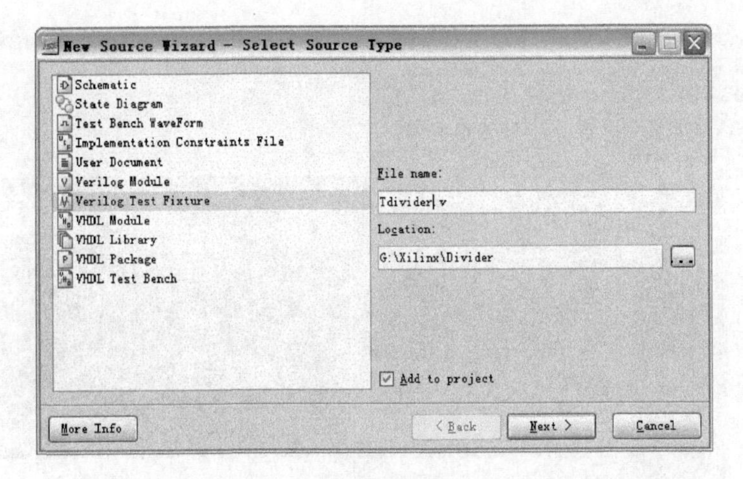

(a) 类型选择窗口

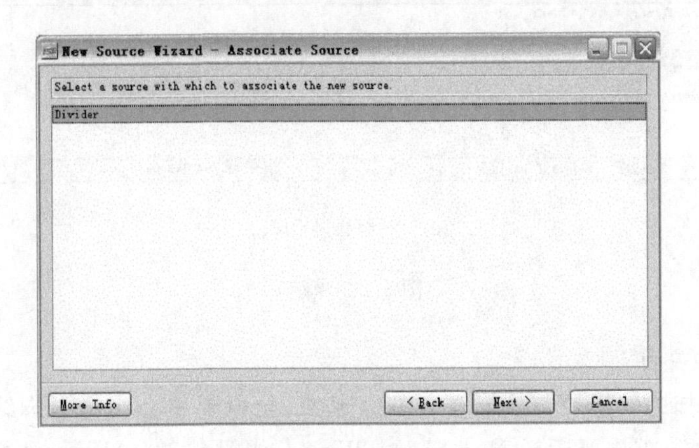

(b) 模块选择窗口

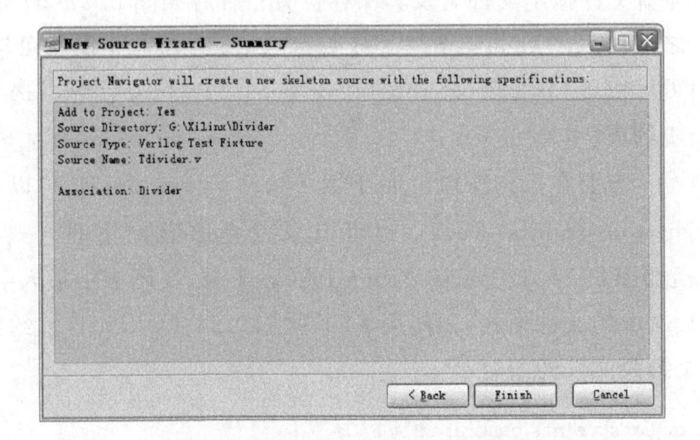

(c) 设置显示窗口

图 8.26 创建测试模块文件的 New Source Wizard 窗口

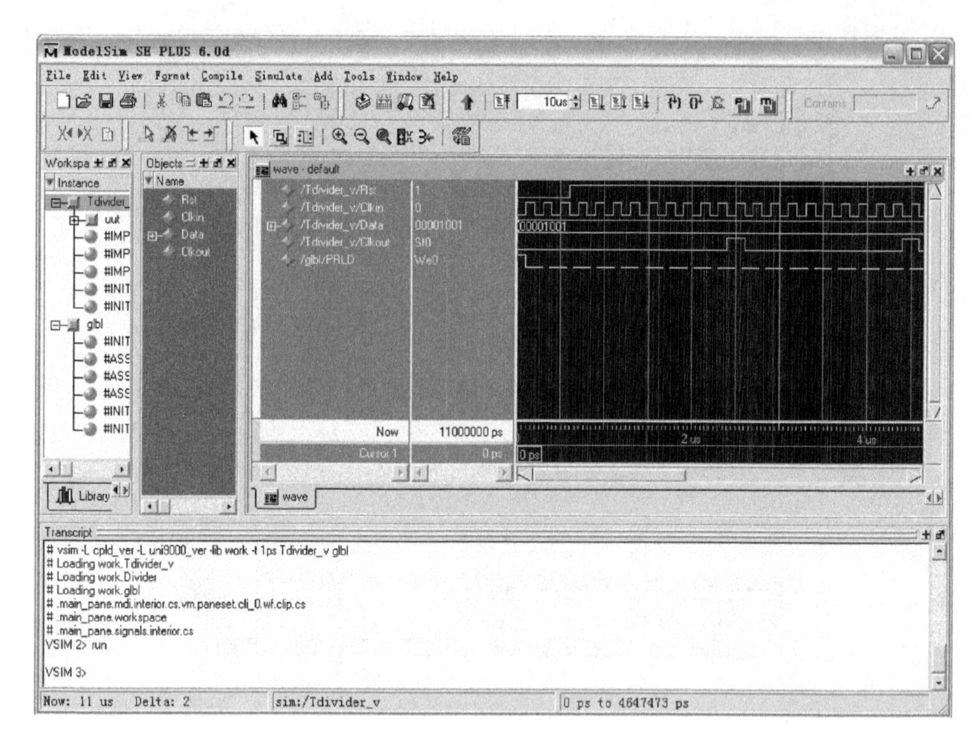

(d) 运行结果显示窗口

图 8.26 (续)

4) 建立约束文件

为了将代码描述的模块与实际硬件联系起来,至少要建立一个引脚约束文件 *.ucf。和前边的讨论一样,首先要激活 New Source Wizard,如图 8.27(a)所示,选择 Implementation Constraints File,为新文件指定文件名及其保存位置;然后如图 8.27(b)所示,选择要测试的 module 名称;之后可以看到如图 8.27(c)所示的信息,如果无误就可以单击 Finish 按钮,则在资源窗口就可以看到 Divider.ucf(Divider.ucf);接着就可以选中它修改约束内容,这里只建立引脚约束。

要建立引脚约束,就要在操作窗口中展开 Users Constraints。可以直接使用文本编译形式双击 Edit Constraints(Text),也可以采用更加形象化的方式双击 Assign Package Pins,激活如图 8.27(d)所示的 Xilinx PACE 工具,在图表中填入引脚的布局,保存为所使用综合工具对应的文件形式,如使用 XST 就选 XST Optional{},约束文件就被改变了。下面就是这个约束文件的内容。

```
#PACE: Start of Constraints generated by PACE

#PACE: Start of PACE I/O Pin Assignments
NET "Clkin" LOC = "p5" ;
NET "Clkout" LOC = "p44" ;
NET "Data<0>" LOC = "p43" ;
```

```
NET "Data<1>" LOC = "p42" ;
NET "Data<2>" LOC = "p40" ;
NET "Data<3>" LOC = "p39" ;
NET "Data<4>" LOC = "p38" ;
NET "Data<5>" LOC = "p37" ;
NET "Data<6>" LOC = "p36" ;
NET "Data<7>" LOC = "p35" ;
NET "Rst" LOC = "p1" ;

#PACE: Start of PACE Area Constraints

#PACE: Start of PACE Prohibit Constraints

#PACE: End of Constraints generated by PACE
```

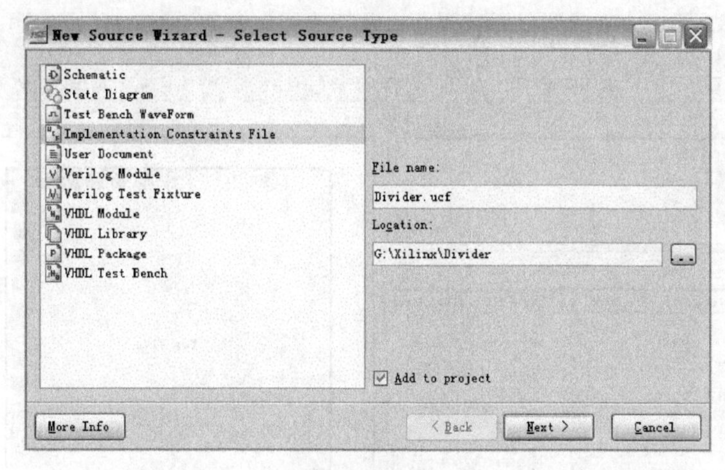

(a) 类型选择窗口

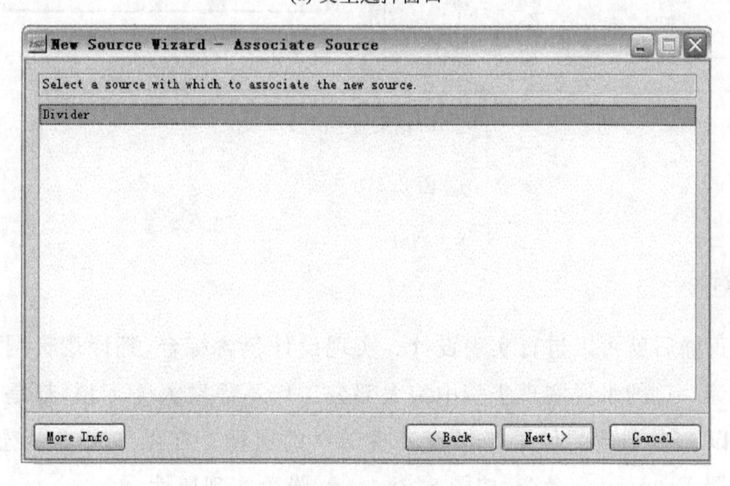

(b) 模块选择窗口

图 8.27　创建约束文件的 New Source Wizard 窗口和 Xilinx PACE 窗口

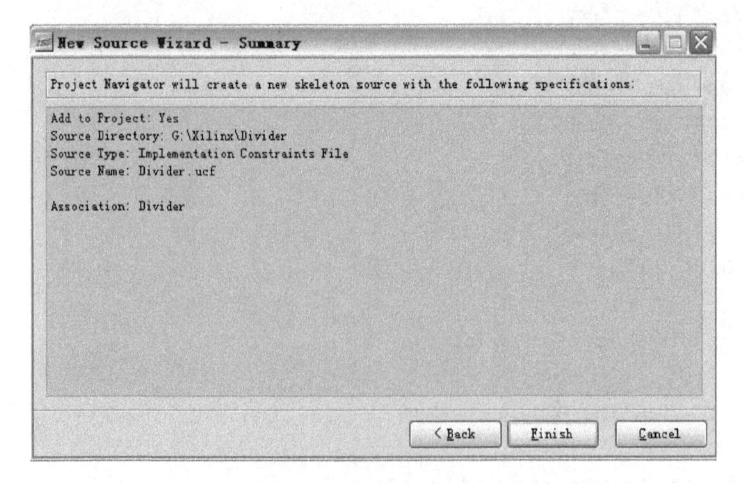

(c) 设置显示窗口

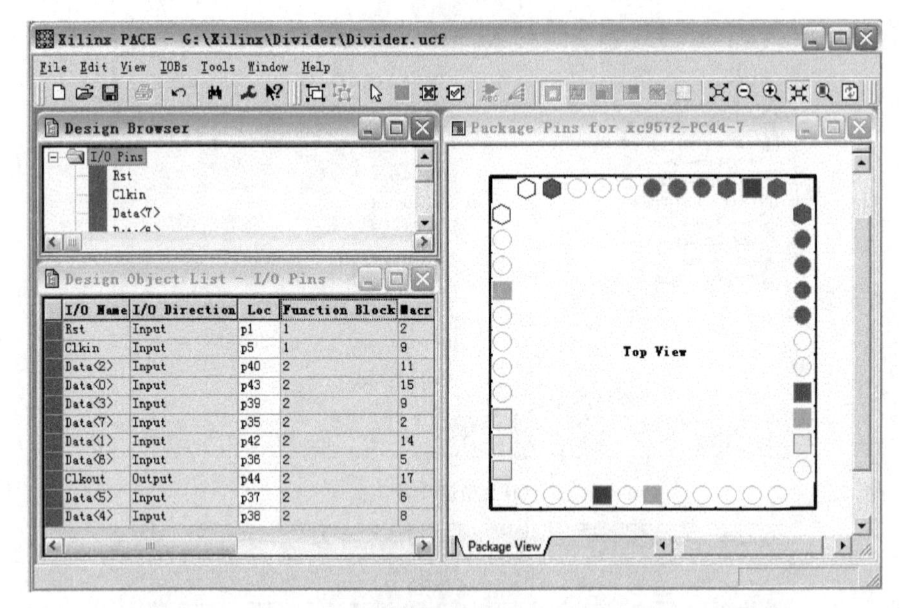

(d) 结果显示窗口

图 8.27 (续)

3. 实现设计

行为验证正确后就可以进行实现设计。实现设计包含综合、翻译逻辑网表、装配设计、生成编程文件等。总的来说实现步骤中绝大部分工作不需要人为干预，都是由实现工具自动完成的。可以人为干预的仅限于设置实现工具的属性。在操作窗口中选中 Implement Design 右击选择 Properties 命令，按图 8.28 所示，设置实现属性。

设置好实现属性后，双击 Implement Design 工具就会自动完成实现设计，实现设计的一切信息就会在信息显示窗口显示。

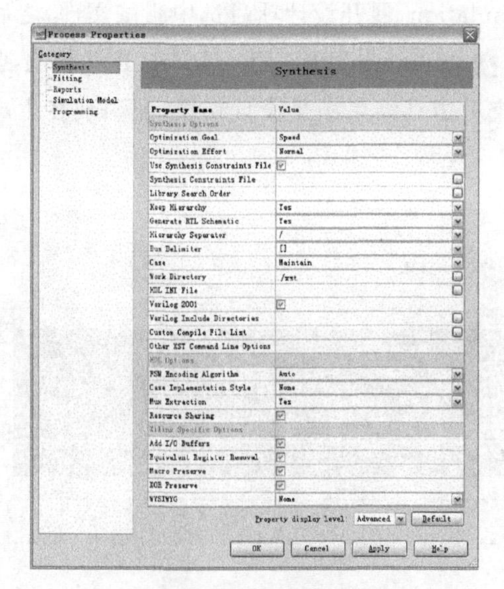

(a) 设置综合属性参数

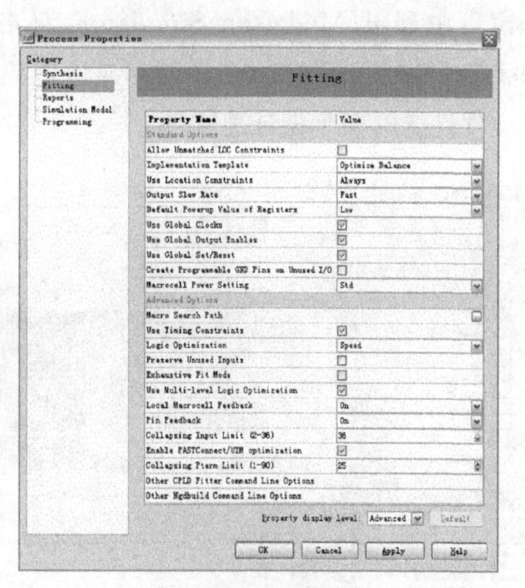

(b) 设置装配属性参数

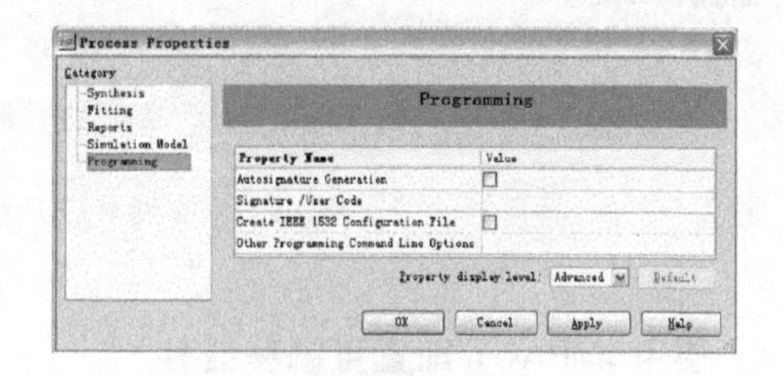

(c) 设置模拟模型参数

(d) 设置编程参数

图 8.28　Process Properties 窗口

4. 后仿真

在用配置工具进行可编程逻辑器件配置之前，还应该进行后仿真以保证得到的结果是符合设计初衷的。后仿真是将布局布线的时延信息反标到设计网表中后所进行的时序仿真。布局布线之后生成的仿真时延文件，不仅包含门延时，还包含实际布线延时，所以布线后仿真最准确，能较好地反映芯片的实际工作情况，以确保设计功能与实际运行情况相一致。

在进行后仿真前首先要产生与所选器件相对应的 HDL 仿真库。在当前资源窗口中选中器件 xc9752，然后在操作窗口中展开 Design Ultilities，双击 Compile HDL Simulation Library 编辑 HDL 仿真库。

然后，在窗口选择 Source for Post-Fit Simulation，展开设计项目选中测试文件，之后在操作窗口中展开 Modelsim Simulator，双击 Simulate Post-Fit Model 工具就会激活 Modelsim，得到如图 8.29 所示的结果。经检查后仿真结果满足设计初衷，证明现在生成的编程文件是能够满足设计要求的。

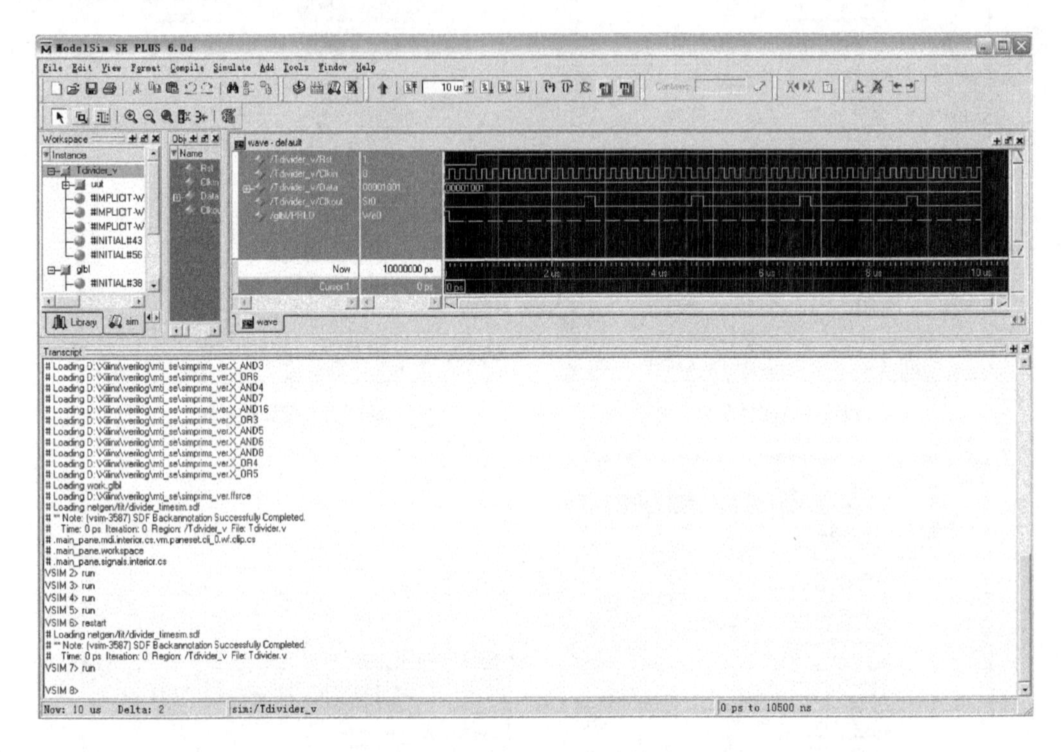

图 8.29 设计的后仿真结果

5. 使用 iMPACT 配置可编程器件

在确认设计的正确性后，就要进行最终的配置或称编程步骤。首先，如图 8.30 所示，在资源窗口中选中设计的顶层文件，然后在操作窗口中展开 Implement Design-Generate Programming File，双击 Config Device(iMPACT)启动 JTAG 编程器。

编程器启动后如图 8.31 所示。此时需要连接前面制作的 JTAG 电缆。如图 8.31(a)所示，选择 Configure devices using Boundary-Scan(JTAG)。当单击 Finish 之后则显示如图 8.31(b)所示窗口。用鼠标选中器件图标(图标会变色)，之后点击 对器件进行编程。当窗口中显示 Programming Succeeded 时，所设计的电路就被配置到了可编程器件中。实验板也就具有了所设计的可编程分频器功能。

思考题

1. 使用可编程逻辑器件实现数字系统一般需要几个步骤?
2. 使用可编程逻辑器件实现数字系统一般需要哪些工具?

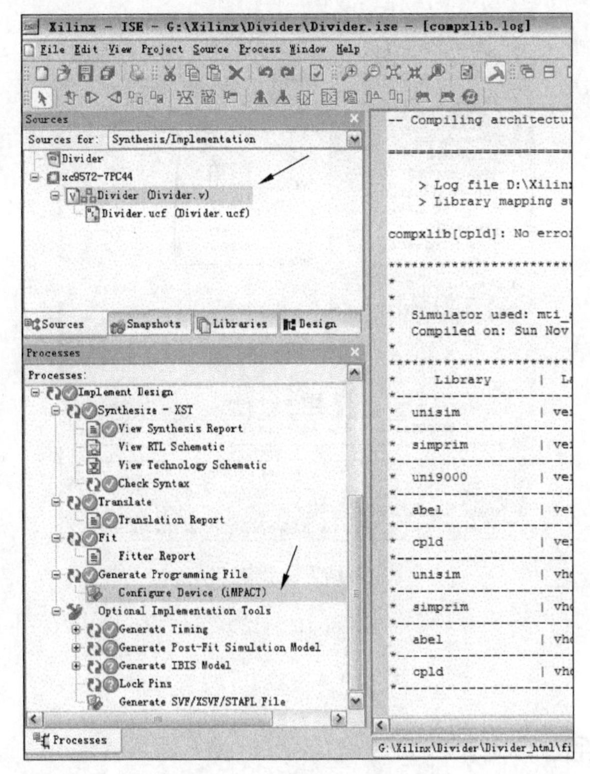

图 8.30　启动 JTAG 编程器

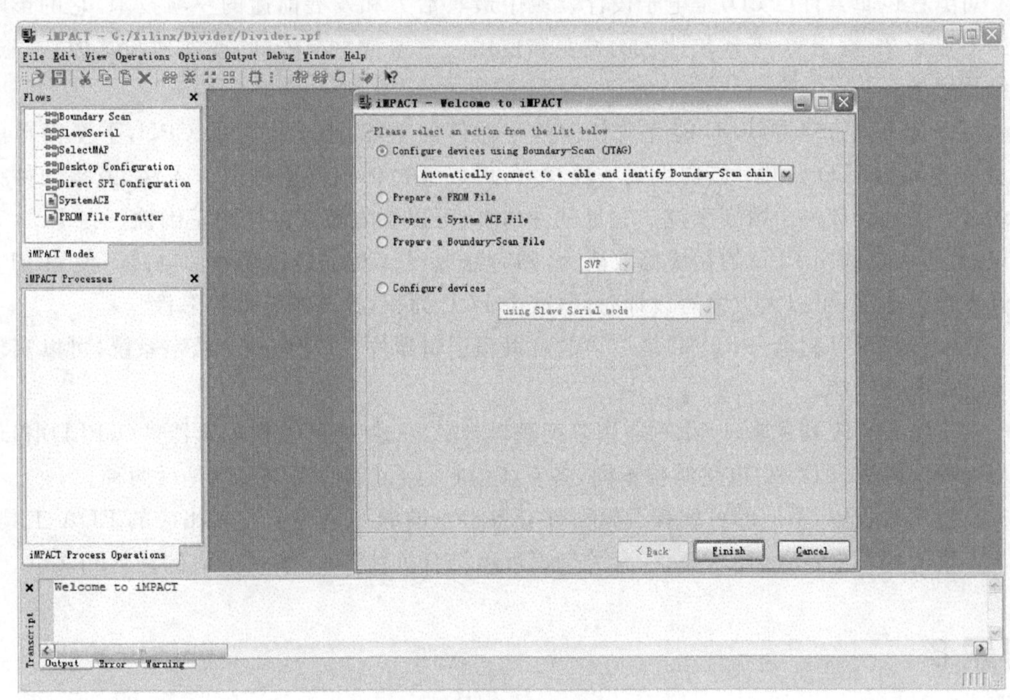

(a) 编程器启动窗口

图 8.31　连接 JTAG 电缆编程

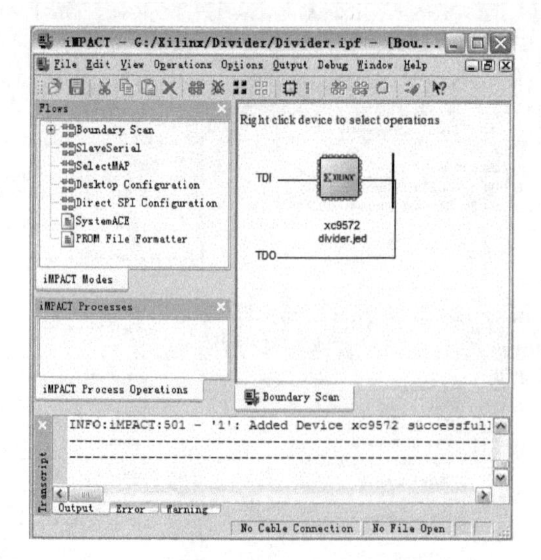

(b) 结果显示窗口

图 8.31 (续)

8.8 本章小结

可编程逻辑器件(PLD)是电子设计领域中最具活力和发展前途的一项技术,它的影响丝毫不亚于20世纪70年代单片机的发明和使用。它通常由与阵列、或阵列和其他一些逻辑结构组成。

可以毫不夸张地讲,PLD能完成任何数字器件的功能,上至高性能CPU,下至简单的74系列电路。PLD如同一张白纸或一堆积木,可以通过传统的原理图输入法,或是硬件描述语言自由地设计一个数字系统。通过软件仿真,可以事先验证设计的正确性。在PCB完成以后,还可以利用PLD的在线修改能力,随时修改设计而不必改动硬件电路。使用PLD来开发数字电路,可以大大缩短设计时间,减少PCB面积,提高系统的可靠性。

可编程只读存储器(PROM)是最早的可编程逻辑器件,广泛应用于数字系统,可以实现组合逻辑电路功能。

由于可编程阵列逻辑(PAL)、通用阵列逻辑(GAL)、复杂可编程逻辑器件(CPLD)和现场可编程门阵列(FPGA)电路结构不同,各有各的特点,目前使用较多的是后两种。

在使用过程中,不同的可编程逻辑器件有各自不同的开发环境及其相应的EDA工具。由于本章篇幅有限,不能逐一介绍,有关知识可以结合具体器件,参考对应的资料和文献。

习题 8

8.1 试确定用PROM实现下列逻辑函数时所需的容量:

(1) 实现两个8位二进制数相乘的乘法器。

(2) 将 8 位二进制数转换为十进制数(用 8421BCD 码表示)的转换电路。

8.2 用 PROM 产生如下一组组合逻辑函数

$$
\begin{cases}
Y_1 = \overline{(A+B)(C+D)} \\
Y_2 = \overline{\overline{\overline{AC}\cdot\overline{BD}}\;\overline{\overline{BC}\cdot\overline{AB}}} \\
Y_3 = A\overline{C}D + \overline{B}C\overline{D} + ABCD \\
Y_4 = \overline{\overline{A+B}+\overline{C+D}} + \overline{\overline{C+D}+\overline{A+D}}
\end{cases}
$$

需要采用多大容量的 PROM? 列出地址与内容的对应关系真值表?

8.3 用 ROM 实现无用符号 8 位二进制数的加减法,要求有进位输入及进位输出。列出地址与内容的对应关系真值表,画出存储阵列结点图。

8.4 试说明在下列应用场合选用哪种类型的 PLD 最合适:

(1) 小批量定型产品中的中规模逻辑电路;

(2) 产品研制过程中需要不断修改的中、小规模逻辑电路;

(3) 少量定型产品中需要的规模较大的逻辑电路;

(4) 需要经常改变其逻辑功能的规模较大的逻辑电路;

(5) 需要能以遥控方式改变其逻辑功能的规模较大的逻辑电路。

8.5 用 Verilog 语言设计一个 1 位十进制数(用 8421BCD 码表示)减法器。

8.6 用 Verilog 语言设计一个定时器。要求:

(1) 定时时间为 60s,按递减方式计时,每隔 1s 定时器减 1;

(2) 当定时器计时减到 0 时,定时器保持不变,并发出报警信号;

(3) 输入的基准时钟为 1Hz;

(4) 设置启动复位按键。

8.7 用 Verilog 语言设计一个 4 位数字显示的简易频率计。要求:

(1) 能够测量 100~9999Hz 的方波信号的频率;

(2) 电路输入的基准时钟为 1Hz;

(3) 要求测量值直接输出给 7 段显示器;

(4) 系统有复位按键。

附录A 常用术语的汉英对照

第1章

模拟　analog
字节　byte
数字　digital
十六进制　hexadecimal
二进制　binary
八进制　octal
二-十进制编码　binary coded decimal
比特　bit
逻辑电平　logic level
权值　weight
波形　waveform
2的幂次方　power-of-two
频率　frequency
最低有效位　LSB
周期　period
最高有效位　MSB
脉冲宽度　pulse width
时序图　timing diagram
幅度　amplitude
反码　1's complement
补码　2's complement
算法　algorithm
浮点　floating-point
与门　AND gate
真值表　truth table
或门　OR gate
反相　inversion
反相器　inverter
非　NOT
变量　variable
布尔乘法　Boolean multiplication
布尔加法　Boolean addition
求补　complement
德·摩根定理　de Morgan's theorems
卡诺图　Karnaugh map

第2章

集成电路　integrated circuit
双列直插式封装　DIP
表贴式封装　SMT
电源电压　supply voltage
与非门　NAND gate
或非门　NOR gate
非或　negative-OR
非与　negative-AND
节点　node
组合逻辑　combinational logic
异或　XOR
异或非　XNOR
功耗　power dissipation
传输延时　propagation delay
与或　AND-OR
与或非　AND-OR-invert
扇出　fan-out

第 3 章

二进制加法 binary addition

半加器 half-adder

全加器 full-adder

并行二进制加法器 parallel binary adder

比较器 comparator

校验位 parity bit

译码器 decoder

七段显示器 7-segment display

编码器 encoder

优先级编码器 priority encoder

多路复用器 multiplexer

第 4 章

锁存器 latch

双稳态 bistable

置位 SET

复位 RESET

翻转 toggle

存储 storage

使能 enable

触发器 flip-flop

边沿触发 edge-triggering

第 5 章

同步 synchronous

异步 asynchronous

二进制计数器 binary counter

同步计数器 synchronous counter

异步计数器 asynchronous counter

模数 modulus

分频器 frequency divider

最终计数 terminal count

级联 cascade

计数器译码 counter decoding

移位寄存器 shift register

级 stage

移位 shift

双向 bidirectional

移位寄存计数器 shift register counter

十进制计数器 decade counter

第 6 章

单稳态 monostable

非稳态 astable

定时器 timer

占空比 duty cycle

多谐振荡器 astable multivilrator

单稳态触发器 onr-shot

施密特触发器 Schmitt trigger

第 7 章

模/数转换器 analog-to-digital converter，ADC

数字信号处理 digital signal processing，DSP

数/模转换器 digital-to-analog converter，DAC

采样 sampling

奈奎斯特频率 Nyquist frequency

量化 quantization

第8章

可编程逻辑器件 programmable logic device,PLD

简单可编程逻辑器件 simple programmable logic device,SPLD

复杂可编程逻辑器件 complex programmable logic device,CPLD

现场可编程门阵列 field programmable gate array,FPGA

可编程阵列 programmable arrays

可编程阵列逻辑 programmable array logic,PAL

通用逻辑阵列 general array logic,GAL

随机访问存储器 random access memory,RAM

只读存储器 read-only memory,ROM

在系统可编程 in system programmable

参考文献

[1] Thomas L Floyd,David Buchla. The Science of Electrnics Digital[M]. 北京:清华大学出版社,2006.

[2] Nigel P Cook. Practical Digital Electronica[M]. 北京:清华大学出版社,2006.

[3] 康华光. 电子技术基础(数字部分)[M]. 4 版. 北京: 高等教育出版社,2006.

[4] 阎石. 数字电子技术基础[M]. 4 版. 北京: 高等教育出版社,2008.

[5] 张少敏. 数字逻辑与数字系统设计[M]. 北京: 高等教育出版社,2006.

[6] 王兢,王洪玉. 数字电路与系统[M]. 北京: 电子工业出版社,2007.

[7] 李彦. IT 通史[M]. 北京: 清华大学出版社,2005.

[8] 王毓银. 数字电路逻辑设计[M]. 3 版. 北京: 高等教育出版社,1999.

[9] 谢芳森. 数字与逻辑电路[M]. 北京: 电子工业出版社,2005.

[10] 韩桂英. 数字电路与逻辑设计实用教程[M]. 北京: 国防工业出版社,2005.

[11] June Jamrich Parsons Dan Oja. 计算机文化[M]. 北京: 机械工业出版社,2001.

[12] 王建珍. 数字电子技术[M]. 北京: 人民邮电出版社,2005.

[13] 吴晓渊. 数字电子技术教程[M]. 北京: 电子工业出版社,2006.

[14] 陈泳甫. 新编 555 集成电路应用 800 例[M]. 北京: 电子工业出版社,2001.

[15] IEEE Standard Hardware Discription Language Based on the Verilog Hardware Description Language IEEE std 1364-1995, IEEE, 1995.

[16] Michael D Ciletti. Advanced Digital Design with the Verilog HDL [M]. New York: Paerson Education,Inc. ,Publishing as Prentice Hall, 2003.

[17] Jan M Rabaey. Digital Integrated Circuits[M]. Upper Saddle River: Prentice Hall, 1996.

[18] 王诚,薛小刚,钟信潮. FPGA/CPLD 设计工具: Xilinx ISE 使用详解[M]. 北京: 人民邮电出版社,2005.

[19] 赵玉玲,李晓松. 数字电子技术及应用[M]. 杭州: 浙江大学出版社,2007.

[20] 毛炼成. 实用数字电技术基础[M]. 北京: 电子工业出版社,2007.

[21] 林经. 数字电路与逻辑设计[M]. 北京: 清华大学出版社,2014.

[22] 韩焱. 数字电阻技术基础[M]. 北京: 电子工业出版社,2012.

[23] 黄正瑾. 数字电路与系统设计基础[M]. 北京: 高等教育出版社,2014.

参考文献